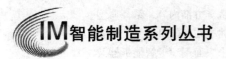智能制造系列丛书

智能机器及其实施技术

赵升吨　范淑琴　王永飞　李靖祥　张大伟
张　鹏　董　朋　田　冲　李　帆　曹杨峰
刘大洲　任芊见　周　昊　杨光灿　蒋　红　　著
费亮瑜　张硕文　蒋　飞　李　坤　冯智彦
张　超　李双江

机 械 工 业 出 版 社

本书涵盖智能机器的战略、基础、技术和案例等方面内容,结合典型机械装备的基本原理、关键技术和研究现状,论述了在智能机器及其实施技术方面开展的落地实践和技术探索。本书从 4 个方面阐述了智能机器及其实施技术,主要内容包括不同工业时代机械装备驱动与传动发展历程、智能制造相关发展战略;人工智能及其控制技术,智能工厂、智能机器的基本特征;伺服电动机驱动与控制技术,重点论述智能机器的三大实施技术;国内典型智能生产线和智能机器应用实例等。

本书可供企业相关技术人员使用,也可供高等院校机械工程、航空宇航科学与技术、动力工程及工程热物理、冶金工程、材料科学与工程、电气工程、控制科学与工程、化学工程与技术、矿业工程、交通运输工程等专业师生阅读参考。

图书在版编目(CIP)数据

智能机器及其实施技术/赵升吨等著. —北京:机械工业
出版社,2022.10
(智能制造系列丛书)
ISBN 978-7-111-71645-7

Ⅰ.①智… Ⅱ.①赵… Ⅲ.①智能制造系统 Ⅳ.①TH166

中国版本图书馆 CIP 数据核字(2022)第 173087 号

机械工业出版社(北京市百万庄大街 22 号 邮政编码 100037)
策划编辑:孔 劲 责任编辑:孔 劲 李含杨
责任校对:张晓蓉 张 薇 封面设计:马精明
责任印制:单爱军
河北鑫兆源印刷有限公司印刷
2023 年 2 月第 1 版第 1 次印刷
184mm×260mm · 19.75 印张 · 484 千字
标准书号:ISBN 978-7-111-71645-7
定价:99.00 元

电话服务 网络服务
客服电话:010-88361066 机 工 官 网:www.cmpbook.com
          010-88379833 机 工 官 博:weibo.com/cmp1952
          010-68326294 金 书 网:www.golden-book.com
封底无防伪标均为盗版 机工教育服务网:www.cmpedu.com

前　言

我国晚清四大名臣之一的左宗棠有句名言"发上等愿，结中等缘，享下等福；择高处立，就平处坐，向宽处行。"建设制造强国，是实现"两个一百年"奋斗目标和中华民族伟大复兴中国梦的战略支撑。制造业是立国之本、兴国之器、强国之基，是国家保持竞争力、经济健康运行和国防安全的基础，是科技创新的主战场，一直受到各国政府的高度重视。特别是在国际金融危机发生后，欧美等发达国家纷纷推出"再工业化"战略，如美国工业互联网、德国工业4.0、日本4.0J等，力图抢占国际竞争的制高点，把制造业的发展上升为国家战略之一。"中国制造2025"的提出加速了我国工业的转型升级。

智能制造技术基于新一代信息技术，贯穿设计、生产、管理、服务等制造活动的各个环节，是先进制造过程、系统与模式的总称。智能机器是智能制造环节不可或缺的组成部分，通过人与智能机器的合作，去扩大、延伸和部分地取代人类专家在制造过程中的脑力劳动。智能制造给复杂装备的设计制造方式及核心装备的技术创新带来了一系列的变革，如何全方位提升装备设计制造的智能化水平，已成为学术界、产业界高度关注的重大科学技术问题。特别是在"中国制造2025"制造强国战略实施以来，我国在先进制造设备领域也有了长足进步。当前亟须一本智能机器实施技术方面的著作，能够从理论到实践、从技术到系统、从研究到应用，全面地阐述智能机器的理论概念、关键技术和应用实践。智能机器是智能制造的根本，是硬科技。本书覆盖战略、基础、技术和案例等方面内容，结合典型机械装备的基本原理、关键技术和研究现状，论述了在智能机器及其实施技术方面开展的落地实践和技术探索。

智能机器通过互联网、传感与数据库结合的方式，实现机器中关键零部件的状态识别，可以在任何时候被定位，并能知道它们自己的历史、当前状态和为了实现其目标状态的最佳路径。智能机器在全生命周期内具有信息深度自感知（全面传感）、智慧优化自决策（优化决策）、精准控制自执行（安全执行）三大基本要素。通过分散多动力、伺服电直驱和集成一体化三大实施技术可实现机器数字高节能、节材高效化、简洁高可靠的智能化特性。该智能化实施三大技术途径必将大幅提升我国机械装备的发展水平，助力我国早日成为制造强国。

赵升吨教授所领导的西安交通大学"智能装备与控制"研究团队近年来主持了12项国家自然科学基金项目（两项重点）、两项"国家863计划"项目，参与了国家科技重大专项中的7项课题，承担了2016年国家"智能制造专项"和2017年国家重点研发计划之"智能农机装备"重点专项的子课题，拥有400多项国家发明专利，发表了大量高水平论文。例如，所研制的第三代锻压设备的伺服压力机处于国内引领地位，在智能制造领域具备坚实的科学研究基础及工程实践经验。

本书共分9章，按照理论与典型实例相结合、研究与技术应用共包容的思路，以近年来团队的新研究成果为主线进行撰写。书中首先介绍了工业1.0到工业4.0四个不同工业时代机械装备驱动与传动的发展历程、智能制造相关发展战略和人工智能及其3种控制技术（第1~3章），然后阐述了智能工厂及智能机器的基本特征（第4章）和智能机器伺服驱动电动机及其控制（第5章），并结合典型智能机器的基本原理和特点，重点探讨了智能机器的三大实施技术，明确指出了三大实施技术需要解决的关键科技问题（第6~8章），最后介绍了典型智能生产线及智能机器应用实例（第9章）。

　　本书由西安交通大学机械工程学院二级教授赵升吨统稿，在本书即将付梓之时，回忆我领导的西安交通大学"智能装备与控制"团队在智能机器方向20多年的辛勤耕耘，今天终于怀着谦卑的心情向读者奉献我们在智能机器方面的些许体会和探讨，诚挚地期待各位专家与读者批评指正。感恩西安交通大学"智能装备控制"团队同事和研究生的大力支持，参加本书撰写工作的人员分别有：赵升吨、范淑琴、王永飞、李靖祥、张大伟、张鹏、董朋、田冲、李帆、曹杨峰、刘大洲、任芊见、周昊、杨光灿、蒋红、费亮瑜、张硕文、蒋飞、李坤、冯智彦、张超、李双江。

　　"知之者不如好之者，好之者不如乐之者。"期盼本书关于智能机器的探讨与愚见能起到抛砖引玉之作用，激发研发智能机器之热情，为我国高端装备达到国际先进甚至领先水平奠定基础。最后在这里允许我将北宋大家张载的横渠四句"为天地立心，为生民立命，为往圣继绝学，为万世开太平。"与广大读者一起分享。

赵升吨

于西安

目　录

第 **1** 章 绪论

1.1 工业的四个时代及其机器简介

  大致在 2030 年左右，在发达工业国家实现的"工业 4.0"描绘了制造业的未来愿景，提出继蒸汽机的应用、规模化生产和电子信息技术三次工业革命后，人类将迎来的以信息物理融合系统为基础，以生产高度数字化、网络化、机器自组织为标志的第四次工业革命。工业 1.0、工业 2.0、工业 3.0 和工业 4.0 分别指的是第一次工业革命、第二次工业革命、第三次工业革命和第四次工业革命。

  工业 1.0 是指从 18 世纪 60 年代至 19 世纪中叶的第一次工业革命，主要是因为瓦特改良了蒸汽机，从而开创了机器代替人工的工业浪潮，创造了机器工厂的"蒸汽时代"。工业 1.0 使用的机器都是以水力和蒸汽机作为驱动动力，虽然效率并不高，但是因为首次使用机械生产代替了手工劳动，使经济社会从以农业、手工业为基础转型到以工业、机械制造带动经济发展的新模式，因此具有重大的意义。

  工业 2.0 是从 19 世纪 60 年代至 20 世纪初的第二次工业革命。当使用以蒸汽和水力作为动力的机器已满足不了人类社会高速发展的需求时，新的能源动力和机器引导了第二次工业革命的发生。在工业 2.0 中，内燃机和发电机的发明，使电器得到了广泛的使用，将人类带入分工明确、大批量生产的流水线模式的"电气时代"。机械设备由继电器、电气自动化控制，交流异步电动机驱动。零部件生产与产品装配的成功分离，开创了产品批量生产的高效新模式。汽车、火车、轮船、飞机等交通工具得到了飞速发展，机器的功能也变得更加多样化。

  工业 3.0 是从 20 世纪 50 年代开始一直延续至今的第三次工业革命。它是在工业 2.0 的基础上，广泛应用电子与信息技术，使制造过程自动化的控制程度再进一步大幅度提高，生产率、良品率、分工合作、机械设备寿命都得到了前所未有的提高。在此阶段，工厂大量采用由 PC、PLC/单片机等真正电子、信息技术自动化控制的机械设备进行生产。自此，机器能够逐步替代人类作业，不仅接管了相当比例的"体力劳动"，还接管了一些"脑力劳动"。

  "工业 4.0"是由德国政府在 2010 年 7 月 14《德国 2020 高技术战略》中提出的十大未来项目之一，并已上升为国家战略，旨在支持工业领域新一代革命性技术的研发与创新。"工业 4.0"在 2013 年 4 月的汉诺威工业博览会上正式推出。工业 4.0 代表着一种新的生产技术和生产方式，被定义为"万物互联环境下的智能生产"，即"物联网"，通过信息流与实物流的深度融合建立一种新的生产方式。工业 4.0 及智能制造是工业发展的必然趋势。

  如果说工业 1.0 是蒸汽机驱动的"蒸汽时代"（如图 1-1 所示），工业 2.0 就是交流异步电动机驱动

图 1-1 工业 1.0 的蒸汽机驱动的抽油机

的"电气时代"（如图 1-2 所示），工业 3.0 则是交流伺服同步电动机驱动的"数控时代"（如图 1-3 所示），而工业 4.0 将开启一个精彩的产品全生命周期的信息物理融合系统的"网络智能化时代"的机电软深度融合模式（如图 1-4 所示）。中国目前仍处于"工业 2.0"的后期阶段，对中国企业来讲，工业 1.0 要淘汰，工业 2.0 要补课，工业 3.0 要普及，工业 4.0 有条件应尽可能做一些示范工程。

普通机床　　　　　　　　　　　交流异步电动机

图 1-2　工业 2.0 的车床与电动机

数控机床　　　　　　　　　　　交流伺服同步电动机

图 1-3　工业 3.0 的加工中心与电动机及驱动器

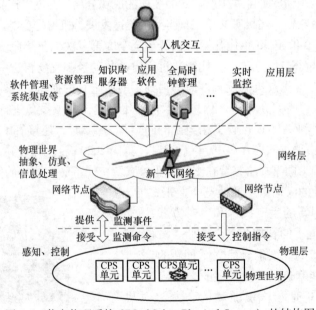

图 1-4　信息物理系统 CPS（Cyber Physical System）的结构图

1.1.1　工业 1.0 的典型机器

蒸汽锤是工业 1.0 "蒸汽时代" 机器的典型代表，如图 1-5 所示。它将蒸汽作为动力，这种方式的能量利用率通常仅为 3% 左右；为了提供驱动锤头所需的蒸汽，需要燃烧大量的煤以产生蒸汽，同时也会消耗大量的水资源，并且会排放出大量的 CO_2 及其他有害气体。

图 1-5　蒸汽锤

蒸汽锤工作环境恶劣，配套设施庞大且复杂，日常维修、保养工作量较大，工作效率低。因锅炉、管道、锻锤等系统多而复杂，加上设备老化，故障率极高，更可怕的是当出现突然停汽现象，致使锤头下落或抬不起来时，易造成人身事故。在工作中，当系统气压偏低时，锻锤无法操纵；当系统气压过高时，锤头又会出现 "发飘" 的情况，难以控制其运动。因此，生产加工环境的振动与噪声污染相当恶劣，不利于技术人员长期正常工作，工作效率低，能源耗费大，能量利用率低。目前，蒸汽锤设备已经基本被淘汰或者改造为工业 2.0 时代的交流异步电动机驱动的电液锤。

1.1.2　工业 2.0 的典型机器

工业 2.0 时代初期的机器主要采用内燃机，通常内燃机的能量利用率为 35% 左右，比工业 1.0 时代的蒸汽机的仅为 3% 的能量利用率提高了十多倍，而工业 2.0 时代中后期机器动力源常常采用能量利用率高达 80% 的交流异步电动机。在工业 2.0 "电气时代" 的典型机器是采用交流异步电动机驱动的机械压力机和液压机。具体来讲，图 1-6 所示的工业 2.0 的机械压力机是指以交流异步电动机为动力源，采用机械结构庞大的带和齿轮组合的减速方式，通过飞轮存储能量和离合器的接合与分离来控制机械压力机滑块的运动和停止，而电动机一直不停地旋转。所以，滑块运动的特性曲线往往固定不变，通常滑块运动的特性曲线为正弦曲线，难以满足不同材料的锻压对滑块运动曲线柔性化的需求。因为机械压力机传动系统中需要靠离合器和制动器完成滑块的运动控制，会多消耗 20% 左右的离

图 1-6　机械压力机

合与制动能量，而且飞轮空转时也会消耗一定的能量，所以机械压力机存在严重的能量损耗。此外，离合器和制动器内部的摩擦材料属于易消耗零部件，需要经常更换和维护，导致使用和维护费用比较高。离合器和制动器的动作需要压缩空气作为动力源，动作过程中会产生较大的排气噪声。

工业 2.0 时代的另一个典型机器就是液压机，其采用交流异步电动机驱动液压泵，然后通过液压阀控系统实现液压机液压缸的直线运动。由于交流异步电动机起动时间长，起动电流是额定电流的 5~7 倍，造成起动时电动机发热严重电动机不能自动调速，从而造成液压机在工作时会驱动液压泵的交流异步电动机不停地进行旋转，而液压缸柱塞或活塞的直线运

动与停止则是通过液压阀控制液压泵输出的油流入液压缸内部或者流回油箱来实现，这就会造成空耗能量大，液压油容易发热的情况。

工业 2.0 时代的液压机按照机身的类型可分为三梁四柱式液压机与框架式液压机两大类，如图 1-7 和图 1-8 所示。

图 1-7　三梁四柱式液压机

图 1-8　框架式液压机

1.1.3　工业 3.0 的典型机器

工业 3.0 时代的机器动力源主要是能量利用率高达 90%~97% 的交流伺服永磁同步电动机。交流伺服永磁同步电动机比工业 2.0 时代的交流异步电动机 80% 左右的能量利用率提高了 10% 左右。此外，工业 3.0 时代的机器中有了更多的传感器，以及控制软件比例。交流伺服压力机为工业 3.0 "数控时代" 的典型机器，其工作原理如图 1-9 所示。它依靠交流伺服永磁同步电动机提供压力机工作所需的驱动力，当交流伺服电动机起动时，起动电流不会超过额定电流，而且具备频繁起停的物理特性，每分钟可以允许起停十几次或几十次，因此，传动系统中不需要装配控制滑块运动和停止的离合器与制动器，从而大大简化了交流伺服压力机传动系统的结构，避免了离合器与制动器动作时的能量消耗。交流伺服压力机由简洁的机械传动系统和先进的伺服控制系统组成，交流伺服电动机驱动滑块进行直线运动，依靠曲柄连杆，或肘杆，或丝杠螺母等机构实现交流伺服电动机与滑块之间的传动。先进的伺服控制系统使压力机保持了既有的机械驱动优点，又克服了滑块工作特性不可调的缺点，使得机械式成形装备具有了柔性化及智能化的特性，工作性能和工艺适应性也得到了很大的提高。

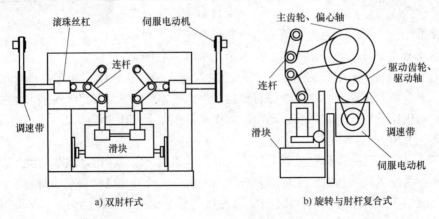

a) 双肘杆式　　　　　　　　b) 旋转与肘杆复合式

图 1-9　交流伺服式机械压力机

随着交流伺服压力机在汽车、电子等行业的推广和应用，交流伺服压力机的柔性和节能性等优良特性在高精度、难成形零件加工方面表现出了其他压力机所无可比拟的优越性。交流伺服锻压设备以其高效率、高智能、高柔性、高精度、节能环保等优点，已成为国内外先进锻压设备研究的热点。在德国、日本等发达国家的锻压设备中伺服压力机占比高达 80%以上，而我国目前在该方面依然处于落后水平。在高端冲压装备、产品种类、制造质量、产品品质控制、能源再利用及环境保护等方面，我国的技术水平和世界先进水平之间的差距还非常大，尤其体现在大型交流伺服压力机设计和制造技术等行业。具有自主知识产权的大吨位直驱型伺服式智能锻压设备的传动机构构型设计、能量管理、伺服控制、冲压加工工艺曲线优化设计及适应不同产品的工艺数据库等关键技术，我国相关企业正在花大气力开展相应的研究工作。

1.1.4　工业 4.0 机器的主要特点

工业 4.0 时代机器的主要特点是构建了产品全生命周期的信息物理融合系统，全生命周期内机电软深度融合由此实现了制造装备节能高效、智能可靠的安全运行。随着材料、机械、电力电子及控制技术等学科的发展和制造技术的进步，机电系统的驱动方式将朝向以交流伺服永磁同步电动机与多个传感器为代表的智能化、节能化的驱动方向发展。目前，随着现代电动机设计理论的完善和永磁材料的应用发展，出现了不同拓扑结构的永磁电动机，通过合理的结构设计及优化可以实现更高、更大的转矩输出和更低的保养费用。这些关于先进电力电子技术、电动机学、控制与智能化技术的研究为伺服驱动提供了很好的基础。采用伺服电动机驱动，智能化精准控制，建立产品全生命周期的信息物理融合系统，构建智能化高性能的制造设备。

1.2　中国制造业简介

1.2.1　中国制造业产业结构组成

制造业是利用某种资源（如物料、能源、设备、工具、资金、技术、信息和人力等），按照市场要求，通过制造过程，转化为可供人们使用和利用的大型工具、工业品与生活消费产品的行业。工业门类共 41 个，采矿业（7 个）；电力、热力、燃气及水的生产和供应业（3 个）；制造业就占了共 31 个门类，包括 191 个中类，525 个小类。

2021 年中国经济总量高达 114.367 万亿元，约占全球比例 18%。目前我国经济已由高速增长转向高质量发展阶段，正处于转变发展方式、优化经济结构、转换增长动力的重要关口，制造业发展的水平和质量直接决定了经济发展的质量和效益。"中国制造 2025"指出，实现经济提质增效的关键在于推动制造业由大变强。自 20 世纪 90 年代以来，中国制造业保持持续快速增长。工业和信息化部部长肖亚庆介绍，2021 年中国制造业增加值总量为 31.4 万亿元，连续 12 年位居世界首位，占全球比重近三分之一。2011 年，我国制造业比重为 32.06%，2018 年制造业占我国 GDP 29.4%、占全球 30%，而到了 2020 年为 26.18%；2021 年中国制造业增加值占我国 GDP 比重达到 27.4%，同比提高 1.1%，时隔多年终于实现正增长；这成为近十年来制造业比重连续下降后的首次回升，显示了制造业对维持经济稳定的韧性。当前，中国制造业增长速度已经连续 30 余年居全球之首，制造业中有 220 种工业产品的产量居世界第一位。工业制成品出口规模世界第一，已经成为一个名副其实的全球制造业大国。

根据中国国家统计局标准《2017 年国民经济行业分类》（GB/T4754—2017），中国制造业具体分类详见表 1-1。

表 1-1　中国制造业分类表

代 码		类 别 名 称
门类	大类	制造业
	13	农副食品加工业
	14	食品制造业
	15	酒、饮料和精制茶制造业
	16	烟草制品业
	17	纺织业
	18	纺织服装、服饰业
	19	皮革、毛皮、羽毛及其制品和制鞋业
	20	木材加工和木、竹、藤、棕、草制品业
	21	家具制造业
	22	造纸和纸制品业
	23	印刷和记录媒介复制业
	24	文教、工美、体育和娱乐用品制造业
	25	石油、煤炭及其他燃料加工业
	26	化学原料和化学制品制造业
	27	医药制造业
C	28	化学纤维制造业
	29	橡胶和塑料制品业
	30	非金属矿物制品业
	31	黑色金属冶炼和压延加工业
	32	有色金属冶炼和压延加工业……
	33	金属制品业
	34	通用设备制造业
	35	专用设备制造业
	36	汽车制造业
	37	铁路、船舶、航空航天和其他运输设备制造业
	38	电气机械和器材制造业
	39	计算机、通信和其他电子设备制造业
	40	仪器仪表制造业
	41	其他制造业
	42	废弃资源综合利用业
	43	金属制品、机械和设备修理业

1.2.2 制造业产品特点及产值

制造业行稳致远是我国经济高质量发展的重要压舱石，尤其在全球贸易保护主义抬头、外部环境不确定加剧的背景下，制造业对国内经济健康有序发展、社会就业大局稳定起到了举足轻重的支撑作用。近年来，制造业领域发生了巨大的变化，工业机器人等替代人工的机器的出现，以及 3D 打印（增材制造）等新工艺的突破，都给制造业带来了新的活力。随着物联网、大数据、云计算等技术对各个产业的赋能，制造业也出现了服务化的倾向，为智能制造带来了新的发展机遇。智能制造实质在新一代信息技术和先进制造技术结合的基础上，实现对设备、控制、车间、企业等多个层级之间的资源和信息的互联互通，对产品设计、生产、销售、物流、服务等全生命周期的实施管理，并优化制造系统。实现智能制造必须要对制造业的产品及相关特点有一定的了解，下面就针对机械制造产品的特点进行分析。

（1）产品结构清晰明确 机械制造企业的产品结构可以用树的概念进行描述，最终产品一定是由固定个数的零件或部件组成，这些关系非常明确和固定。

（2）工艺流程简单明了，工艺路线灵活，制造资源协调困难 面向订单的机械制造业的特点是多品种和小批量，因此，机械制造业生产设备的布置一般不是按照产品而是按照工艺进行布置的。每个产品的工艺过程都可能不一样，因此需要对所加工的物料进行调度，并且中间品需要进行搬运。面向库存的大批量生产的离散制造业，如汽车工业等，应按工艺过程布置生产设备。

（3）物料存储简易方便 机械制造业产品的原材料主要是固体，产品也为固体形状。因此，存储多为室内仓库或室外露天仓库。

（4）自动化水平相对较低 由于机械制造业产品主要是离散加工，产品的质量和生产率很大程度依赖于工人的技术水平，自动化主要在单元级，如数控机床、柔性制造系统等，因此，机械制造业也是一个人员密集型行业，自动化水平相对较低。

（5）生产计划的制订与生产任务的管理任务繁重 由于典型的离散型机械制造业企业主要从事单件、小批量生产，产品的工艺过程经常变更，因此，需要进行良好的计划。因为主要是按订单组织生产，很难预测订单在什么时候来，所以，采购和生产车间的计划需要良好的生产计划系统，十分需要计算机来参与计划系统的工作。只要计划得当，效益在离散制造业会占比很高。

制造业是国民经济的重中之重，除了要抢占高端制造市场，改善装备制造业"量大质弱"的局面，而信息技术与传统技术的集成是先进制造技术发展的重中之重，是提升传统制造业水平的主要措施。近年来制造业各类产成品及产值见表 1-2。

表 1-2 近年来制造业各类产成品及产值

规模以上工业企业产成品/亿元	2017 年	2018 年	2019 年	2020 年
农副食品加工业	2017. 39	2116. 03	2129. 8	2194. 5
食品制造业	754. 38	792. 14	801. 3	800. 7
酒、饮料和精制茶制造业	916. 18	947. 89	948. 5	947. 1
烟草制品业	345. 68	250. 35	236	215. 9
纺织业	1469. 36	1545. 29	1576. 7	1544. 4

（续）

规模以上工业企业产成品/亿元	2017 年	2018 年	2019 年	2020 年
纺织服装、服饰业	958.97	951.3	918.5	892
皮革、毛皮、羽毛及其制品和制鞋业	423.38	424.62	436	427.9
木材加工和木、竹、藤、棕、草制品业	343.51	350.5	382.2	380.3
家具制造业	322.23	325.31	348.3	342.2
造纸和纸制品业	572.96	499.34	518.7	529.4
印刷和记录媒介复制业	248.97	263.02	271.3	269.6
文教、工美、体育和娱乐用品制造业	1007.02	1085.16	1096	1029.5
石油、煤炭及其他燃料加工业	1371.33	1307.97	1200.5	1197.5
化学原料和化学制品制造业	2917.93	2788.62	2772.4	2787.5
医药制造业	1752.32	1919.17	2254.4	2286.8
化学纤维制造业	478.34	468.99	442	438.2
橡胶和塑料制品业	1313.76	1319.75	1346.2	1363.3
非金属矿物制品业	2080.52	2201.8	2324.9	2347.4
黑色金属冶炼和压延加工业	2372.38	2276.96	2442.4	2406.5
有色金属冶炼和压延加工业	1784.21	1629.24	1597.4	1540.7
金属制品业	1599.38	1749.02	1892.6	1935
通用设备制造业	2460.86	2578.16	2738.1	2786.9
专用设备制造业	2272.99	2403.17	2673.6	2773.3
汽车制造业	3345.66	3385.99	3589	3553.3
铁路、船舶、航空航天和其他运输设备制造业	660.22	707.99	557.3	790
电气机械和器材制造业	3616.15	3452.29	3691.3	3704.4
计算机、通信和其他电子设备制造业	4507.57	4253.57	4658.1	4881.8
仪器仪表制造业	432.96	501.2	529.1	528.6
其他制造业	104.59	103.98	89.4	117.5
废弃资源综合利用业	183.47	193.98	257.3	262.3
金属制品、机械和设备修理业	16.81	24.81	23.6	34.9

1.2.3 制造业各产业之间的相互关系

近年来，各地区纷纷响应并跟进中国政府的产业政策，积极探索实现制造业结构升级的有效路径。其中，不乏地方政府将促进生产性服务业集聚发展作为推进新型城镇化和经济结构转型升级的重要抓手。在地方产业政策推动下，生产性服务业集聚规模和质量不仅得到明显提升，而且还对重塑经济活动空间结构产生了重要影响。所在地区不同，产业之间的相互关系也不尽相同。在纺织产业中，浙江省绍兴现代纺织集群内共有大小纺织企业及家庭工业单位近 7×10^4 家，规模以上纺织及相关企业 2858 家，形成了精对苯二甲酸（PTA）、化纤、织布、印染、家纺、纺机、创意设计服务、专业市场与电子商务、国际商贸交流等于一体的产业集群，成为亚洲最大的化纤面料生产基地和印染加工基地。

在钢铁产业中，形成了以中国宝武钢铁集团有限公司、河钢股份有限公司为龙头的沿江/沿海带状分布格局，在上海市、武汉市、唐山市等地形成了钢铁产业集群；拥有宝山钢铁股份有限公司、河钢集团有限公司、鞍山钢铁集团有限公司、江苏沙钢集团有限公司等具有较强市场竞争力的钢铁企业，北京科技大学、东北大学、钢铁研究总院等科研和冶金人才培养基地；企业与大学、科研院所建立了紧密的"产学研"合作关系。

产业互联的方式还包括供应链和技术链。产业之间的纵向关联，从原材料供应、产品制造到产品的分销销售，将上下游产业紧紧地联系在了一起。比如，农机生产在很大程度上会被钢铁的产量影响，而农机生产的波动又会影响农产品加工制造业的产值；合成材料制品业合成纤维质量的提高，同时也会影响纺织产品制造业所生产产品的质量。

产业之间是相互关联、互助共生的。上游产业的发展可以带动下游行业，类似技术投入的行业之间也可以相互促进。

1.2.4　中国 220 种产量位居世界第一的工业产品简介

经过"十一五"时期的大发展，我国工业经济实力显著增强。目前我国工业产品产量居世界第一位的已有 220 种，其中，粗钢、煤、水泥产量已连续多年稳居世界第一。2010年，中国就超过了美国，成为全球制造业第一大国。我国制造业增加值从 2012 年的 16.98万亿元增加到 2021 年的 31.4 万亿元。占世界制造业增加值的近 30%，远超美国的 15.6 万亿元。目前，在世界 500 种主要工业品中，中国有 220 种产品产量位居全球第一位，其中代表性工业产品主要包括生铁、煤炭、粗钢、造船、水泥、电解铝、化肥、化纤和平板玻璃等。

2020 年我国的生铁产量为 8.897 亿吨，排名世界第一，比世界其他国家产量总和都多。煤炭产量为 39.02 亿吨，为全球最大产煤国，世界其他国家产量总和与我国相当。粗钢产量为 10.65 亿吨，排名世界第一，世界其他国家产量总和与我国相当。水泥产量为 23.94 亿吨，排名世界第一，产量占世界总产量的 60% 以上，比世界其他国家总和都多。电解铝产量为 3708 万吨，排名世界第一，比世界其他国家生产总和都多。化肥产量 5496 万吨，是世界最大化肥生产国。化纤产量 6124 万吨，比世界其他国家总和还多。平板玻璃产量 9.52 亿重量箱，世界第一，超过世界总产量的 50%。汽车自 2009 年以来的 13 年都稳居世界第一。

1.3　一台完整机器的基本组成

机器的发展经历了一个由简单到复杂的过程。人类为了满足生产及生活的需要，设计和制造了类型繁多、功能各异的机器。但是，只有在蒸汽机出现以后，机器才具有了完整的形态。机器由机械本体与电气自动控制两大系统组成。而机械本体系统分别由原动机、传动、工作执行三大部分组成，我们可以用图 1-10 来概括地说明一部完整的机器的组成。

图 1-10 中中间的三个线框表示一部机器的机械本体系统的三大基本组成部分，最上面的线框表示附加组成部分，最下面的线框是自动

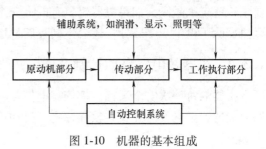

图 1-10　机器的基本组成

控制系统。

1.3.1　机器的机械本体系统

机器的机械本体系统是其核心，其包括原动机、传动及其工作执行三大部分。

1）原动机部分是驱动整部机器完成预定功能的动力源。通常一部机器只有一个动力源，复杂的机器也可能有好几个动力源。一般地说，它们都是把其他形式的能量转换为可以利用的机械能。从历史发展来说，最早被用来作为原动机部分的是人力或畜力；此后水力机及风力机相继出现。工业革命以后，主要是利用蒸汽机（包括汽轮机）及内燃机。电动机的出现，使一切可以得到电力供应的地方几乎全部使用电动机作为原动机。现代机器中使用的原动机大致是以各式各样的电动机和热力机为主。原动机的动力输出绝大多数呈旋转运动的状态，输出一定的转矩。在少数情况下也有用直线运动电动机或作动筒以直线运动的形式输出一定的推力或拉力。

2）传动部分。当机器的原动机不能满足工作执行部分的运动与能量的要求时，就需要传动部分布置在原动机与工作执行部分之间。机器传动方式主要包括齿轮、带的机械式；液压式；气动式；电磁式等。机器的传动部分多数使用机械传动系统。有时也可使用液压或电力传动系统。机械传动是绝大多数机器不可缺少的重要组成部分。以汽车为例，发动机（汽油机或柴油机）是汽车的原动机；离合器、变速箱、传动轴和差速器组成传动部分；车轮、悬架系统及底盘（包括车身）是执行部分；转向盘和转向系统、排挡杆、制动及其踏板、离合器踏板及节气门组成控制系统；油量表、速度表、里程表、润滑油温度表及蓄电瓶电流表、电压表等组成显示系统；后视镜、车门锁、刮水器及安全装置等为其他辅助装置；前后照灯及仪表盘灯组成照明系统；转向信号灯及车尾红灯组成信号系统等。

3）工作执行部分是用来完成机器预定功能的组成部分。一部机器可以只有一个执行部分（如压路机的压辊），也可以把机器的功能分解成好几个执行部分（如桥式起重机的卷筒、吊钩部分执行上下吊放重物的功能，小车行走部分执行横向运送重物的功能，大车行走部分执行纵向运送重物的功能）。

由于机器的功能是各式各样的，所以要求的运动形式也是各式各样的。同时，所要克服的阻力也会随着工作情况而异。但是原动机的运动形式、运动及动力参数却是有限的，而且是确定的。这就提出了必须把原动机的运动形式、运动及动力参数转变为执行部分所需的运动形式、运动及动力参数的问题。这个任务需要靠传动部分来完成。也就是说，机器中之所以必须有传动部分，就是为了解决运动形式、运动及动力参数的转变。例如，把旋转运动变为直线运动、高转速变为低转速、小转矩变为大转矩等。

简单的机器只由上述三个基本部分组成。随着机器的功能越来越复杂，对机器的精确度要求也就越来越高，如果机器仍只有以上三个基本部分，使用起来就会遇到很大的困难。所以机器除了以上三个部分，还会不同程度地增加其他部分，如控制系统和辅助系统等。

1.3.2　机器的电气自动控制系统

机器的每一次安全运行，都依靠电气控制系统为之服务。通常将能够实现机器的自动控制功能的若干电气组件及其软件称电气自动控制系统。电气控制系统的功能主要分为下面三个部分：

（1）传感功能 在控制过程中，需要传感器将机器所处的状态及加工工件的状态、机器下一步工作所需要的信息等进行感知，并将信息传输给控制单元，因此智能机器的传感器数目会越来越多。常见的传感器有压力传感器、位置传感器、温度传感器、速度传感器等。

（2）显示功能 传感器采集到的信息除了被控制单元采用以控制机器，自动控制系统还需要具有显示功能将设备运转的信息提供给用户，让用户可以对相应的信息进行监测。

（3）调节功能 电气自动控制系统需要能够接收来自各种传感器的信息及用户的指令，经过控制单元快速地处理、运算，针对机器的运行状态，对机器进行控制指令的输出，调节机器的状态并执行动作。

1.4 机器驱动与传动发展趋势

人类为了适应生活和生产上的需要，制造出各种各样的机器来代替或减轻人的劳动并提高功效。例如，汽车、洗衣机及各种机床。在机器中，通常工作执行部分的能量（瞬时功率及功）和运动（位移、角速度、转速、加速度等物理量）不等于动力部分的能量与运动，从而使机器传动系统的运动形式也不同。一般将机器中动力部分的能量和运动按预定的要求传递到工作执行部分的中间环节，称为传动部分，传动部分的特性对机器起着至关重要的影响。机器驱动与传动科学发展路线如图 1-11 所示。由图 1-11 可知，未来机器的传动已经从传统的单纯机械或流体传动朝着零传动或者近零传动的直接驱动时代发展。

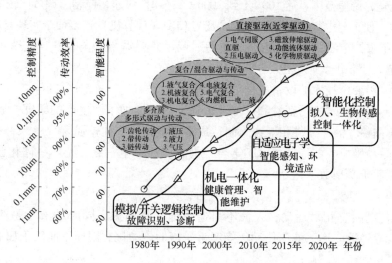

图 1-11 机器驱动与传动科学发展路线图

1.4.1 多介质多形式驱动与传动

传动可以通过机、电、液等形式来实现。在现代工业中，一台机器根据传动的原理不同，主要分为机械传动、液压传动、气压传动和电传动等四种传动方式。每种不同的传动形式都是通过一定的介质来传递能量和运动的，而由于传递介质的不同，形成了不同的传动特点，以及不同的适用范围。

1. 机械传动

传动类型	特　点
齿轮传动	适用的圆周速度和功率范围广；传动比准确、稳定、效率高；工作可靠性高、寿命长；可实现平行轴、任意角相交轴和任意角交错轴之间的传动；要求较高的制造和安装精度、成本较高；不适宜远距离两轴之间的传动
带传动	适用于两轴中心距较大的传动；带具有良好的挠性，可缓和冲击，吸收振动；过载时打滑能够防止损坏其他零部件；结构简单、成本低廉
链传动	制造和安装精度要求较低；中心距较大时，其传动结构简单；瞬时链速和瞬时传动比不是常数，传动平稳性较差
蜗轮蜗杆传动	适用于空间垂直而不相交的两轴间的运动和动力；传动比大；结构尺寸紧凑；轴向力大、易发热、效率低；只能单向传动；制造和安装精度要求高，要求有良好的润滑和密封，无过载安全保护作用

2. 液压传动

（1）优点

1）从结构上看，其单位质量的输出功率和单位尺寸输出功率在四类传动方式中是力压群芳的，在传递相同功率的情况下，液压传动装置的体积小、质量轻、惯性小、结构紧凑、布局灵活。

2）从工作性能上看，速度、转矩、功率均可无级调节，动作响应性快，能迅速换向和变速，调速范围宽，调速范围可达100∶1到2000∶1；动作快速，控制、调节比较简单，操纵比较方便、省力，便于与电气控制相配合，以及与CPU（计算机）连接便于实现自动化。

3）从使用维护上看，元件的自润滑性好，易实现过载保护与保压，安全可靠；元件易于实现系列化、标准化、通用化。

4）所有采用液压技术的设备安全可靠性好。

5）经济：液压技术的可塑性和可变性很强，可以增加柔性生产的柔度，容易对生产程序进行改变和调整，液压元件相对说来制造成本不高，适应性较强。

6）液压易与微机控制等新技术相结合，构成"机—电—液—光"一体化已成为世界发展的潮流，且便于实现数字化。

（2）缺点

1）液压传动因有相对运动，表面不可避免地存在泄漏，同时油液不是绝对不可压缩的，加上油管等弹性变形，液压传动不能产生严格的传动比，因而不能用于如加工螺纹齿轮等机床的内联传动链中。

2）油液流动过程中存在沿程损失、局部损失和泄漏损失，传动效率较低，不适宜远距离传动。

3）在高温和低温条件下，采用液压传动有一定的困难。

4）为防止漏油及为满足某些性能上的要求，液压元件制造精度要求高，会给使用与维修保养带来一定困难。

5）发生故障不易检查，特别是液压技术不太普及的单位，这一矛盾往往阻碍着液压技术的进一步推广与应用。液压设备维修需要依赖经验，培训液压技术人员的时间较长。

3. 气压传动

（1）优点

1）以空气为工作介质，工作介质获得比较容易，用后的空气可排到大气中，处理方便，与液压传动相比不必设置回收的油箱和管道。

2）因空气的黏度很小（约为液压油动力黏度的万分之一），其损失也很小，所以便于集中供气、远距离输送。外泄漏不会像液压传动那样严重污染环境。

3）与液压传动相比，气压传动动作迅速、反应快、维护简单、工作介质清洁，不存在介质变质等问题。

4）工作环境适应性好，特别在易燃、易爆、多尘埃、强磁、辐射、振动等恶劣工作环境中，比液压、电子、电气控制优越。

5）成本低，过载的能自动保护。

（2）缺点

1）由于空气压缩后温度会升高，导致空气压缩机压缩后的压缩空气需要冷却，因此气压传动的气动元件能量利用率为 60% 左右，且空气具有可压缩性，因此工作速度稳定性稍差。但采用气液联动装置会得到较满意的效果。

2）因工作压力低（一般为 0.3～1.0MPa），且结构尺寸不宜过大，总输出力不宜大于 10～40kN。

3）噪声较大，在气缸高速排气时要加消声器。

4）气动装置中的气信号传递速度在声速以内，比电子及光速慢，因此，气动控制系统不宜用于元件级数过多的复杂回路。

4. 电气传动

1）精确度高：采用交流永磁同步伺服电动机作为动力源，由滚珠丝杠和同步带等组成结构简单而高效的传动机构。其重复精度误差是 0.01%。

2）节省能源：可将工作循环中减速阶段释放的能量转换为电能再次利用，从而减低了运行成本。

3）精密控制：根据设定参数实现精确控制，在高精度传感器、计量装置、计算机技术的支持下，能够大大超过其他控制方式的控制精度。

4）改善环保水平：由于使用能源品种的减少及其优化的性能，减少了污染源，降低了噪声，为工厂的环保工作，提供了更良好的保证。

5）降低噪声：其运行噪声值低于 80dB（A）。

6）节约成本：此机去除了液压油的成本与其所引起的麻烦，没有硬管或软喉，无须对液压油冷却，大幅度降低了冷却水的成本。

1.4.2 复合/混合驱动与传动

为了提高能量利用率，加之控制理论更加完善，先进机器越来越多地采用复合传动方式。复合传动机构是各种传动技术合理匹配、扬长避短、达到整体最优的机构，与单一传动形式相比具有较大的综合优势。由于传动形式的复合会带来结构的复杂化，因此单一传动形式有时反而更合理。当然绝大多数复合传动机构与单一传动形式相比都具有综合优势，其关键在于如何合理匹配，实现优势互补。因飞机上的机构需要很高的动力密度、响应速度、安全性与抗震性，而这些恰是液压传动的最大长处，然而液压系统的远距离操纵与控制性能与电子系统相比较差，因此设计者把电气传动与液压传动有机匹配，实现了操纵机构的优化设计，获得了最佳效果。可见，多介质复合传动是机器综合性能提升的客观需要，是机器设计中具有共性的重大关键技术课题。

1. 机械—液压复合

将机械传动和液压传动两种不同的传动介质和传动形式进行有机结合，以实现其特定功能。图 1-12a 所示是柏林工业大学研制的新型公共汽车机械液压复合传动系统图。它属于输入端功率分流、输出端功率合流的机械液压复合传动结构。当制动块 B 不工作时，一部分功率通过行星机构的系杆传到液压泵，这是第 1 条机械液压功率流；同时另一部分功率则由太阳轮直接传到主动轴（后桥），这是一条机械功率流；与此同时，通过主动轴的一对齿轮再经液压马达（此时液压马达起泵的作用），其输出的油压会输送到蓄能器，成为第 2 条机械液压功率流。

以前公共汽车在制动时，汽车的整个动能都消耗在制动片上变成热能消耗掉。现在这部分动能（由于制动块 B 脱开制动）通过行星机构带动液压泵工作，转换成蓄能器的液压能，同时通过液压马达（当泵使用）转换成蓄能器的液压

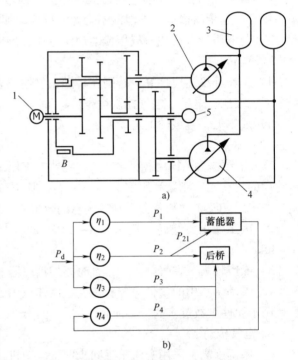

图 1-12　新型公共汽车机械液压复合传动示意图
a）传动系统图　b）功率流程图
1—发动机　2—液压泵　3—蓄能器
4—液压马达　5—后桥

能。当发动机起动时（制动块 B 制动），蓄能器液压能（这时蓄能器成为动力泵）驱动液压马达，然后通过一对齿轮传动到主轴上帮助起动，从而实现功率回收，这成为第 3 条机械液压功率流（见图 1-12b），从而形成了由发动机功率流及第 3 条机械液压功率流合流到后桥的合流传动，使整个传动系统成为由合流传动和分流传动组成的复合传动系统。这种复合传动公共汽车有如下优点：

1）由于增加了一个液压动力源——蓄能器，从而使发动机与负载在不同工况下都能得到良好的匹配，使这种液压节能汽车比普通公共汽车油耗降低 20%~25%，而汽车的购置费只提高 3%。

2）如图 1-12 所示的公共汽车从发动机起始阶段转矩是随转速的提高而上升的，转速很低时，转矩很小，如这时突然投入载荷，会导致带不动负载而使发动机熄火，故使用柴油机设备都需要增加离合器，让发动机空载起动达到额定转矩后，才投入负载。液压节能汽车可以不需要主离合器或其他离合器，而且可以缩短起动时间，使车辆的平均速度提高 7.5%以上。

3）汽车起动、停车平稳，废气和噪声污染也会减少。同时复合传动装置还具有机械传动效率高和能够吸收冲击和过载及便于能量回收的优点。

2. 气液复合传动

气液复合传动与其他复合传动的不同之处在于：气体和液体同为流体，两者结合时界面转化容易，比其他传动形式的复合更为合理。近几年来气液复合传动与控制技术有了长足发展。图 1-13 是气液锤工作原理图，当锤头 14 提升时，操纵手柄 23 向左移动，使伺服阀 12 右位接通，这时从液压泵 2 泵出的油经过滤器 21、单向阀 5 和伺服阀 12 流入多功能阀 11 左腔，推动其阀芯右移，使多功能阀 11 左边接通油路。从液压泵 1 泵出的油经单向阀 4、管道 25 流入多功能阀 11，并经管道 24 流入液压缸 13，推动活塞上移，从而实现锤头 14 的提升。

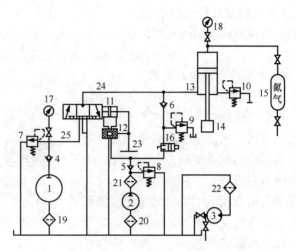

图 1-13　气液锤工作原理图

1~3—液压泵　4~6—单向阀　7~10—溢流阀　11—多功能阀　12—伺服阀　13—液压缸　14—锤头　15—氮气罐　16—换向阀　17、18—压力表　19~22—过滤器　23—操纵手柄　24、25—管道

该系统中很重要的一部分是多功能伺服操纵装置（由图中 2、20、21、5、8、12、11 组成），它集锻锤 14 各部功能于一体，能够完成打击、提升、急停、对模、卸荷等功能。

气液锤利用油压通过伺服阀控制气液锤活塞上行将锤头抬起，同时压缩活塞上腔的密闭气体；当伺服阀处于右位时，液压缸内的油液快放到油池，锤在自重和压缩气体膨胀的联合作用下对工件进行锻打；这时液压泵泵出的油通过单向阀送到回油池（此时单向阀关闭）。当下一个工作循环开始时会通过液压泵向液压缸供油实现再次提锤。

据有关资料分析，现有蒸汽锤的能量利用率只有 0.5%~1%，而改造后的效率提高了 35 倍，能量利用率提高了 30 倍，工作性能提高了 30%~40%，显著地简化了操作，省去了锅炉房和相关的附属设备（如鼓风机、运煤设备等），同时还排除了锅炉等设备的烟尘及污水造成的环境污染，具有重要的经济和社会效益。

3. 机电液复合传动

图 1-14 所示为机电液复合的数字式轴向柱塞泵结构图，它可以作为机、电、液复合传动的一个典型例子，利用步进电动机通过螺杆螺母带动拉杆上下运动以实现泵的伺服变量。

这种泵的特点是：

1）该系统是一种既无流量损失又无压力损失的功率自适应控制系统，比定量泵+溢流阀系统节能 60%~70%，比比例调节负载传感系统理论上可节能

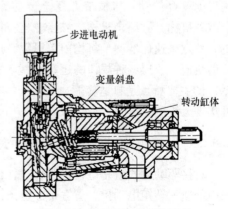

步进电动机

变量斜盘

转动缸体

图 1-14　机电液复合的数字式
轴向柱塞泵结构图

7%~10%。在各种液压系统中具有较高的效率。

2）可直接与计算机相连，不需 A/D 接口，系统简单，维修方便，成本低。改变微机软件即可获得任意特性的工作曲线，故可代替现有的各种变量泵，适应工况要求的能力强。

3）与伺服泵和比例泵比较，抗污染能力强，流量重复精度高，也不存在滞环。若增加检测元件可以构成闭环控制，且可与发动机节能控制系统联合起来，以获得整体最佳的节能效果。

4. 电黏性流体复合传动

如果在绝缘性含水分的流体中分散了亲水性的固体微粒子，则在离子表面会形成双电荷层，通过施加高电压，在双电荷层中造成自由离子移动，产生极化，于是在电池方向形成离子链（见图 1-15），在电极平行的方向上产生相对速度时就有了阻力。电黏性流体复合传动具有黏性变化大、可以从流体变为固体、响应特性好等优点。

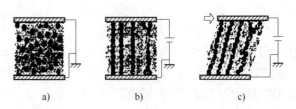

图 1-15　电黏性流体的机理示意图
a）无电场时　b）有电场时　c）受剪切时

图 1-16 所示为电黏性流体减振发动机支架结构图。控制电极的电压可控制电极间流动的电黏性流体阻力，还可以根据发动机转速的增加和降低控制减振力，使汽车的运动性能和安全性能得到大幅度提高。目前改变流体电黏性的办法有两种：一种是用电，另一种是通过改变电黏性流体的油膜厚度，从而改变油膜间的剪切力来实现。这两种研究成果已由工业性试验阶段进入商品化阶段。

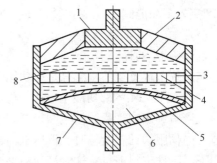

图 1-16　电黏性流体减振发动机支架结构图
1—内侧机壳　2—橡胶弹簧　3—施加电压用的接线
4—电极　5—薄膜　6—气体　7—外侧机壳
8—电黏性流体

5. 其他复合传动

除了上述复合传动，还有刚性复合传动、机械气动复合传动、机械液力复合传动等。刚性复合传动机构又称组合机构，如齿轮连杆机构、齿轮凸轮机构、凸轮连杆机构等。刚性机构的主要特点是速比准确、机构简单可靠、成本低，通过这些机构的复合，能够得到各种复杂的运动轨迹，获得各种规律的运动曲线。机械液力复合传动（主要是液力耦合器和液力变矩器）的主要特点是自适应能力强，液体工作介质能吸收并消除原动机外负载的振动与冲击，可实现无级变速等。

1.4.3　直接电驱动及其电动机简介

直接驱动方式就是电动机不经过任何传动链直接驱动工作执行负载。"直接"意味着：采用低速大转矩电动机，省去带、链条、齿轮减速箱、耦合器等传动零部件或采用直线电动机，省去将旋转运动变成直线运动所需的机械零部件或采用分体式电动机、中空轴电动机、外转子的电动机，以便去掉传动部分实现"零传动"。它的特点是：系统响应速度快、灵敏度高、随动性好；速度和位置精度高；结构紧凑、可靠性高、维护简便；转矩（推力）——电流特性的线性度好；运动安静、噪声低。

直接驱动技术的核心是执行机构——直接驱动的交流伺服永磁同步电动机。从运动方式上分为直接驱动直线电动机（Direct Drive Linear，以下简称 DDL）和直接驱动旋转电动机（Direct Drive Rotary，以下简称 DDR）两种。

直接驱动直线电动机 DDL 主要分为直线直流电动机、直线感应电动机、直线同步电动机、直线步进电动机、直线压电电动机、直线磁阻电动机。目前生产和使用比较广泛的是直线感应电动机和直线同步电动机。直线同步电动机虽然比感应式直线电动机工艺复杂、成本高，但是效率较高、次级不用冷却、控制方便，更容易达到要求的性能。因此随着在我国储量最为丰富的钕铁硼（Nd、Fe、B）永磁材料的出现和发展，永磁同步电动机已成为直接驱动所使用的电动机主流。在数控设备等需要高精度定位的场合，基本上采用交流永磁同步电动机。另外还有其他新型的电动机，如超声电动机和横向磁场直线电动机等也在广泛研究并投入使用。

直接驱动旋转电动机 DDR 主要分为六类：直流力矩电动机、交流永磁同步电动机、变磁阻电动机、开关磁通同步电动机（Flux-Switching Permanent Magnet Synchronous Motor）、开关磁阻电动机（Switched Reluctance Motor，简称 SRM）和横向磁场电动机（Transverse Field Motor，简称 TFM）。其中直流力矩电动机、交流永磁同步电动机和变磁阻电动机在原理上都与普通控制电动机类似。其区别在于为了得到高转矩和低转速，通常设计为长径比较小的圆盘状结构，但同时由于低转速，会带来转矩波动、速度波动、发热量大等问题。

在现代工业 3.0 时代驱动机器的电动机也在很多场合使用了开关磁阻电动机。开关磁阻电动机（SRM）的运行遵循"磁阻最小原理"，即磁通总要沿着磁阻最小的路径闭合，而具有一定形状的铁心在移动到最小磁阻位置时，必然会使自己的主轴线和磁场的轴线重合。开关磁阻电动机是 30 多年发展起来的一种新型交流调速电动机，其具有简单可靠、冷却性能好、不需要永磁体、可在较宽的转速和转矩范围内高效运行、四象限运行、响应速度快和成本低等优点。其缺点是：转矩存在较大波动、振动大，系统非线性，控制成本高，功率密度低等。

横向磁场电动机（TFM）是德国著名的电动机专家 Weh. H. 教授首先提出的一种新型的机电一体化调速系统。TFM 主磁路所在平面横向穿过电动机旋转方向，从而实现了电动机磁负荷和电负荷的解耦，两者之间不再像传统电动机那样相互制约，可以通过增加电磁负荷以获得较高的力密度，特别适合低速、大转矩的机器直接驱动的应用领域。目前，国外已经成功开发了许多应用于不同领域的横向磁场电动机，如舰船（包括潜艇）、电力机车、电动汽车、直驱机器人、电梯等。

为了适应智能机器的使用要求，对 DDR 电动机而言，其应具备的特性是：输出转矩大、转矩脉动低、效率高、转矩特性的线性度好、转矩/质量比大、发热少。

第 2 章　智能制造及其关键技术

2.1　德国工业 4.0

2.1.1　德国工业 4.0 的实质及其核心思想

德国是全球制造业中最具竞争力的国家之一，尤其在装备制造行业全球领先。这是由于德国在创新制造技术方面的研究、开发和生产，以及在复杂工业过程高效控制与管理方面名列前茅。德国拥有强大的机械和装备制造业、占据全球信息技术能力的显著地位，在嵌入式系统和自动化工程领域具有很高的技术水平使其在先进制造工程处于国际领先水平。德国以其独特的优势开拓了新型工业化的潜力——工业 4.0（Industry 4.0），并开始推进这个产官研学一体项目的新一代工业升级计划。

制造业的数字化、网络化、智能化正在彻底改变人们的制造方式。为此，以德国为代表的欧洲，以及美国和日本都打算大幅加大制造业的经济投入力度。例如，美国的通用电气公司（General Electric Company，GE）于 2012 年秋季提出了"工业互联网"（Industrial Internet）概念，这是一个将产业设备与 IT 融合的概念，目标是通过高功能设备、低成本传感器、互联网、大数据收集及分析技术等的组合，大幅提高现有产业的效率并创造新产业。而日本的各企业也在积极推进数据算法模型（M2M）和大数据应用。

德国工业 4.0 的大体概念是在 2013 年 4 月在德国举行的"汉诺威工业博览会"上提出的。其目的是为了提高德国工业的竞争力，在新一轮工业革命中占领先机。工业 4.0 迅速成为德国的另一个标签，并在全球范围内引起了新一轮的工业转型竞赛。当时，德国人工智能研究中心董事兼行政总裁沃尔夫冈·瓦尔斯特尔教授在开幕式中提到，要通过"物联网"等媒介来推动第四次工业革命，提高制造业水平。在德国政府 2010 年 7 月推出的《德国 2020 高技术战略》中，德国政府会投入 2 亿欧元，其目的是奠定德国在关键技术上的国际领先地位，夯实德国作为技术经济强国的核心竞争力。2 年后，在 2013 年 4 月举办的"Hannover Messe 2013"上，由产官学专家组成的德国"工业 4.0 工作组"发表了最终报告——《保障德国制造业的未来：关于实施"工业 4.0"战略的建议》（包括德语版和英文版）。与美国倡导的"工业互联网"的第三次工业革命的说法不同，德国将 18 世纪引入机械制造设备定义为工业 1.0，20 世纪初的电气化为 2.0，始于 20 世纪 70 年代的信息化定义为 3.0，而物联网和制造业服务化宣告着第四次工业革命的到来。

工业 4.0 时代是继第一台纺织机、第一条生产线和第一台可编程逻辑控制器（PLC）诞生后，互联网、大数据、云计算、物联网等新技术给工业生产带来的革命性变化，如图 2-1 所示。本质上而言，工业革命是对劳动生产率的非线性革命，每一次工业革命，都意味着劳动力的进一步解放。

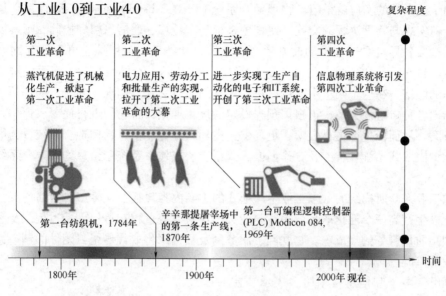

图 2-1 四次工业革命

　　德国工业 4.0 的核心是"物联网"，其概念中的关键是将软件、传感器和通信系统集成到物理网络系统中，即实现机电软一体化深度融合。在这个虚拟世界与现实世界的交汇处，人们越来越多地构思、优化、测试和设计产品。德国"工业 4.0"概念包含了由集中式控制向分散式增强型控制的基本模式转变，目标是建立一个高度灵活的个性化和数字化的产品与服务的生产模式。在这种"物联网"新模式中，传统的行业界限将消失，并会产生各种新的活动领域和合作形式。创造新价值的过程正在发生改变，产业链分工将被重组。

　　德国工业 4.0 的最为关键技术是信息通信技术（Information & Communication Technology，ICT），具体包括联网设备之间自动协调工作的 M2M（Machine to Machine）、通过网络获得大数据的运用、与生产系统以外的开发/销售/ERP（企业资源计划）/PLM（产品生命周期管理）/SCM（供应链管理）等业务系统联动等。而第三次工业革命的自动化只是在生产工艺中运用 ICT，"工业 4.0"将会大幅扩大其应用对象。

　　德国工业 4.0 在很大程度上是信息技术在工业上更深层次的应用。未来的工厂将是人、机器和资源共同在社交的虚拟网络中协同作业，工厂则将被巨大的智能移动、智能物流和智能网络系统平台取代，从生产到最后的产品回收服务的全生命周期内都能实现实时监控。

　　德国工业 4.0 的实施旨在推动德国制造业向智能化升级，向服务业转型。所需的网络平台有互联网、大数据、物联网、服务网等，以及恰当的自动化等系统，将使所有制造业实现智能化，并取代传统的机械和机电一体化的产品。"工业 4.0"理念旨在通过充分利用嵌入式控制系统（即整合软硬件的系统），实现创新交互式生产技术的联网、通信。德国工业 4.0 战略的信息物理系统包括智能机器、存储系统和生产设施等，它们通过自动交换信息、触发动作和控制，并将其融入物流、生产、销售、出厂物流和服务等各个环节，从而实现了数字化和端到端集成。"工业 4.0"战略作为一种全新的工业生产方式，通过技术实现了实体物理世界和虚拟网络世界的相互融合，反映了人机关系的深刻变革，以及网络化和社会化组织模式的应用。

德国工业 4.0 的实质就是信息物理融合系统 CPS（Cyber Physical System），它是通过人机交互接口实现与物理进程的交互，使物理系统具有计算、通信、精确控制、远程协作和自治功能。社会各界对 CPS 能推动改善生产自主性、功能性、可用性、可靠性和网络安全等已经形成了较为一致的认同。在"工业 4.0"时代，机器、存储系统和生产手段构成了一个相互交织的网络，在这个网络中，可以进行信息的实时交互、调准。同时，物理信息融合系统还能给出各种可行性方案，再根据预先设定的优化准则，将它们进行比对、评估，最终选出最佳方案。从而使生产更具效率，更环保，更加人性化。信息物理融合系统分为嵌入式系统、智能型嵌入式系统、智能及合作型嵌入式系统、成体系系统和信息物理融合系统五个演化阶段。

德国工业 4.0 所描绘的未来工业生产形式的主要内容包括：在生产要素高度灵活配置条件下大规模生产高度个性化产品，顾客与业务伙伴对业务过程和价值创造过程广泛参与，以及生产和高质量服务的集成等。物联网、服务网及数据网将取代传统封闭性的制造系统成为未来工业的基础。

德国电气电子和信息技术协会表示，在计划框架下，规划生产要素、技术和产业互联集成的关键前提是，各参与方需要就"工业 4.0"涉及的技术标准和规格取得一致。该协会称，由其下属的德国电工委员会编纂的全球首个"工业 4.0"标准化路线图正是向这一目标迈出的重要一步，为所有参与方就"工业 4.0"涉及的现有相关标准和规格提供一个概览和规划基础。

德国工业 4.0 战略的要点可以概括为：建设一个网络、研究四大主题、实现三项集成、实施八项计划，如图 2-2 所示。

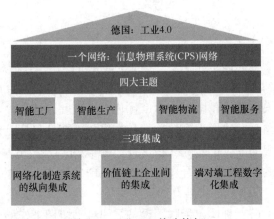

图 2-2　工业 4.0 战略构架

建设一个网络：信息物理系统网络。信息物理系统就是将物理设备连接到互联网上，让物理设备具有计算、通信、精确控制、远程协调和自治等五大功能，从而实现虚拟网络世界与现实物理世界的融合。CPS 可以将资源、信息、物体及人紧密联系在一起，从而创造物联网及相关服务，并将生产工厂转变为一个智能的环境。这是实现工业 4.0 的基础。

研究四大主题：一是"智能工厂"，重点研究智能化生产系统及过程，以及网络化分布式生产设施的实现；二是"智能生产"，主要涉及整个企业的生产物流管理、人机互动及3D 技术在工业生产过程中的应用等。该计划将特别注重吸引中小企业参与，力图使中小企业成为新一代智能化生产技术的使用者和受益者，同时也成为先进工业生产技术的创造者和供应者；三是"智能物流"，主要通过互联网、物联网、务联网，整合物流资源，充分发挥现有物流资源供应方面的效率，而需求方则能够快速获得匹配服务，得到物流支持；四是"智能服务"，主要设计智能产品、状态感知控制和大数据处理，将改变产品的现有销售和使用模式。增加了在线租用、自动配送和返还、优化保养和设备自动预警、自动维修等智能服务新模式，促进新的商业模式，推进企业向服务型制造转型。

实现三项集成：横向集成、纵向集成与端对端的集成。工业 4.0 将无处不在的传感器、嵌入式终端系统、智能控制系统、通信设施通过 CPS 形成一个智能网络，使人与人、人与机器、机器与机器及服务与服务之间能够互联，从而实现横向、纵向和端对端的高度集成。

横向集成是企业之间通过价值链及信息网络所实现的一种资源整合，是为了实现各企业间的无缝合作，提供实时产品与服务；纵向集成是基于未来智能工厂中网络化的制造体系，实现个性化定制生产，替代传统的固定式生产流程（如生产流水线）；端对端集成是指贯穿整个价值链的工程化数字集成，是在所有终端数字化的前提下实现的基于价值链与不同公司之间的一种整合，这将最大限度地实现个性化定制。

实施八项计划：①标准化和参考架构；②为工业建立宽带基础设施，同时，这套宽带网络必须要满足工控网络的各项性能指标；③安全和保障，包括物理安全、功能安全、信息安全三个方面；对于信息安全应该理性化认识，否则将会浪费更多成本且达不到信息安全的要求；④管理复杂系统；⑤工作的组织和设计；⑥培训和持续的专业发展；⑦监管框架；⑧资源利用效率。

德国学术界和产业界普遍认为，"工业 4.0"概念是以智能制造为主导的第四次工业革命，或革命性的生产方法，旨在通过充分利用信息通信技术和网络物理系统等手段，使制造业向智能化转型。

德国工业 4.0 的核心思想是在整个产品生命周期中，从开发、生产、使用到回收，机械装置和嵌入式软件相互融合、不可分割，即信息物理系统，也就是全生命周期的机电软一体化。信息物理系统是一个综合计算、通信和控制的多维复杂系统，通过 3C（Computer、Communication、Control）技术的有机融合与深度协作，实现大型工程系统的实时感知、动态控制和信息服务，如图 2-3 所示。

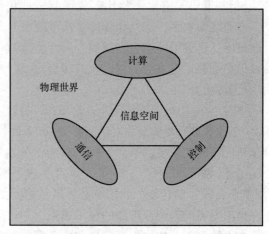

图 2-3　通过 3C 技术实现融合的信息物理系统

2.1.2　德国工业 4.0 的 5 个创新技术领域

工业 4.0 中机器的软件不再仅仅是为了控制仪器或者执行某步具体的工作程序而编写，也不再仅仅被嵌入产品和生产系统里，产品和服务将借助于互联网和其他网络服务，通过软件、电子及环境的结合，生产出全新的产品和服务。工业 4.0 涉及变革的 5 个创新的主要技术领域。

1）移动计算：是人和计算机在移动状态下进行的人机交互。这种人和计算机的机动性极大延伸了增值和实用的可能。移动终端设备在地点和时间上更智能、更灵活和更小巧。

2）社会化媒体：互联网协作产生的平台，创造并存储数据，这些数据可贯穿产品生命周期的各个阶段，成为高效增值的极有价值的原始材料。其可被访问，并逐渐渗透到社会和生活的许多领域。

3）物联网（Internet of Things，IoT）：物联网清晰地描述了一种唯一确定的物理对象间的连接，物品能够通过这种连接自主地相互联系，并由此获得了扩展功能，创造额外的客户价值。物联网的形成开启了创新、产品功能和增值过程效益的新维度。

4）大数据：就是收集巨大的数据集。这些数据集产生于多种多样的模拟或者数字资源——物联网、人联网（Internet of Humans，IoH），并以不同的速度、容量和协议传输。

5）分析、优化和预测：原始的大数据被不同的面向数据的过程所提纯，然后通过分析和优化工具而成为有增值的、可销售的产品。

2.2 中国制造 2025 战略

2.2.1 中国制造 2025 简介

改革开放几十年来，中国制造业已建立了雄厚的基础，取得了长足的发展。2014 年中国国民生产总值 GDP（Gross Domestic Product）超过 63.6 万亿元，正式成为第二个 GDP 总量超过 10 万亿美元的国家。全球近 80% 的空调、70% 的手机及 60% 的鞋类都是"中国制造"。但与世界先进水平相比，我国制造业仍然大而不强，在自主创新能力、资源利用效率、产业结构水平、信息化程度、质量效益等方面差距明显，转型升级和跨越发展的任务紧迫而艰巨。尽管中国制造发展到今天面临着劳动力上升等诸多挑战，但制造业对中国未来的发展仍然是举足轻重的，制造业的转型升级，对中国完成从制造大国到制造强国的转型将起到至关重要的作用。

事实上中国目前仍处于"工业 2.0"的后期阶段，对中国企业来讲，"工业 2.0"要补课，"工业 3.0"要普及，"工业 4.0"有条件尽可能做一些示范工作。目前，世界各国正在掀起新一轮的工业技术革命，美国政府十分重视先进制造业的发展，在不同的州建立了 45 个制造业创新研究中心，构建了全国制造创新网络。为了实现中国由"制造业大国"向"制造业强国"的转变，我国有必要借鉴德国工业 4.0 战略的基本思路和实施机制，借助于正在迅速发展的新产业革命的技术成果，加快推进制造业生产制造方式、产业组织和商业模式等方面的创新，加快促进制造业的全面转型升级。我国处于追求持续性发展、实现转型升级的阶段，制造业的国际竞争力依然是支撑我国就业和增长的核心。

2014 年 12 月，我国首次提出"中国制造 2025"这一概念。2015 年 3 月 5 日，李克强总理在《政府工作报告》中首次提出"中国制造 2025"的宏大计划。同年 5 月，国务院印发《中国制造 2025》，提出了实现中国制造向中国创造转变、中国速度向中国质量转变、中国产品向中国品牌转变，完成中国制造由大变强的任务。

"中国制造 2025"的宏大计划力争通过"三步走"来实现战略目标。

第一步（跟跑）：力争用十年时间，即 2025 年迈入制造强国行列。

第二步（并跑）：到 2035 年，我国制造业整体达到世界制造强国阵营中等水平。

第三步（领跑）：新中国成立一百周年时，即 2050 年制造业大国地位更加巩固，综合实力进入世界制造强国前列。

三步走战略是实事求是的，是立足于我国制造业实际的安排。它不同于德国工业 4.0 计划只针对高新技术，而是将整个制造业做大、做精、做强。我国制造业中不同的行业差异很大，某些行业需要长期积累。原工信部部长苗圩也表示："中国制造必须走工业 2.0 补课、工业 3.0 普及和工业 4.0 示范的并联式发展道路。"

《中国制造 2025》的五个基本方针是"创新驱动、质量为先、绿色发展、结构优化、人才为本",坚持"市场主导、政府引导,立足当前、着眼长远,整体推进、重点突破,自主发展、开放合作"的基本原则,通过三个阶段实现制造强国的目标,如图 2-4 所示。

《中国制造 2025》包含的重大工程之一就是智能制造装备的研发。先进智能化高端装备是先进制造技术、信息技术和智能技术的集成和融合,通常是具有感知、分析、推理、决策和控制功能的装备的统称,体现了制造业的智能化、数字化和网络化的发展要求。

装备智能化首先要实现产品信息化,即越来越多的制造信息被录制、被物化到产品中;产品中的信息含量逐渐增高,一直到其在产品中占据主导地位。产品信息化是信息化的基础,其有两层意思:一是产品所含各类信息比重日益增大、物质比重日益降低,产品日益由物质产品的特征向信息产品的特征迈进;二是越来越多的产品中嵌入了智能化元器件(如交流伺服压力机),使产品具有越来越强的信息处理功能。

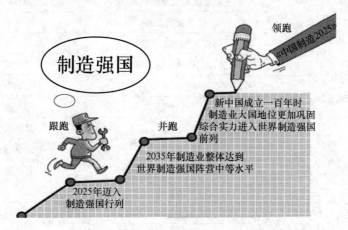

图 2-4　跟跑、并跑与领跑"三步走"制造强国 2025 的战略目标

智能制造技术是世界制造业未来发展的重要方向,依靠技术创新,实现由"制造大国"到"制造强国"的历史性跨越,是我国制造业发展的战略选择,为了实现制造强国的战略目标,加快制造业转型升级,全面提高发展质量和核心竞争力,我们要瞄准新一代信息技术、高端装备、新材料、生物医药等战略重点,引导社会各类资源集聚,推动优势和战略产业快速发展。

2.2.2　中国制造 2025 的十大领域

中国正处于加快推进工业化进程的阶段,制造业是国民经济的重要支柱和基础。落实2015 年政府工作报告部署的"中国制造 2025",对于推动中国制造由大变强,使中国制造包含更多中国创造因素,更多依靠中国装备、依托中国品牌,促进经济保持中高速增长、向中高端水平迈进,具有重要意义。

在《中国制造 2025》中,核心转变是从"中国制造"到"中国创造";改革创新则是勾勒中国制造上天入海蓝图的一条主线。《中国制造 2025》最后提出八项措施作为战略支撑和保障,包括:深化体制机制改革、营造公平竞争市场环境、完善金融扶持政策、加大财税政策支持力度、健全多层次人才培养体系、完善中小微企业政策、进一步扩大制造业对外开放、健全组织实施机制等。八项战略支撑都是针对我国制造业当前面临的突出问题所提出的系统性举措。长期举措，如健全人才培养体系、完善金融扶持和加大财税政策力度则是中短期需要做的。

《中国制造 2025》的核心包括十个重点领域及 23 个重点方向。为了可靠地保障这十个领域中的 23 个优先发展方向的人才与知识。2017 年 7 月国内部分高校进行 23 个不同优先发展方向的人才培养方案及其知识体系的撰写，具体分工见表 2-1。从表 2-1 可看出，这些高校几乎都是 985 学校，在国内的工学领域都是名列前茅的。从而为《中国制造 2025》中的五个方针之一的"人才为本"的实施奠定了良好的基础。

表 2-1　十个重点领域 23 个优先发展方向的人才培养新模式的规划分工

重点领域	优先发展方向	负责高校
新一代信息技术产业	集成电路及专业设备	浙江大学
	信息通信设备	东南大学
	操作系统和工业软件	清华大学
	智能制造核心信息设备	西安交通大学
高档数控机床和机器人	高档数控机床与基础制造装备	华中科技大学
	机器人	清华大学
航空航天装备	飞机	北京航空航天大学
	航空发动机	北京航空航天大学
	航空机载设备、系统及配套	北京航空航天大学
	航天设备	哈尔滨工业大学
海洋工程装备及高技术船舶	海洋工程装备及高技术船舶	上海交通大学
先进轨道交通装备	先进轨道交通装备	西南交通大学
节能与新能源汽车	节能汽车	同济大学
	新能源汽车	同济大学
	智能网汽车	清华大学
电力装备	发电装备	天津大学
	输变电装备	天津大学
农机装备	农业装备	浙江大学
新材料	先进基础材料	西安交通大学
	关键战略材料	哈尔滨工业大学
	前沿新材料	哈尔滨工业大学
生物医药及高性能医疗器械	生物医药	华中科技大学
	高性能医疗器械	东南大学

在《中国制造 2025》中提出提高国家制造业创新能力、推进信息化与工业化深度融合、强化工业基础能力、加强质量品牌建设、全面推行绿色制造、大力推动重点领域突破发展、深入推进制造业结构调整、积极发展服务型制造和生产性服务业、提高制造业国际

化发展水平等九项任务，其中还将要突破发展的重点领域细化为包括信息技术产业在内的十大领域。

要顺应"互联网+"的发展趋势，以信息化与工业化深度融合为主线，重点发展新一代信息技术产业、高档数控机床和机器人、航空航天装备、海洋工程装备及高技术船舶、先进轨道交通装备、节能与新能源汽车、电力装备、农机装备、新材料、生物医药及高性能医疗器械十大领域，强化工业基础能力，提高工艺水平和产品质量，推进智能制造、绿色制造。促进生产性服务业与制造业融合发展，提升制造业层次和核心竞争力。

2.2.3　中国制造 2025 的五大工程

1. 制造业创新中心（工业技术研究基地）建设工程

围绕重点行业转型升级和新一代信息技术、智能制造、增材制造、新材料、生物医药等领域创新发展的重大共性需求，形成一批制造业创新中心（工业技术研究基地），重点开展行业基础和共性关键技术研发、成果产业化、人才培训等工作。制定完善制造业创新中心遴选、考核、管理的标准和程序。

到 2020 年，重点形成 15 家左右制造业创新中心（工业技术研究基地），力争到 2025 年形成 40 家左右制造业创新中心（工业技术研究基地）。

2. 智能制造工程

紧密围绕重点制造领域关键环节，开展新一代信息技术与制造装备融合的集成创新和工程应用。支持政产学研用联合攻关，开发智能产品和自主可控的智能装置并实现产业化。依托优势企业，紧扣关键工序智能化、关键岗位机器人替代、生产过程智能优化控制、供应链优化，建设重点领域智能工厂/数字化车间。在基础条件好、需求迫切的重点地区、行业和企业中，分类实施流程制造、离散制造、智能装备和产品、新业态新模式、智能化管理、智能化服务等试点示范及应用推广。建立智能制造标准体系和信息安全保障系统，搭建智能制造网络系统平台。

到 2020 年，制造业重点领域智能化水平显著提升，试点示范项目运营成本降低 30%，产品生产周期缩短 30%，不良品率降低 30%。到 2025 年，制造业重点领域全面实现智能化，试点示范项目运营成本降低 50%，产品生产周期缩短 50%，不良品率降低 50%。

3. 工业强基工程

开展示范应用，建立奖励和风险补偿机制，支持核心基础零部件（元器件）、先进基础工艺、关键基础材料的首批次或跨领域应用。组织重点突破，针对重大工程和重点装备的关键技术和产品急需，支持优势企业开展政产学研用联合攻关，突破关键基础材料、核心基础零部件的工程化、产业化瓶颈。强化平台支撑，布局和组建一批"四基"研究中心，创建一批公共服务平台，完善重点产业技术基础体系。

到 2020 年，40% 的核心基础零部件、关键基础材料实现自主保障，受制于人的局面逐步缓解，航天装备、通信装备、发电与输变电设备、工程机械、轨道交通装备、家用电器等产业急需的核心基础零部件（元器件）和关键基础材料的先进制造工艺得到推广应用。到2025 年，70% 的核心基础零部件、关键基础材料实现自主保障，80 种标志性先进工艺得到推广应用，部分达到国际领先水平，建成较为完善的产业技术基础服务体系，逐步形成整机牵引和基础支撑协调互动的产业创新发展格局。

4. 绿色制造工程

组织实施传统制造业能效提升、清洁生产、节水治污、循环利用等专项技术改造。开展重大节能环保、资源综合利用、再制造、低碳技术产业化示范。实施重点区域、流域、行业清洁生产水平提升计划，扎实推进大气、水、土壤污染源头防治专项。制定绿色产品、绿色工厂、绿色园区、绿色企业标准体系，开展绿色评价。

到 2020 年，建成千家绿色示范工厂和百家绿色示范园区，部分重化工行业能源资源消耗出现拐点，重点行业主要污染物排放强度下降 20%。到 2025 年，制造业绿色发展和主要产品单耗达到世界先进水平，绿色制造体系基本建立。

5. 高端装备创新工程

组织实施大型飞机、航空发动机及燃气轮机、民用航天、智能绿色列车、节能与新能源汽车、海洋工程装备及高技术船舶、智能电网成套装备、高档数控机床、核电装备、高端诊疗设备等一批创新和产业化专项、重大工程。开发一批标志性、带动性强的重点产品和重大装备，提升自主设计水平和系统集成能力，突破共性关键技术与工程化、产业化瓶颈，组织开展应用试点和示范，提高创新发展能力和国际竞争力，抢占竞争制高点。

到 2020 年，上述领域实现自主研制及应用。到 2025 年，自主知识产权高端装备市场占有率大幅提升，核心技术对外依存度明显下降，基础配套能力显著增强，重要领域装备达到国际领先水平。

2.3　智能制造概念及其关键技术

2.3.1　智能制造的内涵及外延

智能制造，就是面向产品全生命周期，实现泛在感知条件下的信息化制造。智能制造技术是在现代传感技术、网络技术、自动化技术、拟人化智能技术等先进技术的基础上，通过智能化的感知、人机交互、决策和执行技术，实现设计过程、制造过程和制造装备智能化，是信息技术、智能技术与装备制造技术的深度融合与集成。智能制造，是信息化与工业化深度融合的大趋势。

智能制造技术是世界制造业未来发展的重要方向，依靠技术创新，实现由"制造大国"到"制造强国"的历史性跨越，是我国制造业发展的战略选择，为了实现制造强国的战略目标，加快制造业转型升级，全面提高发展质量和核心竞争力，需要瞄准新一代信息技术、高端装备、新材料、生物医药等战略重点，引导社会各类资源集聚，推动优势和战略产业快速发展。

"智能制造"并非只是一个横空出世的概念，而是制造业依据其内在发展逻辑，经过长时间的演变和整合逐步形成的。

关于智能制造的研究大致经历了以下三个阶段：

1. 20 世纪 80 年代智能制造概念的提出源于人工智能在制造领域的应用

1998 年，美国赖特（Paul Kenneth Wright）、伯恩（David Alan Bourne）正式出版了智能制造研究领域的首本专着《制造智能》，就智能制造的内涵与前景进行了系统描述，将智能制造定义为"通过集成知识工程、制造软件系统、机器人视觉和机器人控制来对制造技工们的技能与专家知识进行建模，以使智能机器能够在没有人工干预的情况下进行小批量生产"。在此基础上，英国技术大学 Williams 教授对上述定义做了更为广泛的补充，认为"集成范围还应包括贯穿制造组织内部的智能决策支持系统"。《麦格劳—希尔科技大词典》将智能制造界定为，采用自适应环境和工艺要求的生产技术，最大限度地减少监督和操作，制造物品的活动。

2. 20 世纪 90 年代智能制造技术、智能制造系统的提出

在智能制造概念提出不久后，智能制造的研究获得欧、美、日等工业化发达地区的普遍重视，围绕智能制造技术（IMT）与智能制造系统（IMS）开展国际合作研究。欧、美、日共同发起实施的"智能制造国际合作研究计划"中提出："智能制造系统是一种在整个制造过程中贯穿的智能活动，并使这种智能活动与智能机器有机融合，将整个制造过程从订货、产品设计、生产到市场销售等各个环节以柔性方式集成起来的，能发挥最大生产力的先进生产系统。"

3. 21 世纪以来深化于新一代信息技术的快速发展及应用

21 世纪以来，随着物联网、大数据、云计算等新一代信息技术的快速发展及应用，智能制造被赋予了新的内涵，即新一代信息技术条件下的智能制造。

（1）美国工业互联网中的"智能制造"　工业互联网的概念最早由 GE 于 2012 年提出，随后美国 5 家行业领头企业联手组建了工业互联网联盟，GE 在工业互联网（Industrial Internet）概念中，更是明确了"希望通过生产设备与 IT 相融合，通过高性能设备、低成本传感器、互联网、大数据收集及分析技术等的组合，大幅提高了现有产业的效率并创造了新产业。"

（2）德国推出工业 4.0 中的"智能制造"　德国工业 4.0 的概念包含了由集中式控制向分散式增强型控制的基本模式转变，目标是建立一个高度灵活的个性化和数字化的产品与服务的生产模式。在这种模式中，传统的行业界限将消失。核心内容可以总结为：建设一个网络（信息物理系统），研究两大主题（智能生产、智能工厂、智能物流、智能服务），实现三项集成（纵向集成、横向集成、端到端集成），推进三大转变（生产由集中向分散转变、产品由趋同向个性转变、用户由部分参与向全程参与转变）。

（3）中国制造 2025 中的"智能制造"　《智能制造发展规划（2016—2020 年）》给出了一个比较全面的描述性定义：智能制造是基于新一代信息通信技术与先进制造技术的深度融合，贯穿于设计、生产、管理、服务等制造活动的各个环节，具有自感知、自学习、自决策、自执行、自适应等功能的新型生产方式。推动智能制造，能够有效缩短产品研制周期、提高生产率和产品质量、降低运营成本和资源能源消耗，并促进基于互联网的众创、众包、众筹等新业态、新模式的孕育发展。智能制造具有以智能工厂为载体，以关键制造环节智能化为核心，以端到端数据流为基础，以网络互联为支撑等特征，这实际上指出了智能制造的核心技术、管理要求、主要功能和经济目标，体现了智能制造对我国工业转型升级和国民经济持续发展的重要作用。

综上所述，智能制造是将物联网、大数据、云计算等新一代信息技术与先进自动化技术、传感技术、控制技术、数字制造技术结合，实现工厂和企业内部、企业之间和产品全生命周期的实时管理和优化的新型制造系统。

2.3.2　中国智能制造专项

　　智能制造产业已成为各国占领制造技术制高点的重点研发与产业化领域。美欧日等发达国家将智能制造列为支撑未来可持续发展的重要智能技术。我国也将智能制造作为当前和今后一个时期推进两化深度融合的主攻方向和抢占新一轮产业竞争制高点的重要手段。2012年3月27日科技部组织编制了《智能制造科技发展"十二五"专项规划》。智能制造体系如图2-5所示。

　　智能制造是基于新一代信息技术，贯穿设计、生产、管理、服务等制造活动的各个环节，是先进制造过程、系统与模式的总称。智能产品可以通过独特的形式加以识别，可以在任何时候被定位，并能知道它们自己的历史、当前状态和为了实现其目标状态的替代路线。在产品的全生命周期内具有信息深度自感知（全面传感）、智慧优化自决策（优化决策）、精准控制自执行（安全执行）等优势。

　　智能制造的基本思路是以促进制造业创新发展为主题，以加快新一代信息技术与制造业深度融合为主线，以推进智能制造为主攻方

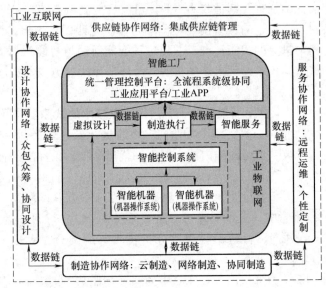

图 2-5　智能制造体系

向，强化工业基础能力，提高综合集成水平，完善多层次人才体系，从而可以增强综合国力，提升国际竞争力，保障国家安全，坚持走中国特色新型工业化道路。

　　2015年3月9日，工业和信息化部印发《2015年智能制造试点示范专项行动实施方案》，正式启动2015年智能制造试点示范专项行动。

　　智能制造是制造技术和信息技术的结合，涉及众多行业产业，聚焦智能制造试点的关键环节，有助于准确把握与其相关产业的投资机会。而根据智能制造试点通知，将分类开展：①流程制造及离散制造；②智能装备和产品；③智能制造新业态新模式；④智能化管理；⑤智能服务等5大重点方向。

　　上述试点中瞄准的5个方向如下，以解决不同层面的智能化问题。

　　第一，针对生产过程的智能化，更准确地说是生产方式的现代化、智能化。根据通知要求，在以智能工厂为代表的流程制造、以数字化车间为代表的离散制造分别选取5个以上的试点示范项目。其中，在流程制造领域，重点推进石化、化工、冶金、建材、纺织、食品等行业，示范推广智能工厂或数字矿山；在离散制造领域，重点推进机械、汽车、航空、船舶、轻工、家用电器及电子信息等行业。

　　第二，针对产品的智能化，体现在以信息技术深度嵌入为代表的智能装备和产品试点示范。也就是把芯片、传感器、仪表、软件系统等智能化产品嵌入到智能装备中去，使产品具

备动态存储、感知和通信能力，实现产品的可追溯、可识别、可定位。根据通知，在包括高端芯片、新型传感器、机器人等在内的行业中，选取 10 个以上智能装备和产品的集成应用项目。

第三，针对制造业中的新业态新模式予以智能化，也就是所谓的工业互联网。根据通知，在以个性化定制、网络协同开发、电子商务为代表的智能制造新业态新模式中推行试点示范。例如，在家用电器、汽车等与消费相关的行业，开展个性化定制试点；在钢铁、食品、稀土等行业开展电子商务及产品信息追溯试点示范。

第四，针对管理的智能化。在物流信息化、能源管理智慧化上推进智能化管理试点，从而将信息技术与现代管理理念融入企业管理中。

第五，针对服务的智能化。以在线监测、远程诊断、云服务为代表的智能服务进行试点示范。工信部电子信息司副司长安筱鹏认为，服务的智能化，既体现为企业如何高效、准确、及时挖掘客户的潜在需求并实时响应，也体现为产品交付后对产品实现线上线下（O2O）服务和产品的全生命周期管理。两股力量在服务智能化方面相向而行，其一是传统的制造企业不断拓展服务业务，另一个是互联网企业从消费互联网进入产业互联网。

在 2015 年启动 30 个以上智能制造试点示范项目，聚焦于：

1）以智能工厂为代表的流程制造。
2）以数字化车间为代表的离散制造。
3）以信息技术深度嵌入为代表的智能装备和产品。
4）以个性化定制、网络协同开发、电子商务为代表的智能制造新业态、新模式。
5）以物流信息化、能源管理智慧化为代表的智能化管理及在线监测、远程诊断。
6）以云服务为代表的智能服务。

试点范围将于 2017 年进一步扩大。

智能制造试点示范项目要实现五维度愿景，运营成本降低 20%，产品研制周期缩短 20%，生产率提高 20%，产品不良品率降低 10%，能源利用率提高 4%。2015 年和 2016 年中国智能制造专项立项情况表见表 2-2。

表 2-2　2015 年和 2016 年中国智能制造专项立项情况表

年　份	项目申报数	初评通过数	复评通过数	立项数
2015	340	239	94	93
2016	416	277	144	133

智能制造专项主要支持方向有综合标准化试验验证：基础共性标准试验验证、关键应用标准试验验证；重点领域智能制造新模式应用：新一代信息技术产品、高档数控机床和机器人、航空制备、海洋工程装备及高技术船舶、先进轨道交通装备、节能与新能源汽车、电力装备、新材料、农业机械。

2.3.3　智能制造的核心信息设备

近年来 IPv6 迅速发展，国内外厂商都在加速设备研发与换代使产品支持 IPv6。国内生产 IPv6 产品的主要有思科、华为、中兴、瞻博网络等企业。

为贯彻落实《中国制造 2025》，引导社会各类资源集聚，推动优势和战略产业快速发展，国家制造强国建设战略咨询委员会于 2015 年 9 月 29 日在北京召开发布会，正式发布《〈中国制造 2025〉重点领域技术路线图（2015 版）》。

"中国制造 2025" 的 23 个重点方向的第一个就是新一代信息技术。它的 4 个发展方向包括：

1）集成电路及专用设备。

2）信息通信设备。

3）操作系统与工业软件。

4）智能制造核心信息设备。

1. 智能制造核心信息设备的需求和目标

智能制造核心信息设备是制造过程各个环节实现信息获取、实时通信、动态交互及决策分析和控制的关键基础设备。当前，我国工业发展已经到了爬坡过坎的重要关口，经济新常态要求制造业必须加快转型升级，加快发展智能制造已成为突破发展瓶颈、提升国际竞争力和应对经济下行压力的关键选项。要实现 "中国制造 2025" 的远景，必须建设与中国制造业配套的基础设施体系，其中重要的是信息基础设施和为制造服务的现代服务业。

2. 智能制造核心信息设备的重点产品

（1）智能制造基础通信设备　开发适应恶劣工业环境的高可靠、高容量、高速度、高质量的支持 IPv6 的高速工业交换机、高速工业无线路由器/中继器、工业级低功耗远距/近场通信设备、快速自组网工业无线通信设备、工业协议转换器/网关、工业通信一致性检测设备等工业通信网络基础设备，如图 2-6 所示，能够构建面向智能制造的高速、安全可靠的工业通信网络，为实现制造信息的互联互通奠定基础。

IPv6（Internet Protocol Version 6）是互联网工程任务组 IETF（Internet Engineering Task Force）设计的，是为了解决 IPv4 所存在的一些问题和不足而提出的用于替代现行版本 IP 协议（IPv4）的下一代 IP 协议。

IPv6 地址长度为 IPv4 的四倍，解决了网络地址资源数量的问题；在 IPv6 的网络中，病毒和互联网蠕虫不可能通过扫描地址段的方式找到有可乘之机的其他主机，因为 IPv6 的地址空间很大，大大提高了安全性。但是与 IPv4 一样，IPv6 一样会造成大量的 IP 地址浪费。

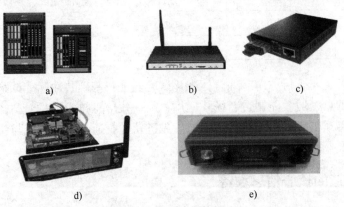

a)　　　　　　　　　b)　　　　　　　　　c)

d)　　　　　　　　　e)

图 2-6　智能制造基础通信设备

a）IPv6 的核心路由交换机　b）高速工业无线路由器　c）工业协议转换器

d）工业级低功耗嵌入式计算机主机　e）无线自组网路由器

在 IPv6 的世界里，病毒、互联网蠕虫的传播将变得非常困难。但是，基于应用层的病毒和互联网蠕虫是一定会存在的，电子邮件的病毒还是会继续传播。此外，还需要注意 IPv6 网络中关键主机的安全。

（2）智能制造控制系统　开发支持具有现场总线通信功能的分布式控制系统（DCS）、可编程控制系统（PLC）、工控机系统（PAC）、嵌入式控制系统及数据采集与监视控制（SCADA）系统，如图 2-7 所示，能够提高智能制造自主安全可控的能力和水平。

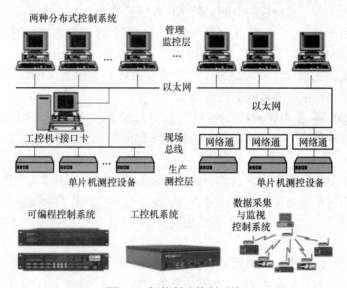

图 2-7　智能制造控制系统

1）分布式控制系统 DCS（Distributed Control System）。分布式制造作为未来工业制造过程的发展方向，是一种以快速响应市场需求和提高企业集群竞争力为主要目标的先进制造模式。它是由过程控制级和过程监控级组成的以通信网络为纽带的多级计算机系统，可靠性高、灵活性高、功能齐全、协调性好、易于维护。当前处于国际一流水平的有霍尼韦尔（Honeywell）、施耐德（Schneider）、ABB、西门子（Siemens）、艾默生（Emerson）等企业。

2）可编程控制系统 PLC（Programmable Logic Controller）。PLC 采用可以编制程序的存储器，可在其内部存储执行逻辑运算、顺序运算、计时、计数和算术运算等操作指令，并能通过数字式或模拟式的输入和输出，控制各种类型的机械或生产过程。它具有使用方便、功能强、可靠性高、抗干扰能力强、调试工作量少、维修方便等优点。生产 PLC 的国外企业有西门子、罗克韦尔（Rockwell）、ABB、GE、三菱（Mitsubishi）、欧姆龙（Omron）、松下（Panasonic）等，国内企业有光洋、台达、永宏、中控、信捷等。

3）工控机系统 PAC（Programmable Automation Controller）。工控机 IPC（Industrial Personal Computer）即工业控制计算机，是一种采用总线结构，对生产过程及机电设备、工艺装备进行检测与控制的工具总称。工业自动控制系统装置制造业是传统制造业中的高新技术行业，其技术水平直接反映了国家装备制造业的水平。

当前处于国际一流水平的有西门子、发那科（Fanuc）、霍尼韦尔、艾默生、横河（Yokogawa）、ABB 等国际跨国企业。近年来，大中型国内企业和国内部分合资企业，通过技术引进和自主研发，使技术水平处于国内领先，部分产品技术达到国际先进水平，如研华科技（中国）有限公司、凌华科技（中国）有限公司等；但行业内数量最大的国内中小企业，技术水平仍停留在20世纪90年代的水平。

4）嵌入式控制系统及数据采集与监视控制SCADA（Supervisory Control And Data Acquisition）系统。SCADA系统是以计算机为基础的生产过程控制与调度自动化系统，可以对现场的运行设备进行监视和控制。作为能量管理系统的一个最主要的子系统，它有信息完整、效率高、正确掌握系统运行状态、决策快、辅助快速诊断系统故障状态等优势，已经成为电力调度不可缺少的工具。它对提高电网运行的可靠性、安全性与经济效益，减轻调度员工作强度，实现电力调度自动化与现代化，提高调度的效率和水平等方面有着不可替代的作用。开发SCADA系统的有施耐德、西门子、MDS、易控等企业。

（3）基于物联网的新型工业传感器　工业4.0的核心思想就是物联网与服务网深度融合，从而确保机器动作执行决策的优化性及运行过程的安全性。

《〈中国制造2025〉重点领域技术路线图（2015版）》要求，到2020年，智能型光电传感器、智能型接近传感器、中低档视觉传感器、MEMS传感器及芯片、光纤传感器的国产化率要提高到20%。

智能工厂的实质就是生产运行过程中数据的采集、分析和处理实现智能化，而传感器在其中每个环节都起到至关重要的作用。对当前智能制造而言，作为所有智能设备的感官，传感器已不仅仅是采集数据的眼睛和耳朵，更是高端制造、流程控制、联网操作的大脑和心脏。

美国早在20世纪80年代就声称世界将进入传感器时代，甚至把传感器技术列为国家重点开发技术之一。目前全球约有40个国家从事传感器研制、生产和应用开发，其中美、日、德、丹等国的市场总占有率超过60%。例如，著名的直线光栅传感器国际品牌有海德汉（Heidenhain）、雷尼绍（Renishaw）。相比之下，国内传感器存在水平偏低、研发实力较弱、规模偏小、产业集中度低等问题，对于高端电动机、视觉、力学等高附加值的传感器，进口占比高达90%，严重依赖国外。

目前，在全球范围内有20000多种传感器，我国能完全国产的种类大约只有6000多种，且其种类远远不能满足国内生产生活的需要。我国传感器产品技术水平、工艺、新产品开发、应用研究与国外相比仍存在一定差距。传感器在重大技术装备中所占价值量不足5%，技术攻关及产业化难度大，较重大技术装备主机与国外先进水平差距更大。

传感技术及产品已成为制约智能制造等产业发展的瓶颈，迫切需要提升传感器产业技术层次和规模化发展。在制造业升级计划中，要让工业机器人表现更优异，传感器技术至关重要。

未来传感器应该首先要突破通信能力有限这个最大的瓶颈；其次是能量的消耗；第三是节点易于定位；第四是传感器智能化和多功能化。当前迫切需要开发具有数据存储和处理、自动补偿、通信功能的低功耗、高精度、高可靠的智能型光电传感器、智能型接近传感器、高分辨率视觉传感器、高精度流量传感器、车用DOMAIN域控制器、车用惯性导航传感器等新型工业传感器（见图2-8），以及分析仪器用高精度检测器，以满足典型行业和领域的泛在信息采集的需求。

（4）制造物联设备　物联网通过全面感知、可靠传递、智能处理可以使信息迅速、精确共享，实现"物—物"相连，其本质是深度的信息化。

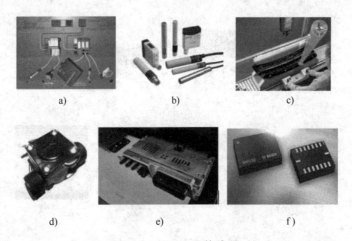

图 2-8　新型工业传感器

a）智能型光电传感器　b）电感式接近传感器　c）高分辨率视觉传感器
d）高精度流量传感器　e）车用 DOMAIN 域控制器　f）车用惯性导航传感器

制造物联是物联网技术在制造领域应用，它是一种新的制造模式，通过网络、嵌入式、RFID（Radio Frequency Identification Devices）和传感器等电子信息技术与制造技术相融合，将物联网技术应用于产品制造及全生命周期，实现了对产品制造与服务过程及全生命周期中制造资源与信息资源的动态感知、智能处理与优化控制、工艺和产品的创新等功能。信息物理系统也是网络平台的一种，数量众多且具有一定功能的微芯片（嵌入系统）可完全借助于此平台促进机器与机器之间的对话，从而形成"智能"化，取代之前需由人工控制的生产活动。

互联设备不断普及、物联网市场蓬勃发展都极大促进了包括 RFID 读取器在内的制造物联设备的研发，未来需要大力发展 RFID 芯片和读写设备、工业便携/手持智能终端、工业物联网关、工业可穿戴设备（见图 2-9），实现人、设备、环境与物料之间的互联互通和综合管理。

生产制造物联设备的企业有 IBM、思科（Cisco）、飞瑞敖、企想、妙购、英孚达和贝特尔等。

（5）仪器仪表和检测设备　仪器仪表和检测设备是实现智能制造信息测量与控制的基础手段和重要设备，在信息化带动工业化和产业化的过程中发挥着举足轻重的作用，如图 2-10 所示。

在制造业发达的国家和地区，一定有国际领先的仪器仪表企业，如美国有艾默生、霍尼维尔、罗克韦尔；欧洲有西门子、ABB、施耐德；日本有横河、欧姆龙等。

目前我国仪器仪表产业发展状况不容乐观，只能生产一些中低档的仪器仪表，高档仪器仪表进口产品份额占据 90% 以上。

虽然我国核心智能测控装置与部件已进入产业化阶段。仪器仪表领域、包装和食品机械领域发展较为突出，但智能测控装置与部件整体技术水平依然较低，关键核心部件亟待突破。

在检测仪器领域，国内企业同质化竞争、国外隐性技术壁垒制约、盲目采购国外仪器等因素，使得大量高价进口仪器长期占据中、高甚至低端市场，一定程度上阻碍了国产仪器的发展。业内人士和专家建议，国产检测仪器应提高行业竞争力，缩小与国外先进技术水平的差距。

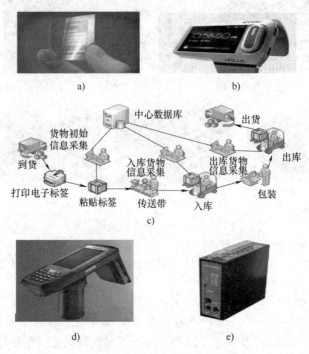

图 2-9　制造物联设备

a）RFID 芯片　b）智能可穿戴设备设计　c）RFID 芯片在智能工厂中的作用

d）便携式超高频工业手持终端　e）工业物联网智能网关

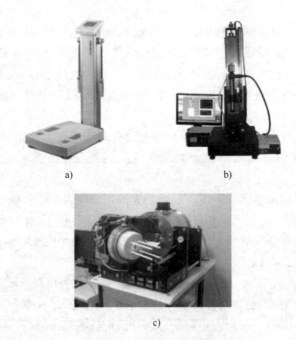

图 2-10　仪器仪表和检测设备

a）人体成分分析仪　b）高精度透镜综合测量仪　c）高温动态弹性模量无损检测仪

当前，迫切需要系统地研究开发符合智能制造特点和应用需求的高端测量仪器仪表设备，突破限制我国高端制造水平的精密测量核心技术和加工制造、装配工艺，实现高端测量仪器仪表设备国产化。

重点包括发展在线成分分析仪、在线无损检测装置、在线高精度三维数字超声波探伤仪、在线高精度非接触几何精度检测设备，实现智能制造过程中的质量信息采集和质量追溯。

（6）制造信息安全保障产品　信息技术与控制技术的深度结合，在为控制技术带来新的创新机会的同时，也将信息安全问题带入现代工业控制系统中。以网络化传感器、数据互操作性、多尺度动态建模与仿真、智能自动化为核心的智能制造面临的信息安全主要来自两个方面：

1）传统工业控制系统信息安全问题：工控软件、硬件、设备、协议、网络、工艺本身等；工业控制网络体系架构及各个重点环节。

2）虚拟网络与实体物理系统（CPS）技术使制造业和物流业的统一，导致工控信息安全面临新的挑战。

工业软件是智能制造系统的核心，数据和服务的安全可靠是智能制造企业的首要诉求，信息安全对于制造企业的重要性尤为迫切。关键生产数据传输于产品、设备、工厂、客户之间，信息的安全、知识产权的保护、生产设备与环境的安全等都是在智能生产过程中必须维护的要素。因此，以美国为代表的"工业互联网"、以德国为代表的"工业 4.0"，都将信息安全作为重中之重。目前在两化融合加剧的情况下，脆弱的工业控制系统亟须保护，国内工业控制信息安全防护设备应用尚未普及，普遍使用的是信息系统防火墙产品，无法对工业控制系统实施有效的信息安全防护，急需加大工业控制网络安全设备的投入，防止相关企业受到攻击，造成巨大损失。只有在保证工控网络安全的前提下，才能够促进企业生产制造安全，从而保障工业智能化带来的生产率的提高和附加效益的实现。工业控制系统网络安全关系智能制造生产如图 2-11 所示。

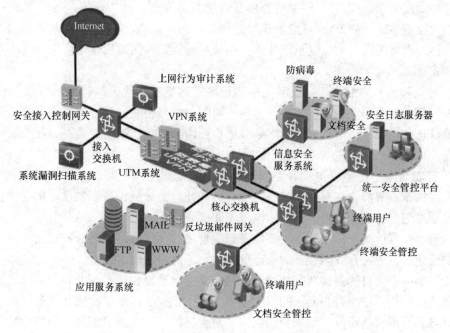

图 2-11　工业控制系统网络安全关系智能制造生产

着力发展工业控制系统防火墙/网闸、容灾备份系统、主动防御系统、漏洞扫描工具、无线安全探测工具、入侵检测设备，提高智能制造信息安全保障能力。国内目前开发制造信息安全保障产品的有安讯奔、亿赛通、方德信安、上讯、华御等。

2.3.4 智能制造的10项关键技术

智能制造重点发展的五大领域包括：①高档数控机床与工业机器人；②增材制造装备；③智能传感与控制装备；④智能检测与装配装备；⑤智能物流与仓储装备。

（1）高档数控机床与工业机器人 数控双主轴车铣磨复合加工机床；高速高效精密五轴加工中心；复杂结构件机器人数控加工中心；螺旋内齿圈拉床；高效高精数控蜗杆砂轮磨齿机；蒙皮镜像铣数控装备；高效率、低质量、长期免维护的系列化减速器；高功率、大转矩直驱及盘式中空电动机；高性能、多关节伺服控制器；机器人用位置、转矩、触觉传感器；6~500kg级系列化点焊、弧焊、激光及复合焊接机器人；关节型喷涂机器人；切割、打磨抛光、钻孔攻螺纹、铣削加工机器人；缝制机械、家电等行业专用机器人；精密及重载装配机器人；六轴关节型、平面关节（SCARA）型搬运机器人；在线测量及质量监控机器人；洁净及防爆环境特种工业机器人；具备人机协调、自然交互、自主学习功能的新一代工业机器人。

（2）增材制造装备 高功率光纤激光器、扫描振镜、动态聚焦镜及高品质电子枪、光束整形、高速扫描、阵列式高精度喷嘴、喷头；激光/电子束高效选区熔化、大型整体构件激光及电子束送粉/送丝熔化沉积等金属增材制造装备；光固化成形、熔融沉积成形、激光选区烧结成形、无模铸型、喷射成形等非金属增材制造装备；生物及医疗个性化增材制造装备。

（3）智能传感与控制装备 高性能光纤传感器、微机电系统（MEMS）传感器、多传感器元件芯片集成的MCO芯片、视觉传感器及智能测量仪表、电子标签、条码等采集系统装备；分布式控制系统（DCS）、可编程逻辑控制器（PLC）、数据采集与监视控制（SCADA）系统、高性能高可靠嵌入式控制系统装备；高端调速装置、伺服系统、液压与气动系统等传动系统装备。

（4）智能检测与装配装备 数字化非接触精密测量、在线无损检测系统装备；可视化柔性装配装备；激光跟踪测量、柔性可重构工装的对接与装配装备；智能化高效率强度及疲劳寿命测试与分析装备；设备全生命周期健康检测诊断装备；基于大数据的在线故障诊断与分析装备。

（5）智能物流与仓储装备 轻型高速堆垛机；超高超重型堆垛机；高速智能分拣机；智能多层穿梭车；智能化高密度存储穿梭板；高速托盘输送机；高参数自动化立体仓库；高速大容量输送与分拣成套装备、车间物流智能化成套装备。

可以看出，当前国家针对智能制造装备产业推出的多项政策，将从智能化、精密化、绿色化和集成化等方面提升我国装备制造产业走向智能高端领域。

智能制造的最终目的是实现智能决策，其主要实施途径包括：开发和研制智能产品；加大智能装备的应用；按照自底向上的层次顺序，建立智能生产线，构建智能车间，打造智能工厂；践行和开展智能研发；形成智能物流和供应链体系；开展实施环节的智能管理；推进整体性智能服务。

　　目前，智能制造的"智能"还处于 Smart 的层次，智能制造系统具有数据采集、数据处理、数据分析的功能，能够准确执行控制指令，能够实现闭环反馈；而智能制造的趋势是真正实现"Intelligent"，即智能制造系统能够实现自主学习、自主决策，不断优化。

　　在智能制造的关键技术中，智能产品与智能服务可以帮助企业带来商业模式的创新；智能装备、智能生产线、智能车间和智能工厂可以帮助企业实现生产模式的创新；智能研发、智能管理、智能物流与供应链则可以帮助企业实现运营模式的创新；而智能决策则可以帮助企业实现科学决策。如图 2-12 所示，智能制造的 10 项关键技术分别为：智能产品（Smart Product）、智能服务（Smart Service）、智能装备（Smart Equipment）、智能产线（Smart Production line）、智能车间（Smart Workshop）、智能工厂（Smart Factory）、智能研发（Smart R & D）、智能管理（Smart Management）、智能物流与供应链（Smart Logistics and SCM）、智能决策（Smart Decision Making），这 10 项关键技术之间是息息相关的，制造企业应当渐进式、理性地推进这 10 项智能技术的应用。

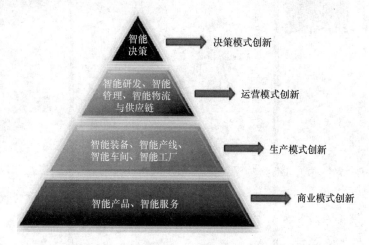

图 2-12　智能制造的 10 项关键技术及其层次

2.4　物联网三个层次及其关键技术

2.4.1　物联网三个层次

　　工业 4.0 的核心思想就是"物联网"，物联网是在互联网和移动通信网等网络通信的基础上，针对不同领域的需求，利用具有感知、通信和计算的智能物体自动获取现实世界的信息，将这些对象互联，实现全面感知、可靠传输、智能处理，构建人与物、物与物互联的智能信息服务系统。物联网体系结构主要由感知层（感知控制层）、网络层和应用层三个层次组成，如图 2-13 所示。

　　感知层：主要分为自动感知与人工生成两类。自动感知设备：能够自动感知外部物理信息，包括 RFID、传感器、智能家电等；人工生成信息设备：包括智能手机、个人数字助理（PDA）、计算机等。

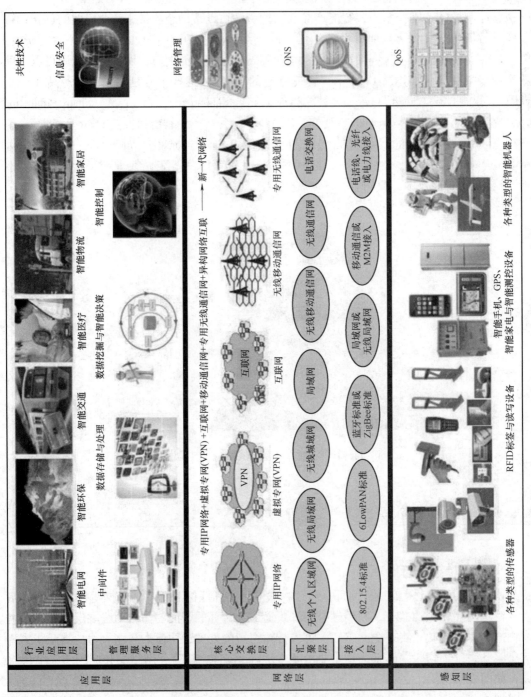

图 2-13 物联网体系结构的三个层次及其关系

网络层：网络层又称传输层，包括接入层、汇聚层和核心交换层。接入层相当于计算机网络的物理层和数据链路层，RFID 标签、传感器与接入层构成了物联网感知网络的基本单元。接入层网络技术分为无线接入和有线接入，无线接入有无线局域网、移动通信中 M2M 通信；有线接入有现场总线、电力线接入、电视电缆和电话线。汇聚层位于接入层和核心交换层之间，进行数据分组汇聚、转发和交换，以及本地路由、过滤、流量均衡等。汇聚层技术也分为无线和有线，无线包括无线局域网、无线城域网、移动通信 M2M 通信和专用无线通信等，有线包括局域网、现场总线等。核心交换层为物联网提供高速、安全和具有服务质量保障能力的数据传输。可以是 IP 网、非 IP 网、虚拟专网，或者它们之间的组合。

应用层：应用层分为管理服务层和行业应用层。管理服务层通过中间件软件实现感知硬件和应用软件之间的物理隔离和无缝连接，提供海量数据的高效汇聚、存储，通过数据挖掘、智能数据处理计算等，为行业应用层提供安全的网络管理和智能服务。主要通过中间件技术、海量数据存储和挖掘技术及云计算平台支持。行业应用层为不同行业提供物联网服务，可以是智能医疗、智能交通、智能家居、智能物流等。主要由应用层协议组成，不同的行业需要制定不同的应用层协议。在物联网整个体系结构中，信息安全、网络管理、对象名字服务和服务质量保证是用到的共性技术。

2.4.2　物联网的关键技术

物联网是智能制造的核心思想，要实现制造业中的物联网，需要解决以下 4 个关键技术。

1. 感知技术

感知技术也可以称信息采集技术，它是实现物联网的基础。目前，信息采集主要采用电子标签和传感器等方式完成。

（1）电子标签　在感知技术中，电子标签用于对采集的信息进行标准化标识，数据采集和设备控制通过射频识别读写器、二维码识读器等实现。射频识别（RFID）是一种非接触式的自动识别技术，属于近程通信，与之相关的技术还有蓝牙技术等。RFID 通过射频信号自动识别目标对象并获取相关数据，识别过程无须人工干预，可工作于各种恶劣环境。RFID 技术可识别高速运动物体并可同时识别多个标签，操作快捷方便。RFID 技术与互联网、通信等技术相结合，可实现全球范围内物品跟踪与信息共享。

RFID 电子标签是近几年发展起来的新型产品，也是替代条形码走进物联网时代的关键技术之一。所谓 RFID 电子标签就是一种把天线和集成电路芯片（IC 芯片）封装到塑料基片上的新型无源电子卡片，如图 2-14 所示，具有数据存储量大、无线无源、小巧轻便、使用寿命长、防水、防磁和安全防伪等特点。RFID 读写器（PCE 机）和电子标签（PICC 卡）之间通过电磁场感应进行能量、时序和数据的无线传输。在 RFID 读写器天线

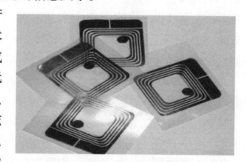

图 2-14　RFID 电子标签

的可识别范围内，可能会同时出现多张 PICC 卡。如何准确识别每张卡，是 A 型 PICC 卡的防碰撞（也叫防冲突）技术要解决的关键问题。

（2）传感器　传感器是机器感知物质世界的"感觉器官"，用来感知信息采集点的环境

参数；它可以感知热、力、光、电、声、位移等信号，为物联网系统的处理、传输、分析和反馈提供最原始的信息，如图 2-15 所示。随着电子技术的不断进步，传统的传感器正逐步实现微型化、智能化、信息化、网络化；同时，我们也正经历着一个从传统传感器到智能传感器再到嵌入式 Web 传感器不断发展的过程。目前，市场上已经有大量门类齐全且技术成熟的传感器产品可供选择。

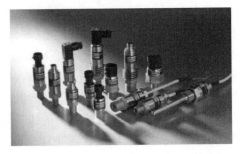

图 2-15　常见各类传感器

2. 网络通信技术

在物联网的机器到机器、人到机器和机器到人的信息传输中，有多种通信技术可供选择，主要分为有线［如数字用户线路（DSL）、无源光网络（PON）等］和无线［如码多分址（CDMA）、通用分组无线业务（GPRS）、IEEE 802.11a/b/g、无线局域网络（WLAN）等］两大类技术，这些技术均已相对成熟。在物联网的实现中，格外重要的是无线传感网技术。

（1）无线传感网主要技术　无线传感网（WSN）是集分布式信息采集、传输和处理技术于一体的网络信息系统，以其低成本、微型化、低功耗和灵活的组网方式、铺设方式及适合移动目标等特点受到广泛重视。物联网正是通过遍布在各个角落和物体上的形形色色的传感器及由它们组成的无线传感网络，来感知整个物质世界的。

（2）物联网的部分网络通信技术　根据目前物联网所涵盖的概念，其工作范围可以分成两大块：一块是体积小、能量低、存储容量小、运算能力弱的智能小物体的互联，即传感网；另一块是没有上述约束的智能终端的互联，如智能家电、视频监控等。对于智能小物体网络层的网络通信技术目前有两项：一是基于 ZigBee 联盟开发的 ZigBee 协议进行传感器节点或者其他智能物体的互联；另一技术是 IPsO 联盟所倡导的通过 IP 实现传感网节点或者其他智能物体的互联。

1）ZigBee 技术。ZigBee 技术是基于底层 IEEE 802.15.4 标准，用于短距离范围、低传输数据速率的各种电子设备之间的无线通信技术，它定义了网络/安全层和应用层。ZigBee 技术经过多年的发展，技术体系已相对成熟，并已形成了一定的产业规模。在标准方面，已发布 ZigBee 技术的第 3 个版本 v1.2；对于芯片，已能够规模生产基于 IEEE 802.15.4 的网络射频芯片和新一代的 ZigBee 射频芯片（将单片机和射频芯片整合在一起）；在应用方面，ZigBee 技术已广泛应用于工业、精确农业、家庭和楼宇自动化、医学、消费和家用自动化、道路指示/安全行路等众多领域。

2）与 IPv6 相关联的技术。若将物联网建立在数据分组交换技术的基础之上，则将采用数据分组网即 IP 网作为承载网。IPv6 作为下一代 IP 网络协议，具有丰富的地址资源，能够支持动态路由机制，可以满足物联网对网络通信在地址、网络自组织及扩展性方面的要求。但是，由于 IPv6 协议栈过于庞大复杂，不能直接应用到传感器设备中，需要对 IPv6 协议栈和路由机制进行相应的精简，才能满足低功耗、低存储容量和低传送速率的要求。目前有多个标准组织正在进行相关研究，智能设备互联网协议（IPSO）联盟于 2008 年 10 月，已发布了一种最小的 IPv6 协议栈 μIPv6。

3. 数据融合与智能技术

物联网是由大量传感网节点构成的，在信息感知的过程中，采用各个节点单独传输数据到汇聚节点的方法是不可行的。因为网络存在大量冗余信息，会浪费大量的通信带宽和宝贵的能量资源。此外，还会降低信息的收集效率，影响信息采集的及时性，所以需要采用数据融合与智能技术进行处理。

（1）分布式数据融合　所谓数据融合是指将多种数据或信息进行处理，组合出高效且符合用户需求的数据的过程。在传感网应用中，多数情况只关心监测结果，并不需要收集大量原始数据，数据融合是处理该类问题的有效手段。例如，借助数据稀疏性理论在图像处理中的应用，可将其引入传感网用于数据压缩，改善数据融合效果。

分布式数据融合技术需要人工智能理论的支撑，包括智能信息获取的形式化方法、海量信息处理的理论和方法、网络环境下信息的开发与利用方法，以及计算机基础理论。同时，还需掌握智能信号处理技术，如信息特征识别和数据融合、物理信号处理与识别等。

（2）海量信息智能分析与控制　海量信息智能分析与控制是指依托先进的软件工程技术，对物联网的各种信息进行海量存储与快速处理，并将处理结果实时反馈给物联网的各种"控制"部件。智能技术是为了有效地达到某种预期的目的，利用知识所采用的各种方法和手段。通过在物体中植入智能系统，可以使物体具备一定的智能性，能够主动或被动地实现与用户的沟通，这也是物联网的关键技术之一。智能分析与控制技术主要包括人工智能理论、先进的人机交互技术、智能控制技术与系统等。物联网的实质是给物体赋予智能，以实现人与物体的交互对话，甚至实现物体与物体之间的交互或对话。为了实现这样的智能性，如，控制智能服务机器人完成既定任务包括运动轨迹控制、准确的定位及目标跟踪等，需要智能化的控制技术与系统。

4. 云计算

随着互联网时代信息与数据的快速增长，有大规模、海量的数据需要处理。当数据计算量超出自身IT架构的计算能力时，一般是通过加大系统硬件投入来实现系统的可扩展性。另外，由于传统并行编程模型应用的局限性，客观上还需要一种易学习、使用、部署的并行编程框架来处理海量数据。为了节省成本和实现系统的可扩放性，云计算的概念因此应运而生。云计算最基本的概念是通过网络将庞大的计算处理程序自动分拆成无数个较小的子程序，再交由多部服务器所组成的庞大系统处理。通过云计算技术，网络服务提供者可以在数秒之内，处理数以千万计甚至亿计的信息，提供与超级计算机同样强大效能的网络服务。云计算作为一种能够满足海量数据处理需求的计算模型，将成为物联网发展的基石。之所以说云计算是物联网发展的基石，一是因为云计算具有超强的数据处理和存储能力，二是因物联网无处不在的信息采集活动，需要大范围的支撑平台以满足其大规模的需求。实现云计算的关键技术是虚拟化技术。通过虚拟化技术，单个服务器可以支持多个虚拟机运行多个操作系统，从而提高服务器的利用率。虚拟机技术的核心是虚拟机监控程序（Hypervisor）。Hypervisor在虚拟机和底层硬件之间建立了一个抽象层，它可以拦截操作系统对硬件的调用，为驻留在其上的操作系统提供虚拟的中央处理器（CPU）和内存。实现云计算系统目前还面临着诸多挑战，现有云计算系统的部署相对分散，各自内部能够实现VM（Virtual Machine）的自动分配、管理和容错等，云计算系统之间的交互还没有统一的标准。关于云计算系统的标准化工作还存在一系列亟待解决的问题，需要更进一步的研究。然而，云计算一经提出便受到了产业界和学术界的广泛关注。目前，国外已经有多个云计算的科学研究项目，比较有名的是Scientific Cloud和Open Nebula项目。产业界也在投入巨资部署各自的云计算系统，参与者主要有 Google、IBM、Microsoft、Amazon 等。国内关于云计算的研究也已起步，并在计算机系统虚拟化基础理论与方法研究方面取得了阶段性成果。

物联网已经在仓储物流，假冒产品的防范，智能楼宇、路灯管理、智能电表、城市自来水网等基础设施，医疗护理等领域得到了应用。

人类社会在相当长时间内将面临两大难题：其一是能源短缺和环境污染；其二是人口老龄化和慢性病增加，物联网首要的应用在于能耗控制和医疗护理。物联网目前急需的应用在于安防监控、物品身份鉴别。另外，物联网在智能交通、仓储物流、工业控制等方面都有较大的应用价值。

2.4.3 物联网十大应用领域

物联网十大应用领域：智慧物流、智能交通、智能安防、智慧能源环保、智能医疗、智慧建筑、智能制造、智能家居、智能零售、智慧农业。下面就这十大应用领域进行简单介绍。

1. 智慧物流

智慧物流指的是以物联网、大数据、人工智能等信息技术为支撑，在物流的运输、仓储、运输、配送等各个环节实现系统感知、全面分析及处理等功能。当前，应用于物联网领域主要体现在三个方面，仓储、运输监测及快递终端等，通过物联网技术实现对货物的监测及运输车辆的监测，包括货物车辆位置、状态及货物温湿度、油耗及车速等，物联网技术的使用能提高运输效率，提升整个物流行业的智能化水平。

2. 智能交通

智能交通是物联网的一种重要体现形式，利用信息技术将人、车和路紧密地结合起来，能够改善交通运输环境、保障交通安全及提高资源利用率。运用物联网技术具体的应用领域，包括智能公交车、共享单车、车联网、充电桩监测、智能红绿灯及智慧停车等领域。其中，车联网是近些年来各大厂商及互联网企业争相进入的领域。

3. 智能安防

安防是物联网的一大应用市场，因为安全永远都是人们的一个基本需求。传统安防对人员的依赖性比较大，非常耗费人力，而智能安防能够通过设备实现智能判断。目前，智能安防最核心的部分在于智能安防系统，该系统是对拍摄的图像进行传输与存储，并对其进行分析与处理。一个完整的智能安防系统主要包括三大部分，门禁、报警和监控，行业中主要以视频监控为主。

4. 智慧能源环保

智慧能源环保属于智慧城市的一个部分，其物联网应用主要集中在水、电、燃气、路灯等及井盖、垃圾桶等环保装置。如智慧井盖监测水位及其状态、智能水电表实现远程抄表、智能垃圾桶自动感应等。将物联网技术应用于传统的水、电、光能设备进行联网，通过监测，提升利用效率，减少能源损耗。

5. 智能医疗

在智能医疗领域，新技术的应用必须以人为中心。而物联网技术是数据获取的主要途径，能有效地帮助医院实现对人的智能化管理和对物的智能化管理。对人的智能化管理指的是通过传感器对人的生理状态（如心跳频率、体力消耗、血压高低等）进行监测，主要指的是医疗可穿戴设备，将获取的数据记录到电子健康文件中，方便个人或医生查阅。除此之外，通过 RFID 技术还能对医疗设备、物品进行监控与管理，实现医疗设备、用品可视化，主要表现为数字化医院。

6. 智慧建筑

建筑是城市的基石，技术的进步促进了建筑的智能化发展，以物联网等新技术为主的智慧建筑越来越受到人们的关注。当前的智慧建筑主要体现在节能方面，将设备进行感知、传输并实现远程监控，不仅能够节约能源同时也能减少楼宇人员的运维。亿欧智库根据调查，了解到目前智慧建筑主要体现在用电照明、消防监测、智慧电梯、楼宇监测及运用于古建筑领域的白蚁监测。

7. 智能制造

智能制造细分概念范围很广，涉及很多行业。制造领域的市场体量巨大，是物联网的一个重要应用领域，主要体现在数字化及智能化的工厂改造上，包括工厂机械设备监控和工厂的环境监控。通过在设备上加装相应的传感器，使设备厂商可以随时随地远程对设备进行监控、升级和维护等操作，以及更好地了解产品的使用状况，完成产品全生命周期的信息收集，指导产品设计和售后服务；而厂房的环境主要是采集温湿度、烟感等信息。

8. 智能家居

智能家居指的是使用不同的方法和设备，来提高人们的生活能力，使家庭变得更舒适、安全和高效。物联网应用于智能家居领域，能够对家居类产品的位置、状态、变化进行监测，分析其变化特征，同时根据人的需要，在一定的程度上进行反馈。智能家居行业发展主要分为三个阶段，单品连接、物物联动和平台集成。其发展的方向是首先是连接智能家居单品，随后走向不同单品之间的联动，最后向智能家居系统平台发展。当前，各个智能家居类企业正在从单品向物物联动的阶段过渡。

9. 智能零售

行业内将零售按照距离，分为了三种不同的形式：远场零售、中场零售、近场零售，三者分别以电商、商场/超市和便利店/自动售货机为代表。物联网技术可以用于近场和中场零售，且主要应用于近场零售，即无人便利店和自动（无人）售货机。智能零售通过将传统的售货机和便利店进行数字化升级、改造，打造无人零售模式。通过数据分析，并充分运用门店内的客流和活动，为用户提供更好的服务，给商家提供更高的经营效率。

10. 智慧农业

智慧农业指的是利用物联网、人工智能、大数据等现代信息技术与农业进行深度融合，实现农业生产全过程的信息感知、精准管理和智能控制的一种全新的农业生产方式，可实现农业可视化诊断、远程控制及灾害预警等功能。物联网应用于农业主要体现在两个方面：农业种植和畜牧养殖。

农业种植通过传感器、摄像头和卫星等收集数据，实现农作物数字化和机械装备数字化（主要指的是农机车联网）发展。畜牧养殖指的是利用传统的耳标、可穿戴设备及摄像头等收集畜禽产品的数据，通过对收集到的数据进行分析，运用算法判断畜禽产品的健康状况、喂养情况、位置信息及发情期预测等，对其进行精准管理。

第**3**章　三种人工智能控制技术

3.1　人工智能简介

3.1.1　人工智能的发展历程

"人工智能"（Artificial Intelligence，以下简称 AI）学科自 1956 年问世，已经发展了六十多年，此间人工智能经历了几次发展的黄金时期，也遭遇过寒冬时期，研究人员们可谓是在"风雨兼程"中不断摸索前行，进入工业 4.0 时期，世界科学技术繁荣发展，人工智能也迎来了高度融合又高度分化的蓬勃发展机遇。

机器会思考吗？阿兰·图灵在 1950 年发表的论文《计算机器与智能》中第一行就提到这个问题。图灵被称为计算机科学之父，也是人工智能科学之父。二战期间，他的团队在 1943 年研制成功了被叫作"巨人"的机器（见图 3-1），用于破解德军的密码电报，这一贡献让二战提前两年结束，挽救了数千万人的生命。图灵机至今仍然是计算机软件程序的最基本架构，也是机器智能的开端。图灵的另一个伟大理论贡献是图灵测试，至今仍然被当作人工智能水平的重要测试标准之一。图灵测试是指，人们通过设备和另外一个人进行聊天，可以是文字形式也可以是语音，这不重要。重要的是聊天之后，如果 30% 的人认为是在和一个真人聊天，而对方实

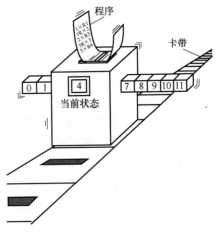

图 3-1　图灵机的组成图

际却是个机器，那么我们就认为这个机器通过了图灵测试，它是智能的。自此为人工智能的研究提供了理论依据和检验方法，开辟了用计算机从功能上模拟人的智能道路。

如果说人工智能诞生需要三个条件，一是计算机，二是图灵测试，那么第三就是达特茅斯会议（见图 3-2）。这个会议首次正式提出人工智能一词（Artificial Intelligence，AI）一直被沿用至今，所以此次会议也被认为是人工智能正式诞生的元年。

1979 年，斯坦福大学制造了有史以来最早的无人驾驶车 Stanford Cart（见图 3-3），它依靠视觉感应器能够在没有人工干预的情况下，自主地穿过散乱扔着椅子的房间，专家系统在这个时代的末尾出现，开启了下一个时代。1978 年，卡耐基梅隆大学开始开发一款能够帮助顾客自动选配计算机配件的软件程序 XCON，并在 1980 年真实投入工厂使用，这是个完善的专家系统，包含了设定好的超过 2500 条规则，在后续几年处理了超过 80000 条订单，准确度超过 95%，每年节省超过 2500 万美元。这成为一个新时期的里程碑，专家系统开始

44

在特定领域发挥威力，带动整个人工智能技术进入了一个繁荣阶段。另一边，1986 年德国，慕尼黑的联邦国防军大学把一辆梅赛德斯—奔驰面包车安装上了计算机和各种传感器，实现了自动控制方向盘、油门和刹车。这是真正意义上的第一辆自动驾驶汽车，叫作 VaMoRs，开起来时速超过 80km。

图 3-2　在 1956 年参加达特茅斯会议的
主要研究人员在 2006 年的合影

图 3-3　在 1974 年美国斯坦福大学的
无人驾驶车

在 20 世纪 70 年代，人工智能技术的发展，对硬件计算和存储都有着越来越高的要求。而在当时，全世界的计算机硬件结构和软件系统都没有统一的标准，各国政府和大企业都希望占领先机掌握标准制定权。人工智能领域当时主要使用约翰麦卡锡的列表处理（LISP）编程语言，所以为了提高各种人工智能程序的运输效率，很多研究机构或公司都开始研发制造专门用来运行 LISP 程序的计算机芯片和存储设备，打造人工智能专用的 LISP 机器。这些机器比传统计算机更加高效的运行专家系统或者其他人工智能程序。虽然 LISP 机器逐渐取得进展，但同时，20 世纪 80 年代也正是个人电脑崛起的时间，个人计算机（IBM PC）和苹果电脑快速占领整个计算机市场，它们的中央处理器（CPU）频率和速度稳步提升，越来越快，甚至变得比昂贵的 LISP 机器更强大。直到 1987 年，专用 LISP 机器硬件销售市场严重崩溃，人工智能领域再一次进入寒冬。专家系统最初取得的成功是有限的，它无法自我学习并更新知识库和算法，维护起来越来越麻烦，成本越来越高。以至于很多企业后来都放弃陈旧的专家系统或者升级为新的信息处理方式。

20 世纪 90 年代中期开始，随着 AI 技术尤其是神经网络技术的逐步发展，以及人们对 AI 开始抱有客观理性的认知，人工智能技术开始进入平稳发展时期。1997 年 5 月 11 日，IBM 的计算机系统"深蓝"战胜了国际象棋世界冠军卡斯帕罗夫，又一次在公众领域引发了现象级的 AI 话题讨论，这是人工智能发展的一个重要里程。

世纪之交的二十年中，人工智能技术与计算机软件技术深度整合，也渗透到几乎所有的产业中去发挥作用，同时，人工智能技术也越来越注重数学，注重科学，逐步走向成熟。

在 21 世纪第一个十年之前，对于简单的人类感知和本能，人工智能技术一直处于落后或追赶。2006 年，Hinton 在神经网络的深度学习领域取得突破，人类又一次看到机器赶超人类的希望，也是标志性的技术进步。到了 2011 年，在图像识别领域或常识问答比赛上，人工智能都开始表现出超过人类的水平，新的十年将会是人工智能在各个专业领域取得突破的时代。2008 年以后，随着移动互联网技术、云计算技术的爆发，积累了历史上超乎想象的数据量，这为人工智能的后续发展提供了足够的素材和动力。

AI 人工智能、Big data 大数据、Cloud 云计算，以及正在深入展开的 IoT 物联网技术，共同构成了 21 世纪第二个十年的技术主旋律。如图 3-4 所示，人工智能的发展主要经历了人工智能起步期、专家系统推广期和深度学习期三个阶段。2011 年，IBM 开发的人工智能程序"沃森"（Watson）参加了一档智力问答节目并战胜了两位人类冠军。沃森存储了 2 亿页数据，能够将与问题相关的关键词从看似相关的答案中抽取出来。这一人工智能程序已被 IBM 广泛应用于医疗诊断领域。2014 年，伊恩·古德费罗提出生成对抗网络（GANs）算法，这是一种用于无监督学习的人工智能算法，这种算法由生成网络和评估网络构成，以左右互搏的方式提升最终效果，这种方法很快被人工智能的很多技术领域采用。2016 年，AlphaGo 战胜围棋冠军。AlphaGo 是由 Google DeepMind 开发的人工智能围棋程序，具有自我学习能力。它能够搜集大量围棋对弈数据和名人棋谱，学习并模仿人类下棋。DeepMind 已进军医疗保健等领域。2017 年，深度学习大热，AlphaGoZero（第四代 AlphaGo）在无任何数据输入的情况下，开始自学围棋 3 天后便以 100∶0 横扫了第二版本的"旧狗"，学习 40 天后又战胜了在人类高手看来不可企及的第三个版本"大师"。

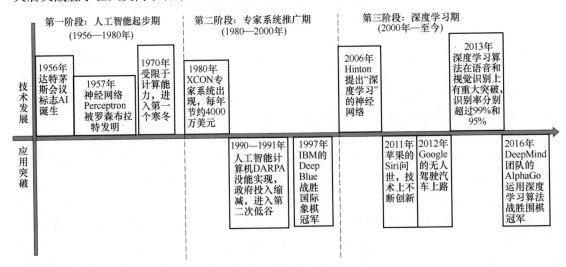

图 3-4　人工智能的发展历程简图

3.1.2　人工智能的实质及三要素

人工智能是运用人工的方法在机器上实现的智能，所谓"智能"通常是指人们在认识与改造客观世界的活动中，由思维过程和脑力劳动所体现的能力，它包括感知能力、思维能力和行为能力。人的智能的核心在于知识，智能表现为知识获取能力、知识处理能力和知识运用能力。因此，在人工智能的研究中，为了使机器具有类似于人的智能，需要探讨以下三方面的问题：①机器感知——知识获取：研究机器如何直接或间接获取知识，输入自然信息（文字、图像、声音、语言、景物），即机器感知的工程技术方法；②机器思维——知识表示：研究在机器中如何表示知识、积累与存储知识、组织与管理知识，如何进行知识推理和问题求解；③机器行为——知识利用：研究如何运用机器所获取的知识，通过知识信息处理，做出反应，付诸行动，发挥知识的效用的问题，以及各种智能机器和智能系统的设计方法和工程实现技术，即人工智能拥有推理、学习、联想的能力。

自动控制技术已经发展到智能控制的阶段，顾名思义，智能控制是控制与智能的结合。从智能的角度看，智能控制是智能科学与技术在控制中的应用；从控制的角度看，智能控制是控制科学与技术向智能化发展的高级阶段。智能控制是以专家或熟练的操作人员的知识为基础来进行推理，用启发式来引导问题的求解过程，对外界环境和系统过程进行理解、判断、预测和规划，采用符号信息处理、启发式程序设计、知识表示和自学习、推理与决策等智能技术实现宏知识问题的综合性求解。一个系统与环境交互，具有从环境中自学习、自适应的能力，自动进行信息处理，以减少其不确定性，能规则并安全可靠地进行控制作用的系统。智能控制系统由于被控对象的复杂性及不确定性，因此，本质上决定了它必然是非线性系统，且该非线性系统具有智能化。

因此智能控制不仅有信息、反馈、控制的能力，还是以知识为基础的系统，研究知识表示、获取和利用为中心内容的知识工程是研究智能控制的重要基础，因此相较于传统的自动控制系统，智能控制的重要基础对应的分别是智能信息、智能反馈和智能决策。

智能控制可以从结构、运行机制、模型要求、信息结构、知识的利用、独特性能等几个方面来阐述其实质。在结构上，智能控制系统是多层的，在分层结构中，只有控制是高层次的。它的任务是对过程和环境进行组织。控制的实现途径是通过决策和规划进行广义问题求解；在运行机制上，智能控制的智能环节是系统的主体，系统的结构变更、控制参数的修改、信息的交换、运行状态主要由智能环节决定；智能控制系统对模型的要求是系统的设计开发及系统的运行特性不依赖于或基本不依赖于被控对象的过程数学模型；在信息结构上，智能控制系统具有复合型的信息结构，包括数值符号、定量的、定性的、确定的和模糊的、精确的和非精确的、显式的和隐含的；对知识的利用方面，智能控制是首先要求系统具有有关的知识，并利用知识使被控过程对象按照一定的要求达到目标；此外智能控制还具有独特性能，即可以满足多样化的高性能要求，如：

1）鲁棒性：指系统对环境的干扰和不确定性因素不敏感。

2）适应性：系统具有适应被控过程或对象的能力，参数性的变化、环境的变化和运行条件的变化的能力。

3）容错性：系统能够鉴别各类故障，并予以屏蔽，甚至可以修复的性质。

4）实时性：系统具有实时、在线响应的能力。

5）多样性：系统在复杂的管理控制一体化的环境中，不仅追求控制精度，还要追求产品数量、质量、能耗、成本等多种目标。

既然智能控制是以知识为基础的系统，那么机器能够处理的知识是多样复杂的，我们可以将其分为以下几类：被控过程（对象）的知识；系统环境的知识，随机的，有规律的；控制理论的知识；控制器本身的知识；智能器和传感器的知识和逻辑推理的知识。

3.1.3　人工智能的特性

人类是充满智慧的生命体，因此人类在做出某种行为时会强调行为的经济性或高效率，即以较小的代价来获取尽可能多的利益，这是人类最本质的行为原则。此外人类作为高级生物，有动态环境下的行为能力、对外界事物的感知能力、维持生命和繁衍生息的能力，即人类的本质能力。感知能力指人们通过视觉、听觉、触觉、味觉、嗅觉等感觉器官感应外界事物的能力；思维能力是利用已有的知识，对信息进行分析、计算、比较、判断、推理、联想、决策等；行为能力是人们对感知到的外界信息的一种反应能力；人类智能（智慧和才能）是指人类具有的智力和行为能力。

人类希望机器也能像人类一样拥有"智慧"，代替人类执行上述行为或拥有上述能力，即能感知客观世界的信息；能对通过思维获得的知识进行加工处理；能通过学习积累知识增长才干和适应环境变化；能对外界的刺激做出反应，传递信息。

因此研究人工智能的目的可以从两个方面来说，一方面，要探索和模拟人的感觉，思维和行为的规律，进而设计出具有类似人类的某些智能的计算机系统，延伸和扩展人类智能；另一方面，从主体外面来探讨人脑的智能活动，用物化的智能来考察和研究人脑智能的物质过程及其规律。

人们对人工智能有许多不同的观点和实现方法，人们称为符号主义（symbolism）、逻辑主义（logicism）、心理学派（psychology）、计算机学派（computerism）、联结主义（connectionism）、生理学派（physiology）、仿生学派（bionics）、行为主义（behaviorism）、进化主义（evolutionism）、控制论学派（cyberneticism）等。不同学派的研究方法、学术观点和工作重点有所不同。从人工智能的中心内容——机器思维看来，主要有3种研究方法和途径：

1. 符号主义（symbolism）、**逻辑主义**（logicism）、**心理学派**（psychology）、**计算机学派**（computerism）

把计算机科学与心理学相结合，充分发挥计算机软件的潜力，通过知识表达和推理，模拟人的智能活动和思维过程，摆脱了脑生理原型研究的牵制，取得了显著的进展。特别是专家系统的研究和开发，使人工智能从实验室走了出来，进入了实用化的知识工程领域，已成为当前人工智能发展的主流。它们的实质都是基于数学逻辑对知识进行表示和推理来解决问题，或是从人的思维能力和智能行为的心理特征出发，利用计算机对人脑智能进行主观功能的模拟，如1956年在机器上模拟人的智能，从而诞生人工智能，即数字系统（deep blue computer）。

在此类研究方法中，又可分为两派：①启发派：主张依靠启发推理，利用启发程序，进行问题求解。其特点是只需部分先验知识，可解非定规问题，其普适性、灵活性、有效性较高；缺点是不保证解的存在性和唯一性；②算法派：主张依靠算法证明，利用程序进行问题求解。其优点是对问题可解，能保证问题求解的完备性，缺点是需要充分的先验知识，只能求解定规问题（确定性、结构化问题）。对于复杂问题求解，由于组合作用，可能使求解空间和计算工作量急剧增加，容易出现所谓"组合爆炸"现象。因为在人的智能活动中，是兼用启发与算法的，所以在人工智能的研究中，应将启发与算法相结合，兼用知识模型和数学模型，才能有效地解决各种问题。

2. 联结主义（connectionism）、**生理学派**（physiology）、**仿生学派**（bionics）

从仿生学的观点，基于脑的生理结构原型，从脑的微观结构——神经细胞的模拟出发，致力于研究神经网络、脑模型的硬件结构系统。因此，它受到进展缓慢的脑生理原型研究的牵制。但是，近年来，人工神经网络研究深入发展形成高潮。它们的实质都是从仿生的角度来建立人脑模型，模仿人脑结构和功能。其目的都是研究获取人脑神经元及连接的机制，搞清楚大脑结构，以及处理信息的过程和机理。

3. 行为主义（behaviorism）、**进化主义**（evolutionism）、**控制论学派**（cyberneticism）

它们利用控制取代知识的表示，从而取消概念模型及形式表示的知识，所以控制中抽象对智能及其模型的把握是极其必要的。其实质是从控制论的角度来模拟人在控制过程中的智能行为，实现自寻优、自适应、自学习、自组织、自整定等功能。

3.1.4　人工智能的研究内容及发展趋势

1. 人工智能的研究领域

（1）问题求解　计算机博弈是人工智能中关于对策和斗智问题的研究领域。目前，计算机博弈主要以下棋为研究对象，但研究的主要目的不是为了让计算机与人下棋，而是为了给人工智能研究提供一个试验场地。在下棋程序中体现出来的一些步骤，如能够思考如何向前走几步，不仅要把对手的方法、步骤考虑进去，还能够把困难问题进行逐步分解，最终战胜对方的能力。如今的计算机软件已具有如象棋、围棋世界锦标赛的先进水平。

（2）专家系统　专家系统是基于专家知识和符号推理方法的智能系统，它将专家领域的经验用知识表示的方法表示出来，并放入数据库中，这些素材在推理机的作用下，解决某一专门行业内需要专家才能解决的问题。如在第二代专家系统中，把原理和经验分离了开来，并引入基于前者的深层推理和基于后者的浅层推理，从而提高了系统运行的强壮性。现在这一点已被证实。如在矿物勘测、化学分析、医学诊断方面，专家系统已经达到了人类专家的水平。例如：地质勘探软件程序系统发现了一个钼矿沉积，价值超过 1 亿美元；MY CIN系统可以对人类血液传染病、乳腺癌的诊断治疗方案能够提供咨询意见；对患有细菌性血液病、脑膜炎方面的诊断和治疗方案已经超过了这一领域的专家水平。

（3）机器学习　机器学习（ML）还处于计算机科学的前沿，但将来有望对日常工作场所产生极大的影响。机器学习要在大数据中寻找一些"模式"，然后在没有过多的人为解释的情况下，用这些模式来预测结果，而这些模式在普通的统计分析中是看不到的。然而机器学习需要三个关键因素才能有效：

1）大量的数据。为了教给人工智能新的技巧，需要将大量的数据输入给模型，用以实现可靠的输出评分。例如，特斯拉已经向其汽车部署了自动转向特征，同时发送它所收集的所有数据、驾驶员的干预措施、成功逃避、错误警报等到总部，从而在错误中学习并逐步锐化感官。一个产生大量输入的好方法是通过传感器：无论硬件是内置的，如雷达、相机、方向盘等（如果它是一辆汽车的话），还是倾向于物联网（Internet of Things）。蓝牙信标、健康跟踪器、智能家居传感器、公共数据库等只是越来越多的通过互联网连接的传感器中的一小部分，这些传感器可以生成大量的数据。

2）发现。为了理解数据和克服噪声，机器学习使用的算法可以对混乱的数据进行排序、切片并转换成可理解的见解。从数据中学习的算法有两种，无监督算法和有监督算法。无监督算法只处理数字和原始数据，因此没有建立起可描述性标签和因变量。该算法的目的是找到一个人们没想到会有的内在结构。这对于深入了解市场细分、相关性、离群值等非常有用。另一方面，有监督算法通过标签和变量知道不同数据集之间的关系，使用这些关系来预测未来的数据。这可能在气候变化模型、预测分析、内容推荐等方面都能派上用场。

3）部署。机器学习需要从计算机科学实验室进入到软件当中。越来越多像 CRM、Marketing、ERP 等的供应商，正在提高嵌入式机器学习或与提供它的服务紧密结合的能力。

（4）模式识别　计算机硬件的迅速发展，计算机应用领域的不断开拓，急切地要求计算机能更有效地感知诸如声音、文字、图像、温度、震动等人类赖以发展自身、改造环境所运用的信息资料。但目前计算机却无法直接感知它们，键盘、鼠标等外部设备，对于这样五花八门的外部世界显得无能为力。即使是电视摄像机和话筒等，由于识别技术不高，计算机并未真正知道所采录的究竟是什么信息。计算机对外部世界感知能力的低下，成为开拓计算机应用的狭窄瓶颈。于是，着眼于拓宽计算机的应用领域，提高其感知外部信息能力的学科——模式识别得到了迅速发展。

（5）逻辑推力及自动定理证明　逻辑推理是人工智能研究中最持久的领域之一，重要的一点是要找到一些对策及方法，把大量的素材集中在一个大型数据库中（数据库需有很复杂的逻辑结构，甚至还要有模糊记忆），留意可信的证明，并在出现新信息时及时修正这些证明。定理证明就是让计算机模拟人类证明定理的方法，自动实现非数值符号的演算过程，如信息检索和医疗诊断等都可以和定理证明问题一样加以形式化。它方便了人类，促进了科学发展，达到了人类所不能及的智力。

（6）自动程序设计　对自动程序设计的研究不仅可以促进半自动软件开发系统的发展，而且也使通过修正自身数码进行学习的人工智能系统得到发展。程序理论方面的有关研究工作，对人工智能的所有研究工作都是很重要的。我们指的自动程序设计是某种"超级编译程序"或者能够对程序要实现什么目标进行非常高级描述的程序，并能够由这个程序产生出所需要的新程序。这种高级描述可能是采用形式语言的一条精辟语句，也可能是一种松散的描述，这就要求在系统和用户之间进一步对话，以澄清语言的模糊。自动程序设计研究的重大贡献之一是作为问题求解策略的调整概念。

（7）自动语言理解　当人们用语言互通信息时，他们几乎不费力地进行极其复杂却又需要一点点理解的过程，然而要建立一个能够生成和"理解"自然语言的计算机系统，却是异常困难的。语言的生成和理解是一个极其复杂的编码和解码的问题。一个能理解自然语言信息的计算机系统，看起来就像一个人一样需要有上下文知识及根据这些上下文知识和信息，用信息发生器进行推理的过程。目前语言处理研究的主要课题是：在翻译句子时，以主题和对话情况为基础，注意大量的一般常识——世界知识和期望作用的重要性。因此自动语言理解主要研究如何使计算机能够理解和生成自然语言。现在的自动语言理解往往与模式识别、计算机视觉等技术结合在一起，在文字识别和语音识别系统的配合下进行书面语言和有声语音的理解。

（8）机器人学　机器人是指具有类似人或者其他生物某些器官功能的执行机构。机器人学所研究的问题，从机器人手臂的最佳移动到实现机器人目标的动作序列的规划方法，无所不包。尽管已经建立了一些比较复杂的机器人系统，但是现在在工业上运行的机器人，都是一些按预先编好的程序执行某些重复作业的简单装置。大多数工业机器人是"盲人"。机器人和机器人学的研究促进了许多人工智能思想的发展。智能机器人的研究和应用体现出广泛的学科交叉，涉及众多课题。机器人已在各种工业、农业、商业、旅游业、空中和海洋及国防等领域获得越来越普遍的应用。

（9）人工神经网络　是受人脑神经元的启发，试图设计与人脑结构类似的网络结构，模拟大脑处理信息的过程，以提高运算速度。作为人工神经网络的一类，卷积神经网络已经广泛用于大型图像处理中。虽然人工神经网络无法与人类大脑媲美，在模式识别、医疗、智能机器人等领域取得的成果有目共睹。

（10）智能搜索　当今，科学技术的飞速发展，信息获取是目前计算机科学与技术研究中迫切需要研究的课题。这一技术在人工智能领域的应用，能使人工智能迈向更广泛的实际应用当中。

（11）遗传算法　J. H. Holland 教授在 1975 年提出，20 世纪 80 年代中期开始逐步成熟，自 1985 年起，国际上开始举行遗传算法国际会议。Genetic Algorithm（GA）：是基于自然选择和基因遗传学原理的搜索算法，是基于达尔文进化论，在计算机上模拟生命进化论机制而发展起来的一门学科。GA 可用于模糊控制规则的优化及人工神经网络（ANN）参数及权值的学习。在人工智能蓬勃发展的今天，与其相关的各种算法层出不穷，遗传算法就是其中一种，并且由于人工智能领域需要解决的问题往往很复杂，而遗传算法在该方面具有很高的抗变换性，所以遗传算法在人工智能领域得到了广泛应用。

3.2　人工智能控制简介

随着人类文明的进步，社会的发展，科技不断高度分化，即分化产生新的学科，且越分越细；同时许多科技又走向高度综合，即许多学科相互交叉形成新兴的边缘学科。20 世纪的 60 年代，由于空间技术、计算机技术及智能技术的发展，控制界学者在研究相关算法和学习控制的基础上，为了提高控制系统的性能，开始将人工智能技术与方法应用于控制领域。

智能控制是传统控制发展的高级阶段，它是当代科学技术高度分化又走向高度综合的重要产物。从复杂开放巨系统的角度，智能控制与人工智能等学科一样，是思维科学的应用科学。因此，作为思维科学的基础科学——思维学是研究智能控制理论与系统的重要基础。智能控制系统的核心集中在"智能"上，那么智能从何而来？只能靠模拟人类的智能。因此，模拟人类模糊逻辑思维的模糊集合论、模拟人的大脑神经系统的结构和功能的神经网络理论，以及模拟人的感知—行动的进化论等，都已经成为研究智能控制理论新学科的基础组成部分。

智能控制理论的创立和发展需要对当代多种前沿学科、多种先进技术和多种学科方法，进行高度综合集成，因此，将智能控制仅限于某几门学科的交叉是不合适的。例如，生命科学、脑科学、神经生理学、思维学、认知科学、计算机科学、人工智能、知识工程、模式识别、系统论、信息论、控制论、模糊集合论、粗糙集理论、人工神经网络、进化论及耗散结构论、协同论、突变论、混沌学、人工生命等理论、技术和方法，都对智能控制理论的形成和发展起到了重要的影响。

3.2.1　自动控制的发展历程

所谓自动控制，是指在没有人直接参与的情况下，利用外加的设备或装置（称控制装置或控制器），使在一定的外界条件（输入与干扰）作用下机器、设备或生产过程的某个工作状态或参数（即被控量）自动地按照预定的规律运行。即自动控制是研究系统及其输入、输出三者之间的动态关系。因此控制的三要素是：控制对象、控制目标、控制装置。

自动控制和人工控制的基本原理是相同的，它们都是建立在"测量偏差""修正偏差"的基础上，并且为了测量偏差，必须把系统的实际输出反馈到输入端。自动控制和人工控制的区别在于自动控制用控制器代替人完成控制。总之，所谓自动控制就是在没有人直接参与的情况下，利用控制装置使被控对象中某一物理量或数个物理量准确地按照预定的要求规律变化。自动控制自诞生以来经历了三个阶段的发展：

1. 古典控制理论阶段（20 世纪 20～50 年代）

依据被控对象的数学模型（传递函数），解决在频率域上线性、定常、单输入、单输出系统的反馈控制问题。从系统、输入、输出三者之间的关系出发，根据已知条件与求解问题的不同，古典控制论的任务主要有以下三种：

1）已知系统和输入，求系统的输出，即系统分析问题。

2）已知系统和系统的理想输出，设计输入，即最优控制问题。

3）已知系统的输入和输出，求系统的结构与参数，即系统辨识问题。

古典控制理论（自动调节原理）的发展历程：

18 世纪，詹姆斯·瓦特（James. Watt）1765 年发明了蒸汽机，1868 年发表了调节器一文，文中指出控制品质可用微分方程来描述，而稳定性可用特征方程根的位置来分析，进一步为控制蒸汽机速度而设计了离心调节器，从而标志着自动控制理论的诞生。

1922 年，迈纳斯基研制出船舶操纵自动控制器，并且证明了如何从描述系统的微分方程中确定系统的稳定性。1932 年，奈奎斯特（H. Nyquist）提出了一种相当简便的方法，根据对稳态正弦输入的开环响应，确定闭环系统的稳定性。1934 年，黑曾提出了用于位置控制系统的伺服机构的概念，讨论了精确跟踪变化的输入信号的继电式伺服机构。1945 年，伯德（H. W. Bode）提出了简便而实用的频率域中的伯德图法，判断系统的稳定性及用来设计和改进新系统。1948 年，伊凡思（W. R. Evans）提出了直观而形象的判断系统稳定性的根轨迹法。20 世纪 40～50 年代初，劳斯（E. J. Routh）和赫尔维茨（Hurwitz）提出了系统稳定性的代数判据。

2. 现代控制理论阶段（20 世纪 60～70 年代）

依靠被控对象的数学模型（状态方程），解决在时间域上对非线性、时变系统的多输入多输出系统的有效控制问题。伴随着多输入多输出的现代设备变得越来越复杂，需要大量方程来描述现代控制系统，因为数字计算机的出现为复杂系统的时域分析提供了可能性。因此这个阶段可以实现系统辨识，即依据对象的输入输出数据，不断地辨识模型参数，以及自适应控制，即控制系统能修正自身的特性，以适应对象和扰动的动态特性。其中自适应控制的对象结构已知，仅仅是参数未知，仍基于数学模型。而自适应控制与常规反馈控制及最优控制的区别只是自适应控制所依据的关于模型和扰动的先验知识比较少。需要在系统的运行过程中去不断提取有关模型的信息，使模型逐渐完善。最优控制是根据已建立的被控对象的数学模型，选择一个容许的控制率，使被控对象按预定要求运行，并使给定的某一性能指标达到极小值（或极大值）。往往表现为系统性能指标泛函最小的"系统最佳控制"。是求解一类带有约束条件的泛函极值问题。

3. 大系统智能控制阶段（20 世纪 80 年代至今）

不依靠被控对象的数学模型，解决复杂不确定的大系统的人工智能控制问题。1985 年 8 月，IEEE 在美国纽约召开了第一届智能控制学术讨论会，随后成立了 IEEE 智能控制专业委员会，1987 年 1 月在美国举行了第一次国际智能控制大会，标志着智能控制领域的形成。1994 年 6 月在美国奥兰多召开了 IEEE 全球性的职能大会，将模糊化、神经网络、进化行为三方面内容和在一起召开，引起了国际各界的广泛关注。

大系统理论使用控制和信息的观点，研究各种大系统的结构方案、总体设计中的分解方法和协调等问题的技术基础理论。智能控制是研究模拟人类智能活动及其控制与信息传递过程的规律。研制具有某些仿人类智能的工程控制与信息处理系统。

3.2.2　人工智能控制系统的功能

1）学习功能：系统对一个过程或未知环境所推理的信息进行识别、记忆、学习并利用积累的理论进一步改善系统性能，这种功能就同人的学校过程相类似。

2）适应功能：系统具备对输入输出自适应后计算，以及故障情况下的自修复等。

3）组织功能：对复杂任务和多数的传感器信息具有自组织和协调功能，使系统具有机动性和灵活性。可在任务要求的范围内进行决策，当出现多目标情况时，在一定限制下，控制系统可以在一定范围内自动解决。

3.2.3　人工智能控制技术的发展方向

1. 寻求更新的理论框架

与智能控制的目标和定义相比，智能控制研究尚存在一些需要解决的问题，这主要表现在宏观与微观分离、全局与局部隔开、理论与应用脱节上。要从根本上了解人脑的结构与功能、解决面临的困难、完成人工智能和智能控制的研究任务，就需要寻找和建立更新的智能控制框架和理论体系，为智能控制的进一步发展打下稳固的理论基础。

2. 进行更好的技术集成

智能控制技术是人工智能技术与其他信息处理技术，尤其是信息论、系统论、控制论和认知工程学等的集成。从学科结构的观点出发，提出了不同的思想，其中，智能控制的四元交集结构是最有代表性的一种集成思想。在智能控制领域内已集成了许多不同的控制方案，如模糊自学习神经控制就集成了模糊控制、学习控制和神经控制等技术。近年来，对集散智能控制、进化控制、免疫控制、基于多真体（agent）系统的控制及基于网络的控制等智能控制系统的控制机理和应用的研究也在逐步深入开展。

3. 开发更成熟的应用方法

为了实现智能控制，必须开发新的硬件和软件。软件应是智能控制的核心，因为控制器的智能化是整个智能控制的核心，而智能化基本上要靠软件技术来实现。软件工程适应这一需要开发了许多复杂的软件系统和工具，可用于许多智能控制系统。控制软件能够为一定类型控制问题的有效求解提供标准化程序。

智能控制的应用领域已从工业生产渗透到生物、农业、地质、军事、空间技术、医疗、环境科学、社会发展等众多领域，在世界各国的高技术研究发展计划中有着重要的地位。由于这些任务的牵引，相信智能控制必将在控制理论的发展中引起新的飞跃。

3.3　三种人工智能控制技术及其核心思想

3.3.1　模糊控制技术

1. 模糊控制的基本思想

随着控制对象的复杂性、非线性、滞后性和耦合性的增加，人们获得精确知识量的能力相对减少，运用传统精确控制的可能性也在减小。正像"L. A. Zadeh 不相容原理"所说的那样："当一个系统复杂性增大时，人们能使其清晰化的能力会降低，达到一定阈值时，复杂性和清晰性将是相互排斥的"，这时便产生了模糊控制。

模糊控制把控制对象作为"黑箱"，先把人对"黑箱"的操作经验用语言表述成"模糊规则"，计算器根据这些规则模仿人进行操作来实现自动控制。为此，模糊理论给出了一套系统而有效的方法，可以将人类用自然语言表述的知识或规则转换成数字或数学函数，让机器也能识别、处理和利用。

（1）模糊控制解决的问题　当用传统控制方法对一个系统进行控制时，首先要建立控制系统的数学模型，即描述系统内部物理量（或变量）之间关系的数学表达式，必须得知道系统模型的结构、阶次、参数等。传统的控制理论都是以被控对象和控制系统的数学模型为基础，进行数学分析和研究的理论。通常建立系统数学模型的方法有分析法和实验法两种：

分析法是对系统各部分的运动机理进行分析，根据它们活动的物理或化学规律列出运动方程；实验法是人为地向系统施加某种测试信号，记录其输出响应，用适当的数学模型去逼近输入—输出间的关系。

在工程实践中人们发现，有些复杂的控制系统，虽然不能建立起数学模型，无法用传统控制方法进行控制，可是凭借丰富的实际操作经验，技术工人却能够通过"艺术性"的操作获得满意的控制效果。然而，人们却可以根据多年的工作实践，把控制它们的操作经验总结成类似上述的语言操作规则，按照这些带有模糊性的、用自然语言表述的规则，实现对它们的有效控制，模糊控制基本上解决了用计算机模仿人类对这类系统进行的自动控制问题。

（2）模糊控制的特点及展望　模糊控制理论具有以下一些优点：

1）模糊控制器的设计不依赖于被控对象的精确数学模型。模糊控制是以人对被控对象的操作经验为依据而设计控制器的，故无须知道被控对象的内部结构及其数学模型，这对于传统控制无法实现自动化的复杂系统进行自动控制非常有利。

2）模糊控制易于被操作人员接受。作为模糊控制核心的控制规则是用自然语言表述的。例如，像"锅炉温度太高，则减少加煤量"这样的控制规则，很容易被操作人员接受，便于进行人机对话。

3）便于用计算机软件实现。模糊控制规则通过模糊集合论和模糊推理理论，可以转换成数学函数，这样很容易和其他物理规律结合起来，通过计算机软件实现控制策略。

4）鲁棒性和适应性好。通过专家经验设计的美好规则，可以对复杂被控对象进行有效控制，经过实际调试后其鲁棒性和适应性都容易达到要求。

就目前的状况来看，模糊控制尚缺乏重大的理论性突破，无论在理论上，还是在应用上都有待于进一步深入研究和探讨，特别是在下述几个方面：

① 需要对模糊系统的建模、模糊规则的确立和模糊推理方法等进行深入研究，特别是对于非线性复杂系统的模糊控制。

② 模糊控制系统的创建和分析方法仍停留在初级阶段，稳定性理论还不成熟，这些都需要进一步探讨。

③ 需要进一步开发和推广简单、实用的模糊集成芯片和通用模糊系统硬件。

④ 需要对模糊控制系统的设计方法加强研究，把现代控制理论、神经网络与模糊控制

进行更好的结合、渗透，在多方面进行深入研究，以便构成更多、更好的模糊集成控制系统。

模糊控制理论的提出，是控制思想领域的一次深刻变革，它标志着人工智能发展到了一个新阶段。特别是对那些时变的、非线性的复杂系统，在无法获得被控对象清晰数学模型的时候，利用具有智能性的模糊控制器，可以给出较为有效的自动控制方法。

因此，模糊控制既有广泛的实用价值，又有巨大的发展潜力。

2. 模糊集合（Fuzzy Sets）

人在进行感觉、认知、推理和决策的过程中，往往都在运用和处理模糊概念，人脑有存储、处理模糊信息、模糊知识和进行模糊推理的能力，这正是人脑所具有的无与伦比的优越性。控制论的创始人维纳，在谈到人胜过最完善的机器时说过："人具有运用模糊概念的能力。"

人类用自然语言表达的操作规则，都含有模糊性的定性或半定量的词汇，要想让"只识数"的计算机读懂它们，并按照这些操作规则模仿人类进行"自动"控制，就必须解决人类自然语言的模糊概念和清晰数值之间的映射（转换）问题。同时，由大量传感器测得的数据，要纳入自然语言表述的操作规则，也需要把清晰数值映射到自然语言表达的"模糊"概念上。

模糊集合论的诞生，解决了清晰数值和模糊概念间相互映射的问题。以模糊集合论为基础的模糊数学，在经典数学和充满模糊性的现实世界之间架起了一座桥梁，使得模糊性事物有了定量表述的方法，从而可以用数学方法揭示模糊性问题的本质和规律。

如何让计算机也能完成这种"智能性"的转换工作呢？

（1）经典集合的基本概念　数学是用数字描述世间各种事物及其关系的一门学科。为了描述纷繁复杂的现实世界，产生了许多不同的数学分支，处理着世间各种门类的客观事物，大体上分为三类数学模型。

1）第一类是确定性数学模型。确定性数学模型往往用于描述具有清晰的确定性、归属界线分明、相互间关系明确的事物。对这类事物可以用精确的数学函数予以描述，典型的代表学科就是"数学分析""微分方程""矩阵分析"等常用的重要数学分支。

2）第二类是随机性数学模型。随机性数学模型常用于描述具有偶然性或随机性的事物，这类事物本身是确定的，但是它的发生与否却不是确定的。事物的发生与否具有随机性，对个别事物而言，同因可能不同果，传统意义上的"因果律"在这类事物上被打破了。研究这类事物的典型代表学科就是"概率论""随机过程"等数学分支。这些学科使数学的应用范围从必然现象扩大到了偶然现象的领域。

3）第三类是模糊性数学模型。模糊性数学模型适用于描述含义不清晰、概念界线不分明的事物，它的外延不分明，在概念的归属上不明确。一个事物，比如"一场雨"既可归为"大雨"，也可归为之为"中雨"，其间的界线非常模糊，一个事物应该满足的"非此即彼"这个传统意义上的"排中律"被打破了。研究这类事物的典型代表学科就是"模糊数学""模糊逻辑"等，它们是用精确数学方法表述、研究模糊事物的学科。它们把数学的应用范围从清晰事物扩大到了模糊事物的领域。

确定性数学模型和随机性数学模型的共同点是描述的事物本身是确定的；随机性数学模型和模糊性数学模型的共同点是描述的事物都含有不确定、不清晰性，但它们的不确定性内涵却有所不同。

（2）模糊集合的基本概念　经典集合论研究的对象都是清晰的、确定的、彼此可以区分的事物。然而世间事物彼此间的差异，不同事物间的分界，并不都是非常清晰的。客观世界存在的事物，其属性也并非都是"非此即彼"的，有许多事物表现出"亦此亦彼"的特性，特别是两个不同的事物处于中间过渡状态时，都会呈现出这种模糊性。模糊性起源于事物的发生、发展和变化性，处于过渡阶段的事物，其最大特征就是性态的不确定性和类属的不分明性，即模糊性。

任何一门学科，只有从数量上进行研究，进行定量研究才能成为真正的科学，特别是在当今的计算机时代更是如此。如何使这些模糊事物数字化，把它们跟清晰的数量对应起来，使这类事物也能用精确的数学进行研究，并用计算机处理呢？这便引出了模糊集合理论。

模糊集合论是一门用清晰的数学方法去描述、研究模糊事物的数学理论。1965 年美国控制论专家扎德（L. A. Zadeh）提出模糊集合（Fuzzy set，以下简称 F 集合）概念，奠定了模糊性理论的基础。它在处理复杂系统时，特别是有人参与的系统方面所表现的简洁性和艺术性，受到了广泛重视。

（3）模糊集合的表示方法　隶属度表示出论域中某个元素属于 F 集合的程度。谈到一个 F 集合就得给出论域中各元素属于该 F 集合的程度——隶属函数。因此，隶属函数是表示 F 集合的关键概念，通常用隶属函数 $\mu_A(x)$ 表示模糊集合的方法有下述几种。隶属函数 $\mu_A(x)$ 取值为 0 与 1 之间的正实数 $[0, 1]$，在实际模糊控制中，常常将模糊集合 $A(x_i)$ 与该模糊集合的隶属度 $\mu_A(x_i)$ 表示结果认为是一致的。因此下面 4 种模糊集合表示方法中的模糊集合 $A(x_i)$ 的隶属函数也简化为 $A(x_i)$。

1）序对法。当 F 集合的论域 U 为有限集或可数集时，F 集合 A 表示为

$$A = \{ [x_i, A(x_i)] \mid x_i \in U, i = 1, 2, \cdots, n \}$$
$$= \{ [x_1, A(x_1)], [x_2, A(x_2)], \cdots, [x_n, A(x_n)] \}$$

序对法中可省去隶属度为零的项。

2）扎德法。当论域 U 是有限集或可数集时，F 集合 A 可表示为

$$A = \sum \frac{A(x_i)}{x_i} = \frac{A(x_1)}{x_1} + \frac{A(x_2)}{x_2} + \cdots + \frac{A(x_i)}{x_i}, i = 1, 2, \cdots, n$$

如果论域 U 是无限不可数集，F 集合 A 可表示为

$$A = \int \frac{A(x)}{x}$$

扎德表示法中可以省去隶属度为零的项。

3）向量法。若论域中的元素有限且有序时，可以把各元素的隶属度用类似于向量的分量排起来表示为 F 集合，这样 F 集合相当于一个向量，其分量就是各元素的隶属度取值，故也称 F 集合 A 为 F 向量 A，写成：

$$A = [A(x_1), A(x_2), \cdots, A(x_n)]$$

用向量表示法时，同一论域上各 F 集合中元素隶属度的排列顺序必须相同，而且隶属度等于零的项不得省略，如 $A(x_i) = 0$，则写成：

$$A = [A(x_1), A(x_2), \cdots, A(x_{i-1}), 0, A(x_{i+1}), \cdots, A(x_n)]$$

4）函数法。当论域 U 是无限不可数集时，根据 F 集合 A 的定义，完全可以用它的隶属

函数 $A(x)$ 来表征它，因为隶属函数 $A(x)$ 表示所有元素 x 对于 A 的隶属度。

由于元素处于不同阶段，$A(x)$ 的形式可能不同，所以表示的函数形式常常不止一个，多数情况下用分段函数表示，由于模糊集合完全由其隶属函数确定，所以两个 F 子集的运算实际上就是逐点对其隶属度作相应运算。模糊集合的补集 $Ac(x)=1-A(x)$，即模糊的集合 $A(x)$ 与其补集 $Ac(x)$ 的并集不是集合全体

$$A(x) \cup Ac(x) \neq 1$$

这一点模糊集合和经典集合不同，因为两个模糊集合的并集是两个集合的隶属函数进行取大的运算，即取两者中最大的隶属度数值。

3. 隶属函数的确定

给出一个 F 集合，就是要给出论域中各个元素对于该 F 集合的隶属度，因此，定义一个 F 集合，就是要定义出论域中各个元素对该 F 集合的隶属度。对于一个模糊事物或模糊概念，不同的人可能选用不同的隶属函数去描述，也就是选用不同的 F 子集去代表它。由于所选 F 子集的不同，论域上的某一个元素对于不同的 F 集，其隶属度就不大相同，这正是隶属函数或模糊子集带有很强主观的、认为色彩的表现。

隶属函数的这种主观随意性，正好可以用于反映人的智能、技巧、经验、理解等不同的智慧，因此描述同意模糊事物的隶属函数会因人而异。"人的思维和语言具有模糊性。而描述这种模糊性的模糊数却是精确的"，用模糊数学描述人的思维和言语，正好使这对矛盾事物得到了统一。

因为隶属函数是人为主观定义的一种函数，尽管有人曾给出过许多种确定隶属函数的方法，但是目前还没有一个公认的统一成熟的方法，将来也未必能有，因为它含有太多的认为主观因素。虽然如此，由于隶属函数是客观实际的反应，它应该具有一定的客观性、科学性、稳定性和可信度。因此，无论用什么方法确定的隶属函数，都反映出模糊概念或事物的渐变性、稳定性和连续性。这就要求隶属函数应该是连续的、对称的，一个完整的隶属函数，通常在整体上都取成凸 F 集，即大体上呈现单峰馒头形。至今为止，确定隶属函数的具体方法大多停留在经验、实践和实验数据的基础上，经常使用的确定隶属函数方法有下述几种。

（1）模糊统计法 根据所提出的模糊概念对许多人进行调查统计，提出与之对应的模糊集合 A，通过统计实验，确定不同元素隶属于某个模糊集合的程度。假如进行过 N 次统计性试验，认为 u 属于 F 集合 A 的次数为 n，则把 n 与 N 的比值视为 u 对 A 的隶属度，即为 $A(u)$，即

$$A(u) = \frac{n}{N}$$

（2）二元对比排序法 在论域里的多个元素中，人们通过把它们两两对比，确定其在权重特性下的顺序，据此决定出它们对该特性的隶属函数的大体形状，再将其纳入与改图近似的常用数学函数。

（3）专家经验法 根据专家和操作人员的实际经验和主观感知，经过分析、演绎和推理，直接给出元素属于某个 F 集合的隶属度。

（4）神经网络法 利用神经网络的学习功能，把大量测试数据输入某个神经网络器，自动生成一个隶属函数，然后再通过网络的学习、检验，自动调整隶属函数的某些参数，最后确定下来。

无论上述 4 种获取某个模糊集合隶属函数的哪种方法，都离不开人的主观参与和客观实际的检验。

模糊集合的创始人扎德（L. A. Zadeh）就曾经开展大量问卷调查，并通过模糊统计的方法对数据进行分析处理。实际工作中经常是根据大量数据的分布情况，初步选用一个粗略的隶属函数，然后用形状与它接近、大家熟悉、容易计算、性质良好的初等函数作为选定的隶属函数，再通过实践检验和不断修改，最终确定实际效果好的函数作为选定的隶属函数。

为了满足实际工作的需要，兼顾计算和处理的简便性，经常把不同方法得出的客观数据近似地表示成常用的、大家熟悉的解析函数形式，以便根据实际需求进行选用。

4. 模糊关系（Fuzzy Relation）

（1）关系　客观世界中事物之间都存在某种联系，描述事物间联系的数学模型就是关系。

（2）直积　设有两个集合 A、B 两者之间的直积：

$$A \times B = \{(a,b) \mid a \in A, b \in B\}$$

它是由序偶 (a, b) 的全体所构成的二维论域上的集合，是普通关系的推广。普通关系是描述元素之间是否有关联，模糊关系则是描述元素之间关联程度的多少。

定义：设 $A \times B$ 是集合（A 和 B 的直积），以 $A \times B$ 为论域定义的模糊集合 R 称为 A 和 B 的模糊关系，对 $A \times B$ 中的任一元素 (a, b) 都指定了对 R 的隶属度 $\mu_R(a, b)$，R 的隶属函数 μ_R 可看作以下映射 $\mu_R : A \times B \rightarrow [0, 1]$ $(a, b) \rightarrow \mu_R(a, b)$，因此 $\mu_R(a, b)$ 是以 (a, b) 为自变量的空间曲面，用矩阵表示 $\mu_R(a, b) = (r_{ij})_{m \times n} = [\mu_R(a, b)]_{m \times n}$。

5. 模糊推理

（1）模糊语言［自然语言常具有模糊性，形式语言（计算机语言）则是二值性］

1）人类语言的模糊性。包括模糊名词、模糊副词、模糊形容词。例如：好人、很、特。

2）计算机处理模糊语言的方法。

（2）模糊命题　命题是具有某种意义的陈述句，有明确的判定。

1）定义：当命题表达的含义不明确或者命题中所用的概念是模糊概念时（大、小、快、好）或被一些模糊的语气算子（非常、比较、很）修饰时，这样的命题称模糊命题。

2）运算：

模糊命题真值 $V(p) = x(0 \leqslant x \leqslant 1)$

$P \cup Q$：$x \vee y = \max(x, y)$

$P \cap Q$：$x \wedge y = \min(x, y)$

（3）模糊推理

1）定义：是从一个或几个已知的判断出发，来推出另一个新的判断的思维形式，思维形式：概念、判断和推理，判断是概念与概念的联合，而推理则是判断、推断的原名

模糊推理句同模糊判断句一样，不能给出绝对的真与不真，只能给出真的程度。

2）几种常用的模糊推导规则。

① 如果 A，则 B

IF A then B，　　　　$R = A \times B \cup Ac$　　　$A \bigcirc BT$ 或 $AT \bigcirc B$

② 如果 A，则 B，否则 C

IF A then B else C $(A×B) \cup (Ac ×C)$

$\mu_R(u,v)=[\mu_A(u) \wedge \mu_B(v)] \vee \{[1-\mu_A(u)] \wedge \mu_C(w)\}$

③ 如果 A 或 D，则 B

IF A or D then B $(A \cup D)×B \cup (A \cup D)c ×C$

$\mu_R(u,v,w)=[\mu_A(u) \vee \mu_D(v)] \wedge \mu_B(w)$

④ 如果 A 且 E，则 B

IF A and E then B $R=A×E×B=(AT \cdot E)T \cdot B$

$[\mu_A(x) \wedge \mu_E(y)] \wedge \mu_B(z)$

6. 模糊控制原理

（1）模糊控制原理的基本构成（见图 3-5） 模糊控制器，如图 3-6 所示。

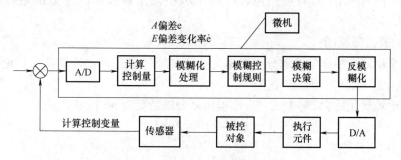

图 3-5 模糊控制系统的基本构成

数据库存放所有输入、输出变量的全部模糊子集的隶属度函数。规则库：基于专家知识或手动操作人员长期积累的经验。它是按人的直觉推理概括出的一种语言形式，由一系列的关系词：if、then、and、else、also、or 等组成。

模糊控制的实质是将模糊集合、模糊语言变量和模糊逻辑理论作为基础的一种计算机数学机制。

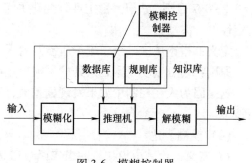

图 3-6 模糊控制器

（2）模糊控制器设计的内容

1）确定模糊控制的输入变量和输出变量（即控制量）。

2）设计模糊控制器的控制规则（经验、算法）。

3）进行模糊化和反模糊化（清晰化）。

4）选择模糊控制输入变量及输出变量的论域，并确定模糊控制器的参数（如因子量化）。

5）编制模糊控制算法及应用程序。

6）合理选择模糊控制算法的采样时间。

（3）模糊化

1）论域量化（离散化）。

必要性：模糊控制仅需要极少量的离散。

数目：通过论域量化，将元素取 5～15 个，元素数越多，控制量就越多，控制就越精确。通常 e 变化在 [-6, +6] 之间，论域元素取奇数以求对称。

量化方法：设有连续论域 $[a, b]$，量化后的离散论域为 $(-n, -n+1, \cdots, 0, \cdots, n-1, n)$。实际上将连续域分为 $2n$ 段，则在 $[a, b]$ 中的任意一个连续的数值 x_c 可找到 $(-n, -n+1, \cdots, 0, \cdots, n-1, n)$ 中离散的整数数值 x_d 与之对应。

$$x_d = \frac{2n}{b-a}\left(x_c - \frac{a+b}{2}\right) \text{（四舍五入）}$$

$$q = \frac{2n}{b-a} \text{（量化因子）}$$

2）模糊划分。

定义：对于一个给定的有限论域，在这论域中确定模糊量的个数的过程，称为模糊划分。

模糊量个数选择原则：

① 在一个论域中模糊量的划分一般取为 5～10 个较为适宜，且总是小于论域量化的个数，一般不超过 7 个，且为奇数个。

② 如果论域量化后含 $2n+1$ 元素，而模糊划分的数量为 m 个：

$$(1.5\sim2)m = 2n+1,$$

$$m = \frac{2n+1}{1.5\sim2.0}$$

③ 模糊划分量数目选择：两个 F 子集的隶属函数交叉时，交叉点的隶属度值 β 应取 $\beta = 0.2\sim0.7$ 合适，β 值大稳定性好变化平缓，缺点是灵敏度差。β 值小，控制灵敏度好，但稳定性差，波动大。

定义：指论域中一个模糊量所涉及的元素的多少。

原则：划分宽度以零元素处的零模糊量往正负两个方向对称非线性的增大。

这是因为人在控制中如果发现偏差大，则用大的控制量，此时控制量可粗糙一些，以进行调节。

（4）模糊表达

1）定义：论域中模糊量的隶属函数形状的确定。

2）选择原则：鉴于在划分宽度相同时，控制执行过程对隶属函数形状敏感，故隶属函数可按经验或处理的方便性原则进行选取。

① 对称的等腰三角形。

② 对称的等腰梯形。

③ 最负、最正的模糊量采用不对称的梯形。

④ 正态分布，在控制精度较高时采用。

计算和处理常用的方法：坐标法、分式表示法和表格表示法。

（5）模糊关系　定义：设 R 是 $A\times B$ 上的一个模糊子集，简称 F 集。它的隶属函数：$R(x, y)$：$A\times B\rightarrow[0, 1]$

确定了 A 中的元素 x 跟 B 中元素 y 的相关程度，则称 $R(x, y)$ 为从 A 到 B 的一个二元模糊关系，简称 F 关系。

二元模糊关系定义表明，$R(x, y)$ 是直积 $A×B$ 上的一个模糊集。这个模糊集合的元素是序对，R 确定了从 A 到 B 的一个模糊关系，用 $F(A≠B)$ 表示直积上的所有二元模糊关系，F 关系具有方向性。

（6）反模糊化　将模糊的控制量经清晰化处理，变换为表示在论域范围内的具体清晰量的过程。然后再将表示在论域范围的清晰测量尺度经变换转换成实际控制量。模糊推理生成后所获得的结果仍是一个模糊矢量，不能直接作为控制量，还必须进行一次转换，求得清晰的控制量输出。常用反模糊化方法如下。

1）最大隶属度方法：取隶属最大的元素为精确控制量。

2）中位法：将隶属度函数与横坐标围成的面积分成两部分，在两部分相等的条件下，对两部分分界点对应的坐标值作为反模糊化的精确值。

3）重心法：对模糊量所含的所有元素求取重心的元素，此元素就是对模糊量反模糊化后的精确值。

$$x_d = \frac{\sum_{i=1}^{i=2n+1} \mu_A(x_i) \cdot x_i}{\sum_{i=1}^{i=2n+1} \mu_A(x_i)}$$

（7）模糊关系的合成

1）模糊命题：表达思维的自然语言，其含义往往是模糊的，要让××代替人工智能，首先必须让它能够识别人类的模糊性语言。

2）模糊语言：在含有数量程度概念的前面加上某些修饰性定语、形容词、副词。或者用"或（与）"、"××"等连接词把它们××组合起来就可构成许多新的模糊词语。

3）模糊算子：否定修饰词、∪ 与 ∩ 连接词、语气算子。

（8）模糊推理　模糊推理由许多模糊蕴含关系"若…则""if…then"构成，是推理的出发点和得出正确结论的根据和基础。当有 n 条规则，就把它们表达的 n 个 F 蕴含关系 R 做并运算，构成系统的模糊蕴含关系 R。

3.3.2　人工神经网络控制技术

人工神经网络（Artificial Neural Networks，以下简称 ANN）具有特有的非线性适应性信息处理能力，克服了传统人工智能方法关于直觉（如模式、语音识别、非结构化信息处理方面）的缺陷，使之在神经专家系统、模式识别、智能控制、组合优化、预测等领域得到成功应用。将人工神经网络与其他传统方法相结合，将推动人工智能和信息处理技术不断发展。近年来，人工神经网络正向模拟人类认知的道路上更加深入发展，与模糊系统、遗传算法、进化机制等结合形成计算智能，成为人工智能的一个重要方向，将在实际应用中得到进一步发展。

使用神经网络的主要优点是能够自适应样本数据，当数据中有噪声、形变和非线性时，它也能够正常工作，很容易继承现有的领域知识，使用灵活，能够处理来自多个资源和决策系统的数据：提供简单工具进行自动特征选取，产生有用的数据表示，可作为专家系统的前端（预处理器）。此外，神经网络还能提供十分快速的优化过程，尤其当以硬件直接实现网络时，可以加速联机应用程序的运行速度。当然，过分夸大神经网络的应用能力也是不恰当的，毕竟它不是无所不能的。这就需要在实际工作中具体问题具体分析，合理选择。

1. 神经网络的基本概念

生物神经元经抽象模型化后，可得到如图 3-7 所示的一种人工神经元模型。它有四个基本要素：连接权、W_{kj}（其中第一个下角标是接收信号的神经单元序号，第二个下角标表示发送信号的神经单元序号。）、求和单元、激活函数、阈值 θ_k（或偏值 $b_k = -\theta_k$）。

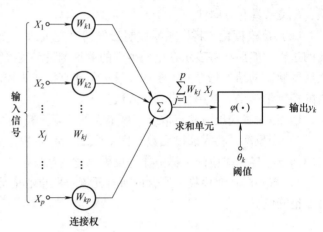

图 3-7　人工神经元模型

单个人工神经网络是由上速大量单个人工神经元经广泛连接组成的，它可用来模拟脑神经系统的结构和功能。人工神经网络可以看成是以人工神经为节点，用有向加权弧连接起来的有向图。根据连接方式，人工神经网络主要分为两类：

（1）前馈型人工神经网络　前馈型神经网络是整个神经网络体系中最常见的一种网络：①网络中各个神经元仅接收上一级的输入；②仅输出到下一级；③网络中同层神经单元之间也不传递信息；④后层神经元也不向前面的各层神经元进行反馈，如图 3-8 所示。

图 3-8 中的输入层的节点为分送节点，它将输入的信号 X_j 不改变其大小等值地发送到下一层的所有神经元，这一点体现了人大脑神经元的并行计算特征。

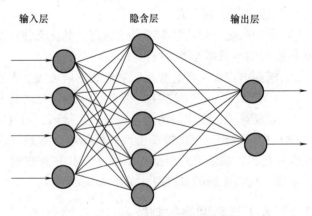

图 3-8　前馈型神经网络

图 3-8 中节点分为两类，即输入单元和计算单元，每一计算单元可有任意个输入，但只能有一个输出（它可耦合到任意多个其他节点作为输入）。

通常前馈型神经网络可分为不同的层，第 i 层的输入只与第 $i-1$ 层输出相连，输入和输出节点与该网络外界相连，而其他中间层为隐含层。

它们是一种强有力的学习系统，其结构简单而易于编程。从系统的观点看，前馈型神经网络是一种静态非线性映射，通过简单非线性处理的复合映射可获得复杂的非线性处理能力。但从计算的观点看，前馈型神经网络并非是一种强有力的计算系统，不具有丰富的动力学行为，大部分前馈型神经网络是学习网络，并不会注意系统的动力学行为，它们的分类能力和模式识别能力一般强于其他类型的神经网络。

（2）反馈型神经网络　反馈型神经网络（见图 3-9）又称递归网络或回归网络，在反馈型神经网络中（Feedback NNs），输入信号决定反馈系统的初始状态，然后系统经过一系列状态转移后收敛于平衡状态。这样的平衡状态就是反馈型网络经计算后输出的结果，由此可见，稳定性是反馈型神经网络中最重要的问题之一。

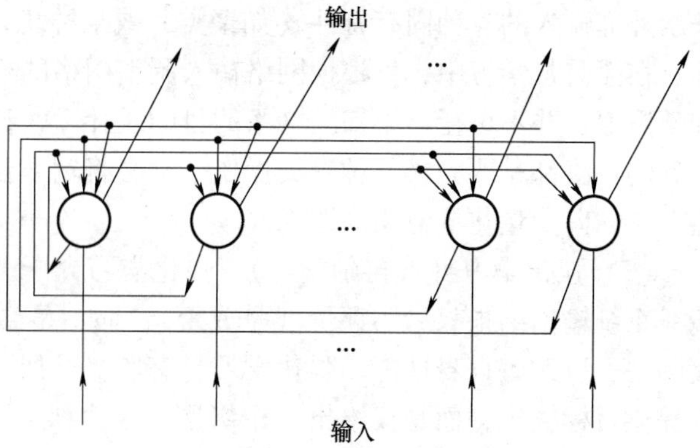

图 3-9　单层全连接反馈型神经网络

2. 神经网络的工作方式

神经网络的工作过程主要分为两个阶段：

第一阶段是学习期，此时各计算单元状态不变，各连接权上的权值可通过学习来修改，这一阶段是难度和工作量最大的。

第二阶段是工作期，此时各连接权固定，计算单元变化，以达到某种稳定状态。

从作用效果看，前馈型神经网络就是输入样本与输出样本之间的函数映射，可用于模式识别和函数逼近。反馈型神经网络按对能量函数极小点的利用可分为两类：第一类是能量函数的所有极小点都起作用，主要用作各种联想存储器；第二类只利用全局极小点，主要用于求解最优化问题。

3. 神经网络的学习

通过向环境学习获取知识并改进自身性能是神经网络的一个重要特点，在一般情况下，性能的改善是按某种预定的度量调节自身参数（如权值）并随时间逐步达到的，学习方式（按环境所提供信息的多少）有以下三种。

（1）有监督学习（有教师学习）　有监督学习方式需要外界存在一个"教师"（见图 3-10），它可对一组给定输入提供应有的输出结果（正确答案），这组已知的输入/输出为训练样本集。学习系统可根据已知输出与输入之间的差值（误差信号）来调节函数。当输入作用到网络时，网络的实际与目标输出相比较，然后学习规则调整网络值和阀值，从而使网络的实际输出越来越接近目标输出。

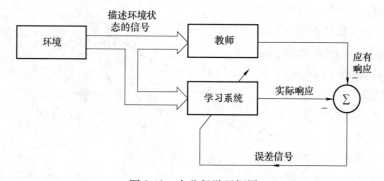

图 3-10　有监督学习框图

（2）无监督学习（无教师学习）　无监督学习时不存在外部教师（见图 3-11），学习系统完全按照环境所提供数据的某些统计来调节自身参数后结构（这是一种自组织过程），以表示外部输入的某种固有特性（如聚类，或某种统计上的分布特征）。

在无监督学习中，仅根据网络输入调整网络的权值和阀值，没有目标输出。乍一看，这种学习似乎并不可行。不知道网络的目的是什么？还能够训练网络吗？实际上，大多数这种类型的算法都是要完成某种聚类操作，学会将输入模式分为有限的几种类型。这种功能特别适合于如向量量化等应用问题。

（3）强化学习（或再励学习）强化学习介于上述两种情况之间（见图3-12），外部环境对系统输出结果只给出评价（是或否），而不是给出正确答案，学习系统通过强化那些受奖励的，以改善自身性能。强化学习与有监督类似，只是它不像有监督学习那样为每一个输入提供目标输出，而是仅给出一个级别。这个级别（或评价）是网络在某些输入序列上的性能测度。当前，这种类型学习要比有监督的学习少见，最适合控制系统应用领域。

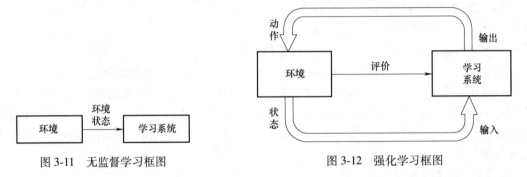

图 3-11 无监督学习框图   图 3-12 强化学习框图

4. 人工神经网络的其他分类

人工神经网络根据不同的情况，可按以下几方面进行其他方面的分类。

1）按功能分：连续型与离散型神经网络、确定型与随机型神经网络、静态与动态神经网络。

2）按连接方式分：前馈（或称前向）型神经网络与反馈型神经网络。

3）按逼近特性分：全局逼近型神经网络与局部逼近型神经网络。

4）按学习方式分：有监督学习神经网络、无监督学习神经网络和强化学习神经网络。

5. 典型神经网络模型

（1）BP 神经网络 1986 年，D. E. Rume1hart 和 J. L. McC1elland 提出了一种利用误差反向传播训练算法的神经网络（Back Propagation），简称 BP 网络（见图3-13）。它包含一个输入层，输入信号变为 X_j；一个输出层，其输出量为 y_k；若干个隐含层，其中隐含层的某个神经单元输出量，要将其信号向下一层每个神经元发送。这是一种有隐含层的多层前馈型神经网络，系统地解决了多层网络中隐含单元连接权的学

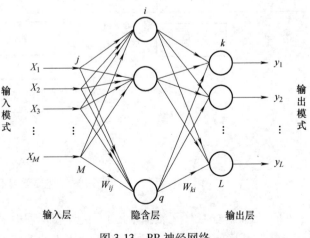

图 3-13 BP 神经网络

习问题。

如果网络的输入节点数为 M、输出节点数为 L，中间隐含层的单元个数为 q 个，则此神经网络可看成是从 M 维欧氏空间到 L 维欧氏空间的映射。这种映射是高度非线性的，主要用于①模式识别与分类：用于语言、文字、图像的识别，医学特征的分类和诊断等；②函数逼近：用于非线性控制系统的建模、机器人的轨迹控制及其他工业控制等；③数据压缩：用于编码压缩和恢复，图像数据的压缩和存储及图像特征的抽取等。

BP 学习算法的基本原理是梯度最速下降法，BP 神经网络如图 3-13 所示，它的中心思想是调整权值使网络总误差最小。也就是采用梯度搜索技术，使网络的实际输出值与期望输出值的误差均方值最小。网络学习过程是一种误差边向后传播边修正权系数的过程。多层网络运用 BP 学习算法时，实际上包含了正向和反向传播两个阶段。

在正向传播过程中，输入信息从输入层经隐含层逐层处理，并传向输出层，每一层神经元的状态只影响下一层神经元的状态。

如果在输出层不能得到期望输出，则转入反向传播，将误差信号沿原来的连接通道返回，通过修改各层神经元的权值，使误差信号最小。将上一层节点的输出传送到下一层时，通过调整连接权系数 W_{ij} 来达到增强或削弱这些输出的作用。

对于输入层，输入模式送到输入层节点上，这一层节点的输出即等于其输入。除了输入层的节点，隐含层和输出层节点的净输入是前一层节点输出的加权和。每个节点的激活程度由它的输入信号、激活函数和节点的偏值（或阈值）来决定。

但是，这种 BP 网络没有反馈，实际运行仍是单向的，所以不能将其看成是一种非线性动力学系统，而只是一种非线性映射关系。具有隐含层 BP 神经网络的结构，如图 3-13 所示，图中设有 M 个输入节点 X_1, X_2, $\cdots$, X_j, $\cdots$, X_M，L 个输出节点 y_1, y_2, $\cdots$, y_k, $\cdots$, y_L，网络的隐含层共有 q 个神经元。

（2）径向基神经网络（RBF 网络）　RBF 网络的结构与多层前向网络类似，但它是具有单隐含层的一种两层前向网络。输入层由信号源节点组成。隐含层的单元数视所描述问题的需要而定。输出层会对输入做出响应。从输入空间到隐含层空间的变换是非线性的，而从隐含层空间到输出层空间的变换是线性的。隐单元的变换函数是 RBF，它是一种局部分布的对中心点径向对称衰减的非负非线性函数。

构成 RBF 网络的基本思想是：用 RBF 作为隐单元的"基"构成隐含层空间，这样就可将输入矢量直接（即不通过权连接）映射到隐空间。当 RBF 的中心点确定以后，这种映射关系也就确定了。而隐含层空间到输出空间的映射是线性的，即网络的输出是隐单元输出的线性加权和。此处的权即为网络可调参数。由此可见，从总体上看，网络由输入到输出的映射是非线性的，而网络输出对可调参数而言却又是线性的。这样，网络的权就可由线性方程组直接解出或用最小均方误差（LMS）方法计算，从而大大加快了学习速度并避免了局部极小问题。

1）径向基函数网络模型。RBF 网络由两层组成，其结构如图 3-14 所示。输入层节点只是传递输入信号到隐含层，隐含层节点（也称 RBF 节点）由像高斯函数那样的辐射状作用函数构成，而输出层节点通常是简单的线性函数。

隐含层节点中的作用函数（核函数）对输入信号将产生局部响应，也就是说，当输入信号靠近该函数的中央范围时，隐含层节点将产生较大的输出。由此可以看出，这种网络具有局部逼近能力，故径向基函数网络也称局部感知场网络。

2）RBF 网络的学习过程。RBF 网络的学习过程分为两个阶段：第一阶段是无教师学习，是根据所有的输入样本决定隐含层各节点的高斯核函数的中心向量 c_i 和标准化常数 σ_i。第二阶段是有教师学习，在决定好隐含层的参数后，根据样本，利用最小二乘原则，求出隐含层核输出层的权值 W_{ki}。

有时在完成第二阶段的学习后，再根据样本信号，同时校正隐含层和输出层的参数，以进一步提高网络的精度。

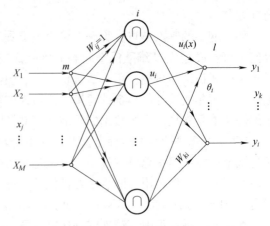

图 3-14 RBF 神经网络

3）RBF 网络存在的问题。RBF 网络用于非线性系统辨识与控制，虽具有唯一逼近特性及无局部极小的优点，但隐节点的中心难求，这是该网络难以广泛应用的原因。

与 BP 网络收敛速度慢的缺点相反，RBF 网络的学习速度很快，适用于在线实时控制。这是因为 RBF 网络把一个难题分解成了两个较易解决的问题。首先，通过若干个隐节点，用聚类方式覆盖全部样本模式；然后，修改输出层的权值，以获得最小映射误差。而这两步都比较直观。

6. 神经网络控制的基本思想

（1）传统的基于模型的控制基本思想 依据对控制稳定性、准确性和快速性的主要要求，以及被控对象的数学模型（传递函数或者状态方程）两方面来设计控制器。

（2）模糊控制的基本思想 基于专家经验和领域知识总结出的若干条模糊控制的规则，构成描述具有不确定性的复杂对象的模糊关系，通过被控系统输出误差和误差变化率、模糊关系的推理合成获得控制量。

以上两种方式都具有显式表达知识的特点。

（3）人工神经网络控制 ANNC 的基本思想 控制的目的是确定最佳的控制量 u，使系统的实际输出 y 等于期望的输出 y_d，通过实际输出 y 与期望输出 y_d 之间的误差来调整人工神经网络控制 ANN 的各个层间的权值 W_{ij}、W_{ki} 等，通过学习确定了这些权值后，直接实施控制。学习是离线的，控制是在线的。因此学习特别花时间，但控制快而准确，也不会失稳。

3.3.3 迭代学习控制技术

迭代学习控制是一种学习控制策略，它通过迭代应用先前试验得到的信息（而不是系统参数模型），以获得能够产生期望输出轨迹的控制输入，从而改善控制质量。

1. 迭代学习控制概述

迭代学习控制（Iterative Learning Control，以下简称 ILC）可用周期性非线性系统，但系统动作过程应具有自己的重复性。

最优控制通过对描述的数学模型的理论优化得到所需的控制量。迭代学习控制则是通过先前多次的试验结果改进，来获得最优的控制量。

（1）ILC 的定义 从控制的角度定义：对具有重复性的被控对象系统，利用先前的控制经验尝试，以输出的轨迹与给定的期望轨迹偏差修正不理想的控制信号，最终找出一个理想的输入特性曲线，使系统跟踪期望输出结果的能力提高，最终达到所期望的输出或接近于许可的输出。

（2）ILC 和自适应控制的区别　两者都是用来解决系统不确定的问题，均基于在线的参数调整算法，都要使用与环境、对象闭环交互得到的试验信息。自适应控制是在线的控制，自适应控制的算法是在线算法，需要进行大量的计算，可用于缓慢的时变特性及新型的控制局势，对严重的非线性问题失效。但 ILC 的控制是在线的，而学习是离线的，适合于建模不良的非线性系统，不宜用于时变动态系统。

（3）ILC 过程的机理　寻找并求得动态控制系统的输入、输出之间比较简单的关系。执行由前一学习结束后更新的控制过程。改善每一个控制过程，使其性能优于前一个过程。希望通过重复执行这种学习过程和记录全过程的结果，能够稳步改善受控系统的性能。

（4）ILC 的特点　ILC 适用于某种具有重复学习运动的被控对象，每次都做同样的工作。可实现完全的跟踪。学习过程只需要测量实际的输出结果和期望的信号，对被控对象的动力学模型描述和参数估计等一些复杂计算均可简化或省略。在不明确已知（甚至未知）的被控对象动力学特性的情况下设计控制器，故适合非线性系统。在线控制负担小、进行快速的运动控制时，实时性好。具有记忆功能，当遇到类似的控制功能时，它能根据记忆录中的任务，快速调整控制任务。对干扰和系统的变化量有一定的鲁棒性。适用于具备重复运动的场合：计算机搬运、装配、生产线焊接工业、喷涂工艺、机器人数控加工中间的送进等。

2. 迭代学习控制律

（1）ILC 的被控对象需满足的具体条件

1）每次运行的时间间隔为固定的周期 T。

2）期望的给定输出 $y_d(t)$ 是时间域 $t\in[0,T]$ 域内的已知函数。

3）每次运行前动力系统的初始状态 $X_k(0)$ 相同，k 是学习次数，$k=(1,2,3,\cdots)$。

4）每次运行的输出结果 $y_k(t)$ 均可测，误差值可获得 $e_k(t)=y_d(t)-y_k(t)$。

5）下一次运行的给定 $u_{k+1}(t)$ 满足以下递推条件：

$$u_{k+1}(t)=F[u_k(t),e_k(t),w]$$

式中，w 为学习加权系数。

6）系统的动力学结构在一次运行中保持不变 $\lim\limits_{k\to\infty}y_k(t)\to y_d(t)$。

7）ILC 在线性定常系统、线性时变系统和非线性的系统中均收敛，但对系统滞后等不收敛。

（2）ILC 的学习过程　如图 3-15 所示的迭代学习控制过程的第 k 次和 $k+1$ 次的学习情况，根据第 k 次学习后的期望输出 $y_d(t)$ 与实际输出 $y_k(t)$ 的误差 $e_k(t)=y_d(t)-y_k(t)$。按照一定的学习控制规律，便可获得输入控制量 $\Delta u_k(t)$ 的修正量，以获得新的 $u_{k+1}(t)=u_k(t)+\Delta u_k(t)$，如此反复进行，直至 $e_{k+m}(t)=\|y_d(t)-y_{k+m}(t)\|\leqslant\varepsilon$ 才结束。

1）若第 k 次训练时期望输出与实际输出的误差为 $e_k(t)=y_d(t)-y_k(t)$；$t\in[0,T]$。

2）第 $k+1$ 次训练的输入控制 $u_{k+1}(t)$ 则为第 k 次训练的输入控制 $u_k(t)$ 与输出误差 $e_k(t)$ 的加权和 $u_{k+1}(t)=u_k(t)+\Delta u_k(t)$，$\Delta u_k(t)=we_k(t)$。

在 ILC 中，控制用的学习是通过对以往控制经验（控制作用与误差的加权和）的记忆实现的，算法的收敛性依赖加权因子 w 的确定。这种 ILC 的核心是系统不变的假设及基于

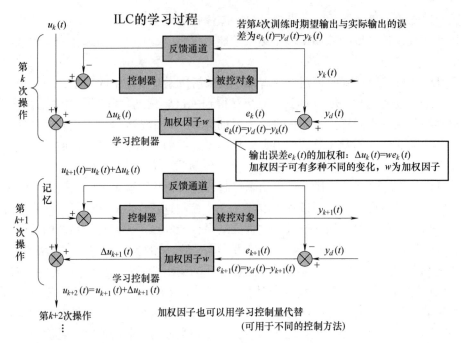

图 3-15 ILC 的学习过程

记忆单元间断的重复训练过程,学习规律极为简单。

(3)迭代学习控制的任务 给出系统的当前输入和当前输出,确定期望输入,使系统的实际输出收敛于期望值。

(4)迭代学习控制律 PID(Proportional Integral Oifferent)控制广泛应用于工业实际之中,也可将两种基本形式的学习律是 D 型学习律和 P 型学习律应用于迭代学习控制律中,其中 D 型学习律是首先被提出来的一种。单纯的 D 型学习律可调整的参数只有学习增益 KD,当 KD 确定后,学习系统的跟踪性能和收敛速度也基本上随之确定,为了提高收敛速度,改善跟踪性能,需要在学习律中增添可调整的参数项,因而产生了 PD 型、DI 型学习律、PID 型学习律,PID 型学习律(见图 3-16)是三者中最完善的学习律。

(5)迭代学习控制律的算法流程

1)置 $k=0$,给定并存储期望的轨迹 $y_d(t)$ 及初始的控制 $u_0(t)$,$t \in [0, T]$。

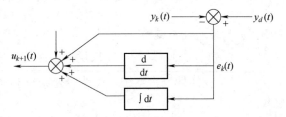

图 3-16 迭代学习的 PID 控制律

2)通过初始的定位操作,使系统初始输出位于 $y_k(0)$,相应的初态位于 $x_k(0)$。

3)对被控对象施加输入 $u_k(t)$,$t \in [0, T]$,开始反复操作,同时采样并存储系统的输出 $y_k(t)$,$t \in [0, T]$。

4)计算输出的误差 $e_k(t) = y_d(t) - y_k(t)$,$t \in [0, T]$。

5)由学习控制律计算并存储新的控制输入 $u_{k+1}(t) = u_k(t) + \Delta u_k(t)$,$t \in [0, T]$。

6)将 $u_{k+1}(t)$ 施加给系统,产生 $y_{k+1}(t)$,$e_{k+1}(t)$。

7)检验迭代停止条件:$\| y_d(t) - y_0(t) \| < \varepsilon$,式中 ε 为给定的允许跟踪精度。若条件满

足则停止运行，否则置 $k=k+1$，转步骤 2）。

3. 迭代学习控制的关键技术

（1）学习算法的稳定性和收敛性　稳定性与收敛性问题是研究当学习律与被控系统满足什么条件时，迭代学习控制过程才是稳定收敛的。

算法的稳定性保证了随着学习次数的增加，控制系统不发散，但是，对于学习控制系统而言，仅稳定是没有实际意义的，只有使学习过程收敛到真值，才能保证得到的控制为某种意义下最优的控制。

收敛是对学习控制的最基本的要求，多数学者在提出新的学习律的同时，基于被控对象的一些假设，给出了收敛的条件。例如，Arimoto 在最初提出 PID 型学习控制律时，仅针对线性系统在 D 型学习律下的稳定性和收敛条件作了证明。

（2）初始值问题　运用迭代学习控制技术设计控制器时，只需要通过重复操作获得受控对象的误差或误差导数信号。在这种控制技术中，迭代学习总要从某初始点开始，初始点指初始状态或初始输出。

几乎所有的收敛性证明都要求初始条件是相同的，解决迭代学习控制理论中的初始条件问题一直是人们追求的目标之一。目前已提出的迭代学习控制算法大多数要求被控系统每次运行时的初始状态在期望轨迹对应的初始状态上，即满足初始条件：

$$x_k(0) = x_d(0), \quad k=0, 1, 2, \cdots$$

（3）学习速度问题　在迭代学习算法研究中，其收敛条件基本上都是在学习次数 $k \to \infty$ 下给出的。而在实际应用场合，学习次数 $k \to \infty$ 显然是没有任何实际意义的。因此，如何使迭代学习过程更快地收敛于期望值是迭代学习控制研究中的另一个重要问题。

迭代学习控制本质上是一种前馈控制技术，大部分学习律尽管证明了学习收敛的充分条件，但收敛速度还是很慢。可利用多次学习过程中得到的知识来改进后续学习过程的速度，如采用高阶迭代控制算法、带遗忘因子的学习律、利用当前项或反馈配置等方法来构造学习律，可使收敛速度大大加快。

（4）鲁棒性问题　迭代学习控制理论的提出有浓厚的工程背景，因此仅在无干扰条件下讨论收敛性问题是不够的，还应讨论存在各种干扰的情形下系统的跟踪性能。

一个实际运行的迭代学习控制系统除了存在初始偏移，还或多或少存在状态扰动、测量噪声、输入扰动等各种干扰。

鲁棒性问题讨论存在各种干扰时迭代学习控制系统的跟踪性能。具体地说，一个迭代学习控制系统是鲁棒的，是指系统在各种有界干扰的影响下，其迭代轨迹能收敛到期望轨迹的邻域内，而当这些干扰消除时，迭代轨迹会收敛到期望轨迹。

第 **4** 章　智能工厂及智能机器的基本特征

4.1　智能工厂及其三个维度

4.1.1　智能工厂的内涵

　　第四次工业革命将要来临，只有对德国的工业4.0与美国的工业互联网进行深入分析，掌握以德国与美国等为代表的发达国家在本轮产业变革中的施政路径、方向和重点，才能进一步完善我国信息化与工业化两化融合战略，真正做到知己知彼，才能不断缩小我国与发达国家间的差距，甚至在某些领域进一步赶超。未来的趋势是互联网与制造业紧密结合，21世纪无处不在的互联网平台与其他先进计算机科技都将推动制造业的发展，工业4.0的重点是创造智能产品、程序和过程。工业4.0的一个关键特征是智能工厂，如图4-1所示。

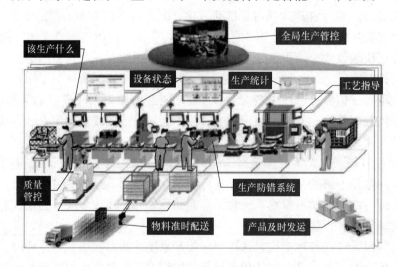

图4-1　智能工厂示意图

　　智能工厂是在制造过程中能以一种高度柔性与高度集成的方式，借助计算机模拟人类专家的智能活动进行分析、推理、判断、构思和决策等，从而取代或者延伸制造环境中人的部分脑力劳动。同时，收集、存储、完善、共享、集成和发展人类专家的智能。智能工厂支持产品全生命周期的三个重要架构领域，包括产品和系统架构（研发与制造）、增值和企业架构（全生命周期）、数据和信息等组成的互联网技术（IT）架构（网络平台）。

　　在智能工厂中，数字世界与物理世界无缝融合，工厂中的产品包含有全部必需的生产信息，产品的识别、定位、生产工艺方案、实际运行状况、达到目标状态的可选路径等，智能工厂也是实现去中心化的重要一步，实体的物理数据将通过传感器的方式获得。联网将通过数字化通信技术实现，而实体世界中的运营将由人类或者机器人来实现。智能工厂的目标是根据终端客户，以特定方式来提供定制化服务。只有通过阶层性较弱的网络来互相配合，才能让这种服务在经济上取得成功。

在未来智能工厂中的核心系统就是"网络—物理生产系统"（CPPS，Cyber-Physical Production Systems）。它包括三个层面：在应用层面，信息从生产控制和运营中获取；在平台层面，负责各种 IT 服务的整合；在元器件层面，提供了传感器、促动器、机器、订单、员工和产品。将这些所有层面集成在一起，就有了数字化制造。在智能工厂里，人、机器和资源如同在一个社交网络里一般自然地相互沟通协作。智能机器是具有感知、分析、推理、决策和控制功能的装备的统称。

智能产品通过独特的形式加以识别，可以在任何时候被定位，并能知道它们自己的历史、当前状态和为了实现其目标状态的替代路线。

智能工厂具有以下六个显著特征：

（1）设备互联　能够实现 M2M（设备与设备互联），通过与设备控制系统集成，以及外接传感器等方式，由数据采集与监视控制系统（SCADA）实时采集设备的状态，生产完工的信息、质量信息，并通过应用无线射频技术（RFID）、条码（一维和二维）等技术，实现生产过程的可追溯。

（2）广泛应用工业软件　广泛应用制造执行系统（MES）、先进生产排程（APS）、能源管理、质量管理等工业软件，实现生产现场的可视化和透明化。在新建工厂时，可以通过数字化工厂仿真软件，进行设备和产线布局、工厂物流、人机工程等仿真，确保工厂结构合理。在推进数字化转型的过程中，必须确保工厂的数据、设备和自动化系统安全。在通过专业检测设备检出次品时，不仅要能够自动与合格品分流，而且能够通过统计过程控制（SPC）等软件，分析出现质量问题的原因。

（3）充分结合精益生产理念　充分体现工业工程和精益生产的理念，能够实现按订单驱动，拉动式生产，尽量减少在制品库存，消除浪费。推进智能工厂建设要充分结合企业产品和工艺特点。在研发阶段也需要大力推进标准化、模块化和系列化，奠定推进精益生产的基础。

（4）实现柔性自动化　结合企业的产品和生产特点，持续提升生产、检测和工厂物流的自动化程度。产品品种少、生产批量大的企业可以实现高度自动化，乃至建立黑灯工厂；小批量、多品种的企业则应当注重少人化、人机结合，不要盲目推进自动化，应当特别注重建立智能制造单元。工厂的自动化生产线和装配线应当适当考虑冗余，避免由于关键设备故障而停线；同时，应当充分考虑如何快速换模，能够适应多品种的混线生产。物流自动化对于实现智能工厂至关重要，企业可以通过 AGV、桁架式机械手、悬挂式输送链等物流设备实现工序之间的物料传递，并配置物料超市，尽量将物料配送到线边。质量检测的自动化也非常重要，机器视觉在智能工厂的应用将会越来越广泛。此外，还需要仔细考虑如何使用助力设备，减轻工人的劳动强度。

（5）注重环境友好，实现绿色制造　能够及时采集设备和产线的能源消耗，实现能源高效利用。在危险和存在污染的环节，优先用机器人替代人工，能够实现废料的回收和再利用。

（6）可以实现实时洞察　从生产排产指令的下达到完工信息的反馈，实现闭环。通过建立生产指挥系统，实时洞察工厂的生产、质量、能耗和设备状态信息，避免非计划性停机。通过建立工厂的数字映射（Digital Twin），方便地洞察生产现场的状态，辅助各级管理人员做出正确决策。

仅有自动化生产线和工业机器人的工厂，还不能称为智能工厂。智能工厂不仅生产过程应实现自动化、透明化、可视化、精益化，而且，在产品检测、质量检验和分析、生产物流等环节也应当与生产过程实现闭环集成。一个工厂的多个车间之间也要实现信息共享、准时配送和协同作业。

智能工厂的建设充分融合了信息技术、先进制造技术、自动化技术、通信技术和人工智能技术。每个企业在建设智能工厂时，都应该考虑如何能够有效融合这五大领域的新兴技术，与企业的产品特点和制造工艺紧密结合，确定自身的智能工厂推进方案。

4.1.2 智能工厂的三个维度

结合中国工业现状，未来五年，中国很多制造型企业将搭建三层架构模式（SFC-MES-ERP）的智能工厂，从"三个维度"对企业资源计划、制造过程执行和生产底层进行严密监控，实时跟踪生产计划、产品的状态，可视化、透明化地展现生产现场状况，推进企业改善生产流程、提高生产率，实现智能化、网络化、柔性化、精益化及绿色生产。

生产现场集中控制管理系统（SFC，Shop Floor Control）、制造执行系统（MES，Manufacturing Execution System）和制造资源计划管理（ERP，Enterprise Resource Planning）系统，分别处于工厂生产底层（控制层）、制造过程（执行层）和制造资源（计划层）。通过采用这三套系统，企业能够充分利用信息技术、物联网技术和设备监控技术，加强生产信息管理和服务，清楚掌握产销流程、提高生产过程的可控性、减少生产线上人工的干预，同时，还能即时正确地采集生产线数据，合理编排生产计划与生产进度，打造"三维"智能工厂。

"三维"智能工厂 SFC、MES、ERP 是集绿色、智能等新兴技术于一体，构建一个高效节能、绿色环保、环境舒适的生产制造管理控制系统，其核心是将生产系统及过程用网络化分布式生产设施来实现。同时，企业管理包括生产物流管理、人机互动管理，以及信息技术在产品生产过程中的应用，形成新产品研发生产制造管理一体化。

中国特色智能工厂的"智能"主要体现在六个方面：智能计划排产、智能生产过程协同、智能设备互联互通、智能生产资源管控、智能质量过程控制、智能大数据分析与决策支持。

（1）智能计划排产 首先从计划源头上确保计划的科学化、精准化。通过集成，从 ERP 等上游系统读取主生产计划后，利用 APS 进行自动排产（见图 4-2），按交货期、精益生产、生产周期、最优库存、同一装夹优先、已投产订单优先等多种高级排产算法，自动生成的生产计划可准确到每一道工序、每一台设

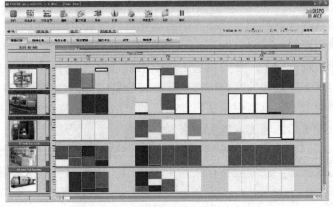

图 4-2　图形化的 JobDISPO APS 高级排产

备、每一分钟，并使交货期最短、生产率最高、生产最均衡化。这是对整个生产过程进行科学计划的源头与基础。

（2）智能生产过程协同（见图 4-3）　为避免贵重的生产设备因操作工忙于找刀、找料、检验等辅助工作而造成设备有效利用率低的情况，企业要从生产准备过程上，实现物料、刀具、工装、工艺等的并行协同准备，实现车间级的协同制造，可明显提升机床的有效利用率。

还比如，随着 3D 模型的普及，在生产过程中实现以 3D 模型为载体的信息共享，将CATIA、PRO/E、NX 等多种数据格式的 3D 图形、工艺直接下发到现场，做到生产过程的无纸化，也可明显减少图纸转化与看图的时间，提升工人的劳动效率。

（3）智能设备互联互通　无论是工业 4.0、工业互联网、还是中国制造 2025，其实质都是以赛博物理系统（CPS）为核心，通过信息化与生产设备等物理实体的深度融合，实现智能制造的生产模式（见图 4-4）。对企业来讲，将那些贵重的数控设备、机器人、自动化生产线等数字化设备，通过 DNC/MDC 的机床联网、数据采集、大数据分析、可视化展现、智能决策等功能，实现数字化生产设备的分布式网络化通信、程序集中管理、设备状态的实时监控等，就是赛博物理系统在制造企业中最典型的体现。

DNC 是 Distributed Numerical Control 的简称，意为分布式数字控制，国内一般统称机床联网。DNC 系统通过一台服务器可实现对所有数控设备的双向并发通信，支持 Fanuc、Siemens、Heidenhain 等上百种控制系统，兼容 RS232、422、485、TCP/IP、无线等各类通信方式，具有远程通信、强制上传等常见功能，将数控设备纳入整个 IT 系统进行集群化管理。

管理学大师彼得·德鲁克曾经说过"你如果无法度量它，就无法管理它"，我们不仅需要通过 DNC 解决互联的问题，更需要通过 MDC（Manufacturing Data Collection，直译为制造数据采集，俗称为机床监控）解决数据自动采集、透明化、量化管理的问题（见图 4-5）。

MDC 通过一台计算机可以同时自动采集 4096 台数控设备，兼容数控机床、热处理设备（如熔炼、压铸、热处理、涂装等设备）、机器人、自动化生产线等各类数字化设备，兼容西门子等所有机床控制系统，以及三菱、欧姆龙等各类 PLC 的设备。

对高端带网卡的机床，可直接采集到机床的实时状态、程序信息、加工件数、转速和进给、报警信息等丰富的信息。并以形象直观的图形化界面进行显示，如，绿色表示机床正在运行、黄色表示机床开机没干活、灰色表示没开机、红色表示故障，鼠标在机床图形上一点，相关的机床详细信息就全部实时地显示出来，实现了对生产过程的透明化、量化管理。

如果要实现更逼真的显示效果，可通过 3D 虚拟技术（见图 4-6）以立体的形式展现车间、设备、人体模型等，可以实现人体的行走、机床的放大缩小、设备信息的实时显示等各种操作，给用户一个更直观、形象的展现。

（4）智能生产资源管控　通过对生产资源（物料、刀具、量具、夹具等）进行出入库、查询、盘点、报损、并行准备、切削专家库、统计分析等功能，能有效地避免因生产资源的积压与短缺，实现库存的精益化管理，可最大限度地减少因生产资源不足带来的生产延误，也可避免因生产资源的积压造成生产辅助成本的居高不下。

（5）智能质量过程控制　除了对生产过程中的质量问题进行及时的处理，分析出规律，减少质量问题的再次发生等技术手段，在生产过程中对生产设备的制造过程参数进行实时的采集、及时的干预，也是确保产品质量的一个重要手段。

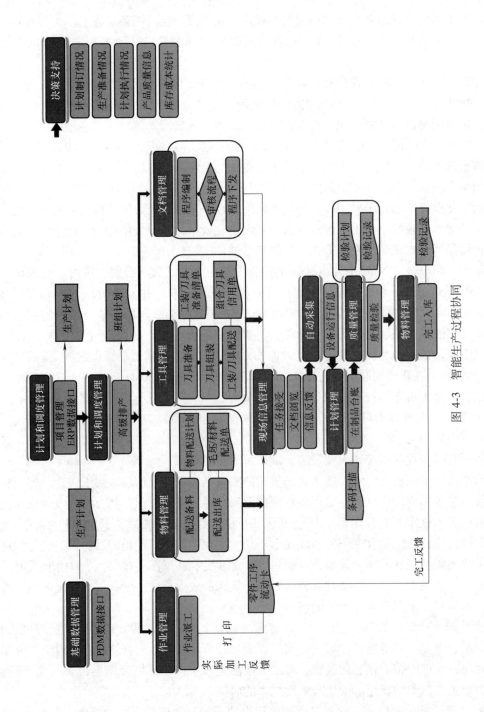

图 4-3 智能生产过程协同

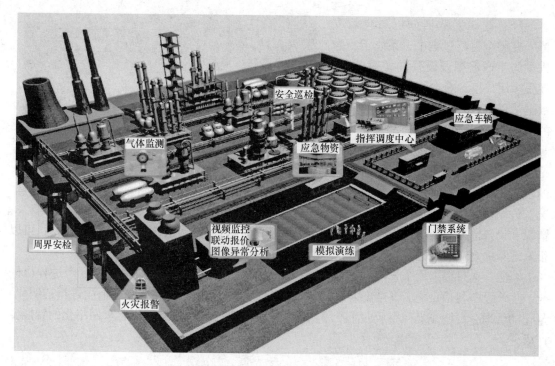

图 4-4　智能工厂的数字化管理

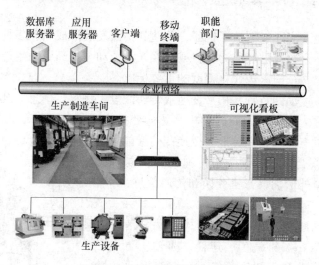

图 4-5　DNC/MDC 系统框架图

　　通过工业互联网对熔炼、压铸、热处理、涂装等数字化设备进行采集与管理，如采集设备基本状态，对各类工艺过程数据进行实时监测、动态预警、过程记录分析等功能，可实现对加工过程实时的、动态的、严格的工艺控制，确保产品生产过程完全受控。

　　当生产一段时间，质量出现一定的规律时，我们可以通过对工序过程的主要工艺参数与产品质量进行综合分析，为技术人员与管理人员进行工艺改进提供科学、量化的参考数据，在以后的生产过程中，减少不好的参数，确保最优的生产参数，从而保证产品的一致性与稳定性。

（6）智能大数据分析与决策支持 在整个生产过程中，系统运行着大量的生产数据及设备的实时数据，在很多用户里，企业一个车间一年的数据量就高 10 亿条以上，这是真正的工业大数据，这些数据都是企业宝贵的财富。对这些数据进行深入的挖掘与分析，系统可自动生成各种直观的统计、分析报表，如计划制订情况、计划执行情况、质量情况、库存

图 4-6　3D 可视化智能车间

情况、设备情况等，可为相关人员的决策提供帮助。这种基于大数据分析的决策支持，可以很好地帮助企业实现数字化、网络化、智能化的高效生产模式。

总之，通过以上六个方面的智能打造，可极大提升企业的计划科学化、生产过程协同化、生产设备与信息化的深度融合，并通过基于大数据分析的决策支持对企业进行透明化、量化的管理，可明显提升企业的生产率与产品质量，是一种很好的数字化、网络化的智能生产模式。

4.2　智能机器的基本特征

人类在长期的生产实践中创造了机器，并使其不断发展形成当今多种多样的类型。在现代生产和日常生活中，机器已经成为代替或减轻人类劳动、提高劳动生产率的主要手段。使用机器的水平是衡量一个国家现代化程度的重要标志。

机器是执行机械运动的装置，用来变换或传递能量、物料、信息。凡将其他形式能量变换为机械能的机器称为原动机，如内燃机将热能变换为机械能、电动机将电能变换为机械能，它们都是原动机。凡利用机械能去变换或传递能量、物料、信息的机器称为工作机。如发电机将机械能变换为电能、起重机传递物料、金属切削机床变换物料外形、录音机变换和传递信息，它们都属于工作机。

图 4-7 所示为单缸四冲程内燃机结构图。它是由气缸、活塞、进气门、排气门、连杆、曲轴、凸轮轴、顶杆、正时齿轮和火花塞等组成。燃气推动活塞往复运动，经连杆转变为曲轴的连续转动。凸轮和顶杆是用来启闭进气门和排气门的。为了保证曲轴每转两周进、排气门各启闭一次，曲轴与凸轮轴之间安装了齿数比为 1∶2 的齿轮。这样，当燃气推动活塞运动时，各构件能够协调的动作，进、排气门可以有规律的启闭，加上汽化、点火等装置的配合，就把热能转换为曲轴回转的机械能。

机器的主体部分是由许多运动构件组成的。用

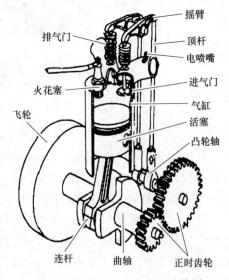

图 4-7　单缸四冲程内燃机结构图

来传递运动和力、有一个构件为机架、用构件间能够相对运动的连接方式组成的构件系统成为机构。在一般情况下，为了传递运动和力，机构各构件间应具有确定的相对运动。在内燃机中，活塞、连杆、曲轴和气缸组成一个曲柄滑块机构，将活塞的往复运动变为曲柄的连续转动。凸轮、顶杆和气缸组成凸轮机构，将凸轮轴的连续转动变为顶杆有规律的间歇运动。曲轴和凸轮轴上的齿轮与气缸体组成齿轮机构，使两轴能保持一定的速比。

　　机器由机械本体系统与电气控制系统两大系统组成。机械本体系统由动力装置、传动部件和工作机构三大部分组成。常见的动力装置包括电动机、内燃机、外燃机、汽轮机、水力及风力动力装置等；传动部件是机器的一个中间环节，它把原动机输出的能量和动力经过转换后提供给工作机构，以满足其工作要求，主要有机械、电力、液压、液力、气压等传动方式；工作机构是执行机器规定功能的装置，如直线运动缸、摆动马达、旋转轮、曲柄连杆滑块机构等。电气控制系统是依据对工作机构的动作要求，对机器的关键零部件进行检测（传感）、显示、调节与控制的装置，如：开关、阀门、继电器、计算机、按钮等。

　　随着信息技术的飞速发展，在现代机器的控制部分中，计算机控制系统已居于主导地位。在"工业4.0"时代，工厂生产机器将会通过物联网技术实现高度互联，最终使人和机器连接起来，并结合软件和大数据分析，为制造商和客户带来更高效、更自动化、更节约成本的解决方案。因此要实现制造强国的目标，意味着需要提升制造业效率和效能，实现生产智能化的突破。

4.2.1　智能机器的内涵

　　智能机器是智能制造中最重要的应用，它是一种智能机器人，能够在各类环境中自主地或交互地执行各种拟人任务，具备形形色色的内部信息传感器和外部信息传感器，如视觉、听觉、触觉和嗅觉等。智能机器大致经历了程序控制机器、自适应机器和智能机器三代的发展。

　　（1）程序控制机器　程序控制机器是按照事先设定的程序（包括顺序、条件及位置等）逐步动作的机器，简称程控机器。在机械制造领域中，程控机器用于完成单调、重复的作业，如机床的上下料、工件搬运等。程控机器分固定程控机器和可变程控机器两种，其控制简单，造价低廉，适合于大批量少品种的生产系统。

　　1）固定程控机器：采用限位开关、凸轮和挡块等设有固定工作程序的机器。通常由逻辑控制装置向所规定的轴发出动作指令信号，轴接受指令开始动作，一直到该轴的限位开关启动后停止，并同时给出下一步的动作指令，直至完成一个完整的作业过程。这种固定程序设定方式只能简单地实现两个端点的定位或根据挡块的设定进行调节，有选择地实现特定点的定位。改变程序较难。

　　2）可变程控机器：为了增强程控机器的柔性，研制出可用矩阵插销板、步进选线器、顺序转鼓等改变工作程序的机器。当机器的作业内容改变时，只要改变程序就可适应新的作业。随着微电子技术的发展，出现了采用可编程控制器或单板机的可变程控机器。

　　程控机床的动作顺序由程序控制，典型的应用代表如组合机床、自动生产线中的流程与工步控制。其主要控制要求是根据机床的动作顺序表（如电磁阀等执行元件的动作表），按照规定的顺序通过执行元件依次动作，完成机床的动作流程。机床主电动机与辅助电动机的起动、停止、变速、冷却、润滑、排屑、自动换刀等辅助机能的控制，是为了实现机械加工和满足机床特殊动作和功能方面的要求，主要通过继电器、接触器、变频器和调速器等完成控制。

　　组合机床是以通用部件为基础，配以按工件特定外形和加工工艺设计的专用部件和夹具，组成的半自动或自动专用机床。它一般采用多轴、多刀、多工序、多面或多工位同时加工的方式，生产率比通用机床高几倍至几十倍。由于通用部件已经标准化和系列化，可根据需要灵活配置，以缩短设计和制造周期。两工位钻孔、攻螺纹组合机床，能自动完成工件的钻孔和攻螺纹加工，自动化程度高，生产率高。两工位钻孔、攻螺纹组合机床示意图如图4-8所示。

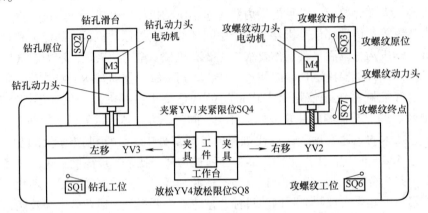

图4-8　两工位钻孔、攻螺纹组合机床示意图

　　机床主要由床身、移动工作台、夹具、钻孔滑台、钻孔动力头、攻螺纹滑台、攻螺纹动力头、滑台移动控制凸轮和液压系统等组成。移动工作台和夹具用以完成工件的移动和夹紧，从而实现自动加工。钻孔滑台和钻孔动力头，用以实现钻孔加工量的调整和钻孔加工。攻螺纹滑台和攻螺纹动力头，用以实现攻螺纹加工量的调整和攻螺纹加工。工作台的移动（左移、右移），夹具的夹紧、放松，钻孔滑台和攻螺纹滑台的移动（前移、后移），均由液压系统控制。其中两个滑台移动的液压系统由滑台移动控制凸轮来控制，工作台的移动和夹具的夹紧与放松由电磁阀控制。

　　（2）自适应机器　自适应机器配备有相应的感觉传感器（如视觉、听觉、触觉传感器等），能取得作业环境、操作对象等简单的信息，并由机器配备的计算机进行分析、处理，控制机器的动作。自适应机器的主要特点是具有自我调整功能，可适应本身或是环境的变化。与程控机器相比，这一关键性的进步就是设计的机器在完全不需要控制辅助的情况下可以进行自我调整。

　　数控机床通过检测机床主轴的负载，运用内部的专家系统对采集的主轴负载信号和相应的刀具及工件材料数据进行分析处理，实时计算出机床最佳的进给速率并应用到数控加工的过程中，从而大幅度提高生产率，并在加工过程中稳定、连续、自动地控制进给速率，同时实现动态的刀具保护功能，如图4-9所示。

　　在加工过程中，自适应控制系统可以依据控制对象的输入输出数据，进行学习和再学习，不断地辨识模型参数并进行修正。随着生产过程的不断继续，模型会变得越来越准确，越来越接近于实际，最终将自身调整到一个最优的工作状态，实现加工过程的优化。

　　（3）智能机器　智能机器具有类似于人的智能，它装备了高灵敏度的传感器，因而具有超过一般人的视觉、听觉、嗅觉、触觉的能力，能对感知的信息进行分析，控制自己的行为，处理环境发生的变化，完成各种复杂、困难的任务，而且有自我学习、归纳、总结和提高已掌握知识的能力。

智能机床，是对制造过程能够做出决定的机床。智能机床了解制造的整个过程，能够监控、诊断和修正在生产过程中出现的各类偏差。并且能为生产的最优化提供方案。此外，还能计算出所使用的切削刀具、主轴、轴承和导轨的剩余寿命，让使用者清楚其剩余使用时间和替换时间。

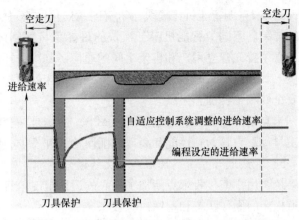

图 4-9　根据切削状况变化实时调节刀具进给速率

在国际制造技术展览会（IMTS）2006 上，日本山崎马扎克（Mazak）公司以"智能机床"（Intelligent Machine）的名称，展出了声称具有四大智能的数控机床；日本大隈（Okuma）公司展出了名为"thinc"的智能数字控制系统（Intelligent Numerical Control System）。

1）Mazak 的智能机床：发出信息和进行思考。Mazak 对智能机床的定义是：机床能对自己进行监控，可自行分析众多与机床、加工状态、环境有关的信息及其他因素，然后自行采取应对措施来保证最优化的加工。换句话说，机床进化到可发出信息和自行进行思考。结果是：机床可自行适应柔性和高效生产系统的要求。当前 Mazak 的智能机床有主动振动控制——将振动减至最小；智能热屏障——热位移控制；智能安全屏障——防止部件碰撞和马扎克语音提示——语音信息系统四大智能。

2）Okuma 的智能机床：具备"思想"。Okuma 的智能数字控制系统的名称为"thinc"，它是英文"思想"（think）的谐音，表明它具备思想能力。Okuma 认为当前经典的数控系统的设计（结构）、执行和使用（design、implementation、use）三个方面已经过时，对它进行根本性变革的时机已经到来。

Okuma 说，thinc 不仅可在不受人的干预下，对变化了的情况做出"聪明的决策"（smart decision），还可使机床到了用户厂后，以增量的方式使其功能在应用中不断自行增长，并能够自适应新的情况和需求，更加容错，更容易编程和使用。总之，在不受人工干预的情况下，机床将为用户带来更高的生产率。

3）GE Fanuc 公司和辛辛那提（Cincinnati）公司的进展。GE Fanuc 公司引入的一套监控和分析方案也是智能机床发展的一个例子，这套方案在 2006 年 9 月的 IMTS 展览会得以展示。一种名为效率机床 4.0，基于互联网的方案应运而生，它通过收集机床和其他设备复杂的基本数据而提供的富有洞察力的、可指出原因的分析方法。它还提供了一套远程诊断工具，从而使不出现故障的平均时间最长而用于修理的时间最短。它还能在计算机维护管理系统中监控不同的现场。智能机床的另一个例子是辛辛那提的多任务加工中心设计的软件，它可探测到 B 旋转轴的不平衡条件。装备了 SINUMERIK 840D 的控制系统，其新的平衡传感器可在监控 Z 轴发生的错误后准确和迅速地感受到不平衡。在探测后，由一套平衡辅助程序通过计算产生出一个显示图，来确定出不平衡的位置所在及需要进行多少补偿。该技术也已用于 Giddings & Lewis 的立式车床上。

4）米克朗智能机床模块。米克朗系列化的模块（软件和硬件）是该公司在智能机床领域的成果。不同"智能机床"模块的目标是将切削加工过程变得更透明、更方便控制。为此，必须首先建立用户和机床之间的通信。其次，还必须在不同切削加工优化过程中为用户提供工具，以显著改善加工效能。第三，机床必须能独立控制和优化切削过程，从而改善工艺安全性和工件加工质量。

米克朗的高级工艺控制系统（APS）模块是一套监视系统，它能使用户观察和控制切削加工过程。它是为高性能和高速切削而特地开发的，而且能很好地用于其他切削加工系统。

5）无线通知系统（RNS）。"无线通知系统"模块开启了通信灵活性的新纪元。通过这一系统，用户能接收米克朗加工中心的运行情况信息。通过移动电话的短信形式，用户就能知道机床的操作状态和程序执行状态。

6）全球首创、独家所有的智能操作人员支持系统（OSS）。操作人员支持系统（OSS）能根据工件的结构和加工要求，优化加工过程。通过易用的用户界面，用户可以方便地设定目标尺寸、转速、精度和表面光洁度及工件质量和加工的复杂程度等参数且能随时修改。

4.2.2　智能机器的基本要素

智能机器是全生命周期内机电软一体化，智能机器的三个基本要素为：信息深度自感知（全面传感），准确感知企业、车间、系统、设备、产品的运行状态；智慧优化自决策（优化决策），对实时运行状态数据进行识别、分析、处理，自动做出判断与选择；精准控制自执行（安全执行），执行决策，对设备状态、车间和生产线的计划做出调整。

（1）信息深度自感知　智能制造的基础是对制造资源装备状态信息进行接入及感知，通过对所获取的各种物理资源数据及信息资源数据进行处理分析，实现对加工问题自处理反馈的智能化加工、对用户需求灵敏响应的共享式加工、对基于服务平台的虚拟化加工。

感知就是机器具有能够感觉内部状态和外部环境的变化，理解这些变化的某种内在含义的能力。智能机器感知信息的方法主要有以下四种：

1）物料信息获取。利用条形码、二维码及 RFID 等物料信息获取技术以得到原料、半成品、成品和刀具等相关位置信息、物料自身状态信息，常用的物料信息载体如图 4-10 所示。RFID 技术通过只读或读写 RFID 电子标签，将无线信号传输给阅读器，实现数据传输，减少了复杂工况的干扰。Ⅱ-RFID 的使用实现了对物料的可追溯性。

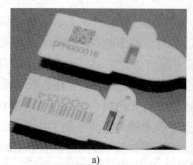
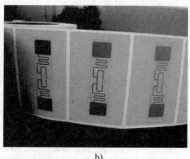

a)　　　　　　　　　　　　　　　　　　b)

图 4-10　常用的物料信息载体
a）条形码及二维码　b）RFID 芯片

2）图像信息获取。利用图像检测成像系统获取被测对象图像信息并对所获取图像信息进行预处理，经过分析后根据结果实现加工过程中精确定位、抓取、传输等作业。图像采集方法包括高速运动序列图像采集、位置处罚成像、显微成像、眼手图像采集、全方位图像采集、立体视觉成像、扫描成像等，如图 4-11 所示。

3）物理信息获取。获取加工设备主轴受力、刀具所受切削力、振动等加工过程中所存在的物理信息数据，通过这些数据对加工设备状态进

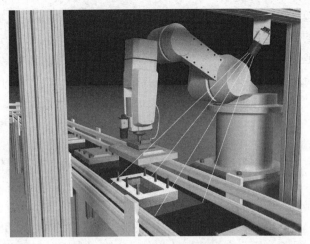

图 4-11　三维视觉成像系统

行评估。这些信息以传感器直接获取的方式为主，所使用的传感器包括压力传感器、振动传感器及光纤光栅传感器等。

4）程序信息获取。获取半自动化、自动化加工设备的程序信息，通过读取运行的程序段信息以获取当前加工设备的运行进度信息，从而知晓设备运行状态。获取设备信息需要相应的程序接口以读取运行程序。例如，FANUC 0i 数控系统自身提供了一些宏指令用于提取系统运行数据，Siemens 840D 数控系统可以通过软件的二次开发来实现运行数据采集，也能够通过自定义通信协议来实现 CNC 系统数据采集。

（2）智慧优化自决策　让机器具备一定的判断和决策能力是智能制造实践的基础。系统将数据转换成信息，再将信息转换成知识，通过知识的积累终形成可供执行的模型或规则，进而实现对生产过程与设备的实时诊断、预警与优化建议的流程、技术与工具。因此，在智能制造实践过程中，数据就是燃料，分析就是引擎。通过对产品全生命周期的信息进行挖掘提炼、计算分析、推理预测，形成优化制造过程的决策指令。机器对实时运行状态数据进行识别、分析、处理，根据分析结果，自动做出判断与选择。

智能，就是一个包含了感知、认识、学习、调整和适应等环节的循环过程，可以根据目标做出决策并采取行动以得到所期望的效果。其中，知识是智能实现的基础，智力是获取和运用知识求解的能力。智能制造的实践过程就是让系统可以通过对设备运行数据的采集和分析，实现对生产制造过程进行诸如推理、判断、构思和决策等智能活动。最终让机器延伸或部分地取代人类专家在制造过程中的体力和脑力劳动，把制造自动化扩展到柔性化、智能化和高度集成化。

在智能生产制造车间，生产系统不断产生大量的实时数据，如运动轴状态（电流、位置、速度、温度等）、主轴状态（功率、转矩、速度、温度等）、机床运行状态数据（温度、振动、PLC、I/O、报警和故障信息）、机床操作状态数据（开机、关机、断电、急停等）、加工程序数据（程序名称、工件名称、刀具、加工时间、程序执行时间、程序行号等）、传感器数据（振动信号、声发射信号等），对这些状态信息的采集可以让机器对出现的任何异动进行分析和诊断。

在智能工厂中，数据分析的结果应该首先是为了增强单机设备运行和设备群运营的智能

程度，而这个过程要求的是及时的（接近实时的）、连续性的流式数据分析。传统的批量性的数据挖掘方式在智能工厂中会继续有其作用，如为运营系统的数据分析建立模型或任何其他事后分析而用，但它不是其唯一的或主要的方式。实现智能工厂的一个关键在于怎样对设备进行数据收集和分析并将其结果即时地反馈到设备的运行和运营中，以及怎样将这些分析结果与其他业务信息（如市场供求、供应链，等等）融合，以推动生产的全面智能化。要有效地实现这些目的，有三点值得强调：

首先，设备是连续运行的，其运行需要连续的智能反馈。所以分析系统必须对设备连续生成的数据流进行流式分析，及时并持续地为决策提供信息流，即时自动化地应用于设备连续的运行和运营流程中。反过来说，基于批量性和被动性查询的传统分析框架并不能有效地支持设备连续性的运行和运营。因而，流式分析必须是这些数据分析平台的首要功能。

其次，从安全性、可靠性和有效性（如对时延和数据流量的约束）等方面去考虑，这些数据分析平台必须提供分布式分析，使其分析功能能够在设备或生产设施的本地部署，支持边缘计算模式。

最后，这些数据分析平台应该把所需的先进和难度大的分析技术提升和简化，为客户提供简易部署、定制和维护的开箱即用的分析系统，使客户能够快速迭代地演进其智能工厂应用。基于不少制造业企业并不专长于信息技术这一个现状，我们应该尽力使他们在开发智能工厂的过程中受益于新的包括机器学习等人工智能在内的数据分析技术，但不受其复杂性和特殊专业人才需求所困。智能决策系统是目前智能装备发展的瓶颈，事实上，工业领域目前还没有好的通用解决方案。

（3）精准控制自执行　伺服控制系统是实现智能机器机械本体控制和伺服机构控制的重要部分。伺服系统是以变频技术为基础发展起来的产品，是一种以机械位置或角度作为控制对象的自动控制系统。伺服系统除了可以进行速度与转矩控制，还可以进行精确、快速、稳定的位置控制。广义的伺服系统是精确地跟踪或复现某个给定过程的控制系统，也可称随动系统。狭义的伺服系统又称位置随动系统，其被控制量（输出量）是负载机械空间位置的线位移或角位移，当位置给定量（输入量）做任意变化时，系统的主要任务是使输出量快速而准确地复现给定量的变化，如图 4-12 所示。

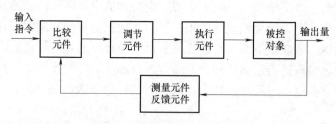

图 4-12　伺服控制系统工作原理

机电一体化的伺服控制系统的结构、类型繁多，但从自动控制理论的角度来分析，伺服控制系统一般包括控制器、被控对象、执行环节、检测环节、比较环节共五部分。

1）比较环节。比较环节是将输入的指令信号与系统的反馈信号进行比较，以获得输出与输入间的偏差信号的环节，通常由专门的电路或计算机来实现。

2）控制器。控制器通常是计算机或比例、积分和微分（PID）控制电路，其主要任务是对比较元件输出的偏差信号进行变换处理，以控制执行元件按要求动作。

3）执行环节。执行环节的作用是按控制信号的要求，将输入的各种形式的能量转化成机械能，驱动被控对象工作。机电一体化系统中的执行元件一般指各种电动机或液压、气动伺服机构等。

4）被控对象。被控对象指被控制的物件，如一个机械手臂，或是一个机械工作平台。

5）检测环节。检测环节是指能够对输出进行测量并转换成比较环节所需要的量纲的装置，一般包括传感器和转换电路。

常见的伺服系统的执行元件包括电气式、液压式和气动式三类，如图 4-13 所示。

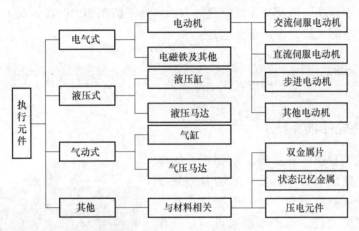

图 4-13　伺服系统执行元件分类

1）电气式执行元件。电气执行元件包括直流（DC）伺服电动机、交流（AC）伺服电动机、步进电动机及电磁铁等，是最常用的执行元件。对伺服电动机除了要求运转平稳，一般还要求动态性能好，能够频繁使用，便于维修等。

2）液压式执行元件。液压式执行元件主要包括往复运动液压缸、回转液压缸、液压马达等，其中液压缸最为常见。在同等输出功率的情况下，液压元件具有质量轻、快速性好等特点。

3）气压式执行元件。气压式执行元件除了用压缩空气做工作介质，与液压式执行元件没有区别。气压驱动虽可得到较大的驱动力、行程和速度，但由于空气黏性差，具有可压缩性，故不能在定位精度要求较高的场合使用。

随着伺服系统的应用越来越广，用户对伺服驱动技术的要求也越来越高。总体来说，伺服系统的发展趋势可以概括为以下几个方面。

1）集成化：伺服控制系统的输出器件越来越多地采用开关频率很高的新型功率半导体器件，这种器件将输入隔离，能耗制动，过温、过电压、过电流保护及故障诊断等功能全部集成于一个不大的模块之中，构成高精度的全闭环调节系统。高度的集成化显著地缩小了整个控制系统的体积。

2）智能化：伺服系统的智能化表现在以下几个方面。系统的所有运行参数都可以通过人机对话的方式由软件来设置；它们都具有故障自诊断与分析功能，参数自整定的功能等。带有自整定功能的伺服单元可以通过几次试运行，自动将系统的参数整定出来，并自动实现其最优化。

3）网络化：伺服系统网络化是综合自动化技术发展的必然趋势，是控制技术、计算机技术和通信技术相结合的产物。

4）简易化：这里所说的"简"不是简单而是精简，是根据用户情况，将用户使用的伺服功能予以强化，使之专而精，而将不使用的一些功能予以精简，从而降低了伺服系统的成本，为客户创造更多的收益。

智能机器的工作表现受伺服系统影响极大，因而精密伺服系统的关键性能指标永远都是先进性比较的首要因素。国外先进伺服系统已经能够很好地适应绝大多数应用的需求，其研发资源集中在个别高端应用及整体性能提升方面，处于精雕细刻阶段。在工业4.0的大背景下，国产伺服任重而道远，还需努力追赶。

4.3　典型的智能机器简介

4.3.1　电子飞轮储能系统

目前的能量储存技术主要有抽水蓄能、气体压缩、蓄电池、超级电容等。近年来随着磁悬浮技术、碳纤维等高强度材料、电力电子技术等方向的突破，飞轮储能技术取得了重大进展，并在电力调峰、航空航天、分布式发电、电动车等领域都得到成功应用。在电子飞轮集成结构中（见图4-14），电动机转子与飞轮集成在一体。

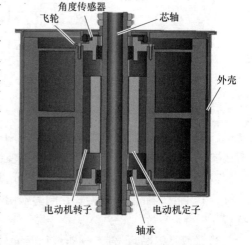

图4-14　西安交通大学研发的内定子外转子电动机的电子飞轮基本原理图

飞轮储能系统能量的转化包括三个过程：

1）电能转化为机械能。该过程为飞轮的充电过程。电力电子转换装置将电网中的交流电转换为特定频率和波形的交流电，驱动飞轮电动机并使得飞轮升速。升速过程有两种方式，恒转矩过程和恒功率过程。

2）电能以动能形式储存。该过程为能量保持过程。飞轮维持充电结束时的转速在真空室中高速旋转。如何能使得飞轮旋转过程中能量损耗最少，是飞轮储能研究的一个重要方向。为了尽可能减少摩擦损耗，可以通过磁悬浮技术，实现飞轮转子的完全悬浮。

3）动能转化成电能。高速飞轮旋转过程中带动飞轮电动发电机旋转，由电磁感应原理在绕组端部产生电动势。当外界负荷需要电能时，电力电子转换装置通过整流、滤波稳压等一系列转换将飞轮储能系统的动能转化成合适的电流输出。飞轮的转速随着电能的输出而逐渐下降，实现了动能到电能的转化。

飞轮储能技术相比目前其他的储能方式，其主要优势表现在：

1）效率高。随着高性能电动机、非接触支撑技术及高效电力转换装置的发展，飞轮储能的效率可轻易达90%以上。

2）充电速度快。飞轮储能充电速度主要取决于电动机功率及充电器性能，一般充电时间在 1h 之内，快速充电甚至可以达 10min，而化学电池一次充电需要 7~8h。

3）储能密度大。随着复合材料性能及制作工艺的进步，飞轮的极限转速得到了大幅度提高，如 T1000 碳纤维环氧树脂材料的储能密度可达 780Wh/kg，从而使得飞轮储能系统非常紧凑，占用空间小。

4）寿命长。非接触轴承飞轮储能系统的寿命主要取决于电子元器件的寿命，充放电次数基本不受限制。而一般化学电池的充放电次数为几百次。

5）易检测。飞轮储能系统的转速很容易测量，因此储能系统的状态可以随时检测，从而便于能量的管理。而化学电池及电容储能等很难精确检测电池的工作状态。

4.3.2　交流伺服直线电动机驱动的新型锻锤

锻锤是一种古老而又万能的锻压设备，在锻造工业中一直发挥着重要作用，是机械制造业中量大面广、不可缺少的一种锻压设备。但随着工业的发展，各个行业对锻件的要求也越来越高，传统的锻锤已无法满足航天、兵器等高精尖制造业。

在此背景下，德国舒乐公司提出并研制出了一种交流伺服直线电动机驱动的新型直线锻锤（以下简称新型直线锻锤）。如图 4-15 所示，新型直线锻锤摒弃了传统的动力源，使用直线电动机提供能量，将直线电动机的转子和锻锤的锤头直接相连，并利用锤头自身的重力势能使得锤头高速运动，从而实现对锻件的打击。

在电动机选型方面，新型直线锻锤选用开关磁通直线电动机，开关磁通直线电动机将电动机绕组和永磁体放置于电动机定子上，而电动机转子仅作为导磁钢，以传递磁力线。锻锤在高速工作时，会产生较大的振动和加速度，由于电动机转子上没有过多功能部件，且电动机转子和定子之间有间隙，所以不会对电动机产生较大的破坏。

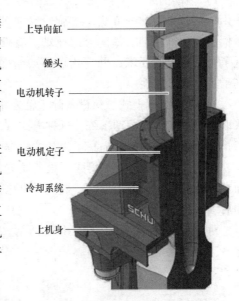

图 4-15　德国舒乐公司研制的
新型直线电动机锻锤原理图

新型直线电动机具有以下优点：

1）电动机转子和锻锤锤头直接相连的伺服直驱设计。新型锻锤利用交流伺服直线电动机取代传统的气缸或液压缸，将锤头直接与电动机转子相连，无中间传动机构。这种直接相连的形式使得新型直线锻锤稳定性更好。同时，由于少了中间传动机构，也就少了一层能量损失，能量利用率自然会增高，此外，没有中间传动机构，也就没有运动传递，可控性会更好。

2）开关磁通直线电动机+现代控制理论的机电软一体化。

由于直线电动机取代了气缸或是液压缸，这也省去了较多的管路系统及各种密封零部件，大大地降低了结构的复杂性，增强了系统的集成化。在一定程度降低了系统的故障率。

由于电动机的运动和所通电流的大小、方向、相位有着直接关系，而现阶段，对于电流的控制系统已十分发达，所以相对于控制气压或是液压，控制电动机就显得方便很多。

4.3.3　对轮旋压设备

对轮旋压技术适用于大型薄壁回转件的加工制造，典型工件为火箭发动机壳体，具有成形质量好，加工效率高等优点。该技术与传统芯模旋压具有显著区别，使用成对的旋轮代替芯模实现旋压过程。当坯料尺寸过大时，巨大的芯模使得旋压加工难以顺利进行，但通过使用对轮旋压技术，避免了这一问题，并能够让坯料内侧获得更高的精度及表面强化效果。在对轮旋压过程中，坯料主动旋转，成对的旋轮沿轴向进给，实现成形。西安交通大学研发的对轮旋压设备模型图如图4-16所示。

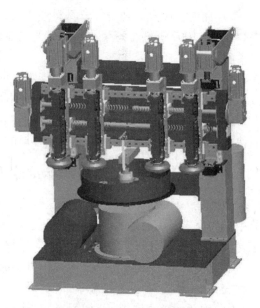

图 4-16　西安交通大学研发的
对轮旋压设备模型图

1）多动力系统。该旋压设备的各旋轮均采用单独动力驱动的方式，各旋轮纵向各有一台伺服电动机驱动，横向分组驱动。有效地降低了对动力源的要求，并简化了传动结构，提高了系统的可靠性。

2）伺服直驱模式。该设备除主轴采用变频电动机，其余装置均由伺服电动机驱动，并采取直驱方式构建运动系统。这种方式有效地利用了伺服电动机可控性好、功率密度大等优点，并缩短了传动链，提高了设备的精度。

通过这种设计，有效增强了设备功能，从而获得了柔性加工能力，可以加工包括特殊曲面在内的一系列大型筒形件；提高了可靠性和加工精度；降低了设备构建成本，有利于设备的后续拓展。

对轮旋压设备控制图如图4-17所示。

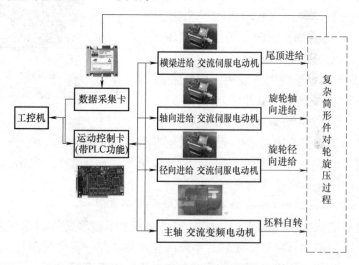

图 4-17　对轮旋压设备控制图

4.3.4　交流伺服驱动轴向推进滚轧成形设备

金属塑性成形领域中，新工艺的先进性体现在工艺所具备的特点及实现工艺的设备两个方面，其中设备是开展新工艺的基础，设备的先进性及功能特点将在很大程度上决定了新工艺能否实现及成形件的质量。交流伺服驱动轴向推进滚轧成形设备是根据工艺与装备一体化的研究思路，为开展花键轴轴向推进滚轧成形工艺而设计并研制的新型特种成形设备。

1）工艺原理。花键轴轴向推进滚轧成形工艺原理如图 4-18 所示，主要由三个滚轧模具、后驱动顶尖、坯料及前回转顶尖（图中未表示）等组成。滚轧模具沿坯料圆周方向均匀分布，模具结构沿轴向分为进入刃角段和校正段两部分，进入刃角段与滚轧模具轴线倾角角度为 α_e，进入刃角段齿形对花键轴齿形进行预滚轧成形，校正段齿形对花键轴预成形齿形进行精整；后驱动顶尖的齿形参数与成形花键轴的齿形参数相同，与滚轧模具间可通过齿形啮合传动，并且对不同滚轧模具齿形初始相位进行分度定位，以保证对花键轴齿形精确滚轧成形。

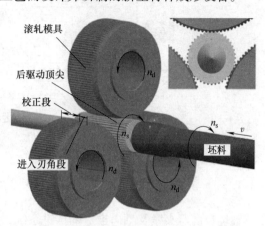

图 4-18　花键轴轴向推进滚轧成形工艺原理

2）设备总体结构。如图 4-19 和图 4-20 所示，设备总体结构可分为四个子系统：实现滚轧模具旋转功能和径向位置调整功能的滚轧系统、实现花键轴坯料前后夹紧及轴向推进的推进系统、实现对花键轴坯料快速加热的感应加热系统，以及实现对装置中动作执行元件进行精确控制的伺服控制系统。

在国家自然科学基金重点项目（No. 51335009）的资助下，西安交通大学研制出了具有自主知识产权，由多个交流伺服电动机独立驱动三个滚轧模具旋转及径向位置调整的轴向推进滚轧成形设备及其计算机控制系统。

该设备由四个系统组成：实现三个滚轧模具同步、同向、同速旋转和

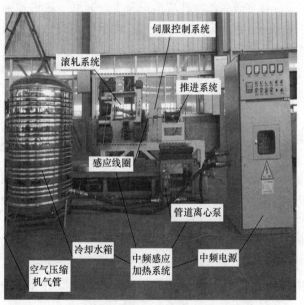

图 4-19　西安交通大学研发的交流伺服驱动
轴向推进滚轧成形设备

径向位置自动、同步精确调整的滚轧系统，其中各滚轧模具由对应的主动力交流伺服电动机经同步带、行星减速机、万向联轴器等零部件传动实现独立驱动旋转，各滚轧模具的径向位置由调整交流伺服电动机经蜗轮减速机、滚珠丝杠螺母副等零部件传动实现独立调整；实现

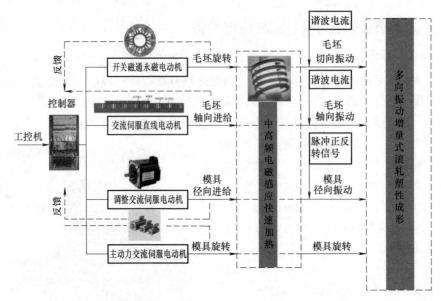

图 4-20　交流伺服驱动轴向推进滚轧成形设备控制系统结构图

　　花键轴坯料前后夹紧及轴向推进的推进系统；实现花键轴坯料快速加热的感应加热系统及实现对装置中滚轧模具旋转及径向位置调整、花键轴坯料前后夹紧及轴向推进动作进行精确控制的伺服控制系统（见图 4-20）。

　　在自主研制的滚轧成形设备上，开展了花键轴轴向推进增量式成形工艺的初步试验。各花键轴的齿数与理论齿数一致，说明了花键轴轴向推进滚轧成形工艺在滚轧初期准确建立了初始啮合传动条件，保证了齿形在坯料圆周上的准确分齿；成形的齿形、齿槽在整个齿形段上分布整齐无扭曲，尤其在坯料直径增大后更加明显，初步验证了花键轴轴向推进滚轧成形工艺的可行性。

4.3.5　机床数控系统的智能化

　　在应对机床热变形方面，大隈的热亲和、马扎克的智能热盾（ITS）、日本三菱重工（MITSUBISHI HEAVY INDUSTRIES）的热位移抑制技术（ATDS）等智能技术的研发与应用，实现了普通工厂环境下的高精度加工。大隈的热亲和智能技术由热适应性结构（热对称结构、均匀的结构材料分布）、热适应性总体布局（发热部位的均衡布局）和热位移自动补偿三部分组成，是规则热位移的机械结构设计技术和智能化的自动补偿技术三位一体的有机结合。其中的热位移自动补偿，又可细分为主轴热位移控制（TAS-S）和结构热位移控制两部分，利用传感器和热变形模型进行准确的补偿。

　　在对机床实施高品质"顺滑"的动态控制方面，智能技术发挥了重要作用。如海德汉TNC 640 数控系统的加速度位置误差补偿（CTC）、动态减振（AVD）、控制参数的位置自适应调节（PAC）、控制参数的负载自适应调节（LAC）、控制参数的运动自适应调节（MAC）技术；马扎克 SMOOTH 数控系统的新型智能型腔铣削控制（IPM）、无缝拐角控制（SCC）、变加速控制（VAC）、加工参数精细调整（SMC）技术；西门子 840D SL 数控系统的动态伺服控制（DSC）和精优曲面技术；三菱电机 M700V 数控系统的超级平滑表面控制（SSS）

技术；牧野（MAKINO）的 SGI.4 专利软件；发那科的高响应矢量（HRV）技术；大隈的伺服控制优化（SERVO NAVI）技术等，其数控加工中心如图 4-21 所示，在不同层面表现出了对多种动态因素强大的控制和适应能力，特别在高精度复杂曲面加工领域表现尤为突出。此外，线切割和激光加工中对零件拐点（包括象限点）、脉冲频率、输出能量、切削液压力等进行精确控制方面，牧野、三菱电机、GF 加工方案、沙迪克及北京安德建奇数字设备有限公司、苏州三光科技股份有限公司等都具有自己独到的技术。

图 4-21　大隈数控加工中心

在保障机床安全工作方面，大隈的防撞击功能（COLLISION AVOIDANCE SYSTEM）、海德汉的动态碰撞检测（DCM）、马扎克的防止干涉功能（ISS）等智能技术，在保障机床和人员安全，节省辅助时间和专注操作者注意力上发挥了重要作用。这些技术可在线或通过与脱线的 3D 虚拟监视器数据联动，领先模拟预测干涉碰撞的危险，并在碰撞发生前及时停车。该功能可应用于自动和手动两种工作方式，还可通过多种方式读取或生成零部件的外形信息而简单方便地建立干涉模型。

在机床加工和方便简化操作方面，智能技术发挥了重要作用。大隈的加工条件搜索技术（MACHINING NAVI），通过传感器对加工振动状态的检测分析和预演，既可自动导航至最佳的主轴转速，也可将多种优选方案显示在视屏上供操作者自由选择。该技术应用在车削和螺纹加工模式时，能够将主轴导航至最优的转速变化幅度和周期，以实现无振动切削和最佳的加工效果。三菱电机的数控电火花机床具有高效、低损耗、镜面和硬质合金精加工四种套装加工模式，方便操作者选择。日本沙迪克（SODICK）公司的 Q3vic 智能软件，通过直接导入 3D 模型，可对具有复杂形状和高度差别的零件在秒级时间内自动提取加工要素轮廓，然后自动生成包括全部切削参数在内的程序，该项智能功能还能自动计算出工件的重心位置，并找出最佳夹持位置。日本牧野（MAKINO）电火花机床的 MPG 导航软件，存有上百种加工条件和数十个模型工艺，可根据客户的实际使用要求，通过左右移动导航条简单操作即可在加工效率和精度之间做出抉择。英国雷尼绍公司（RENISHAW）的 Inspection plus 智能软件，如图 4-22 所示，能够实现机床测头测量速度的智能控制，在保证同样测量精度条件下，自动确定和选择机床可达到的最高进给率，并且还可以运用智能序中决策功能，针对每种测量程序选择一次碰触或二次碰触的测量方法。

在机床维护保养方面,马扎克的保养监控智能技术(IMS),能够时刻监控各功能单元的工作状况和消耗品,预防机床意外故障的发生。大隈的五轴智能调校技术,能够在 10min 内对五个联动轴的 11 项几何精度进行快速高精度调校。马扎克的五轴高精度调准功能(IMC-INTELLIGENT MAZA-CHECK)也具有异曲同工之妙。

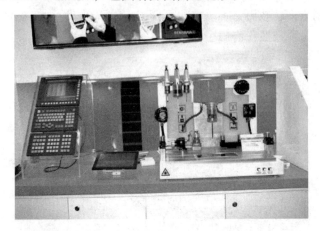

图 4-22　Inspection plus 智能软件

4.4　智能机器三大实施技术的内涵与目的

智能制造是基于新一代信息技术,贯穿设计、生产、管理、服务等制造活动的各个环节,是先进制造过程、系统与模式的总称。智能机器是全生命周期内机电软一体化,智能机器的三个基本功能如下。

1)信息深度自感知(全面传感——信息深度自感知:准确感知企业、车间、系统、设备、产品的运行状态)。

2)智慧优化自决策(优化决策——智慧优化自决策:对实时运行状态数据进行识别、分析、处理,自动做出判断与选择)。

3)精准控制自执行(安全执行——精确控制自执行:执行决策,对设备状态、车间和生产线的计划做出调整)。

智能机器有三大实施技术:分散多动力、伺服电直驱和集成一体化,通过该三大途径可以使智能机器达到以下理想目标:数字高节能、节材高效化、简洁高可靠。

1)分散多动力的驱动方式可以实现机器的数字高节能。大规格的机器完成不同工件加工时的实际负荷差异大,而集中动力源的输出特性单一、可调节性差,能量浪费严重。智能型的集中动力源的规格大,造价高,能量利用率低;传统的集中单一动力存在着动力源的能量与运动的传递路线长,机械整体传动结构复杂和庞大,摩擦与间隙非线性因素多,机器工作可靠性差等弊端。集中动力源无法满足智能型机器生产过程的高效、柔性、节能、高质量的要求;无法实现对机器内各个环节的能量与运动特性的实时监控。

分散多动力就是机器的每个自由度的动作方式,均采用单独的动力源来进行驱动,就是机器的每个自由度的运动零部件可采用一个或多个独立的动力源来驱动。可以用不同的动力源类型如机械、液压、气压等驱动同一运动部件；多个传动零部件能够同时带动下一级的同一零部件。

2）伺服电直驱的驱动方式可以实现机器的节材高效化。在传统机械装备中，电动机到工作部件要经过一整套复杂的转换机构，这些机械传动环节会带来一系列的问题，如造成较大的转动惯量、弹性变形、反向间隙、运动滞后、摩擦、振动、噪声及磨损，这些问题使得机械装备的加工精度、运行可靠性降低；增加维护、维修的时间和成本；造成机械装备的使用效率下降，使用费用增加。所以一直以来，对机械传动环节的传动性能在进行不断的改进，并且获得了很大的效果，但未从根本上解决问题。未来的机电装备应朝着高效、节能、高可靠、高精度、高速、智能化的方向发展。

直接驱动与零传动就是取消从动力装置到工作机构之间的一切中间机械传动环节，由电动机直接驱动工作部件（被控对象）动作，实现所谓的"零传动"。直驱系统是真正意义上的"机电一体化"。

3）集成一体化可以实现机器的简洁可靠运行。集成一体化是基于全生命周期理念，在机器功能及其关键零部件结构两个层面，进行机械、电气与软件的全面与深度融合，实现机器的智能、高效、精密、低能耗的可靠运行；是基于智能机器的三个基本特征，使机械传动、液压传动、气压传动、电气传动各自内部零部件相互融合，研发出资源利用率高的环境友好的产品。

集成一体化有六个层次：机械零件的整体化；传动系统的零件一体化；机器的每个自由度的动力源与传动系统的一体化；机器每个自由度的动力源与传动、工作机构的一体化；智能传感器与全面传感器嵌入机械零部件的一体化，材料—工艺—设备—控制的智能一体化。

第 5 章　智能机器伺服驱动电动机及其控制

5.1　伺服驱动系统概述

伺服系统是以机械参数为控制对象的自动控制系统。在伺服系统中，输出能够自动、快速、准确地跟随输入量的变化，机械参数包括位移、速度、加速度、角度、力和转矩等。因此又称之为随动系统或自动跟踪系统。

近年来，随着微电子技术、电力电子技术、计算机技术、现代控制技术、材料技术的快速发展及电动机制造工艺水平的逐步提高，伺服技术已迎来了新的发展机遇，伺服系统由传统的步进伺服、直流伺服发展到采用异步电动机、永磁同步电动机的新型交流伺服系统。

目前，伺服控制系统不仅在工农业生产及日常生活中得到了非常广泛的应用，而且在许多高科技领域，如激光加工、机器人、数控机床、大规模集成电路制造、办公自动化设备、卫星姿态控制、雷达和各种军用武器随动系统、柔性制造系统及自动化生产线等领域中的应用也迅速发展。

5.1.1　伺服系统的基本概念

"伺服系统"是指执行机构按照控制信号的要求而动作，即控制信号到来之前，被控对象是静止不动的；接收到控制信号后，被控对象则按要求动作；控制信号消失之后，被控对象应自行停止。

伺服系统的主要任务是按照控制命令要求，对信号进行变换、调控和功率放大等处理，使驱动装置输出的转矩、速度及位置都能得到灵活方便地控制。

伺服系统是具有反馈的闭环自动控制系统。它由检测部分、误差放大部分、执行部分及被控对象组成。

伺服系统性能的基本要求：

1）精度高。伺服系统的精度是指输出量能复现输入量的精确程度。

2）稳定性好。稳定是指系统在给定输入或外界干扰的作用下，能在短暂的调节过程后，达到新的或者恢复到原来的平衡状态。

3）快速响应。响应速度是伺服系统动态品质的重要指标，它反映了系统的跟踪精度。

4）调速范围宽。调速范围是指生产机械要求电动机能提供的最高转速和最低转速之比。

5）低速大转矩。在伺服控制系统中，通常要求在低速时为恒转矩控制，电动机能够提供较大的输出转矩；在高速时为恒功率控制，具有足够大的输出功率。

6）能够频繁地起动、制动及正反转切换。

伺服系统按照伺服驱动机的不同可分为电气式、液压式和气动式三种；按照功能的不同可分为计量伺服和功率伺服系统，模拟伺服和数字伺服系统，位置伺服、速度伺服和加速度伺服系统等。

电气伺服系统根据电气信号可分为直流伺服系统和交流伺服系统两大类。交流伺服系统又有感应电动机伺服系统和永磁同步电动机伺服系统两种。

1）开环伺服系统。开环伺服系统没有速度及位置测量元件，伺服驱动元件为步进电动机或电液脉冲马达。控制系统发出的指令脉冲，经驱动电路放大后，送给步进电动机或电液脉冲马达，使其转动相应的步距角度，再经传动机构，最终转换成控制对象的移动。由此可以看出，控制对象的移动量与控制系统发出的脉冲数量成正比。

由于这种控制方式对传动机构或控制对象的运动情况不进行检测与反馈，输出量与输入量之间只有前向作用，没有反向联系，故称开环伺服系统。

显然开环伺服系统的定位精度完全依赖于步进电动机或电液脉冲马达的步距精度及传动机构的精度。与闭环伺服系统相比，由于开环伺服系统没有采取位移检测和校正误差的措施，对某些类型的数控机床，特别是大型精密数控机床，往往不能满足其定位精度的要求。此外，系统中使用的步进电动机、电液脉冲马达等部件还存在着温升高、噪声大、效率低、加减速性能差，在低频段有共振区、容易失步等缺点。尽管如此，因为这种伺服系统结构简单，容易掌握，调试、维修方便，造价低，所以在数控机床的发展中仍占有一定的地位。

2）闭环伺服系统。在闭环伺服系统中，速度、位移测量元件不断地检测控制对象的运动状态。当控制系统发出指令后，伺服电动机转动，速度信号通过速度测量元件反馈到速度控制电路，被控对象的实际位移量通过位置测量元件反馈给位置比较电路，并与控制系统命令的位移量相比较，把两者的差值放大，命令伺服电动机带动控制对象作附加移动，如此反复直到测量值与指令值的差值为零为止。

闭环伺服系统的输出量不仅受输入量（指令）的控制，还受反馈信号的控制。输出量与输入量之间既有前向作用，又有反向联系，所以称其为闭环控制或反馈控制。由于系统是利用输出量与输入量之间的差值进行控制的，故又称其为负反馈控制。

从理论上讲，闭环伺服系统的定位精度取决于测量元件的精度，但这并不意味着可以降低对传动机构的精度要求。传动副间隙等非线性因素也会造成系统调试困难，严重时还会使系统的性能下降，甚至引起振荡。

3）半闭环伺服系统。半闭环伺服系统不对控制对象的实际位置进行检测，而是用安装在伺服电动机轴端上的速度、角位移测量元件测量伺服电动机的转动，从而间接地测量控制对象的位移，角位移测量元件测出的位移量反馈回来，与输入指令比较，利用差值校正伺服电动机的转动位置。因此，半闭环伺服系统的实际控制量是伺服电动机的转动（角位移）。由于传动机构不在控制回路中，故这部分的精度完全由传动机构的传动精度来保证。

显然，半闭环伺服系统的定位精度介于闭环伺服系统和开环伺服系统之间。由于惯性较大的控制对象在控制回路外，故系统稳定性较好，调试较容易，角位移测量元件比线位移测量元件简单，价格低廉。

5.1.2　伺服驱动系统的构成

交流伺服驱动系统如图 5-1 所示，通常由交流伺服电动机，功率变换器，速度、位置传感器及位置、速度、电流控制器构成。

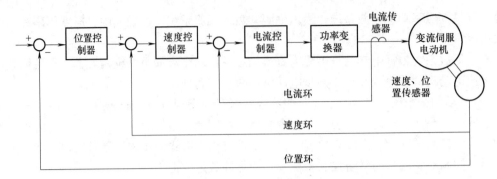

图 5-1　交流伺服驱动系统

交流伺服系统具有电流反馈、速度反馈和位置反馈的三闭环结构形式,其中电流环和速度环为内环(局部环),位置环为外环(主环)。电流环的作用是使电动机绕组电流实时、准确地跟踪电流指令信号,限制电枢电流在动态过程中不超过最大值,使系统具有足够大的加速转矩,提高系统的快速性。速度环的作用是增强系统抗负载扰动的能力,抑制速度波动,实现稳态无静差。位置环的作用是保证系统静态精度和动态跟踪的性能,这直接关系到交流伺服系统的稳定性和能否高性能运行,是设计的关键所在。

当传感器检测的是输出轴的速度、位置时,系统称半闭环系统;当检测的是负载的速度、位置时,系统称闭环系统;当同时检测输出轴和负载的速度、位置时,系统称多重反馈闭环系统。

1. 交流伺服电动机

交流伺服电动机的电动机本体为三相永磁同步电动机或三相笼型感应电动机,其功率变换器采用三相电压型 PWM 逆变器或三相电流型 PWM 逆变器。通常称前者为同步型交流伺服电动机,称后者为感应型交流伺服电动机。在数十瓦的小容量交流伺服系统中,也有采用电压控制两相高阻值笼型感应电动机作为执行元件的,这种系统称为两相交流伺服系统。

采用三相永磁同步电动机的交流伺服系统,通过功率半导体器件构成电子换向器替换了传统直流电动机的电刷和机械换向装置,也被称为无刷直流伺服电动机。

2. 功率变换器

交流伺服系统功率变换器的主要功能是根据控制电路的指令,将直流母线电能转变为伺服电动机电枢绕组中的三相交流电流,以产生所需要的电磁转矩。功率变换器主要包括控制电路、驱动电路、功率变换主电路等。

功率变换主电路主要由整流电路、滤波电路和逆变电路三部分组成。为了保证逆变电路的功率开关器件能够安全、可靠地工作,对于高压、大功率的交流伺服系统,有时需要有抑制电压、电流尖峰的"缓冲电路"。另外,对于频繁运行于快速正反转状态的伺服系统,还需要有消耗多余再生能量的"制动电路"。控制电路主要由运算电路、PWM 生成电路、检测信号处理电路、输入输出电路、保护电路等构成,其主要作用是完成对功率变换主电路的控制和实现各种保护功能等。

驱动电路的主要作用是根据控制信号对功率半导体开关器件进行驱动,并为器件提供保护,主要包括开关器件的前级驱动电路和辅助开关电源电路等。

近年来,集驱动电路、保护电路和功率变换主电路于一体的智能功率模块(IPM),改变了伺服系统逆变电路的传统设计方式，实现了功率开关器件的优化驱动和实时保护，提高了逆变电路的性能，是逆变电路的一个发展方向。

3. 传感器

在伺服系统中，需要对伺服电动机的绕组电流及转子速度、位置进行检测，以构成电流环、速度环和位置环，因此需要相应的传感器及其信号变换电路。

电流检测通常采用电阻隔离检测或霍尔电流传感器。直流伺服电动机只需一个电流传感器，而交流伺服电动机（两相交流伺服电动机除外）则需要两个或三个。其构成方法也有两种：一种是交流电流直接闭环；另一种是把三相交流电流变换为旋转正交坐标下的矢量电流之后再闭环，这就需要把电流传感器的输出信号进行坐标变换。

速度检测可采用无刷测速发电机、光电编码器、磁编码器或旋转变压器等。位置检测通常采用光电编码器或旋转变压器。由于旋转变压器具有既能进行转速检测又能进行绝对位置检测的优点，且抗机械冲击性能好，可在恶劣环境下工作，在交流伺服系统中的应用日趋广泛。此外，基于电动机模型或其他先进状态观测器的无传感器位置、速度辨识技术也在不断发展。

4. 控制器

在交流电动机伺服系统中，控制器的设计直接影响着伺服电动机的运行状态，从而在很大程度上决定了整个系统的性能。

交流电动机伺服系统通常有速度伺服系统和位置伺服系统。前者的伺服控制器主要包括电流（转矩）控制器和速度控制器，后者还要增加位置控制器。其中电流（转矩）控制器是最关键的环节，因为无论是速度控制还是位置控制，最终都将转化为对电动机的电流（转矩）控制。电流环的响应速度要远高于速度环和位置环。为了保证电动机定子电流响应的快速性，电流控制器的实现不应太复杂，这就要求其设计方案必须恰当，使其能有效发挥作用。对于速度和位置控制，由于其时间常数较大，因此可借助计算机技术实现许多较复杂的基于现代控制理论的控制策略，从而提高伺服系统的性能。

5.1.3　交流伺服系统的常用性能指标

1. 调速范围

系统在额定负载时所提供的最高转速与最低转速之比称调速范围。

2. 转矩脉动系数

额定负载下，转矩波动的峰峰值与平均转矩之比，常用百分数表示。

3. 稳速精度

伺服系统在最高转速、额定负载条件下，令电源电压变化、环境温度变化，或电源电压与环境温度都不变，连续运行若干小时，系统电动机的转速变化与最高转速的百分比分别称为电压变化、温度变化和时间变化的稳速精度。

4. 超调量

伺服系统输入单位阶跃信号，时间响应曲线上超出稳态转速（终值）的最大转速值（瞬态超调）与稳态转速（终值）的百分比称转速上升时的超调量。当伺服系统在稳态转速运行时，输入信号会骤降至零，时间响应曲线上超出零转速的反向最大转速值（瞬态超调）与稳态转速的百分比称速度下降时的超调量。

5. 转矩变化的时间响应

当伺服系统正常运行时，对电动机突然施加转矩负载和突然卸去转矩负载，电动机转速的最大瞬态偏差及重新建立稳态的时间称伺服系统对转矩变化的时间响应。

6. 转速响应时间

伺服系统在零转速下，从输入对应的阶跃信号开始，至转速第一次达到95%的时间。

7. 静态刚度

当伺服系统处于空载零速工作状态时，对电动机轴端的正转方向或反转方向施加连续转矩，所测量出的转角偏移量。

8. 定位精度和稳态跟踪误差

伺服系统的最终定位与指令目标值之间的静止误差定义为系统的定位精度，对于一个位置伺服系统，最低限度也应能对其指令输入的最小设定单位——1个脉冲做出响应。当伺服系统对输入信号的瞬态响应过程结束以后，稳定运行时机械实际位置与指令目标值之间的误差定义为系统的稳态位置跟踪误差。位置伺服系统的稳态位置跟踪误差不仅与系统本身的结构有关，还取决于系统的输入指令形式。

5.2 异步电动机及其伺服控制系统

异步电动机，又称感应电动机，具有制造简单、结构坚固、维护方便、成本低、可靠性高等优点；20世纪70年代初提出的矢量控制理论解决了交流电动机的动态转矩控制问题；同时，电力电子技术、微电子技术、计算机技术及自动控制理论的发展，为矢量控制理论的实用化奠定了良好的基础，因而这些相关技术的进步使得感应电动机伺服系统获得了与直流电动机伺服系统相同甚至更为优良的动态性能，并在大功率伺服控制领域得到了广泛应用。

5.2.1 异步电动机的结构和工作原理

用于伺服系统的异步电动机与普通的异步电动机结构基本相同，如图5-2所示，主要由定子、转子、端盖三大部件组成。

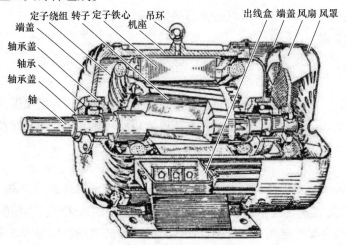

图 5-2　异步电动机的结构

定子由定子铁心、电枢绕组和机座三部分组成。定子铁心是主磁路的一部分，由硅钢片叠装而成。小型定子铁心用硅钢片叠装、压紧成为一个整体后，固定在机座内；中、大型定子铁心由扇形冲片拼成。在定子铁心内圆，均匀地冲有许多形状相同的槽，用以嵌放三相对称电枢绕组。

转子由转子铁心、转子绕组和转轴组成。转子铁心也是主磁路的部分，由硅钢片叠装而成，铁心固定在转轴或转子支架上。用于伺服控制的异步电动机的转子绕组采用笼型绕组。笼型绕组由转子槽中的导条和两端的环形端环构成，整个绕组外形就像个"鼠笼"，因此称笼型绕组。为节约用铜并提高生产率，小型异步电动机一般采用铸铝转子。中、大型异步电动机，由于铸铝质量难以保证，常采用铜条插入转子槽内，再在两端焊上端环的结构。异步电动机结构简单、制造方便、经济耐用，故在大容量的伺服系统中应用广泛。

用于交流伺服系统的异步电动机与普通笼型异步电动机的主要区别体现在电动机的设计上，主要是全面：①将转子长径比设计得较大，以减小转动惯量提高伺服动态性能；②通常采用磁动势谐波含量小的电枢绕组，以提高气隙磁场波形的正弦度，抑制谐波磁场的影响；③转子通常不采用闭口槽，以减小转子漏磁，提高电动机的功率因数和过载能力；④采用优化的转子槽形，以减小转子电阻和转子槽漏磁，提高电动机的效率和最大转矩等。

异步电动机是利用电磁感应原理，通过定子的三相电流产生旋转磁场，并与转子绕组中的感应电流相互作用产生电磁转矩，以进行能量转换。

1. 异步电动机的电动运行

当转子转速 n 低于旋转磁场的转速 n_s 时（$0<n<n_s$），转差率 s 满足 $0<s<1$。定子通入三相对称交流电流，可以产生气隙旋转磁场；相应地，按右手定则，转子导体"切割"气隙磁场产生感应电动势；由于笼型转子绕组是短路的，因此转子导条中有电流流过；转子感应电流与气隙磁场相互作用，将产生电磁力和电磁转矩；按左手定则，电磁转矩的方向与转子转向相同，即电磁转矩为驱动性质的转矩。此时电动机从逆变器输入功率，通过电磁感应，由转子输出机械功率，电动机处于电动机状态。

2. 异步电动机的发电制动

当需要伺服系统减速时，可以调整逆变器的输出频率，使定子产生的旋转磁场转速 n_s 低于转子转速 $n(n_s<n)$，则转差率 $s<0$。此时转子导条中的感应电动势及电流的有功分量与电动机状态时相反，因此电磁转矩的方向将与旋转磁场和转子转向相反，即电磁转矩为制动性质的转矩。为了得到适当的制动转矩，必须不断调整逆变器的输出频率，使转差率保持恒定。此时转子的动能变成电能回馈到逆变器，再由逆变器回馈到电网或在制动电阻上消耗掉。

5.2.2　异步电动机的数学模型

1. 三相异步电动机在三相静止坐标系上的数学模型

在研究异步电动机的多变量非线性数学模型时，常作如下假设：

1）忽略空间谐波，设三相绕组对称（在空间上互差 120° 的电角度），所产生的磁势沿气隙圆周按正弦分布。

2）忽略磁路饱和，各相绕组的自感和互感都是线性的。

3）忽略铁心损耗。

4）不考虑频率和温度对绕组电阻的影响。

5）无论电动机转子是绕线式还是鼠笼式，都将其等效为绕线式转子，并折算到定子侧，折算后的每相绕组匝数都相等。这样，实际的电动机绕组就被等效为图 5-3 所示的三相感应电动机的物理模型。在图 5-3 中，定子三相绕组的轴线 A、B、C 在空间上是固定的，以 A 轴的方向作为参考，转子绕组 a、b、c 轴随转子旋转，转子 a 轴与定子 A 轴间的电角度 θ 为空间角位移变量。一般规定各绕组电压、电流、磁链的正方向符合右手螺旋定则。

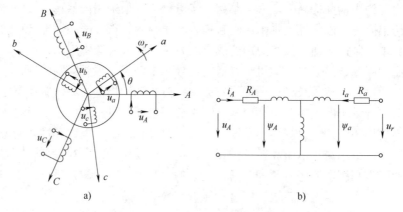

图 5-3　三相感应电动机的物理模型

a）各相绕组　b）A 相等效电路

（1）电压方程　由图 5-3 可知，三相定子绕组的电压平衡方程为

$$u_A = i_A R_s + \frac{d\psi_A}{dt}$$

$$u_B = i_B R_s + \frac{d\psi_B}{dt} \tag{5-1}$$

$$u_C = i_C R_s + \frac{d\psi_C}{dt}$$

转子绕组折算到定子侧后的电压方程为

$$u_a = i_a R_r + \frac{d\psi_a}{dt}$$

$$u_b = i_b R_r + \frac{d\psi_b}{dt} \tag{5-2}$$

$$u_c = i_c R_r + \frac{d\psi_c}{dt}$$

式中，u_A、u_B、u_C、u_a、u_b、u_c 分别为定子和转子相电压的瞬时值；i_A、i_B、i_C、i_a、i_b、i_c 分别为定子和转子相电流的瞬时值；ψ_A、ψ_B、ψ_C、ψ_a、ψ_b、ψ_c 分别为各相绕组的全磁链；R_s、R_r 分别为定子和转子绕组的电阻。

由于上述各变量都已经折算到定子侧，因此可将电压方程写成矩阵形式，采用微分算子 p 代替 d/dt，得到

$$\begin{pmatrix} u_A \\ u_B \\ u_C \\ u_a \\ u_b \\ u_c \end{pmatrix} = \begin{pmatrix} R_s & 0 & 0 & 0 & 0 & 0 \\ 0 & R_s & 0 & 0 & 0 & 0 \\ 0 & 0 & R_s & 0 & 0 & 0 \\ 0 & 0 & 0 & R_r & 0 & 0 \\ 0 & 0 & 0 & 0 & R_r & 0 \\ 0 & 0 & 0 & 0 & 0 & R_r \end{pmatrix} \begin{pmatrix} i_A \\ i_B \\ i_C \\ i_a \\ i_b \\ i_c \end{pmatrix} + p \begin{pmatrix} \psi_A \\ \psi_B \\ \psi_C \\ \psi_a \\ \psi_b \\ \psi_c \end{pmatrix} \tag{5-3}$$

也可以写成

$$\boldsymbol{u} = \boldsymbol{R}\boldsymbol{i} + p\boldsymbol{\psi} \tag{5-4}$$

（2）磁链方程　由于每个绕组的磁链是其本身的自感磁链与其他绕组对它的互感磁链之和，因此 6 个绕组的磁链可表达为

$$\begin{pmatrix} \psi_A \\ \psi_B \\ \psi_C \\ \psi_a \\ \psi_b \\ \psi_c \end{pmatrix} = \begin{pmatrix} L_{AA} & L_{AB} & L_{AC} & L_{Aa} & L_{Ab} & L_{Ac} \\ L_{BA} & L_{BB} & L_{BC} & L_{Ba} & L_{Bb} & L_{Bc} \\ L_{CA} & L_{CB} & L_{CC} & L_{Ca} & L_{Cb} & L_{Cc} \\ L_{aA} & L_{aB} & L_{aC} & L_{aa} & L_{ab} & L_{ac} \\ L_{bA} & L_{bB} & L_{bC} & L_{ba} & L_{bb} & L_{bc} \\ L_{cA} & L_{cB} & L_{cC} & L_{ca} & L_{cb} & L_{cc} \end{pmatrix} \begin{pmatrix} i_A \\ i_B \\ i_C \\ i_a \\ i_b \\ i_c \end{pmatrix} \tag{5-5}$$

式中，对角线元素 L_{AA}、L_{BB}、L_{CC}、L_{aa}、L_{bb}、L_{cc} 是各有关绕组的自感，其余各项则是绕组间的互感。

上式可以采用分块矩阵的形式简化，即

$$\begin{pmatrix} \boldsymbol{\psi}_s \\ \boldsymbol{\psi}_r \end{pmatrix} = \begin{pmatrix} \boldsymbol{L}_{ss} & \boldsymbol{L}_{sr}(\theta) \\ \boldsymbol{L}_{rs}(\theta) & \boldsymbol{L}_{rr} \end{pmatrix} \begin{pmatrix} \boldsymbol{i}_s \\ \boldsymbol{i}_r \end{pmatrix} \tag{5-6}$$

其中，$\boldsymbol{\psi}_s = (\psi_A \quad \psi_B \quad \psi_C)^T$，$\boldsymbol{\psi}_r = (\psi_a \quad \psi_b \quad \psi_c)^T$，$\boldsymbol{i}_s = (i_A \quad i_B \quad i_C)^T$，$\boldsymbol{i}_r = (i_a \quad i_b \quad i_c)^T$。

$$\boldsymbol{L}_{ss} = \begin{pmatrix} L_{ms} + L_{ls} & -\dfrac{1}{2}L_{ms} & -\dfrac{1}{2}L_{ms} \\ -\dfrac{1}{2}L_{ms} & L_{ms} + L_{ls} & -\dfrac{1}{2}L_{ms} \\ -\dfrac{1}{2}L_{ms} & -\dfrac{1}{2}L_{ms} & L_{ms} + L_{ls} \end{pmatrix}, \quad \boldsymbol{L}_{rr} = \begin{pmatrix} L_{ms} + L_{lr} & -\dfrac{1}{2}L_{ms} & -\dfrac{1}{2}L_{ms} \\ -\dfrac{1}{2}L_{ms} & L_{ms} + L_{lr} & -\dfrac{1}{2}L_{ms} \\ -\dfrac{1}{2}L_{ms} & -\dfrac{1}{2}L_{ms} & L_{ms} + L_{lr} \end{pmatrix}$$

$$\boldsymbol{L}_{rs}(\theta) = \boldsymbol{L}_{sr}(\theta)^T = L_{ms} \begin{bmatrix} \cos(\theta) & \cos(\theta - 120°) & \cos(\theta + 120°) \\ \cos(\theta + 120°) & \cos(\theta) & \cos(\theta - 120°) \\ \cos(\theta - 120°) & \cos(\theta + 120°) & \cos(\theta) \end{bmatrix} \tag{5-7}$$

式中，L_{ms}、L_{mr} 分别为定子互感和转子互感；L_{ls}、L_{lr} 分别为定子漏感和转子漏感，θ 为转子位置角度。由于折算后定、转子绕组匝数相等，且各绕组间互感磁通都通过气隙，磁阻相同，故可认为 $L_{ms} = L_{mr}$。

式（5-7）表明，$\boldsymbol{L}_{rs}$ 和 $\boldsymbol{L}_{sr}$ 两个分块矩阵互为转置，且均与转子位置角 θ 有关，呈现出明显的非线性特点。

（3）转矩方程　根据转矩公式

$$T_e = \frac{1}{2}n_p\boldsymbol{i}^\mathrm{T}\frac{\partial \boldsymbol{L}}{\partial\theta}\boldsymbol{i} = \frac{1}{2}n_p\boldsymbol{i}^\mathrm{T}\begin{pmatrix} 0 & \dfrac{\partial\boldsymbol{L}_{sr}}{\partial\theta} \\[3mm] \dfrac{\partial\boldsymbol{L}_{rs}}{\partial\theta} & 0 \end{pmatrix}\boldsymbol{i} \tag{5-8}$$

式中，T_e 为电磁转矩；n_p 为极对数。

将 $\boldsymbol{i}^\mathrm{T} = (i_A \quad i_B \quad i_C \quad i_a \quad i_b \quad i_c)^\mathrm{T}$ 代入式（5-8）可以得到

$$T_e = \frac{1}{2}n_p\left(\boldsymbol{i}_r^\mathrm{T}\cdot\frac{\partial\boldsymbol{L}_{rs}}{\partial\theta}\boldsymbol{i}_s + \boldsymbol{i}_s^\mathrm{T}\cdot\frac{\partial\boldsymbol{L}_{sr}}{\partial\theta}\boldsymbol{i}_r\right) \tag{5-9}$$

（4）运动方程　在一般情况下，运动方程的形式为

$$T_e = T_L + \frac{J}{n_p}\cdot\frac{\mathrm{d}\omega_r}{\mathrm{d}t} + \frac{D}{n_p}\omega_r + \frac{K}{n_p}\theta \tag{5-10}$$

式中，T_L 为负载阻转矩；J 为系统的转动惯量；D 为与转速成正比的阻转矩阻尼系数；K 为扭转弹性转矩系数；$\omega_r = \dfrac{\mathrm{d}\theta}{\mathrm{d}t}$ 为转子角速度。

对于恒转矩负载，若不考虑阻尼和扭转刚度，即 $D=0$，$K=0$，则式（5-10）简化为

$$T_e = T_L + \frac{J}{n_p}\cdot\frac{\mathrm{d}\omega_r}{\mathrm{d}t} \tag{5-11}$$

综上，三相异步电动机的数学模型如图 5-4 所示。可以看出，异步电动机数学模型具有多变量、非线性和强耦合的特点，对伺服控制带来了挑战。

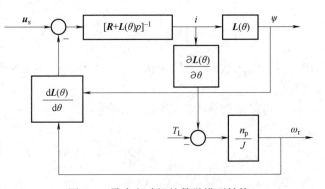

图 5-4　异步电动机的数学模型结构

2. 三相异步电动机在两相静止坐标系（α-β 坐标系）上的数学模型

由于异步电动机的数学模型比较复杂，因此需要通过坐标变换使之简化。上节的异步电动机的数学模型是建立在三相静止的 ABC 坐标系上的，若将其变换到两相直角坐标系上，由于两相坐标轴互相垂直，两相绕组之间没有磁的耦合，因此会比原来的模型更简单。

若要将三相静止坐标系上的电压方程、磁链方程和转矩方程都变换到两相旋转坐标系上来，可以先利用 3/2 变换将方程式中定子和转子的电压方程、电流、磁链和转矩都变换到两相静止 α-β 坐标系上。具体的变换运算比较复杂，此处从略，只给出结论。

（1）磁链方程　式（5-10）中的磁链方程可改为

$$\begin{pmatrix}\psi_{s\alpha}\\\psi_{s\beta}\\\psi_{r\alpha}\\\psi_{r\beta}\end{pmatrix} = \begin{pmatrix}L_s & 0 & L_m & 0\\0 & L_s & 0 & L_m\\L_m & 0 & L_r & 0\\0 & L_m & 0 & L_r\end{pmatrix}\begin{pmatrix}i_{s\alpha}\\i_{s\beta}\\i_{r\alpha}\\i_{r\beta}\end{pmatrix} \tag{5-12}$$

式中，L_m、L_s 和 L_r 分别为 α-β 坐标系下定子与转子同轴等效绕组间的互感、定子等效绕组的自感

和转子等效绕组的自感。其中，$L_m=\dfrac{3}{2}L_{ms}$；$L_s=\dfrac{3}{2}L_{ms}+L_{ls}=L_m+L_{ls}$；$L_r=\dfrac{3}{2}L_{ms}+L_{lr}=L_m+L_{lr}$。

由于三相绕组等效为两相绕组，α-β 坐标系下的两相绕组互感 L_m 是原三相绕组中任意两相间最大互感（当轴线重合时）L_{ms} 的 3/2 倍。

（2）电压方程　式（5-3）中的电压矩阵方程在 α-β 坐标系下变为

$$\begin{pmatrix} u_{s\alpha} \\ u_{s\beta} \\ u_{r\alpha} \\ u_{r\beta} \end{pmatrix} = \begin{pmatrix} R_s+L_sp & 0 & L_mp & 0 \\ 0 & R_s+L_sp & 0 & L_mp \\ L_mp & \omega_rL_m & R_r+L_rp & \omega_rL_r \\ -\omega_rL_m & L_mp & -\omega_rL_r & R_r+L_rp \end{pmatrix} \begin{pmatrix} i_{s\alpha} \\ i_{s\beta} \\ i_{r\alpha} \\ i_{r\beta} \end{pmatrix} \tag{5-13}$$

对比式（5-3）和式（5-13）可知，两相坐标系上的电压方程是 4 维的，降低了系统维度。

对于笼型异步电动机，由于转子为短路的等势体，即 $u_{r\alpha}=0$，$u_{r\beta}=0$（分别表示 α 相和 β 相的转子电压），则电压方程可变化为

$$\begin{pmatrix} u_{s\alpha} \\ u_{s\beta} \\ 0 \\ 0 \end{pmatrix} = \begin{pmatrix} R_s+L_sp & 0 & L_mp & 0 \\ 0 & R_s+L_sp & 0 & L_mp \\ L_mp & \omega_rL_m & R_r+L_rp & \omega_rL_r \\ -\omega_rL_m & L_mp & -\omega_rL_r & R_r+L_rp \end{pmatrix} \begin{pmatrix} i_{s\alpha} \\ i_{s\beta} \\ i_{r\alpha} \\ i_{r\beta} \end{pmatrix} \tag{5-14}$$

（3）转矩方程　异步电动机在 α-β 坐标系上的电磁转矩为

$$T_e=n_pL_m(i_{s\beta}i_{r\alpha}-i_{s\alpha}i_{r\beta}) \tag{5-15}$$

式（5-13）、式（5-14）和式（5-15）再加上运动方程式（5-10）便可构成 α-β 两相静止坐标系上的异步电动机数学模型。相比三相静止坐标系，电动机模型阶次降低，但其多变量、非线性、强耦合的性质并未改变。

3. 三相异步电动机在二相旋转坐标系（d-q 坐标系）**上的数学模型**

对于两相坐标系，其既可以是旋转的，也可以是静止的。下面将以任意转速旋转的坐标为一般情况，推导三相异步电动机的数学模型。

设两相旋转坐标系 d 轴与三相坐标系 A 轴的夹角为 θ，而 $p\theta_s=\omega_{s-dq}$ 为 d-q 坐标系相对于定子的角转速，ω_{r-dq} 为 d-q 坐标系相对于转子的角转速。若要将三相静止坐标系上的电压方程式（5-2）、磁链方程式（5-4）和转矩方程式（5-15）都变换到两相旋转坐标系上来，可以先利用 3/2 变换将方程式中定子和转子的电压、电流、磁链和转矩都变换到两相静止坐标系 α-β 上，然后再用旋转变换阵 $C_{2s/2r}$ 将这些变量变换到两相旋转坐标系上，下面是变换后得到的数学模型。

（1）磁链方程　依据式（5-12）进行坐标变换，转化到 d-q 坐标系中的磁链—电流方程为

$$\begin{pmatrix} \psi_{sd} \\ \psi_{sq} \\ \psi_{rd} \\ \psi_{rq} \end{pmatrix} = \begin{pmatrix} L_s & 0 & L_m & 0 \\ 0 & L_s & 0 & L_m \\ L_m & 0 & L_r & 0 \\ 0 & L_m & 0 & L_r \end{pmatrix} \begin{pmatrix} i_{sd} \\ i_{sq} \\ i_{rd} \\ i_{rq} \end{pmatrix} \tag{5-16}$$

式中，L_m、L_s 和 L_r 分别为 d-q 坐标系下定子与转子同轴等效绕组间的互感、定子等效绕组

的自感和转子等效绕组的自感，其值与式（5-12）所表示的 α-β 坐标系上的对应参数相等。

（2）电压方程　根据式（5-13），d-q 坐标系中的电压—电流方程式可写成

$$
\begin{pmatrix} u_{sd} \\ u_{sq} \\ u_{rd} \\ u_{rq} \end{pmatrix} = \begin{pmatrix} R_s+L_sp & -\omega_{s-dq}L_s & L_mp & -\omega_{s-dq}L_m \\ \omega_{s-dq}L_s & R_s+L_sp & \omega_{s-dq}L_m & L_mp \\ L_mp & -\omega_{r-dq}L_m & R_r+L_rp & -\omega_{r-dq}L_r \\ \omega_{r-dq}L_m & L_mp & \omega_{r-dq}L_r & R_r+L_rp \end{pmatrix} \begin{pmatrix} i_{sd} \\ i_{sq} \\ i_{rd} \\ i_{rq} \end{pmatrix} \tag{5-17}
$$

定义旋转电动势向量为

$$
\boldsymbol{e}_r = (-\omega_{s-dq}\psi_{sq}, \ \omega_{s-dq}\psi_{sd}, \ -\omega_{r-dq}\psi_{rq}, \ \omega_{r-dq}\psi_{rd})^T \tag{5-18}
$$

由此可以得到在旋转坐标系下的电压矢量方程为

$$
\boldsymbol{u} = \boldsymbol{R}\boldsymbol{i} + \boldsymbol{L}p\boldsymbol{i} + \boldsymbol{e}_r \tag{5-19}
$$

异步电动机在变换到两相正交坐标系上后，定子和转子的等效绕组都落在同样的两根轴上，而且两轴互相垂直，它们之间没有耦合关系。由于互感磁链只在同轴绕组之间存在，因此式中每个磁链的分量只剩下两项，电感矩阵比三相静止 ABC 坐标系中的 6 阶矩阵简单得多。

（3）转矩和运动方程　依据式（5-22）可得到 d-q 坐标系上的转矩方程，即

$$
T_e = n_p L_m(i_{sq}i_{rd} - i_{sd}i_{rq}) \tag{5-20}
$$

运动方程与坐标变换无关，仍为

$$
T_e = T_L + \frac{J}{n_p} \cdot \frac{d\omega_r}{dt} \tag{5-21}
$$

式中，ω_r 为电动机转子的角速度，$\omega_r = \omega_{s-dq} - \omega_{r-dq}$。

式（5-16）~式（5-21）构成于异步电动机在以任意转速旋转的 d-q 两相坐标系上的数学模型。其也比 ABC 坐标系上的数学模型简单得多，但其非线性、多变量、强耦合的性质也未改变。

特别地，当设定坐标轴的旋转速度 ω_{s-dq} 等于定子频率的同步角速度 ω_1 时，可以得到两相同步旋转坐标系下的数学模型。两相同步旋转坐标系的突出特点为当三相 ABC 坐标系中的电压和电流是交流正弦波时，其变换到 d-q 坐标系上就成为直流。此时交流异步电动机可以等价为一台直流电动机，从而实现励磁绕组和转矩绕组的解耦控制。

5.2.3　异步电动机的矢量控制

1. 矢量控制系统的基本原理

异步电动机的数学模型是一个高阶、非线性、强耦合的多变量系统，尽管通过坐标变换可以使之降阶并化简，但并没有改变其非线性、多变量的本质。许多专家对此进行了多年的研究，终于在 1971 年不约而同地提出了两项研究成果，分别为联邦德国西门子公司的 F. Blaschke 等提出的"感应电动机的磁场定向控制原理"和美国 P C. Custman 和 A. A. Clark 申请专利的"感应电动机定子电压的坐标变换控制"。这些理论在后来的实践中，不断地改进，逐渐形成了现已得到普遍应用的矢量控制理论。

交流异步电动机可以等效他励式直流电动机进行控制，其等效原理如图 5-5 所示。图 5-5a 给出了产生他励直流电动机转矩的两个分量（即电枢电流 i_a 和主磁通 ϕ）的空间关系。异步电动机定子的三相交流电流 i_A、i_B 和 i_C 通过三相—两相变换可以等效成如图 5-5b 所示的两相静止坐标系上的交流电流 i_α 和 i_β，再通过同步旋转变换，可以等效成如图 5-5c 所示的同

步旋转坐标系上的直流励磁电流 i_m 和转矩电流 i_t。当观察者站到铁心上与坐标系一起旋转，所看到的便是一台直流电动机。与图 5-5a 所示的直流电动机结构相同。通过控制，可使交流电动机的转子磁链 ψ_r 等效于直流电动机的励磁磁链，则 M 绕组相当于直流电动机的励磁绕组，T 绕组相当于静止的电枢绕组。

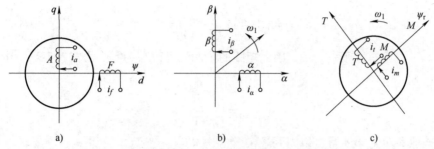

图 5-5 他励式直流电动机与异步电动机的转矩比较

a）直流电动机的转矩构成 b）α-β 坐标系下异步电动机的定子电流

c）M-T 坐标系下异步电动机转矩的构成

异步电动机经过坐标变换可以等效为直流电动机，并利用直流电动机的控制策略设定控制量，然后再经过相应的坐标反变换，就能够实现对异步电动机的控制。由于进行坐标变换的是电流（代表磁动势）的空间矢量，所以通过坐标变换实现功能的控制系统被称为矢量控制系统（Vector Control System），简称 VC 系统。由于是以转子磁链的方向作为励磁 M 轴定向，学术界也将这种控制策略称为磁场定向控制（Flux Orientation Control，FOC）。

2. 转子磁链定向控制条件下的电动机模型

选择定子电流、转子磁链 $\boldsymbol{i}_{s-dq} = (i_{sd} \quad i_{sq})^{\mathrm{T}}$ 和转子磁链 $\boldsymbol{\psi}_{r-dq} = (\psi_{rd} \quad \psi_{rq})^{\mathrm{T}}$ 作为状态变量，并且对于笼型异步电动机模型，$u_{rd} = u_{rd} = 0$。则电压方程（5-17）可改写为

$$
\begin{pmatrix} u_{rd} \\ u_{sq} \\ 0 \\ 0 \end{pmatrix} = \begin{pmatrix} R_s + \sigma L_s p & -\omega_1 \sigma L_s & (L_m/L_r)p & -(L_m/L_r)\omega_1 \\ \omega_1 \sigma L_s & R_s + \sigma L_s p & (L_m/L_s)\omega_1 & (L_m/L_r)p \\ -L_m/T_r & 0 & (1/T_r) + p & -\omega_s \\ 0 & -L_m/T_r & \omega_s & (1/T_r) + p \end{pmatrix} \begin{pmatrix} i_{sd} \\ i_{sq} \\ \psi_{rd} \\ \psi_{rq} \end{pmatrix} \tag{5-22}
$$

式中，T_r 为转子时间常数。取 d 轴沿转子磁链矢量 ψ_r 的方向，称之为 M（magnetization）轴，而 q 轴相对于 d 轴逆时针转 90°，即垂直于转子磁链矢量 ψ_r 的方向，称之为 T（torque）轴。这样的两相同步旋转坐标系就规定为 M-T 坐标系，即按转子磁链定向的旋转坐标系。

因为转子磁链的方向为 d 轴方向，所以有

$$\psi_{rd} = \psi_{rm} = \psi_r, \qquad \psi_{rq} = \psi_{rt} = 0 \tag{5-23}$$

将式（5-23）分别代入电压方程式（5-22）和转矩方程式（5-20），并用（M-T 坐标系）代替（d-q 坐标系），可以得到新的电压方程和电磁转矩方程为

$$
\begin{pmatrix} u_{sM} \\ u_{sT} \\ 0 \\ 0 \end{pmatrix} = \begin{pmatrix} R_s + \sigma L_s p & -\omega_1 \sigma L_s & (L_m/L_r)p & 0 \\ \omega_1 \sigma L_s & R_s + \sigma L_s p & (L_m/L_s)\omega_1 & 0 \\ -L_m/T_r & 0 & (1/T_r) + p & 0 \\ 0 & -L_m/T_r & \omega_s & 0 \end{pmatrix} \begin{pmatrix} i_{sM} \\ i_{sT} \\ \psi_{rM} \\ \end{pmatrix} \tag{5-24}
$$

$$T_e = n_p \left(\frac{L_m}{L_r}\right) (i_{sT}\psi_{rM} - i_{sM}\psi_{rT})$$

$$= n_p \left(\frac{L_m}{L_r}\right) i_{sT}\psi_{rM} \tag{5-25}$$

$$= n_p \left(\frac{L_m^2}{L_r}\right) i_{sT}\frac{1}{T_r p+1}i_{sM}$$

式（5-24）中，由于 $\psi_{rT}=0$，因此矩阵的第四列可改写为零。由式（5-24）中的第 3 行可以得到

$$\psi_{rM} = \frac{L_m}{T_r p+1}i_{sM} \tag{5-26}$$

根据式（5-24）第 4 行可以得到

$$\omega_s = \frac{L_m}{T_r \psi_{rM}}i_{sT} \mid \psi_{rT}=0 \tag{5-27}$$

式（5-24）~式（5-27）和运动方程式（5-21）即为 M-T 坐标系上异步电动机的数学模型，可以看到该模型相对于任意两相旋转坐标系下的数学模型得到了简化。根据上述公式，可以得到以下结果。

1）式（5-26）表明，转子磁链 ψ_{rM} 仅由定子电流励磁分量 i_{sM} 产生，与转矩分量 i_{sT} 无关。因此，实现了定子电流的励磁分量与转矩分量的解耦。式（5-26）还表明，ψ_{rM} 与 i_{sM} 之间的传递函数是一阶惯性环节，其时间常数 T_r 为转子时间常数，当励磁电流分量 i_{sM} 突变时，ψ_r 的变化要受到励磁惯性的影响，这与直流电动机励磁绕组性质类似。

2）若转子电阻和磁场不变，转差频率 ω_s 与定子电流的转矩分量 i_{sT} 成正比。

3）电磁转矩 T_e 是变量转矩电流 i_{sT} 和转子磁链 ψ_{rM} 的点积，表明 T_e 同时受到 i_{sT} 和 ψ_{rM} 的影响，两者没有解耦，如果经相应控制使 ψ_{rM} 等于 $|\psi_r|$ 并且为一常数，则电磁转矩 T_e 与转矩电流分量 i_{sT} 呈线性关系，与磁链 ψ_{rM} 解耦，表明为保证电动机可输出最大的电磁转矩，通常使电动机工作在额定励磁状态。

应注意到，在 $\psi_{rM}=|\psi_r|$（并且为一常数）的条件下（理想条件下），可以得到如下关系式

$$\frac{L_m}{L_r}\omega_1\psi_{rM} = \frac{L_m}{L_r}(\psi_{rM}\omega_r) + \left(\frac{L_m}{L_r}\right)^2 R_r i_{sT} \tag{5-28}$$

将式（5-28）代入电压方程式（5-24）可以得到

$$\begin{cases} u_{sM} = (R_s+\sigma L_s p)i_{sM} - \omega_1\sigma L_s i_{sT} \\ u_{sT} = \omega_1\sigma L_s i_{sM} + [R_s+(L_m/L_r)^2 R_r+\sigma L_s p]i_{sT} + \left(\frac{L_m}{L_r}\right)\omega_r\psi_{rM} \end{cases} \tag{5-29}$$

根据式（5-29）可以得到如图 5-6 所示的异步电动机模型。

由图 5-6 可以知道，参数 σL_s 的值较小，假设忽略耦合项 $\omega_1\sigma L_s$ 的影响，在 $\psi_{rM}=|\psi_r|$ 且为常数的条件下，异步电动机可以分为两个相互独立并且具有以下特性的子系统。

1）励磁子系统：以电压分量 u_{sM} 作为输入，定子电流的励磁分量 i_{sM} 作为输出。该子系统可以使电动机工作在额定励磁点附近，保证电动机输出最大电磁转矩。

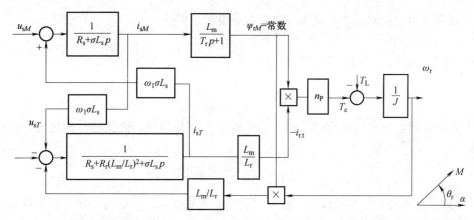

图 5-6　M-T 坐标系上 $\psi_{\mathrm{r}M} = |\psi_{\mathrm{r}}|$（并且为一常数）条件下异步电动机的模型

2）转矩子系统：以电压分量 $u_{\mathrm{s}T}$ 作为输入，定子电流的转矩分量 $i_{\mathrm{s}T}$ 作为输出。转矩 T_{e} 正比于转矩电流分量 $i_{\mathrm{s}T}$。

此外，式（5-29）中，项 $(L_{\mathrm{m}}/L_{\mathrm{r}})\omega_{\mathrm{r}}\psi_{\mathrm{r}M}$ 正比于电动机转子的转速 ω_{r}，相当于他励直流电动机的反电势。

值得注意的是，在 M-T 坐标系上的电压方程仍然有定子电流（$i_{\mathrm{s}T}$ 和 $i_{\mathrm{s}M}$）、转子磁链矢量的幅值 $\psi_{\mathrm{r}M}$ 和位置 θ_{r}（θ_{r} 存在于旋转变换公式中）等四个独立的状态变量。

实施转子磁场定向控制的关键是要获得到转子磁链矢量的幅值及位置（$\psi_{\mathrm{r}M}$ 和 θ_{r}），以完成磁链控制和转矩控制。因此如何得到 $\psi_{\mathrm{r}} = \psi_{\mathrm{r}M} < \theta_{\mathrm{r}}$ 是矢量控制的要点。目前实际应用的系统中多采用间接的方法，即利用容易测得的电动机电压、电流或转速等信号，借助于电动机的有关模型，实时地计算转子磁链的幅值与相位。

根据获取转子磁链模型方法的不同，典型的工程实现方法有①间接矢量控制方法：采用磁链开环（磁链幅值直接给定），并通过转差率和测量转速来估计转子磁链位置；②直接矢量控制方法：通过直接检测磁链，或通过检测反馈的电流、电压、转速等信号利用磁链观测器模型计算转子磁链幅值和位置。常用的磁链观测器模型包括适用于高速的电压模型磁链观测器，适用于全速区域的电流模型磁链观测器，也常采用低速时利用电流模型、高速时利用电压模型的电压—电流模型磁链观测器等。

3. 间接矢量控制系统

获取转子磁链的最直接方法是将转子磁链作为状态变量，由电动机的磁链模型计算或观测获得。但是这一计算要用到电动机的多个参数，其值要受到这些参数（特别是转子时间常数或转子电阻）变化的影响，造成控制的不准确性。因此，与其计算磁链并以此构成闭环控制，不如根据式（5-27）求取转差率计算磁链的位置，利用式（5-26）求取磁链幅值，从而简化磁链观测。该方法也称间接矢量控制方法。

（1）间接矢量控制方法的实现过程

1）假设电动机的转子时间常数 T_{r} 已知，那么在控制器中设定 $T_{\mathrm{r}}^{*} = T_{\mathrm{r}}$，由于电动机的定子电流可以由传感器测量得到，根据式（5-27）可以计算转差率为

$$\omega_{\mathrm{s}}^{*} = \frac{L_{\mathrm{m}}}{T_{\mathrm{r}}^{*}\psi_{\mathrm{r}M}} i_{\mathrm{s}T} \tag{5-30}$$

2）设置电流控制器，使反馈电流跟踪指令电流，即

$$i_{sT}^* = i_{sT}, \quad i_{sM}^* = i_{sM} \tag{5-31}$$

在工程上，也可采用下式计算转差率

$$\omega_s^* = \frac{L_m}{T_r^* \psi_{rM}^*} i_{sT}^* \tag{5-32}$$

3）控制系统包含有速度传感器时，转子转速 ω_r 可被检测，因此转子磁链的位置可由下式得出

$$\theta_r^* = \theta_r = \int_0^t (\omega_r + \omega_s^*) \, \mathrm{d}t + \theta_r(0) \tag{5-33}$$

对于异步电动机，若在系统开始运行时就采用矢量控制，可认为其转子磁链的初始位置 $\theta_r(0) = 0$。因此控制器可以通过式（5-32）观测转差率，以及检测到转子角速度间接计算转子位置角。

$$\theta_r = \int_0^t (\omega_r + \omega_s^*) \, \mathrm{d}t \tag{5-34}$$

（2）间接矢量控制系统的典型实现方法　目前有多种方式可实现间接矢量控制。当采用转差矢量控制的方法时，其实现原理如图 5-7 所示。

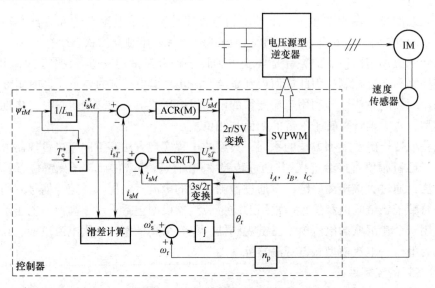

图 5-7　转差矢量控制系统原理

具体工作原理如下。

1）给定转子磁链 ψ_{rM}^*，根据转矩指令 T_e^*，由矢量控制方程式可求出定子的电流转矩分量给定信号 i_{sT}^*，其计算式为

$$i_{sT}^* = \frac{L_r}{n_p L_m \psi_{rM}^*} T_e^* \tag{5-35}$$

2）通过式（5-32）计算转差率给定信号 ω_s^*。

3）考虑在系统运行时可实现 $\psi_{rM}^* = $ 常数，可以忽略式（5-26）中转子时间常数 T_r 的一阶惯性作用，于是可以直接计算获得励磁电流给定 $i_{sM}^* = \psi_{rM}^*/L_m$。

4）电动机定子电流经坐标变换后得到 $M\text{-}T$ 轴上的 $(i_{sT}, i_{sM})^{\mathrm{T}}$，并由此构成电流反馈控制。

5）T 轴上的电流调节器 ACR 的输出为 $(u_t, u_m)^{\mathrm{T}}$，经旋转反变换之后作为电压源型逆变器的控制信号。在图 5-7 中用 2r/SV 表示，其中，SV 表示空间电压的矢量调制方法。

图 5-7 所示的电流控制方法是在 $M\text{-}T$ 坐标系上进行。由于稳态时为直流形态，因此通常使用 PI 调节器就可以获得较好的动态响应，从而获得了较优良的转矩动态响应。

间接型矢量控制系统的磁场定向由磁链和转矩给定信号确定，并没有实际计算转子磁链及其相位，属于间接的磁场定向。转矩控制的效果取决于电流控制的快速性与精度，以及控制器中的转子时间常数 T_r^*。

5.3　永磁同步电动机及其伺服控制系统

近年来，随着高性能永磁材料技术、电力电子技术、微电子技术的飞速发展及矢量控制理论、自动控制理论研究的不断深入，永磁同步电动机伺服控制系统得到了迅速发展。由于其调速性能优越，克服了直流伺服电动机机械式换向器和电刷带来的一系列限制，结构简单、运行可靠；且体积小、质量轻、效率高、功率因数高、转动惯量小、过载能力强；与感应电动机相比，控制简单、不存在励磁损耗等问题，因而在高性能、高精度的伺服驱动等领域具有广阔的应用前景。

常用的永磁同步电动机伺服控制系统由永磁同步电动机（PMSM）、电压型 PWM 逆变器、电流传感器、速度、位置传感器、电流控制器等部分构成。如果需要进行速度和位置控制，还需要速度传感器、速度控制器、位置传感器及位置控制器。通常，磁极位置传感器、速度传感器和位置传感器共用一个传感器。

5.3.1　永磁同步电动机的结构和工作原理

永磁同步电动机是由绕线式同步电动机发展而来，它用永磁体代替了电励磁，从而省去了励磁绕组、滑环与电刷，其定子电流与绕线式同步电动机基本相同，输入为对称正弦交流电，故称交流永磁同步电动机。

永磁同步电动机由定子和转子两部分构成，如图 5-8 所示。定子主要包括电枢铁心和三相（或多相）对称电枢绕组，绕组嵌放在铁心的槽中；转子主要由永磁体、导磁轭和转轴构成。永磁体贴在导磁轭上，导磁轭为圆筒形，套在转轴上；当转子的直径较小时，可以直接把永磁体贴在导磁轴上。转子同轴连接有位置、速度传感器，用于检测转子磁极相对于定子绕组的相对位置及转子转速。

当永磁同步电动机的电枢绕组中通过对称的三相电流时，定子将产生一个以同步转速推移的旋转磁场。在稳态情况下，转子的转速恒

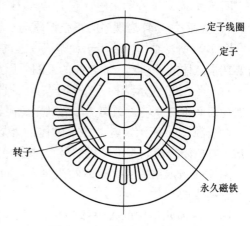

图 5-8　永磁同步电动机的结构

为磁场的同步转速。于是，定子旋转磁场与转子永磁体产生的主极磁场保持静止，它们之间相互作用，产生电磁转矩，拖动转子旋转，进行机电能量转换。当负载发生变化时，转子的瞬时转速就会发生变化，这时，如果通过传感器检测转子的位置和速度，根据转子永磁体磁场的位置，利用逆变器控制定子绕组中电流的大小、相位和频率，便会产生连续的转矩，并作用到转子上，这就是闭环控制的永磁同步电动机的工作原理。

根据电枢绕组结构的不同，可以把永磁同步电动机分为整数槽绕组结构和分数槽绕组结构两种。整数槽绕组的优势是电枢反应磁场均匀，对永磁体的去磁作用小；电磁转矩—电流的线性度高，电动机的过载能力强。适合用于少极数、高转速、大功率的领域。而分数槽绕组的优点较多，主要有：①对于多极的正弦波交流永磁伺服电动机，可采用较少的定子槽数，有利于提高槽满率及槽利用率。同时，较少的元件数可以简化嵌线工艺和接线，有助于降低成本；②增加绕组的分布系数，使电动势波形的正弦性得到改善；③可以得到绕组节距 $y=1$ 的集中式绕组设计，绕组绕在一个齿上，缩短了绕圈周长和端部伸出长度，减少了用铜量；绕组的端部没有重叠，可不放置相间绝缘；④可使用专用绕线机，直接将线圈绕在齿上，取代传统嵌线工艺，提高了劳动生产率，降低了成本；⑤减小了定子轭部厚度，提高了电动机的功率密度；电动机绕组电阻减小、铜损降低，进而提高电动机效率并降低温升；⑥降低了定位转矩，有利于减小振动和噪声。

根据电枢铁心有无齿槽，可以把永磁同步电动机分为齿槽结构永磁同步电动机和无槽结构永磁同步电动机。无槽结构永磁同步电动机的电枢绕组贴于圆筒形铁心的内表面上，采用环氧树脂灌封、固化。无槽结构永磁同步电动机从原理上消除了定位转矩，电枢反应小，转矩的线性度高；高速驱动时，电动机的效率高、体积小、质量轻；低速驱动时，电动机的振动小、噪声低、运行平稳、控制灵敏、动态特性好、过载能力强、可靠性高。

永磁同步电动机转子磁路结构不同，则电动机的运行特性、控制方法等也不同。根据转子上永磁体安装位置的不同，可以把永磁同步电动机分为隐极式和凸极式两种，隐极式一般指表面式永磁同步电动机（SPMSM）；凸极式包括外嵌式永磁同步电动机和内嵌式永磁同步电动机（IPMSM）。图 5-9 所示为目前永磁同步电动机常用的转子结构。

图 5-9a 所示结构的永磁体为环形，配置在转子铁心的表面，永磁体多为径向充磁或异向充磁，有时磁极采用多块平行充磁的永磁体拼成。该结构多用于小功率交流伺服电动机。

图 5-9b 所示结构的永磁体设计成半月形不等厚结构，通常采用平行充磁或径向充磁，形成的气隙磁场是较为理想的正弦波磁场。该结构多用于大功率交流伺服电动机。

图 5-9c 所示结构主要用于大型或高速的永磁电动机，为防止离心力造成的永磁体损坏，需要在永磁体的外周套一非磁性的箍圈予以加固。

对于图 5-9d 所示结构，在转子铁心的凹陷部分插入永磁体，永磁体多采用径向充磁，虽然为表面永磁体转子结构，却能利用磁阻转矩。

对于图 5-9e 所示结构，在永磁体的外周套一磁性材料箍圈，虽然为内嵌永磁体结构，但却没有磁阻转矩。当电动机的极数过多时，也采用平板形的永磁体。

图 5-9f 所示结构的永磁体的用量多，可以提高气隙磁密，防止去磁，且通常采用非稀土类永磁体。

图 5-9g 所示结构的永磁体为平板形、切向充磁，铁心为扇形，可以增加永磁体用量，提高气隙磁密，但需要采用非磁性轴。

图 5-9h 所示结构的永磁体也为平板形，沿半径方向平行充磁，由于转子交轴磁路宽，能够增大磁阻转矩，可以通过改变永磁体的位置来调整电动机特性，适于通过控制电枢电流对其进行弱磁控制。

对于图 5-9i 所示结构由两块呈 V 形配置的平板形永磁体构成一极，通过改变永磁体的位置来调整电动机特性。

图 5-9j 所示结构的永磁体为倒圆弧形，配置在整个极距范围内，通过增加永磁体用量来提高气隙磁密，还可以通过确保交轴磁路宽度来增大磁阻转矩。

对于图 5-9k 所示结构，通过采用多层倒圆弧形永磁体来增大磁阻转矩，永磁体的抗去磁能力强，气隙磁密高，且波形更接近正弦形。

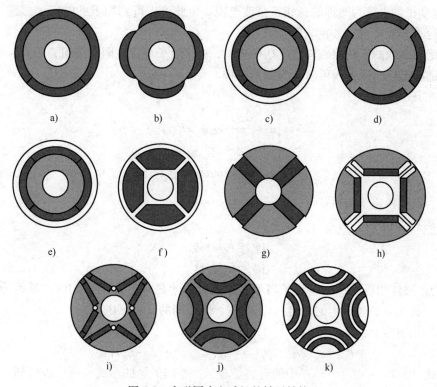

图 5-9　永磁同步电动机的转子结构

表面永磁体结构的转子直径较小，转动惯量低，等效气隙大、定位转矩小绕组电感低，有利于电动机动态性能的改善；同时这种转子结构电动机的电枢反应小、转矩电流特性的线性度高，控制简单、精度高。因此，一般永磁交流伺服电动机多采用这种转子结构。

根据上述分析可知，内嵌永磁体转子永磁同步电动机具有如下优点：

1）永磁体位于转子内部，转子的结构简单、机械强度高、制造成本低。

2）转子表面为硅钢片，因此，表面损耗小。

3）等效气隙小，但气隙磁密高，适于弱磁控制。

4）永磁体形状及配置的自由度高，转子的转动惯量小。

5）可有效地利用磁阻转矩，提高电动机的转矩密度和效率。

6）可利用转子的凸极效应实现无位置传感器起动与运行。

因此，内嵌永磁体转子永磁同步电动机适用于高转速、大转矩、高功率、高效率、需要弱磁控制及宽广的恒功率调速范围等领域。

5.3.2 正弦波永磁同步电动机的数学模型

对于反电动势为正弦波的永磁同步电动机，最常用的建模方法就是 d-q 轴数学模型，它不仅可用于分析正弦波永磁同步电动机的稳态运行性能，也可用于分析电动机的瞬态性能。

为建立正弦波永磁同步电动机的 d-q 轴数学模型，首先进行如下假设：

1）忽略电动机铁心的磁饱和。

2）不计电动机中的涡流和磁滞损耗。

3）电动机的电流为对称的三相正弦波电流。由此可以得到如下的电压、磁链、电磁转矩和机械运动方程（式中各量为瞬态值）。

对于绝大多数的正弦永磁同步电动机来说，由于转子不存在阻尼绕组，因此，电动机的电压、磁链和电磁转矩方程可简化为如下方程。

（1）电压方程

$$\begin{cases} u_d = \dfrac{\mathrm{d}\psi_d}{\mathrm{d}t} - \omega_e\psi_q + R_1 i_d \\ u_q = \dfrac{\mathrm{d}\psi_q}{\mathrm{d}t} - \omega_e\psi_d + R_1 i_q \end{cases} \tag{5-36}$$

式中，R_1 为电动机定子电阻。

（2）磁链方程

$$\begin{cases} \psi_d = L_e i_d + L_{md} i_f \\ \psi_q = L_q i_q \end{cases} \tag{5-37}$$

式中，i_f 为永磁体的等效励磁电流，当不考虑温度对永磁体性能的影响时，其值为一常数，$i_f = \psi_f / L_{md}$，ψ_f 为永磁体产生的磁链，L_{md} 为定、转子间的 d 轴互电感。

（3）转矩方程

$$T_{em} = n_q(\psi_d i_q - \psi_q i_d) = n_p\left[L_{md} i_f i_q + (L_d - L_q) i_d i_q\right] \tag{5-38}$$

若将式（5-36）～式（5-38）中的有关量表示为空间矢量的形式，则可以得到

$$\begin{cases} \boldsymbol{u}_s = u_d + ju_q = R_1\boldsymbol{i}_s + \dfrac{\mathrm{d}\boldsymbol{\psi}_s}{\mathrm{d}t} + j\omega\boldsymbol{\psi}_s \\ \boldsymbol{i}_s = i_d + ji_q \\ \boldsymbol{\psi}_s = \psi_d + j\psi_q \\ T_{em} = n_p\boldsymbol{\psi}_s\boldsymbol{i}_s = p\left[\mathrm{Re}(j\psi_s i_s^*)\right] \end{cases} \tag{5-39}$$

式中，$\boldsymbol{i}_s^*$ 为 $\boldsymbol{i}_s$ 的共轭复数，j 为虚数。

图 5-10 为正弦波永磁同步电动机的空间矢量图。从图 5-10 中可以看出，定子电流的空间矢量 $\boldsymbol{i}_s$ 与定子磁力链的空间矢量 ψ_s 同相，而定子磁链与永磁体产生的气隙磁场的空间电角度为 β，则可以得到

$$\begin{cases} i_d = \boldsymbol{i}_s\cos\beta \\ i_q = \boldsymbol{i}_s\sin\beta \end{cases} \tag{5-40}$$

将式（5-40）代入式（5-38）表示的电磁
转矩公式中，则有

$$T_{em} = n_p \left[L_{md} \boldsymbol{i_f} \boldsymbol{i_s} \sin\beta + \frac{1}{2}(L_d - L_q)\boldsymbol{i_s^2}\sin2\beta \right]$$
$$= n_p \left[\boldsymbol{\psi_f} i_q + (L_d - L_q) i_d i_q \right]$$

$$(5\text{-}41)$$

（4）机械运动方程

$$J \cdot \frac{d\omega}{dt} = T_{em} - T_L - B \cdot \omega \qquad (5\text{-}42)$$

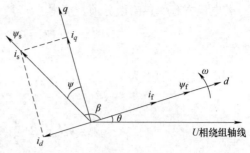

图 5-10　正弦波永磁同步电动机的空间矢量图

式中，J 为转动惯量（包括转子的转动惯量和负载机械折算过来的转动惯量）；B 为阻尼系数；T_L 为负载转矩。

电动机在 d-q 轴坐标系中各量与三相系统中实际各量间的联系可通过坐标变换实现。如电动机三相实际电流 i_a，i_b，i_c 到 d-q 坐标系中的电流 i_d，i_q，采用功率不变条件下的坐标时有

$$\begin{pmatrix} i_d \\ i_q \\ i_0 \end{pmatrix} = \sqrt{\frac{2}{3}} \begin{pmatrix} \cos\theta_e & \cos\left(\theta_e - \frac{2\pi}{3}\right) & \cos\left(\theta_e + \frac{2\pi}{3}\right) \\ -\sin\theta_e & -\sin\left(\theta_e - \frac{2\pi}{3}\right) & -\sin\left(\theta_e + \frac{2\pi}{3}\right) \\ \sqrt{\frac{1}{2}} & \sqrt{\frac{1}{2}} & \sqrt{\frac{1}{2}} \end{pmatrix} \begin{pmatrix} i_a \\ i_b \\ i_c \end{pmatrix} \qquad (5\text{-}43)$$

式中，θ_e 为电动机转子的位置电角度，即电动机转子磁极轴线（直轴）与 U 相定子绕组轴线的夹角，且有 $\theta_e = \int \omega_e dt + \theta_0$（$\theta_0$ 为电动机转子初始位置的电角度）；i_0 为零轴电流，对于三相对称系统，变换后的零轴电流 $i_0 = 0$。

由式（5-41）可以看出，永磁同步电动机的输出转矩中含有两个分量，分别为永磁转矩和由转子不对称所造成的磁阻转矩。对于凸极式永磁同步电动机，一般情况下，$L_q > L_d$，因此，为充分利用转子磁路结构不对称所造成的磁阻转矩，应使电动机的直轴电流分量为负值，即 β 大于 90°。

在采用功率不变约束的坐标变换后，d-q 轴系统中的各量（电压、电流、磁链）等于静态三绕组坐标系中各向量有效值的 $\sqrt{m}$ 倍。如当 $m = 3$ 时，$e_0 = \sqrt{3}E_0$，$i_s = \sqrt{3}I_1$，I_1 为向量电流有效值。

当电动机稳定运行时，电磁转矩可表示为

$$T_{em} = n_p \left[L_{md} \boldsymbol{i_f} \boldsymbol{i_s} \sin\beta + \frac{1}{2}(L_d - L_q)\boldsymbol{i_s^2}\sin2\beta \right]$$
$$= n_p \left[\boldsymbol{\psi_f} i_q + (L_d - L_q) i_d i_q \right]$$
$$= \frac{n_p}{\omega_e} \left[e_0 i_q + (X_d - X_q) i_d i_q \right]$$

$$(5\text{-}44)$$

式中，e_0 为空载反电动势，$e_0 = \psi_f \cdot \omega_e$，$\omega_e$ 为磁场同步电势；X_d 为 d 轴电抗；X_q 为 q 轴电抗。

若电压方程中忽略微分项，可得

$$\begin{cases} u_d = -\omega_e L_q i_q + R_1 i_d \\ u_q = \omega_e L_d i_d + \omega\psi_f + R_1 i_q \end{cases} \tag{5-45}$$

相应的输入功率为

$$\begin{aligned} P_1 &= u_d i_d + u_q i_q \\ &= e_0 i_s \sin\beta + \frac{1}{2}(X_d - X_q) i_s^2 \sin2\beta + i_s^2 R_1 \end{aligned} \tag{5-46}$$

电磁功率为

$$\begin{aligned} P_{em} &= \omega_m T_{em} = \frac{\omega_e}{n_p} \frac{n_p}{\omega_e} \left[L_{md} i_f i_s \sin\beta + \frac{1}{2}(L_d - L_q) i_s^2 \sin2\beta \right] \\ &= e_0 i_q + (X_d - X_q) i_d i_q \end{aligned} \tag{5-47}$$

5.3.3 正弦波永磁同步电动机的矢量控制系统

1. 永磁同步电动机的矢量控制原理简介

矢量控制实际上是对电动机定子电流矢量相位和幅值的控制。从式（5-41）可以看出，当永磁体的励磁磁链和直、交轴电感确定后，电动机的转矩便取决于定子电流的空间矢量 i_s，而 i_s 的大小和相位又取决 i_d 和 i_q，也就是说，只需控制 i_d 和 i_q 便可以控制电动机的转矩。一定的转速和转矩对应于一定的 i_d^* 和 i_q^*，通过对这两个电流的控制，使实际的 i_d 和 i_q 跟踪指令值 i_d^* 和 i_q^*，从而实现对于电动机转矩和转速的控制。

由于实际输入电动机绕组的电流是三相交流电流 i_a、i_b 和 i_c，因此三相电流的指令值 i_a^*、i_b^* 和 i_c^* 必须经坐标变换，从 i_d^* 和 i_q^* 得到

$$\begin{pmatrix} i_a^* \\ i_b^* \\ i_c^* \end{pmatrix} = \sqrt{\frac{2}{3}} \begin{pmatrix} \cos\theta & -\sin\theta \\ \cos\left(\theta - \dfrac{2\pi}{3}\right) & -\sin\left(\theta - \dfrac{2\pi}{3}\right) \\ \cos\left(\theta + \dfrac{2\pi}{3}\right) & -\sin\left(\theta + \dfrac{2\pi}{3}\right) \end{pmatrix} \begin{pmatrix} i_d^* \\ i_q^* \end{pmatrix} \tag{5-48}$$

上式中，电动机转子的位置信号由位于电动机非负载端轴上的速度和位置传感器（如光电编码器或旋转变压器等）提供。

通过电流控制环可以使电动机实际输入的三相电流 i_a、i_b 和 i_c 与给定的指令值 i_a^*、i_b^* 和 i_c^* 一致，从而实现了对电动机转矩的控制。

需要指出的是，上述电流矢量控制对电动机稳态运行和瞬态运行都适用。而且，由于 i_d 和 i_q 各自独立控制，因此更便于实现各种先进的控制策略。

2. 永磁同步电动机的矢量控制方法

正弦波永磁同步电动机的运行性能与逆变器密切相关，电动机的相电压有效值极限 u_{lim} 和相电流有效值极限 i_{lim} 分别受到逆变器直流侧电压和最大输出电流的限制。永磁同步电动机根据用途的不同，其电流矢量的控制方法也各不相同。可采用的控制方法主要有 $i_d = 0$ 控制、$\cos\varphi = 1$ 控制、恒磁链控制、最大转矩电流控制、最大输出功率控制等。不同的电流控制方法具有不同的优缺点，如 $i_d = 0$ 控制最为简单，$\cos\varphi = 1$ 控制可降低与之匹配的逆变器的

容量，恒磁链控制可增大电动机的最大输出转矩等。下面分别就 $i_d=0$ 控制和 MTPA 控制方法进行介绍。

（1）$i_d=0$ 控制　当 $i_d=0$ 时，从电动机的端口来看，相当于一台他励直流电动机，定子电流中只有交轴分量，且定子磁动势空间矢量与永磁体磁场空间矢量正交，β 等于 90°，电动机转矩中只有永磁转矩分量，其值为

$$T_{em}=n_p\boldsymbol{\psi}_f\boldsymbol{i}_s \tag{5-49}$$

永磁同步电动机通常采用 $i_d=0$ 控制，此时单位定子电流可获得最大转矩。或者说，产生所要求的转矩只需要最小的定子电流，从而使铜耗下降，效率有所提高。

图 5-11 为 $i_d=0$ 控制的系统原理简图，以电磁转矩给定 T_{em}^* 为输入，通过位置传感器检测转子位置角，利用坐标变换将检测到的定子三相电流转换为 d-q 轴电流，并通过转矩控制器计算给定的转矩电流 i_q^*，从而对电动机转矩进行闭环控制。

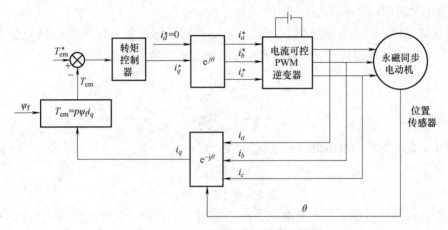

图 5-11　$i_d=0$ 控制时的系统原理简图

控制系统采用三个串联的闭环分别实现对电动机位置、速度和转矩的控制。转子位置的实际值与指令值的差值作为位置控制器的输入，其输出信号作为速度的指令值，并与实际速度比较后，作为速度控制器的输入。速度控制器的输出即为转矩的指令值。

由电动机的电压方程（忽略定子电阻）和转矩方程可以得到采用 $i_d=0$ 控制时，逆变器极限电压下电动机的最高转速 ω_m 为

$$\omega_m=\frac{u_{lim}}{\sqrt{(p\psi_f)^2+\left(\dfrac{T_{em}L_q}{\psi_f}\right)^2}} \tag{5-50}$$

从式（5-50）可以看出，当采用 $i_d=0$ 控制时，电动机的最高转速既取决于逆变器可提供的最高电压，也取决于电动机的输出转矩。电动机可达到的最高电压越大，输出转矩越小则最高转速就越高。

（2）MTPA 控制　最大转矩/电流控制（maximum torque per ampere，MTPA）也称为单位电流输出最大转矩控制，它是凸极式永磁同步电动机使用较多的一种电流控制策略。对于隐极永磁同步电动机来说，其最大转矩/电流控制与 $i_d=0$ 控制一致。故本节仅讨论凸极式永磁同步电动机的最大转矩/电流控制。

采用最大转矩/电流控制时，电动机的电流矢量应满足

$$\begin{cases} \dfrac{\partial(T_{em}/i_s)}{\partial i_d}=0 \\[2mm] \dfrac{\partial(T_{em}/i_s)}{\partial i_q}=0 \end{cases}$$

(5-51)

将式（5-44）和 $i_s=\sqrt{i_d^2+i_q^2}$ 代入上式，可求得

$$i_d=\frac{-\psi_f+\sqrt{\psi_f^2+4(L_d-L_q)^2 i_q^2}}{2(L_d-L_q)}$$

(5-52)

$$=\frac{\psi_f-\sqrt{\psi_f^2+4(p-1)^2 L_d^2 i_q^2}}{2(p-1)L_d}$$

式中，p 为电动机的凸极率，$p=L_q/L_d$。

若将式（5-52）表示为标幺值，并代入 $L_d \neq L_q$ 时用标幺值表示的电磁转矩公式 $T_{em}^* = i_q^*(1-i_d^*)$ 中，则可以得到交、直轴电流分量与电磁转矩的关系为

$$T_{em}^*=\sqrt{i_d^*(1-i_d^*)^3}$$

(5-53)

$$T_{em}^*=\frac{i_d^*}{2}\left[1+\sqrt{1+4i_q^{*2}}\right]$$

(5-54)

反过来，此时的定子电流分量 i_d^* 和 i_q^* 可表示为

$$i_d^*=f_1(T_{em}^*)$$
$$i_q^*=f_2(T_{em}^*)$$

(5-55)

由对于任一给定转矩，按上式求出最小电流的两个分量，并以此作为电流的控制指令值，即可实现电动机的最大转矩/电流控制。图 5-12 为最大转矩/电流控制的系统中转矩控制环节的原理示意图。

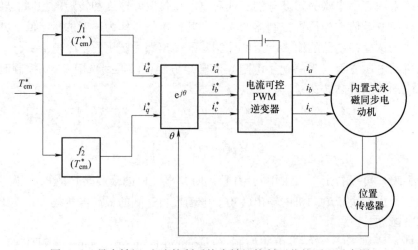

图 5-12　最大转矩/电流控制系统中转矩控制环节的原理示意图

电动机在采用最大转矩电流控制且电流达到极限值时电动机的直、交轴电流分别为

$$i_d = \frac{-\psi_f + \sqrt{\psi_f^2 + 8(L_d - L_q)^2 i_{\lim}^2}}{4(L_d - L_q)} \tag{5-56}$$

$$i_q = \sqrt{i_m^2 - i_d^2}$$

当电动机的端电压和电流均达到极限值时，由上式和电压方程可推导出此时电动机的转速为

$$\omega_m = \frac{u_{\lim}}{n_p \sqrt{(L_q i_{\lim})^2 + \psi_f^2 + \dfrac{(L_d + L_q)C^2 + 8\psi_f L_d C}{16(L_d - L_q)}}} \tag{5-57}$$

式中，$C = -\psi_f + \sqrt{\psi_f^2 + 8(L_d - L_q)^2 i_{\lim}^2}$；$\omega_m$ 为机械角速度。

（3）弱磁控制方法　永磁同步电动机的弱磁控制概念来自对他励直流电动机的调磁控制。当他励直流电动机的端电压达到极限电压时，为使电动机能恒功率运行更高的转速，应降低电动机的励磁电流，以保证电压的平衡，即他励直流电动机可通过降低励磁电流而弱磁扩速。永磁同步电动机的励磁磁动势因由永磁体产生而无法调节，因此只有通过增加定子直轴的去磁电流分量来维持高速运行时电压的平衡，从而达到弱磁扩速的目的。永磁同步电动机电压与磁场间的关系可表示为

$$u = \omega_e \sqrt{(pL_d i_q)^2 + (L_d i_d + \psi_f)^2} \tag{5-58}$$

由上式可以发现，当电动机电压达到逆变器所能输出的电压极限时（即当 $u = u_m$ 时），要想继续升高转速只能靠调节 i_d 和 i_q 来实现。这就是电动机的弱磁运行方式。增加电动机的直轴去磁电流分量和减小交轴电流分量（用以维持电压平衡关系），都可得到弱磁效果，前者的"弱磁"能力与电动机的直轴电感直接相关，而后者则与交轴电感相关。由于电动机的相电流也有一定的极限，增加直轴去磁电流分量而同时保证电枢电流不超过电流极限值，交轴电流分量就需要相应地减小。因此，一般采用通过增加直轴去磁电流的方式来实现弱磁扩速。

当电动机运行于某一转速 ω 时，由电压方程可得到弱磁控制时的电流矢量轨迹为

$$i_d = -\frac{\psi_f}{L_d} + \sqrt{\left(\frac{u_{\lim}}{L_d \omega_e}\right)^2 - (p i_q)^2} \tag{5-59}$$

由电压方程式（5-58）可以得出转速的表达式

$$\omega_m = \frac{u_{\lim}}{n_p \sqrt{(\psi_f + L_d i_d)^2 + (L_q i_q)^2}} \tag{5-60}$$

当电动机端电压和电流达到最大值，电流全部为直轴电流分量，并且忽略定子电阻的影响时，电动机可以达到的理想最高转速为

$$\omega_{m-max} = \frac{u_{\lim}}{p(\psi_f - L_d i_{\lim})} \tag{5-61}$$

3. 永磁同步电动机矢量控制的电流控制方法

矢量控制的原理是将同步旋转的 d 轴定向于转子的固有磁场方向，然后通过坐标变换将定子电流分解为沿磁场方向（d 轴）的励磁分量 i_d 和垂直于磁场方向（q 轴）的转矩分量 i_q，通过分别控制 i_d 和 i_q 来达到控制磁场和转矩的目的。其本质是通过坐标变换，将交流控

制量转换成直流控制矢量，以实现对定子电流幅值和相位控制的目的。

　　永磁同步电动机的矢量控制电流环采用同步旋转坐标系 PI 电流调节器，可以在较大的转速范围内实现电流指令的调节与跟踪，具有较好的稳态跟踪性能，如图 5-13 所示。根据上节所述的定子电流控制方法和电动机电磁转矩指令，可以得到电动机 d、q 轴的电流指令 i_d^*、i_q^*，再通过电流控制得到电压指令，进而由脉宽调制方法得到逆变器的开关信号，从而控制电动机的电磁转矩。

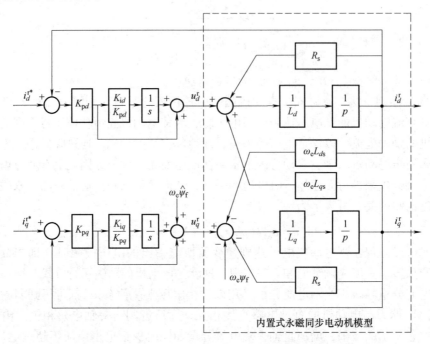

图 5-13　永磁电动机在同步旋转坐标系下的 PI 电流调节器控制

第 **6** 章 分散多动力——分布式多动力源技术

6.1 分散多动力的必要性与内涵

6.1.1 分散多动力的必要性

在工业生产中，机器由机械本体系统与电气控制系统两大系统组成。机械本体系统由动力装置、传动部件和工作机构三大部分组成。常见的动力装置包括电动机、内燃机、外燃机、汽轮机、水力及风力动力装置等；传动部件是机器的一个中间环节，它把原动机输出的能量和动力经过转换后提供给工作机构，以满足其工作要求，主要有机械、电力、液压、液力、气压等传动方式；工作机构是执行机器规定功能的装置，如直线运动缸、摆动马达、旋转轮、曲柄连杆滑块机构等。电气控制系统是依据对工作机构的动作要求，对机器的关键零部件进行检测（传感）、显示、调节与控制的装置，如：开关、阀门、继电器、计算机、按钮等。工业生产必备的机器设备，如压力机、滚齿机、机床等，其传统驱动方式，常将大功率的主电动机作为整个系统的动力源，并通过刚性的连接结构，如刚性的齿轮、链条、传动轴等，实现在传动过程中输出不同传动比的位置和速度。当系统中的某个单元发生变化时，使总轴上的转矩和速度发生变化，从而改变其余单元的转速来实现同步。由于该方式采用齿轮、链条、蜗轮蜗杆等传动装置将动力分布到执行元件上，导致系统的结构过于复杂、灵活性差且易产生累积误差。例如，传统的机床驱动方式为集中动力驱动，为完成各种加工工序，其传动构成复杂、传动结构庞大；而现代的机床采用独立的动力驱动，实现近零简练传动、结构简单，如图 6-1 所示为五轴加工中心。

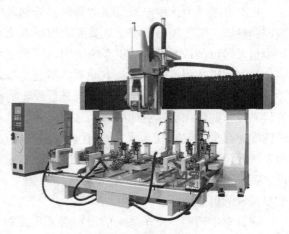

图 6-1 五轴加工中心

热模锻压力机广泛应用于汽车、拖拉机、机车、石化、军工等行业，是进行大批量、高精度模锻件生产的首选设备。它可以进行镦粗、预锻、终锻、切边、冲孔等工序。传统热模锻压力机采用交流异步电动机、离合器与制动器、带与齿轮组合减速等传动方案，其中离合器与制动器是传统的热模锻压力机的心脏部件，其造价高达整个设备的三分之一，如图 6-2 所示伏龙涅什重型机械压力机公司的 16500t 热模锻压力机；但这种传统的动力布置方式存在能耗高、结构复杂、造价高、维修性能较差、生产率低、噪声大等不足。

伺服系统是一类经典的自动控制系统，其通过传动部件的作用驱动系统，使系统位置或速度能够精确跟踪输入信号。随着现代工业的快速发展，对于大功率、高精度伺服系统的要求不断增加。但是，考虑到单电动机驱动能力有限，且大功率电动机造价昂贵及技术条件受限等原因，原有的单电动机驱动伺服系统已经不能满足现在的需求。为了解决上述问题，需要采用多台小功率电动机联动控制的策略共同驱动伺服系统。相比于单电动机驱动，该策略增强了系统整体的驱动能力和过载能力，且降低对每个电动机功率的要求，减少了技术及设计成本的限制。此外，由于采用小功率电动机作为驱动，从而提高了系统的控制精度和响应速度。与常

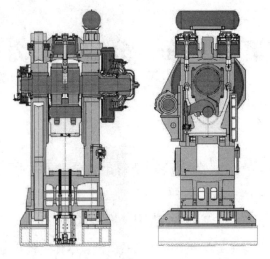

图 6-2 伏龙涅什重型机械压力机公司的
16500t 热模锻压力机

规的压力机相比，伺服电动机驱动的压力机无须设置飞轮与离合器，因而可以减少飞轮空转时的耗能和摩擦离合器所消耗的能量。但是由于没有飞轮来蓄能，压力机的冲压能力就全部来自伺服电动机，而当前伺服电动机输出功率和转矩较小，无法满足大中型压力机的要求。于是出现了利用多个伺服电动机分散驱动各个部位的伺服电动机压力机及使用伺服电动机联合普通电动机（利用伺服电动机良好的可控性和普通电动机的供能性）的压力机，既解决了单个电动机驱动的功率大、传动复杂的不足，又使得滑块速度和位移具有可控性。

在军事领域中，多电动机驱动的伺服控制系统不仅应用于工业生产，也大量应用于如火炮控制系统、雷达伺服系统、导弹舵机控制系统等。由于现在导弹在发射和飞行时会对舵片产生很大的负载，要求电动机系统输出转矩足够大，导致电动机体积变大，而导弹的体积有限，故电动机体积不能太大，电动机体积过小会导致输出力矩不够，使舵机控制系统精度变差，且由于电动机要与舵机传动系统进行齿轮啮合传动，就必然存在着齿轮间隙，这会使得舵机系统非线性化程度更加严重，从而影响舵机系统的控制精度。于是多电动机舵机伺服系统便发展起来，它将在很大程度上减少现有电动机舵机伺服系统的齿隙非线性，提高控制精度与响应速度，提高电动机负载输出能力，进一步使电动机体积减小，大大提高舵机系统的可靠性。

在日常生活中，汽车是人们出行必不可缺的交通工件，汽车的驱动方式由传统的集中驱动方式逐步发展为多动力驱动方式，如四轮驱动电动汽车直接在四个车轮上安装轮毂电动机，典型结构如图 6-3 所示，省去了传动轴等机械机构，动力输出更加平稳和高效。车轮、轮毂电动机和制动系统集成在一起，结构紧凑、传动高效，四个车轮的独立驱动和制动为整车的节能与安全提供了更多的管理空间，可以实现传统驱动方式下无法实现的汽车动力和操纵性能。

图 6-3 轮毂电动机

在工业生产、军事、民用领域中，由于集中动力驱动存在集中动力源单一、可调节性差、能量利用率低，集中动力源驱动方式传动路线及传动结构复杂，传动机构可靠性差等不足，导致其无法满足智能机器生产过程的高效、柔性、节能、高质量的要求，也无法实现对机器内各个环节的实时监控。故而大力发展结构简单、传动效率高、故障诊断和维修成本低的分散多动力驱动传动方式是当前亟待解决的问题。

6.1.2　分散多动力的内涵与外延

分散多动力，狭义上是指机器采用单独的动力源来驱动每个自由度动作的方式，即每个自由度使用各自独立的动力源，每个自由度全面深度地传输机器内部信息，每个自由度均可柔性地实现控制。广义上来讲就是机器的每个自由度的运动零部件可采用一个或者多个独立的动力源来驱动。可供采用的动力源类型包括机械、液压、气动等，多个传动零部件同时带动下一级的同一零部件，如双边齿轮传动、多根三角带传动、行星齿轮传动、多点机械压力机及多液压缸的液压机等，如图 6-4 所示。也就是说机器的每一个自由度的动作依靠动力源、传动机构和各类传感器之间构成的控制回路来完成。"分散多动力"的思想使机器实现了全面传感——信息深度自感知的基本功能，准确感知企业、车间、系统、设备、产品的运行状态，从而实现动力源、传动机构的数字化控制，机器的高效、节能运行。

a)　　　　　　　　　　　　　　　　　　　　　b)

图 6-4　典型的分散多动力锻压设备

a）多点机械压力机　b）多液压缸液压机

大吨位锻压设备若采用集中动力源则存在输出特性单一、动力特性固定、可调节性差等缺点，完成不同工件加工时的实际负荷差异大，往往会造成严重的能量浪费。智能型的集中动力源规格大、造价高、能量利用率低，甚至目前还没有制造出来的产品；传统的集中动力源，动力特性单一，动力源的能量与运动的传递路线长，机械整体传动系统结构复杂且庞大；传动系统中摩擦与间隙等非线性因素多，机器工作可靠性差。因此，集中动力源无法满足智能化锻压设备生产过程高效、柔性、节能、高质量的要求，无法实现对机器内各个环节的能量与运动特性的实时监控。

伺服压力机在工作中受到的负载是典型的冲击负载，只是在模具接触工件并进行加工时承受较高的工作负荷，而其他较长的时间段内只受运动部件的摩擦力和重力的影响，这段工作基本没有负载要求。如果按照短时的冲击负载情况来选择单个伺服电动机直驱压力机运转，势必会造成电动机容量的增大，成本过高。因此，现有的伺服压力机驱动经常采用多电动机及增力机构，如图6-5所示。

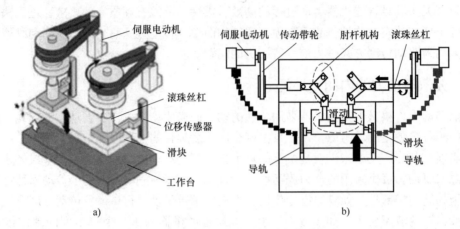

a)   b)

图 6-5   典型的伺服压力机驱动与传动方式

a）日本小松 HCP3000 伺服压力机驱动结构   b）日本小松 H2F 和 H4F 系列伺服压力机驱动结构

6.2   分散多动力技术的应用

6.2.1   分散多动力技术在航空航天中的应用

目前在航空领域内应用分散多动力技术主要集中在多电飞机和全电飞机，其中多电飞机发展已相对成熟。在传统飞机的二级能源系统中，有超过 70% 的能量通过气能和液压能的形式进行传递，能量在传递过程中损耗很大，利用效率低，且输气管路和液压管路在机内布置也极大地增加了机体结构设计的难度和复杂度。为了解决上述缺点，多电飞机的概念被提出。

美国的 F-22 和 F-35 战斗机不同程度地应用了多电飞机技术。多电飞机技术在民用飞机上的应用主要体现在空客 A380 和波音 787 飞机上。A380 飞机采用了电力作动系统，是 A380 采用多电飞机技术的重要体现。787 飞机采用的多电技术主要体现在大功率起动/发电集成电力系统、电环控、电除冰和电作动等方面。787 飞机采用多电飞机技术的情况类似于 F-35 战斗机。图 6-6 所示为 A380 和波音 787 客机。

多电飞机（More—Electric Aircraft，MEA）是一种试图用供电系统取代液压、气压和机械系统的飞机。在多电飞机上将用电力作动器来取代液压作动器，用电动泵来取代齿轮箱驱动的滑油泵和燃油泵，用电动压气机来取代气压动力驱动的空调压气机等。

目前多电飞机的研究主要集中在发电、配电和电力作动三方面。多电飞机的关键技术是大容量的电源系统和广泛采用的电力作动技术。

如图 6-7 所示，传统飞机的电力系统由两台主发电机和一台辅助动力单元进行供电，其中辅助动力单元在起落过程提供电能，经过电力电子变换与分配，电能最终给各个负载供电。

a)　　　　　　　　　　　　　b)

图 6-6　空客 A380 客机和波音 787 客机

a）空客 A380 客机　b）波音 787 客机

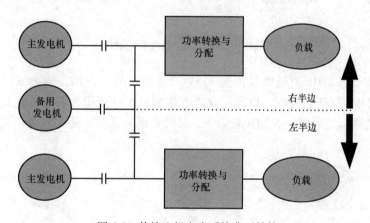

图 6-7　传统飞机电力系统典型结构

多电飞机使用越来越多的用电设备代替原有液压能、气压能，在其发展路径上，主要从发电、功率变换、分配及控制上对其结构进行优化，主要包括：

1）高压发电等级与变频技术。通过提高高压发电等级，特别是使用高压直流（HVDC）配电系统，母线电流等级远远低于传统低压系统，传输线可以选择更细，以达到减重效果。

2）分布式电源技术。基于半导体技术的分布式电源结构可以降低飞机电力系统的质量，适合现代民航的发展。现代大型民航飞机分布电力系统中采用了一定数量的二次配电箱等设备。

3）功率变换系统采用半导体器件作为功率变换开关，使功率变换系统能有效保证电能利用率，减少功率损耗。

以空客 A380 为例，电力系统采用交直流混合电力系统，其电力系统结构如图 6-8 所示。这种直连结构使得电力系统交流母线电压频率在 360~800Hz 之间变化，与发动机转速成正比。对于传统的交流负载，母线的变频交流电通过两级式逆变电源得到恒频的电能为其提供能量；对于传统的直流负载，母线的 115V 交流电压通过 ATRU 可直接变压获得 270V 高压直流电。此结构提升了直流电压等级，减轻了飞机质量。

在波音 787 上，主要应用了高压交直流混合电力系统，该系统结构如图 6-9 所示。该结构与上述结构最大的区别在于采用 HVDC 作为母线电压。在一些传统交流负载中含有集成

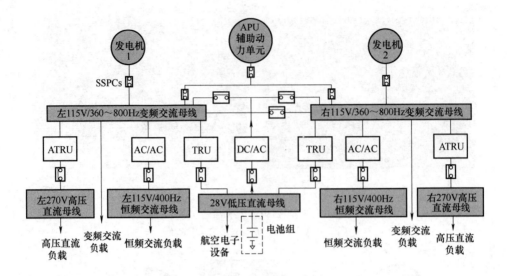

图 6-8 交直流混合电力系统结构

的整流模块，能够将 270V 直流电整流为 115V 交流电；另一方面，传统发电机亦可通过整流器轻易得到 270V 高压直流电。以高压直流电作为母线电压可为部分电气负载省去功率变换模块，从而达到减重效果。在相同容量下，HVDC 电力系统汇流条长度和尺寸较小，可提高系统功率密度。

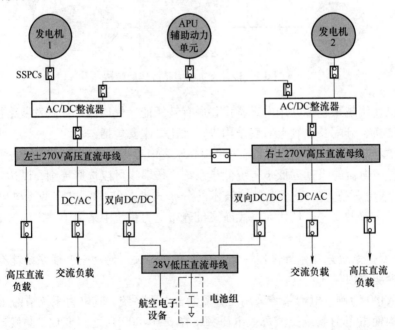

图 6-9 高压交直流混合电力系统

相比较于传统飞机，多电飞机的优点可以归纳为以下几点：

①结构简单，质量轻；②可靠性高、维修性好、生存能力强；③省燃油，使用费用较低，性能价格比高；④电传操纵和电力操纵容易协调；⑤地面支援设备少，机上接口简单。

多电飞机与传统飞机的比较见表 6-1。

表 6-1　多电飞机与传统飞机比较

部件名称	传统飞机	多电飞机
发动机	产生气压能、液压能、机械能和电能，气压能起动；液压式阀门控制系统和反推作动系统	多电引擎，主要产生电能，电起动；电气式阀门控制系统和反推作动系统
辅助动力系统	产生气压能、液压能、机械能和电能，发电机效率低于 15%	多电或全电结构，只产生电能，效率>35%
主发电机	采用恒装驱动，输出定额电能	取消恒装，输出变频电能
配电网	115VAC（400Hz）/28VDC	230VAC（360~800Hz）/±270VDC/115VAC（400Hz）/28VDC
环控系统	气压能调节	电能调节
防除冰系统	气压能调节	电能调节
飞行控制系统	液压机构和机械机构	电动机械式机构或电液压式机构
制动系统	机械式	电气式
起落架	液压机构	电驱机构
蓄电池组	仅用于起动辅助动力系统及紧急情况	可用于整个飞行过程供电

随着电力电子技术的发展，飞机上越来越倾向以单一的电功率取代混合功率，即逐步向着全电飞机的方向发展。

所谓全电飞机（All—Electric Aircraft，AEA）是一种用电力供电系统取代原来的液压、气压和主要机械系统的飞机，即所有的次级功率均用电的形式分配。简单地说，全电飞机就是除发动机外的所有设备（应急设备除外）都由电能驱动工作的飞机。其主要优点如下：

①飞机和发动机的设备简化；②飞机和发动机的性能提高；③可靠性和生命力提高，使用维护简化；④减少了地面支援设备，提高了飞机自足能力。

受现有技术的限制，全电飞机还未发展起来，只有少量的概念机及小功率的小型飞机，可以用于森林消防等作业。巴航工业、空客等公司已经开展了相应的研究，部分原型机将在2020 年首飞。

分散多动力技术在航天领域中的应用主要体现在助推火箭上。SpaceX 的猎鹰重型火箭（Falcon Heavy）采用助推火箭技术，在北京时间 2018 年 2 月 7 日 4:45 成功发射，这是载人航天史上的一个新里程碑。猎鹰重型火箭高 70m，宽 12.2m，总重 1420.8t，运力 63.8t，起飞推力 500 万磅 [1 磅（bl）≈0.45359kg]，相当于 18 架波音 747 飞机推力。3 枚一级火箭中，芯级火箭（中央助推器）没有成功回收，另外 2 枚助推火箭（复用助推器）成功在陆地回收。如图 6-10 所示为 SpaceX 海上回收全过程。

猎鹰火箭中最重要的一个技术特点就是多发动机组合技术，"猎鹰重型"运载火箭一子级采用 27 台 Merlin-1D+发动机，是当前世界上发动机数目最多的火箭。在传统设计理念中，为避免采用多发动机导致复杂的耦合振动、火箭推重比下降、系统可靠性降低等问题，火箭一子级发动机数目通常控制在 10 台以内。历史上曾有 N-1 火箭一子级采用了 30 台发动机，

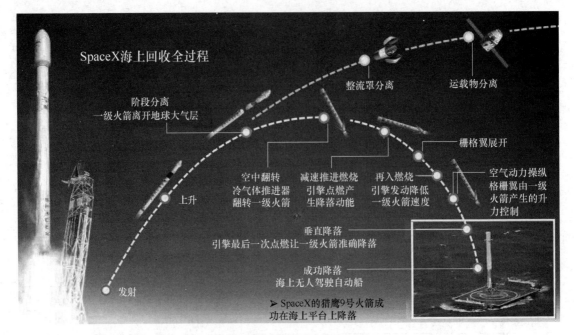

图 6-10　SpaceX 海上回收全过程

但其四次发射均以失败告终。"猎鹰重型"运载火箭一子级大胆采用了挑战传统的 27 台发动机方案，且先进的设计手段确保了其高可靠性。

6.2.2　分散多动力技术在轨道交通中的应用

　　1814 年人类制造了第一台蒸汽机车，此后直到 20 世纪中期蒸汽机车一直处于主导地位，蒸汽机车的组成如图 6-11 所示。工作过程中，煤燃烧加热水产生 400℃以上的过热蒸汽，进入蒸汽机膨胀做功，推动蒸汽机活塞往复运动，活塞通过连杆、摇杆，将往复直线运动变为轮转圆周运动，带动机车动轮旋转，从而牵引列车前进。20 世纪 60 年代后，内燃机车彻底取代了蒸汽机车，其中主要以柴油机车为主。柴油机通过机械传动装置、液力传动装置和电力传动装置牵引车轮旋转。

图 6-11　蒸汽机车的组成

电力牵引技术出现后，由于牵引动力可以沿全列车分布，从而形成动力分散的形式。相较于动力集中式机车，动力分散式机车发展得越来越快。动力分散式机车通过将动力装置分散安装在多节车厢上，数节车厢为一个单元，驱动列车行驶。如图 6-12 所示为由阿尔斯通研制的高速动车组 AGV（法语：Automotrice à grande vitesse，Alstom），其动力分散在每节车厢当中，牵引电动机置于车厢之下，目标运营速度为 360km/h。同时应用了分散多动力技术的还有日本新干线各型列车、德国 ICE、Pendolino、中国铁路高速 CRH 各型动车组、法国 AGV 等列车。

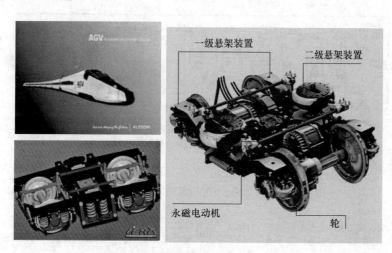

图 6-12　阿尔斯通研制的高速动车组 AGV

相较于动力集中式机车，采用分散多动力技术的机车主要有以下优点：

①在列车长度相同的情况下座席数较多；②由于有较多的驱动轴和较低的黏着系数可实现较好的牵引；③通过质量的均匀分配和较小的轴重现较好的走行性能；④通过提高再生制动部分比例，实现节能系统；⑤通过较低的购置、运营和基础设施费用，轨道和制动机的磨损较小，与列车有关的中央系统，能达到较高的经济性。

国内的 CRH2 型动车组采用 4 动 4 拖的编组方式，其编组方式原理图，如图 6-13 所示。2、3、6、7 号车为动力车。总体分为两个动力单元，每个动力单元由 2 个动车和 2 个拖车（T-M-M-T）组成，受电弓设在 4 号和 6 号车上。

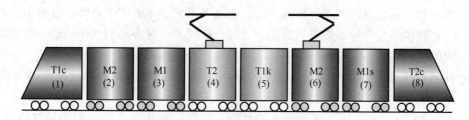

图 6-13　CRH2 型动车组编组方式

T—拖车　M—动车　c—带驾驶室　k—带餐车　s—头等车

每辆动车配置 4 台 MT205 型三相笼型异步电动机，采用并联连接的方式，这样一个基本动力单元共 8 台牵引电动机，全列共计 16 台。电动机额定功率 300kW，最高转速 6120r/min，最高试验速度达 7040r/min。使用分散多动力上的布置形式，保证了单个牵引电动机具备体积小、质量轻、结构简单、牢固，维修工作量小、具备良好牵引特性的同时保障了总体功率的要求，动车总牵引功率 4800kW，动车组的最高试验速度达到 250km/h。CRH2 的车下布置情况如图 6-14、图 6-15 所示。

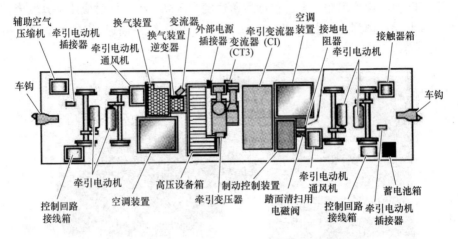

图 6-14　动车组 2、6 号（M2）车下设备布置图

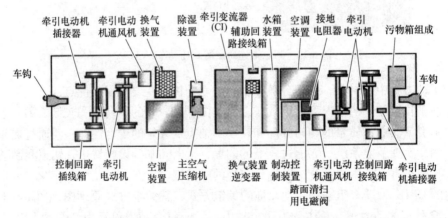

图 6-15　动车组 3 号（M1）车下设备布置图

高速和重载一直是我国铁路运输的主题，这就要求大功率的牵引系统，分散多动力的概念为这一问题提供了一个很好的解决思路。当然，应用了分散多动力技术的动车组需要解决列车控制难的问题。在动力分散条件下，列车的多个处理器利用网络连接成系统，并按照不同任务进行并行工作，因此需要分布式控制系统的概念来处理动力分散型电动车的处理系统。

CRH2 型列车在两端头车设置了列车信息中央装置，在中间车厢设列车信息终端装置，列车信息中央装置对整个网络系统进行管理。列车信息控制装置由监控器和控制传输部分组成。硬件为一体化装置，但各自独立构成网络。其控制系统如图 6-16 所示。

除了在车体本身应用分散多动力技术，动车组的内设也应用了分散多动力技术。例如高铁上的自动座椅，如图 6-17 所示，通过对分散电动机的控制，可以实现座椅高度、位置姿

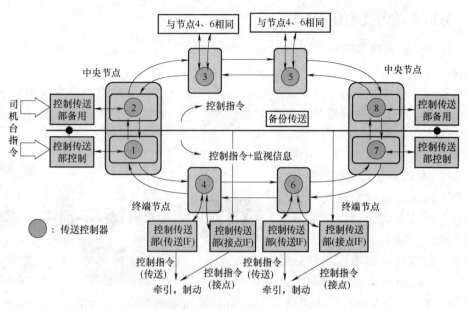

图 6-16　CRH2 型动车组控制网络

态的调整，以达到设计美学与舒适性的结合。图 6-17 为分散多动力技术与中国高铁自动座椅的结合。

　　分散多动力技术在轨道交通中的应用使高速重载的目标得以实现，同时减少了设备维护成本，提升了人的舒适性和便捷性。

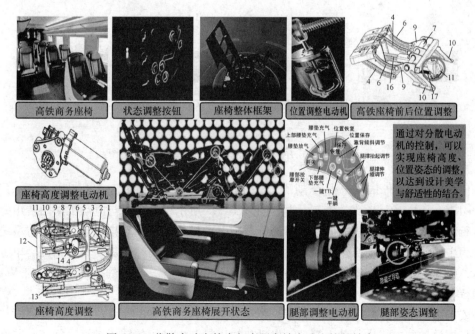

图 6-17　分散多动力技术与中国高铁自动座椅的结合

6.2.3 分散多动力技术在汽车中的应用

近几十年来，世界各国汽车工业都面临着能源危机与环境保护两大挑战，开发低油耗、低排放的新型汽车成为当今汽车工业发展的首要任务。针对这一任务，各大汽车企业及研究机构分别从混合动力汽车、纯电动汽车，以及燃料电池电动汽车等方向开展了大量的研究并取得了丰硕的成果。这些先进汽车发展技术则是分散多动力技术在汽车工业中的实际应用。

（1）串联型混合动力汽车　串联型混合动力汽车传动系统结构图如图 6-18 所示。汽车由电动机驱动，电动机的电能由发电机或蓄电池提供；发动机与驱动车轮无直接机械联系，因此发动机可以控制在最高效率区或最低排放区运行；可以不需要离合器和变速器；制动时电动机以发电机模式工作，再生能量回收利用率高；但在发动机

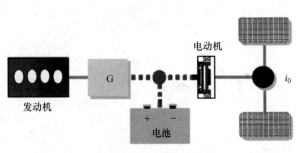

图 6-18　串联型混合动力汽车传动系统结构图

的机械能经发电机转化为电能，再由电动机转化为机械能的过程中，存在较大的能量损失。该类型混合动力汽车在传统燃油汽车的基础上增加了发电机、蓄电池、电动机等部件，提高了发动机的运行效率，属于分散多动力技术的初级应用。

（2）并联型混合动力汽车　并联型混合动力汽车按传动系统联合方式的不同，可分为单轴结构与双轴结构。其中单轴结构根据离合器位置的不同，有如图 6-19 所示的两种形式。

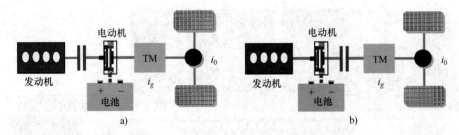

图 6-19　单轴式并联型混合动力汽车传动系统结构图

本田公司研发的 Insight 混合动力汽车采用了本田独特的集成电动机辅助（IMA，Integrated Motor Assist）系统，其动力构型如图 6-19a 所示，发动机与电动机采用转矩叠加的方式进行动力耦合，发动机输出轴通过离合器与电动机的转子轴直接相连。该动力系统以发动机作为主要动力，电动机作为辅助动力，两种动力分散且功率叠加，具有结构简单、紧凑的特点，提高了系统的总体效率，但一些元件需要特殊设计，类似的方案还有瑞典 Volvo 混合动力汽车 I-SAM。

长安推出的 ISG 并联混合动力轿车，其动力构型如图 6-19b 所示，该系统发动机与电动机采用转矩叠加的方式进行动力耦合，发动机输出轴与电动机的转子轴直接相连，并通过离合器与变速器连接。车辆在加速时，电动机工作于电动状态助力；在减速和制动时，电动

工作于发电状态回收制动能量；在停车时，发动机关闭消除怠速状态；在起时，电动机瞬时起动，发动机进入工作状态。

双轴结构根据离合器位置的不同，有如图 6-20 所示的两种形式。

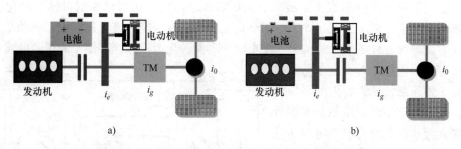

图 6-20　双轴式并联型混合动力汽车传动系统结构图

一汽研发的解放牌混合动力客车采用双轴输入单轴输出的动力耦合方式，其动力构型如图 6-20a 所示。该系统由一对固定速比的常啮合齿轮实现发动机与电动机的转矩耦合，其中发动机通过离合器与转矩合成器相连，电动机则直接与转矩合成器连接。由于该系统电动机转子惯量直接作用于变速器的输入轴上，会给换挡带来困难，因此，电动机系统必须进行主动同步换挡来减少车辆的换挡时间，以提高整车性能。图 6-20b 所示构型将电动机放在离合器前面，解决了附加转动惯量对换挡带来的问题，但产生了滑行制动与再生制动时，发动机摩擦功率将会影响能量的回收效率。

在并联 HEV 动力传动系统中，发动机与电动机可以分别独立地向车辆驱动轮提供动力，没有串联 HEV 动力传动系中的发电机，实现了动力分散，它具有如下优点：由于发动机的机械能可直接输出到汽车驱动桥，中间没有能量转换，与串联式布置相比，系统效率较高，燃油消耗也较少。

（3）混联型混合动力汽车　混联型混合动力汽车传动系统结构图如图 6-21 所示，既可以实现车载能源环节的联合，也可以实现传动系统环节的联合。

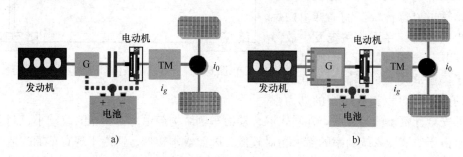

图 6-21　混联型混合动力汽车传动系统结构图

图 6-21a 所示结构通过离合器的结合与脱离来实现串联分支与并联分支间的相互切换：离合器分离，切断了发动机和电动机与驱动轮的机械连接，系统以串联模式运行；离合器结合，发动机与驱动轮有了机械连接，系统以并联模式运行。图 6-21b 所示结构中，串联分支与并联分支都始终处于工作状态，而由行星齿轮传动系在串联分支（从发动机到发电机）和并联分支（从发动机到驱动轮）间进行发动机输出能量的合理分配。此结构可通过发电

机对串联分支实施各种各样的控制，同时又可通过并联分支来维持发动机与驱动轮间的机械连接，最终实现对发动机的转速控制。

（4）串联式静液传动混合动力汽车　串联式静液混合动力汽车构型如图 6-22 所示。其动力系统由发动机串联恒压液压泵组成。恒压液压泵由内燃机带动，将机械能转化为液压能，在驱动工况下，液压二次元件工作于马达工况，将液压能转换为机械能并驱动车辆；在制动工况下，二次元件工作于泵工况，将车辆的动能转化为液压能存储于液压蓄能器中；当蓄能器中存有一定能量时，由于蓄能器内压力高于恒压系统压力，因此系统优先使用蓄能器内存储的能量驱动车辆行驶。串联式液压混合动力汽车可以实现发动机与行驶载荷的完全分离，从而实现发动机在功率曲线上的优化控制，并可以实现无级变速调节，整车起步性和加速性能很高。这种构型理论上可以控制内燃机始终工作在最优燃油效率区域，从而获得最佳的燃油效率及最低的污染物排放。但是由于该构型主动力源发动机与二次元件直接相连，会导致系统综合效率较低，不适合应用于高速运行的车辆。

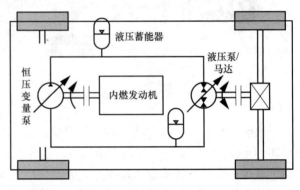

图 6-22　串联式静液传动混合动力汽车构型

（5）并联式静液传动混合动力汽车

并联式静液传动混合动力汽车构型如图 6-23 所示。车辆的工作模式有以下三种：内燃机驱动；混合动力系统驱动；两个动力源联合驱动。内燃机为并联式混合动力汽车的主动力源，液压系统提供辅助动力。与串联式构型相比，并联式构型车辆可以像传统车辆一样由内燃机单独提供动力，在液压系统发生故障时可以使其与传动轴脱开，因此其可靠性要高于串联式构型的车辆。并联式静液混合动力系统可以提高原车的动力性能、制动安全性及燃油经济性。并联式混合动力车辆结构简单，对原车的改动小、制造成本低，而且由于对液压系统功率的需求相对较低，因此成本较低，适用于现有车辆改造，如城市公交车或重型工程车辆等。但由于涉及两种功率流的合成分解，因此控制系统比较复杂，同时无法达到无级变速的目的。

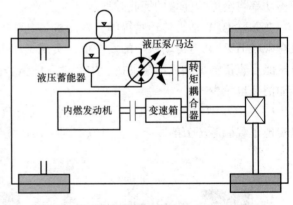

图 6-23　并联式静液传动混合动力汽车构型

（6）混联式静液传动混合动力汽车　混联式静液传动混合动力汽车构型如图 6-24 所示。

混联式液压混合动力构型综合了串联式和并联式的结构特点。车辆既可以通过内燃机机械传动驱动车辆，又可以通过液压系统驱动车辆。混联式混合动力系统兼顾了串、并联式混合动力构型的优点，理论上可以获得更好的节能减排效果。但混联式构型极为复杂，这会造成传动系统的结构复杂和改装困难，增加设计制造成本，同时控制器及控制策略开发难度会

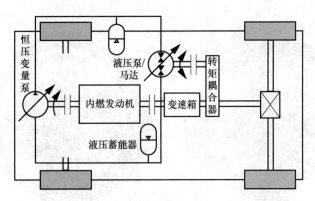

图 6-24　混联式静液传动混合动力汽车构型

极大提高，这些问题严重限制了该构型的实际应用价值，因此目前仍处在理论研究阶段。

（7）轮毂电动机驱动式电动汽车　轮毂电动机又称车轮内装电动机，它的最大特点就是将动力、传动和制动装置都整合到轮毂内，将电动车辆的机械部分大大简化，轮毂电动机在汽车工程上则完全体现了分散多动力技术的优越性。轮毂电动机技术并非新生事物，早在 1900 年，保时捷就首先制造出了前轮装备轮毂电动机的电动汽车，在 20 世纪 70 年代，这一技术在矿山运输车等领域得到应用。日系厂商对于此项技术研发开展较早，目前处于领先地位，包括通用电气、丰田在内的国际汽车巨头也都对该技术有所涉足。目前国际上生产轮毂电动机的著名公司有英国的 Protean Electric 公司、法国的 Michelin 公司、德国的西门子公司和日本的普利司通公司。其中普洛提恩公司在中国天津建立了工厂，为中国本土和海外企业生产轮毂电动机。部分轮毂电动机产品如图 6-25 所示。

轮毂电动机驱动作为先进的驱动方式，多数著名汽车企业都有尝试与其相关的研究生产，2012 年，德国不来梅机器人技术创新中心（Bremer Robotics Innovation Center）首次开发出了一款电动车，不但装备了可以转动 90° 的车轮，而且还可以与其他同类产品耦合在一起形成一组"公路列车"，从而达到节能目的。这部微型轿车于 2014 年在德国汉诺威办公及信息技术博览会（CeBIT）上揭开了神秘面纱。该车可以实现"车轮旋转""底盘收缩""自动驾驶"及"汽车列车"等功能，被命名为"EO Smart Connecting Car"其外形如图 6-26 所示。这辆车可以通过可折叠底盘改变其自身形状，也允许与合适的车辆模块耦合，从而重构汽车单元。一个创新的悬架提供了模块化汽车结合和扩展机动性的概念。这种悬架具有 5 个自由度，每个车轮可以单独控制，构成一个平行的混合结构。如图 6-27 所示，EO SCC 可以实现前行、侧向行驶、车身旋转、车轮抬起、车身缩短、原地旋转、组合汽车、组合侧行、组合旋转等运动模式。该中心再次开发出了 EO Smart2。EO Smart2 配备有适当的传感器和计算能力，以准确捕捉其更近的环境信息，从而进行导航。根据交通情况，并考虑目的地，首先根据剩余电池容量，使计算得到的路线不仅可以到达目的地，还可以优化能源消耗。此外，已经开发出技术将机动和电动多台车辆对接在一起，以将数据和电能从一个车辆传输到另一个车辆。此外，通过这种方式，可实现多个车辆的联合控制。

EO Smart 系列智能连接车的研究发展是对分散多动力技术在汽车工程领域中实际应用的最好体现，该车从驱动原理、机械结构、控制系统等多个方面充分利用了分散多动力技术，实现了车辆的多种运动形式，对于汽车工业的发展具有极其重要的借鉴意义。

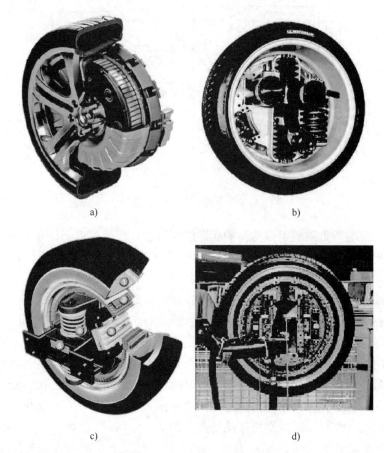

图 6-25　部分轮毂电动机产品

a）Protean Electric 轮毂电动机　b）米其林轮毂电动机

c）西门子 Ecorner 轮毂电动机　d）普利司通轮毂电动机

图 6-26　EO Smart 系列智能连接车外形图

a）EO Smart 智能连接车外形图　b）EO Smart2 智能连接车外形图

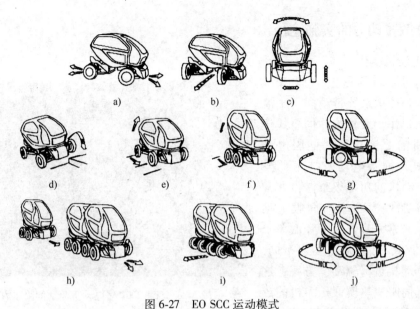

图 6-27　EO SCC 运动模式

a）前行　b）侧向行驶　c）车身旋转　d）车轮抬起　e）车身缩短
f）车身伸长　g）原地旋转　h）组合汽车　i）组合侧行　j）组合旋转

6.3　分散多动力需要解决的关键科技问题及其实施途径

6.3.1　分散多动力需要解决的关键科技问题

在分散多动力技术的发展中，需要建立起分散多动力的设计理论，单一动力源要追求轻量化、体积小、高能量利用率、高功率的目标，控制系统面临多动力源同步控制决策的优化问题，工业应用更需要建立标准化、系列化的零件库。从理论、机构、系统和工业应用几个方面归纳总结分散多动力须解决的如下关键科技问题：

1）在不同类型、形式的动力源及其组合下，智能型分散多动力设计理论的建立。

2）以质量最轻、体积最小、能量利用率最高、经济性最好等为优化目标的分散多动力优化模型的建立与求解算法的研究。

3）新原理的不同类型智能型动力源的研发。

4）机器常用智能型分散多动力源的数据库的建立与完善。

5）新原理的分散多动力的标准化传动部件的研发。

6）新原理的分散动力机械传动方案的数据库的建立与完善。

7）标准化、系列化、模块化、信息化的高性能和高可靠性的机器常用的智能型分散多动力的功能部件的研发。

8）工业实际中量大面广的典型机器的分散多动力技术方案的确定及其推广。

9）智能型分散多动力部件的全生命周期的全面传感、优化决策与可靠执行的远程服务网络的构建与合理布局方案的研发。

6.3.2 分散多动力的实施途径

1. 多电动机驱动

多电动机驱动即采用多台电动机分别驱动多套传动系统带动同一个滑块完成锻压工作。大吨位的伺服式热模锻压力机需要大功率的伺服电动机，但受限于伺服电动机技术的发展，伺服电动机的功率很难做得非常大。即便是那些大功率的伺服电动机，价格也非常昂贵。为了降低单个电动机的功率，可以采用多边布局，即采用多电动机进行驱动的方案，这将显著降低伺服式热模锻压力机的成本。图6-28所示的SE4-2000多电动

图 6-28　SE4-2000 多电动机驱动伺服压力机

机驱动伺服压力机采用了4台电动机进行驱动，能够同时运转驱动滑块运动。

2. 多齿轮分散传动

大中型机械压力机所需的减速比高达30~90，甚至上百，当采用普通的齿轮减速方式（一级齿轮减速比最多7~9级）时，需要将齿轮做得很大，从而导致减速的齿轮传动部分体积大、质量大、惯性大，动作灵敏性差，生产成本高，且大尺寸的齿轮切削加工费用高，传动效率低，消耗材料多，不利于装配和运输等。多齿轮分散传动方案具有低惯量轻量化的特点，可以提高压力机的承载力，可以大大减轻传动部分的质量，减小压力机传动部分的尺寸，减小传动机构在工作时的转动惯量。以400t热模锻压力机为例，根据计算，采用多齿轮分散传动方案的压力机传动部分的质量仅为采用普通齿轮减速方式的30%左右，转动惯量为采用普通齿轮减速方式的20%。如图6-29所示，采用4

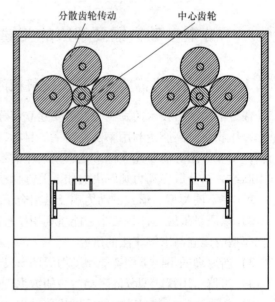

图 6-29　多齿轮分散传动方案

个齿轮分散驱动中心齿轮，有利于实现传动过程中的多齿啮合，提高传递转矩和传动平稳性，减轻质量，减小转动惯量。

3. 多套传动机构同步传动

为了实现多套传动机构的同步，可以在传动齿轮间加过桥齿轮，从而使传动机构能够实现同步工作，保证滑块在运动过程中不产生偏转和倾覆。图6-30所示为在多套传动机构间安装的过桥齿轮。

4. 行星齿轮传动

如图 6-31 所示的行星齿轮传动机构具有传动效率高、承载能力强、传递功率大、传动比大、结构紧凑、传动平稳等优点，非常适合应用于伺服式热模锻压力机。采用了行星齿轮后可以明显减小压力机的体积，使布局更为紧凑，同时也有利于提高热模锻压力机的锻压能力，提高传动平稳性。

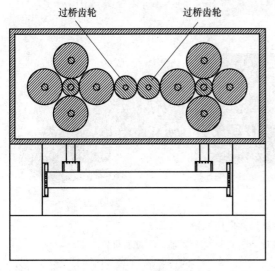

图 6-30　多套传动机构同步传动

图 6-31　行星齿轮传动机构

6.4　典型的分散多动力机器

6.4.1　全电伺服式对轮柔性旋压设备

大型薄壁筒形件在航天、石化等行业广泛应用，如图 6-32 所示，其加工能力制约着这些重点行业的发展。作为设备关键部件，大型薄壁筒形件的强度、精度要求极高，而常用的板材卷焊、芯模旋压等加工方法存在生产率低、产品质量不稳定等不足。对轮柔性旋压是一种专门针对大型薄壁筒形件的新型金属塑性加工技术，具有加工效率高、工件质量好等优点，有效克服了传统制造技术成本高等问题。由于对轮旋压设备结构复杂，工艺难度大，故增加了内旋轮机构。传统的芯模旋压加工设备在动力源方面与其存在较大差别，单独的动力已经无法满足其加工要求。本节内容针对西安交通大学智能装备与控制研究团队研发的全电伺服式对轮柔性旋压新装置，探讨分散多动力技术在该装置中的应用。

该装置采用了全电伺服直驱、分散动力的思想设计，7 个伺服轴独立可控，具有加工能力强、柔性高、扩展性好、使用方便等优点。基于自行开发的电气控制系统，该装置支持芯模旋压、对轮强旋、对轮普旋和对轮中高温旋压等多种功能。全电伺服式对轮柔性旋压新装置采用全电驱动，分为机械本体系统和电气控制系统两大部分，其系统框图如图 6-33 所示。

全电伺服式对轮柔性旋压新装置亦可划分为硬件系统和软件系统，硬件系统集成于控制台和设备本体，如图 6-34 所示。该装置采用立式结构，以提高设备对薄壁筒形件的加工能

图 6-32　大型薄壁筒形件应用场景

a）运载火箭　b）油气管道　c）无人潜艇　d）电梯　e）武器　f）工程机械

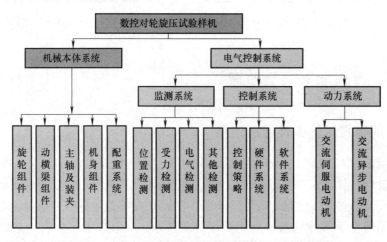

图 6-33　全电伺服式对轮柔性旋压新装置的系统框图

力、减少重力因素导致的坯料变形。四个旋轮组成两组"对轮"，分别对称布置于设备左右两侧。各旋轮具有独立的运动自由度，具有良好的柔性加工能力。

全电伺服式对轮柔性旋压新装置的坯料主要为筒形件、管件或者大尺寸板件。以大型筒形件的对轮强旋为例。首先在主轴静止状态下，将筒形件下端固定于主轴转盘；随后将内外旋轮运动至加工位置（径向）；接着起动主轴转动；之后起动立柱电动机推动动横梁整体向下，带动各旋轮轴向运动挤压筒形件；待旋压至目标工位后，所有内旋轮向内运动 2mm、外旋轮向外运动 2mm，使旋轮与坯料脱离接触；随后，动横梁向上返回原位置，停止主轴旋转；最后取下工件，完成一次大型筒形件的对轮强力旋压过程。

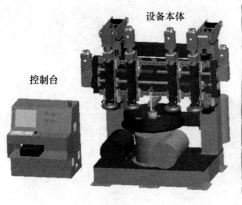

a)　　　　　　　　　　　　　　　b)

图 6-34　全电伺服式对轮柔性旋压新装置硬件系统

a) 三维模型　b) 实物

下面对该设备的机械本体系统和电气控制系统分别进行介绍。

（1）机械本体系统　全电伺服式对轮柔性旋压新装置的机械本体系统包括五个主要组成部分：旋轮组件、动横梁组件、主轴及夹具组件、机身组件和配重系统，如图 6-35 所示。其中，旋轮组件为驱动旋轮运动的系统，是该设备的核心结构；动横梁系统为旋轮组件的载体，并为旋轮组件和尾顶提供轴向运动；主轴及夹具组件为坯料提供旋转动力和端面约束，以实现对轮柔性旋压加工；机身组件为设备的基础，为其他部件提供支撑；由于该设备自重较大并采用半开放的结构，故需配重以平衡自重带来的机身变形、动态特性变差的问题。

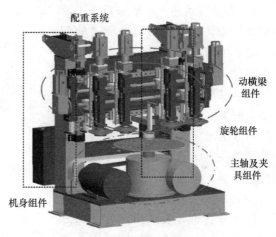

图 6-35　全电伺服式对轮柔性
旋压新装置的机械本体系统

1）旋轮组件。全电伺服式对轮柔性旋压新装置的核心结构为旋轮组件，安装于带有两个矩形槽的动横梁之上。旋轮组件包括内外 4 个旋轮、4 套轴向独立运动的旋轮推杆、两套驱动内外旋轮反向同步运动的左右丝杠螺母结构及对应的导轨等装置和尾顶装置，如图 6-36 所示。以动横梁为竖直中心线，可将整个系统分为近似对称的两部分，两个内旋轮靠近竖直中心线，两个外旋轮远离竖直中心线。在对轮柔性旋压过程中，两个内旋轮和两个外旋轮多做径向的反向同步运动，因此使用特殊加工的左右旋丝杠。两个内旋轮和两个外旋轮的底板分别连接位于丝杠两侧的螺母，在同一台伺服电动机与减速器的驱动下反向同步运动。丝杠螺母与旋轮底板之间安装调整垫片，以调节旋轮的相对位置。该旋轮组件的优点为：内外旋轮反向同步；丝杠两侧径向力可抵消；减少了端部轴承载荷、提高了加工精度；整体结构布置紧凑。

为实现复杂曲面加工的运动要求，全电伺服式对轮柔性旋压新装置的 4 个旋轮都拥有独立的轴向进给结构，该结构可等效为由交流伺服电动机直驱的特殊电推杆结构，如图 6-37 所示。主要包括尾端的交流伺服电动机、中部的滚珠丝杠传动结构、底部的导轨及底板、前端的旋轮。与传统旋压惯用偏置式旋轮不同，该设备的电动机、丝杠、旋轮轴和旋轮共轴，提高了旋轮轴的刚度。旋轮轴采用中空结构容纳丝杠，以使结构紧凑。伺服电动机驱动丝杠转动，由丝杠螺母推动旋轮轴做轴向运动，实现旋轮的定位和进给。该结构的最大特点在于结构紧凑、承载能力强、精度高。

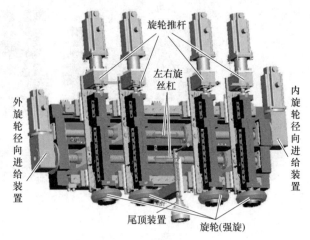

图 6-36 旋轮组件

2）动横梁组件。动横梁组件主要由动横梁本体，以及驱动动横梁的伺服传动系统构成，如图 6-38 所示。动横梁安装于两个立柱的正面，两台交流伺服电动机同步驱动丝杠螺母结构移动动横梁。

通常情况下，立柱上的滑块结构均采用单一动力源驱动，以实现机械同步。但单一动力源若直接作用于横梁的一侧，易引起偏载；带、链条等柔性传动方式可导致远位部件的运动差异。为满足动横梁提供旋压力及精

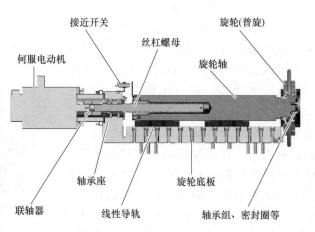

图 6-37 旋轮轴向进给结构

确运动的要求，使用两台伺服电动机以软件同步的方式共同驱动动横梁的运动，实现动横梁的稳定运动，并降低了电动机的要求，提高了设备的加工能力。

3）主轴及夹具组件。主轴及夹具组件为全电伺服式对轮柔性旋压新装置的主要组成部分，用于安装坯料并提供旋转动力。该组件主要由三相交流异步电动机和变频器、减速器传动装置、主轴转盘、夹具组成，如图 6-39 所示。主轴转速直接由电动机决定。定制的WHC320 减速机可承受大轴向推力和拉力，便于实现强力旋压加工。该主轴系统的优点为：功率大、转矩高、

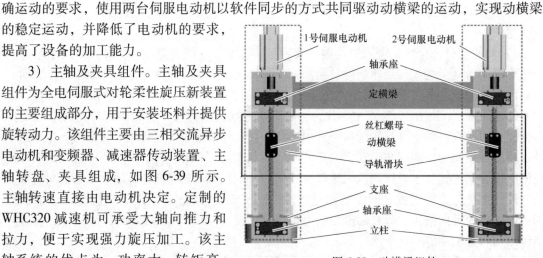

图 6-38 动横梁组件

可靠性好。

图 6-39　主轴及夹具组件

a）有底筒件装夹　b）无底筒件装夹

（2）电气控制系统

1）总体方案及控制策略。全电伺服式对轮柔性旋压新装置为典型的计算机数控（CNC）设备，电气控制系统的主要元件包括计算机、运动控制卡、通用数据采集卡、8 台伺服电动机和交流异步电动机。该系统的硬件核心为固高 GT 系列的 8 轴模拟量\数字量运动控制卡。

全电伺服式对轮柔性旋压新装置的主要控制装置、显示装置等均构建于控制台，如图 6-40a 所示。其控制与交互系统包括计算机控制系统、按钮、显示灯、电表。纯自动控制在试验中有诸多不便，且存在可靠性差、安全性差的缺点，故单独设置了伺服电动机控制、主电动机供电、急停等按钮，以及各轴上电及运行指示灯。数控立式对轮柔性旋压设备采用普通 PID 控制和模糊 PID 控制两种方式构建了半闭环控制系统。在普通 PID 控制中，直接使用伺服电动机驱动器设置 PI 参数。运动控制卡使得两种方法存在差异。当使用普通 PID 时，旋轮运动由控制卡直接控制。模糊 PID 控制由计算机进行控制，运动控制卡仅有执行功能。模糊 PID 的原理如图 6-40b 所示，模糊推理模块的输入量为误差及误差变化率，输出 PID 系统需要比例、积分、微分三个量。

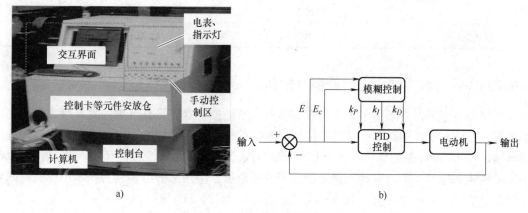

图 6-40　全电伺服式对轮柔性旋压新装置的控制台与控制原理

a）控制台　b）模糊 PID 原理

2）动力系统。全电伺服式对轮柔性旋压新装置的电动机总功率为 75kW，采用分散多动力的方式构建了该装置设计合理的动力系统，如图 6-41 所示。

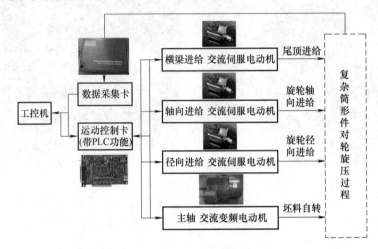

图 6-41　动力系统组成

通过分散动力的方式可有效提高系统的可靠性和加工精度，实现大型薄壁筒形件对轮柔性旋压过程中旋轮的复杂运动。作为主要运动结构的旋轮件均由独立的伺服电动机驱动（共 8 台），可通过该系统实现精确控制。4 个旋轮的轴向运动由单独伺服电动机控制、轴向运动由两台伺服电动机驱动，动横梁由两台伺服电动机同步控制，从而实现七轴的运动匹配和控制。全电伺服式对轮柔性旋压新装置的主轴变频电动机（1 台交流异步电动机与变频器），接入了检测回路，其转速由变频器设置，在小范围内调速（>10r/min）。

该设备的交流异步电动机和伺服电动机型号和基本参数见表 6-2。使用大功率三相交流异步电动机提供主轴转矩，作为对轮旋压设备的主要动力源；利用伺服电动机精度高、可控性好、低速稳定等优点，作为旋轮动力源。

表 6-2　电动机参数

名　　称	额定功率/kW	额定电压/V	额定电流/A	额定转速/r·min^{-1}	额定转矩/N·m^{-1}
三相交流异步电动机	30	三相 380	59.5	980	292.5
交流伺服电动机	5	单相 220	25.9	2000	23.9

6.4.2　棒管料对称伺服进给铣削开槽机

低应力精密下料方法由于具有高效、节材、节能的特点，具有可观的发展潜力及市场应用价值。但该方法在进行下料之前须根据棒管料的材质及后续加工要求，沿棒管料周向等间距预制出 0.5~3mm 深的环状 V 形槽以便形成初始破坏源。由于要预制环状 V 形槽，所以该工艺的整体下料效率很大程度上受制于前期开槽效率。应用了分散多动力技术的棒管料的对称伺服进给铣削开槽设备可以有效提高开槽效率。

棒管料的对称伺服进给铣削开槽采用双排多铣刀并联开槽的方式（见图 6-42），使所有铣刀同步运动就能一次完成多道 V 形槽的铣削工作，这样既提高了开槽效率，也避免了由于大幅提高铣刀轴速而带来的动态不稳定问题。其传动系统采取分散多动力伺服直驱的方式（见图 6-43），每个运动输出轴均由一独立的伺服电动机来直接驱动，不仅省去了复杂的传动系统，而且由于各轴运动相互独立，增加了系统的自由度与灵活性，配合相应的控制系统，可实现多种复杂的运动组合。

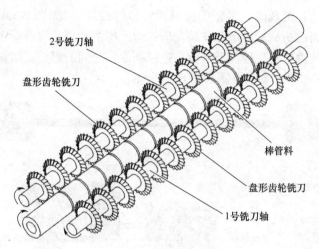

图 6-42　双排多铣刀并联开槽

开槽机整体结构虽然为五轴输出，但是其运动形式相对简单，所有运动可在同一平面内完成，因此为了简化结构和节约生产制造成本，整机采用平面工作台的形式，在台面上对称安装两个铣刀架模块（铣刀轴安装于刀架之上）和坯料旋转模块，每个模块的运动输出轴直接与伺服电动机相连或通过单级传动与伺服电动机相连。开槽机总体结构设计方案及三维模型如图 6-44 所示。

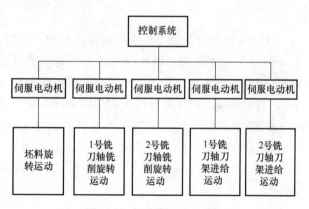

图 6-43　伺服直驱传动系统

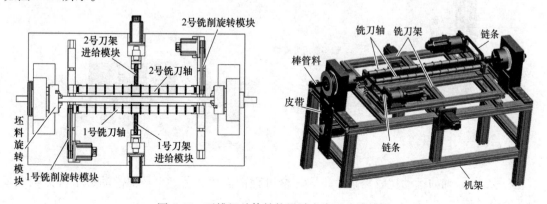

图 6-44　开槽机总体结构设计方案及三维模型

开槽机的伺服控制选择半闭环与全闭环相结合的整体控制方案，这样既能保证加工精度又能有效降低系统成本。开槽过程中要求 1 号轴能够为棒管料提供恒定速度的旋转运动，由于 1 号铣刀轴（1 号铣刀轴、2 号铣刀轴、3 号铣刀轴、4 号铣刀轴和 5 号铣刀轴分别简称 1 号轴、2 号轴、3 号轴、4 号轴和 5 号轴）是由电动机通过 V 带来驱动，而且 V 带在传动过程中存在弹性滑动与打滑现象，要精确控制棒管料的转速需要对 1 号轴进行全闭环速度控制。因此须在棒管料的机械旋转部分安装相应的速度检测装置，将棒管料的转速实时反馈给控制系统，控制系统通过对比速度反馈值与速度指令值之间的误差量来调节指令值，以达到速度控制的目的。1 号轴控制示意图如图 6-45 所示。

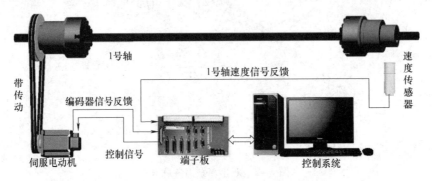

图 6-45　1 号轴控制示意图

2 号、3 号轴要为铣刀提供高速旋转运动，同时切削速度要能根据要求变化。由分析可知 2 号、3 号轴都是通过链传动与独立的电动机相连，链传动过程无弹性滑动和打滑现象，能够保持准确的平均传动比，因此在开槽过程中只需采用半闭环速度控制，将相应轴的驱动电动机对应编码器的位置信号实时反馈给控制器即可达到速度控制的目的。而且 2 号、3 号轴的运动形式完全相同，虽然为两个机械系统，但是控制信号可以采用同一个信号源来完成。因此两个轴可采用两路相同的独立信号来进行控制，也可以在运动端将其等效为一个轴，只需占用运动控制卡的一个输出轴即能完成控制。2 号、3 号轴控制示意图如图 6-46 所示。

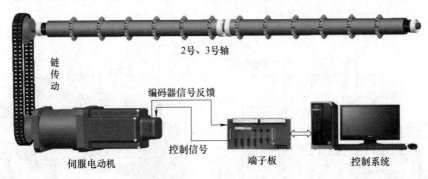

图 6-46　2 号、3 号轴控制示意图

4 号、5 号轴的运动比较复杂，每次开槽过程都需要 4 号、5 号轴带动整个铣刀架完成如下四个动作：

1）4 号、5 号轴的初始位置找正，铣削开始前须对两个铣刀轴的原始位置进行初始化。

2）4 号、5 号轴的快速进给运动，即铣削开始后需要两铣刀轴快速进给到初始切削位置（铣刀外圆即将接近棒管料外壁的位置）。

3）4 号、5 号轴慢速切削开槽，铣刀根据预先设定的开槽方式完成相应的开槽动作。

4）4 号、5 号轴快速返回，完成一次开槽作业后铣刀轴快速离开棒管料以便进行换料。

由于 4 号、5 号轴在运动过程中在保持设定速度的同时要严格控制其运动位置，才能保证所加工 V 形槽的精度。因此对于 4 号、5 号轴采用全闭环位置控制，在 4 号、5 号轴输出端（两个铣刀架的进给运动）安装相应的直线位置监测装置，将铣刀架的位置实时反馈给控制系统以便进行调节，虽然采用位置控制模式，但是通过脉冲频率的调节仍能使两轴的运动速度达到要求。与 2 号、3 号轴类似，4 号、5 号轴的运动形式也完全相同，因此两个轴既可采用两路相同的独立信号来进行控制，也可以在运动端将其等效为一个轴，只需占用运动控制卡的一个运行轴即能完成控制任务。4 号、5 号轴控制示意图如图 6-47 所示。

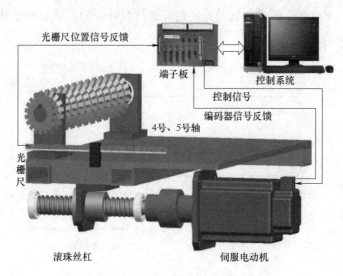

图 6-47　4 号、5 号轴控制示意图

开槽机整体采用四轴控制方式：将开槽机的 1 号、4 号、5 号轴分别采用一路独立的控制轴进行全闭环控制，而对于 2 号、3 号轴将其控制信号输入端并联之后采用一路独立的控制轴进行半闭环控制。这样在保证开槽精度的前提下，能有效减少系统对控制轴数的需求，降低设备成本。

开槽机沿金属棒管料周向开槽的过程虽然为材料断续剥离过程，但是在整个开槽过程中铣刀齿廓相对于棒管料而形成的包络线的路径有两种形式：螺旋渐进式和分次等量切削式。两种开槽方式示意图如图 6-48 所示。

（1）螺旋渐进式开槽　如图 6-48a 所示，采用螺旋渐进方式开槽时，铣刀外轮廓从接触棒管外壁开始以螺旋的方式相对于棒管料既自传又公转，逐步均匀切入棒管料外壁中。在此过程中棒管料和铣刀均保持稳定的速度沿各自轴线旋转，同时铣刀在刀架的带动下沿棒管料径向均匀靠近棒管料，直到完成规定槽深的铣制。

一个真正意义上的铣削开槽循环过程是从铣刀架带动铣刀轴找正到初始设定位置开始的，然后顺次完成铣刀架快进阶段、稳定开槽阶段和铣刀架快退阶段，直至完成一个完整的

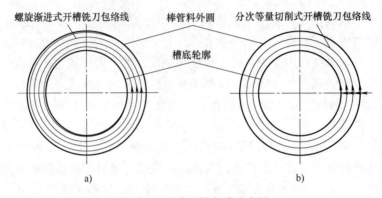

图 6-48　两种开槽方式示意图

a）螺旋渐进式开槽　b）分次等量切削式开槽

开槽循环过程。下面对各个阶段各轴的运动情况进行具体介绍，螺旋渐进开槽时各运动轴的速度示意图如图 6-49 所示。

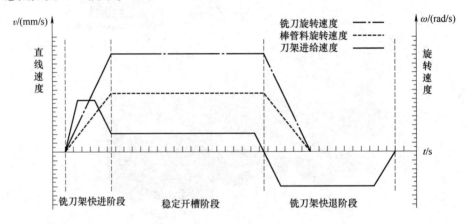

图 6-49　螺旋渐进式开槽时各运动轴的速度示意图

1）铣刀架快进阶段：此阶段之前各运动轴处于伺服准备静止状态，从此位置开始铣刀轴和棒管料旋转轴在控制系统的作用下以各自预设的加速度加速到开槽时所需的额定转速。与此同时铣刀架进给轴快速起动以较高的速度带动铣刀轴沿棒管料径向直线运动并靠近棒管料，在铣刀外圆即将接近棒管料外壁时，铣刀架进给速度降低到开槽时所需的设定速度。

2）稳定开槽阶段：此阶段铣刀轴及棒管料旋转轴以各自设定的速度稳定旋转，同时铣刀架进给轴带动铣刀轴沿棒管料径向以十分缓慢的速度切入棒管料中，而且在达到规定槽深的时候恰好使得铣刀架的进给速度降为零。

3）铣刀架快退阶段：此阶段已经完成了一次开槽任务，须调整棒管量的周向位置，以进行下一开槽循环，因此铣刀架须带动铣刀轴反向运动快速远离棒管料，并到其初始进给位置静止，同时铣刀轴和棒管料旋转轴以各自设定的减速度减速为零。

（2）分次等量切削式开槽　采用分次等量切削方式首先要根据开槽深度及单次最大切削深度计算出所需的切削次数，然后从铣刀外轮廓接触棒管外壁开始先保持棒管料不转，铣刀以一定的速度切入棒管料外壁中相应的深度，然后棒管料与铣刀轴之间的相对轴向间距保持不变，棒管料开始匀速旋转一周完成一次切削过程，经过多次循环直到完成规定槽深的铣制。

分次等量切削式开槽各运动轴的速度示意图如图 6-50 所示，下面对各阶段各轴的运动情况进行具体介绍。

1）铣刀架快进阶段：同螺旋渐进式开槽方式相同此阶段之前各运动轴处于伺服准备静止状态，从此位置开始，铣刀轴在控制系统的作用下按预设的加速度加速到开槽时所需的额定转速。与此同时，铣刀架进给轴快速起动，以较高的速度带动铣刀轴沿棒管料径向直线运动，并靠近棒管料，在铣刀外圆即将接近棒管料外壁时，铣刀架进给速度降低到开槽时所需的设定速度，在此过程中棒管料始终保持静止状态。

2）稳定开槽阶段：根据开槽深度和单次最大切削深度，此阶段被分为几个相同的过程重复进行。首先，棒管料处于静止状态，铣刀轴向前进给一定距离在棒管料上开出一道缺口后停止进给，随后，棒管料开始以设定的速度缓慢旋转一周后静止完成一次切削过程。这样经过多次重复循环切削就能达到规定的开槽深度，在整个过程中铣刀的旋转速度始终保持不变。

3）铣刀架快退阶段：此阶段已经完成了一次开槽任务，须调整棒管料的周向位置进行下一开槽循环，因此铣刀架须带动铣刀轴沿反向运动快速远离棒管料，并到其初始进给位置静止，同时铣刀轴以设定的减速度减速为零。

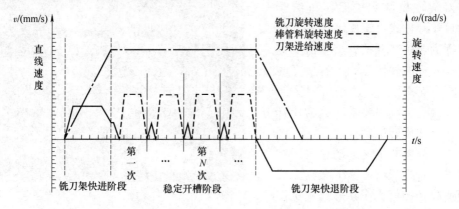

图 6-50 分次等量切削式开槽时各运动轴的速度示意图

选择适合的运动控制器并了解各接口定义后，就可完成控制系统的硬件平台搭建。最终建立的硬件系统连接平台示意图如图 6-51 所示。

由图 6-51 可以看出，中央控制系统通过运动控制卡和端子板直接对各运动轴驱动电动机进行控制并接受各传感器的反馈信号。在文中所设计的开槽机中，1 号电动机对应的是棒管料的旋转轴，占用端子板的一路轴信号输出口，同时轴运动输出端的速度传感器实时采集速度信号并反馈给控制系统；2 号和 3 号电动机分别对应两个旋转铣刀轴，共用端子板的一路轴信号输出口，并且将 2 号伺服电动机的编码器位置信号实时反馈给控制系统；4 号和 5 号电动机分别对应两个铣刀架的进给轴，各自占用端子板的一路轴信号输出口，同时两轴输出端的直线位移传感器将两铣刀架的位移值实时反馈给控制系统。

根据所设计的控制系统硬件连接原理图，完成的伺服控制系统硬件连接平台实物图如图 6-52 所示。

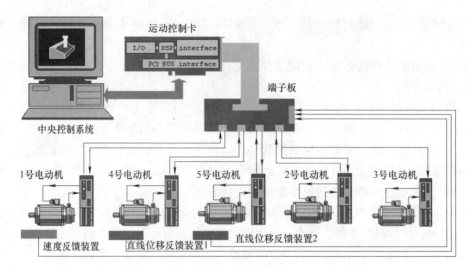

图 6-51　伺服控制系统硬件连接平台示意图

棒管料高效精密伺服开槽机主要包含三大运动模块：棒管料旋转模块、铣刀旋转模块和铣刀架进给模块；两种开槽方式：螺旋渐进式开槽和分次等量切削式开槽，这就需要控制系统在完善的硬件基础上有良好的软件及算法支持。

棒管料旋转模块要求能够为棒管料提供稳定的旋转运动，而且在不同开槽方式下需要的旋转运动也各不相同，在螺旋渐进开槽方式下只需完成定时恒速旋转即可，而在分次等量切削式开槽方式下需要按规律重复完成多次间隔起停运动，所以该模块对系

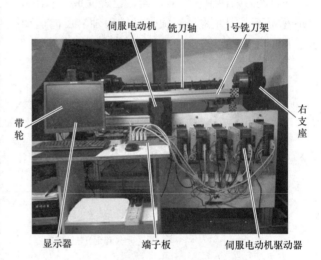

图 6-52　伺服控制系统硬件连接平台实物图

统控制功能的要求较高。而在两种不同的开槽方式下铣刀旋转模块的运动方式没有多大变化，都是给铣刀提供恒定的旋转功能，因此对控制系统的要求较低。对于铣刀架进给模块，要完成铣刀架的进给任务，与棒管料旋转模块类似，在螺旋渐进式开槽方式下只需完成定时恒速进给后退运动即可，而在分次等量切削式开槽方式下，需要按规律重复完成多次间隔起停进给后退动作，所以该模块对系统控制功能的要求较高。

中央控制系统采用的是基于 Windows 操作系统的个人计算机，采用面向对象编程语言 C++中的应用程序框架类（MFC）进行模块化编程。

根据开槽机各部分功能不同分模块进行程序编写，之后全部放入整体应用框架中进行封装组合。开槽机控制程序界面如图 6-53 所示。

棒管料的对称伺服进给铣削开槽机如图 6-54 所示，开槽过程中棒管料缓慢转动，5 个交流伺服电动机联合驱动对称布置的两个回转刀轴及刀轴上嵌装的几十把盘形齿轮铣刀对棒管

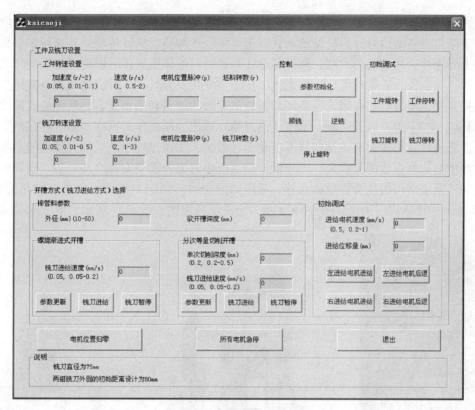

图 6-53　开槽机控制程序界面

料同时批量开槽。可用于直径为 5~70mm 的黑色金属及有色金属材质的棒管及管料，一次送进可全自动铣削 5~105 个高质量环形槽，突破了传统开槽效率低、槽型及位置精度差等难题。

图 6-54　棒管料的对称伺服进给铣削开槽机

6.4.3　电气伺服式超高速对击锤

高速锤是一种高效率的精密模锻设备，通过锤头 5~20m/s 的打击速度完成对工件的加工，尤适用于难变形金属和形状复杂工件的模锻（包括精密模锻）、挤压等。目前国内外研制的高速锤按设备结构可分为机械传动式和流体传动式两类。机械传动式高速锤主要采用落锤的重力势能作为冲击的动力源，流体传动式高速锤以液体或气体的燃烧或流动能作为剪切的动力源，按工作介质类型可分为内燃式、压缩空气式及液气式三种。内燃式高速锤依靠气体燃烧提高冲击动力，存在因管路冷却热量耗散导致的能量利用率低、燃料燃烧或废旧液压油污染环境、加工效率低等问题。液气式高速锤，采用液压油作为回程动力，存在的主要问题包括：液压传动形式对液压油的温度变化十分敏感，工作过程中产生的大量热能会在管路传动过程中造成非必要能量损失；为降低油路系统中的温升需要安装冷却装备，消耗能量的同时增加了系统结构的复杂程度；此外，液压油的密封问题也一直是业内还未攻克的难题。图 6-55 所示为机械式高速锤，图 6-56 所示为全液压高速锤，图 6-57 所示为液气式高速锤。

图 6-55　机械式高速锤　　　　图 6-56　全液压高速锤　　　　图 6-57　液气式高速锤

依托作者已授权的国家发明专利"多个交流伺服电动机驱动型带强制回程的机械式对击气锤"（ZL201510523905.1）和"一种径向约束金属棒料的低应力双面高速剪切方法"（ZL201610606879.3）等，提出了上、下锤头对击、8 个交流永磁同步伺服电动机驱动两个锤头运动的电气伺服式超高速对击锤，即先分别伺服驱动上、下锤头反方向直线运动到规定位置，使得上、下锤头两侧的气体储存伺服设定的气体压力势能，并锁定上、下锤头位置，最后伺服电动机解锁，完成上、下锤头相对速度高达 20m/s 的超高速对击，解决了传统液压回程储能方式能耗高、系统复杂、故障率高等难题。

1. 8 个交流永磁同步伺服电动机对称布置的整体结构方案

电气伺服式超高速对击锤的整体结构包括组合式机身，上、下锤头和工作气缸，8 个交流永磁同步伺服电动机和减速器组件，储气罐及模具等，如图 6-58a 所示。共 8 个交流永磁同步伺服电动机减速器组件对称布置在上、下锤头的两侧，每个伺服电动机都配备一个独立驱动的伺服控制器。其中，机身上部的 4 个伺服电动机主要驱动上锤头回程阶段的上行运动，机身下部的 4 个伺服电动机主要控制下锤头回程阶段的下行运动。上、下锤头及后置的工作气缸对称布置在机身上，储气罐外置安放在气缸一侧，提供上、下锤头对击行程的主要动力源。根据整体结构方案搭建的电气伺服式超高速对击锤试验台如图 6-58b 所示，所设计的最高打击能量为 16kJ，最高对击速度可达 20m/s，主要技术参数见表 6-3。

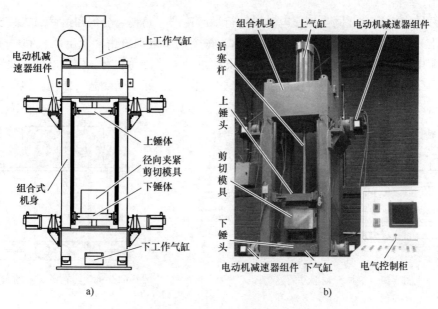

图 6-58　电气伺服式超高速对击锤

a）整体结构　b）试验台

表 6-3　电气伺服式超高速对击锤设计参数

打击能量/J	打击速度/(m/s)	初始压/MPa	工作行程/mm	打击频次/min⁻¹
16000	20	0.8	1050	20

电气伺服式超高速对击锤设备上部两两对称布置 4 个交流永磁同步伺服电动机用以拉动上锤头的回程，示意图（俯视图）如图 6-59 所示。电气伺服式超高速对击锤下部也两两对称布置 4 个交流永磁同步伺服电动机用以拉动下锤头回程，示意图（俯视图）如图 6-60 所示。

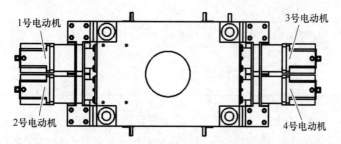

图 6-59　对击锤上部 4 个交流永磁同步伺服电动机布置示意图

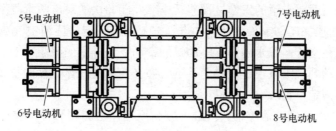

图 6-60　对击锤下部 4 个交流永磁同步伺服电动机布置示意图

　　传动系统由交流永磁同步伺服电动机、行星减速器、超越离合器和钢筒组成，支架安装在减速器上，由具体连接形式如图 6-61 所示。每个伺服电动机由一个电动机和一个驱动器组成，伺服电动机、行星减速器、超越离合器通过轴连接传递动力。伺服电动机在钢丝绳的牵引作用下带动锤头可移动部件复位回程，这个过程钢丝绳承受变载荷作用，钢丝绳在锤头上的布置形式如图 6-62 所示。

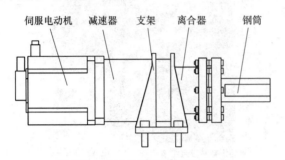

图 6-61　机械传动部件的连接形式

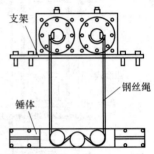

图 6-62　钢丝绳在锤头上的布置方式

　　电气伺服式超高速对击锤具有结构简单、振动小、能耗低、效率高的优势。主要表现在①采用上、下锤头对击的新型打击形式，以活动的下锤代替传统有砧座锤的底座，从而使得在同等打击能量下锤身更为紧凑，体积更加小，节约空间；②打击过程遵循动量守恒原理，上、下锤在空中对击能量平衡，不会对地基造成较大的振动和损伤；③采用气压驱动、伺服电动机驱动机械回程的工作方式，形式上符合环保要求，效率上明显优于传统蒸汽或空气锤。以国内现有的安阳锻压机械工业有限公司和江苏百协精锻机床有限公司的已面世生产的锻锤产品为例说明本文设计的对击锤的节能优势，选取锤重、打击能量、电动机功率几个重要参数来对比，见表 6-4。

表 6-4　不同型号的锻锤参数对比

规　　格	CHK16	C92K-16	C41-560	本设计
锤重/kg	1100	1080	560	100~400
打击能量/kJ	16	16	13.7	16
电动机功率/kW	30	37	45	40

　　根据表中数据显示，在相同打击能量下，本设计的电气伺服式超高速对击锤具有更紧凑的机械结构和体积；在相同打击质量下，具有打击能量更高、电动机功率更小的优势。

2. 电气伺服式超高速对击锤的工作原理

　　电气伺服式超高速对击锤的工作过程包括压缩储能和快速对击两阶段。

　　1）压缩储能阶段。工作前一次性向冲击气缸上腔充入定量压缩空气或氮气，工作缸下腔保持初始状态，在交流伺服永磁同步电动机的带动下先分别伺服驱动上、下锤头连接的活塞杆反方向直线运动到规定位置，使得上、下活塞杆两侧的气体储存伺服设定的气体压力势能，并通过离合器锁定位置。

　　2）快速对击阶段。离合器解锁，气缸上腔高压气体迅速膨胀，下腔压力骤然减小，上腔积聚的能量迅速释放推动活塞杆和锤头快速相对运动，完成上、下锤头相对速度高达

20m/s 的超高速对击。

电气伺服式超高速对击锤的总能量 E 由气体膨胀功 W 和重力做功 E_p 两部分组成，表达式如下：

$$E = \eta(W + E_P) = \eta\left(mgH + \int pdV\right) \tag{6-1}$$

式中，η 为运动过程中的机械效率；m 为上锤头质量（kg）；g 为重力加速度；H 为正作行程（mm）；p 为气体瞬时压强（MPa）；V 为气体体积（m³）。

工作缸中气体膨胀可看作绝热过程，根据气体热力学状态参数方程得出气体膨胀功 W 如下所示：

$$W = \int_{V_0}^{V} pdV = \frac{1}{k-1}p_0V_0\left[1 - \left(1 - \frac{V_0}{V_1}\right)^{k-1}\right] \tag{6-2}$$

式中，k 为气体绝热常数，对于压缩空气 $k = 1.4$；p_0 为气体膨胀前原始压强（MPa）；V_0 为气体膨胀前工作缸原始容积（m³）；V_1 为气体膨胀后工作缸容积（m³）。

假设上锤初始气压 $p_0 = 0.8$MPa，下落行程 830mm，求得此时上锤的速度为 $v_{上} = 16.73$m/s。假设下锤初始气压 $p_0 = 0.9$MPa，上升行程 200mm，求得此时下锤的速度为 $v_{上} = 4.5$m/s。上锤与下锤速度之和为 21.23m/s。

3. 8 个交流永磁同步电动机的联合驱动控制系统

电气伺服式超高速对击锤采用的全闭环硬件控制系统如图 6-63 所示，包括上位通信个人计算机、伺服驱动器、运动控制器、伺服电动机及编码器、对击锤试验台等结构。运动控制卡以插卡形式装入上位机主机箱的插槽内，上位机通过 PCI 总线与端子板连接，端子板再通过专用连接线与伺服驱动器连接，发送控制指令给驱动器驱动伺服电动机工作，与此同时伺服电动机编码器也将电动机运行的脉冲值实时反馈给运动控制器。

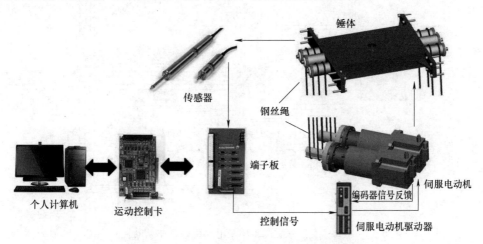

图 6-63   电气伺服式超高速对击锤的全闭环硬件控制系统

为实现 8 个交流永磁同步伺服电动机的联合驱动，通过光栅尺的反馈构成对击锤系统的全闭环位置同步控制系统（见图 6-64），电动机驱动器驱动主电动机以位置模式运行，将规划好的位置信号值发送给伺服电动机主控器，主控器经内部运算后分别发送指令给各电动机驱动器，实现活动部件锤头的精确控制。采用实时独立补偿同步控制策略，各电动机轴相互独立运动，利用运动控制器设计规划曲线，规划曲线由位移、速度、加速度运动参数计算形成且能反映每一时刻的预期位移信息。控制系统采用 C++中的应用程序框架类（MFC）编程进行开发。运动控制器发送控制指令，伺服电动机驱动器、伺服电动机、伺服电动机编码器构成速度闭环，输出端加入光栅尺位置传感器后构成位置闭环，上述全闭环控制系统可实现多伺服电动机同步运动，可实时调整输入参数，有效避免机械传动系统带来的误差，从而实现系统精确控制。

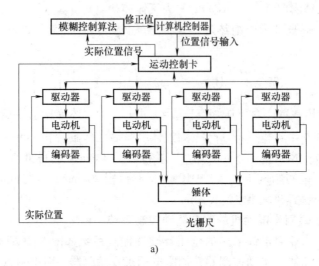

a)

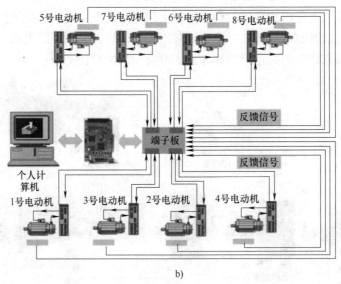

b)

图 6-64　由 8 个交流永磁同步伺服电动机联合驱动的控制系统

a）全闭环控制框图　b）电动机闭环系统框图

第 **7** 章 伺服电直驱——伺服全电直接驱动技术

7.1 伺服电直驱的必要性与内涵

7.1.1 伺服电直驱的必要性

机械装备的动力主要是电力，并通过各种电动机作为装备的动力源。在传统机械装备中，电动机到工作部件要经过一整套复杂的转换机构，包括齿轮、蜗杆副、带、丝杠副、联轴器、离合器等中间机械传动环节。这些中间环节会带来一系列的问题，如造成较大的转动惯量、弹性变形、反向间隙、运动滞后、摩擦、振动、噪声及磨损。这些问题使得机械装备的加工精度、运行可靠性降低；增加维护、维修的时间和成本；造成机械装备的使用效率下降，使用费用增加。所以，一直以来，对机械传动环节的传动性能的改进一直没有停止过，虽然获得了很大的效果，但并没有从根本上解决问题。随着电动机及其驱动技术的发展，人们自然想到了"直接驱动"的方式，其本质就是取消从电动机到工作部件之间的一切中间传动环节，即由电动机直接驱动工作部件动作，实现所谓"零传动"。直接驱动的电动机动力源需要相应的控制器，现代的控制器一般都要求数字化控制，可以编写一定的智能控制算法，同时要求有相应的现场总线接口，可以和上位机进行通信。将直接驱动方式应用于机械装备将会较大地提高机械装备的运行性能。

机械装备的制造和运行效率对制造业有举足轻重的影响，将直接驱动方式应用于机械装备将产生极大的经济效益和社会效益。直接驱动的核心是各种驱动电动机，可采用分体式电动机、中空轴电动机、外转子电动机，机电合为一体等方式。随着电动机制作技术和电动机用材料的发展以及电动机驱动器技术的进一步发展，将会生产出适合多种机械装备应用要求的机电一体化产品，使直接驱动方式更广泛地应用于机械装备中。

伺服电直驱具有如下的优势：

1）直接驱动。电动机与被驱动工件之间，直接采用刚性连接，无须丝杠、齿轮、减速器等中间环节，最大限度地避免了传动丝杠传动系统存在的反向间隙、惯性、摩擦力及刚性不足的问题。

2）动态响应好，高速度。伺服电动机具有较好的动态响应特性，克服了传统的液压驱动系统响应慢的缺点，工作效率必然提高。直线电动机的正常高峰速度可达 5~10m/s；传统的滚珠丝杠，速度一般限制在 1m/s，产生的磨损量也较高。

3）高加速度。由于转子和定子之间无接触摩擦，直线电动机能达到较高的加速度；较大的直线电动机有能力做到加速度达 3~5g，更小的直线电动机可以做到加速度达 30~50g

以上（焊线机）；通常直驱式旋转电动机（DDR）多用于高加速度，直驱式直线电动机（DDL）应用于高速度和高加速度。

4）高精度。与传统的液压伺服不同，全电伺服驱动的所有驱动部件都是伺服电动机，没有任何液压驱动装置，全电伺服是机械装备发展的趋势，推动机械加工向绿色、环保、节能的方向生产发展。由于采用直接驱动技术，大大减小了中间机械传动系统带来的误差。采用高精度的光栅检测进行位置定位，提高系统精度，可使得重复定位精度达到 $1\mu m$ 以内，满足超精密场合的应用。

5）运行速度范围宽。由于高频率的功率开关器件的发展，伺服系统的带宽在不断提高，使得电动机的速度运行得到进一步提高。

6）更大的带宽。直接驱动技术消除了机械传动部件对机器起动、停止速度和所需整定时间的限制，增加了因这些因素影响的机器吞吐量，显著缩短了整定时间，实现了快速的起动和停止操作。根据直接驱动系统用户提供的可靠数据，经统计分析表明，直接驱动技术的使用可以将机器的吞吐量增加一倍。

7）提高可靠性。不需要维护。如果不使用齿轮、带和其他机械传动部件而使力矩直驱电动机，就可以提高机器的可靠性。在磨损比较严重的起动/停止应用系统中，齿轮头需要定期进行润滑或更换，带需要定期拧紧。在直接驱动电动机中没有会随着时间磨损的部件，因而不需要维护。

8）部件更少。对于直接驱动电动机，只需要电动机和安装螺栓即可。他们通常可以取代很多部件，其中包括托架防护装置、带、带轮、张紧轮、联轴器和螺栓，从而带来了如下益处：首先，物料清单上的部件更少。需要购买、安排、库存和控制的部件数量更少，要组装的部件也更少；其次，对于采用机械传动的伺服设备，组装需要几个小时，对于力矩直驱电动机，则只需要几分钟；最后，降低成本。虽然直接驱动电动机的价格可能略高于相同转矩的电动机，但是考虑到它不需要使用机械传统伺服系统的很多部件，并节约了所有额外部件的工作量，因而总体上仍然减少了成本。

9）无惯量匹配要求。与带有机械传动的伺服系统不同，直接驱动技术不需要进行惯量匹配，外部负载和电动机的直接相连不会限制折算后的负载惯量，而是成为电动机在负载惯量的公共惯量。传统电动机的机械传动伺服系统的负载惯量不能超过电动机惯量的 $5\sim10$ 倍，并且由于机械传动系统有惯量匹配限制，及其设计者经常需要使用刚好满足匹配要求的电动机规格更大的电动机，如果没有满足这些限制条件，电动机就会出现因为不稳定性问题造成的系统难以控制。另外值得注意的是力矩直驱电动机应用的惯量比大于 11000∶1。

10）噪声小，结构简单，维护成本低，可运行于无尘环境。采用力矩直驱电动机的机器噪声非常低，只有 20dB，电动机运行平稳，整体噪声低于采用机械传动的相同机器。

7.1.2 伺服电直驱的内涵与外延

直接驱动与零传动是由电动机直接驱动执行机构，使工作部件（被控对象）完成相应的动作，取消了系统动力装置与被控对象或执行机构之间的所有机械传动环节，缩短了系统动力源与工作部件、执行机构之间的传动距离。直驱系统是真正意义上的"机电一体化"。直接驱动的 3 个层次为：直驱被控对象；直驱执行元件，精简传动环节；短流程工艺与直驱设备一体化。结合交流伺服电气控制系统，进行机器实时运行状态数据的实时检测和识别，并对所采集的实时运行参数进行相应的分析和实时处理，从而可以使系统根据机器的实时运行状态自动做出判断与选择，系统更加简洁，机器工作效率可以得到大幅度提高。

在传统机械设备中，电动机到工作部件要经过一整套复杂的转换机构，包括齿轮、蜗杆副、带、丝杠副、联轴器、离合器等中间机械传动环节。而这些机械传动环节会带来一系列的问题，如造成较大的转动惯量、弹性变形、反向间隙、运动滞后、摩擦、振动、噪声及磨损等。这些问题使得机械装备的加工精度、运行可靠性降低；增加维护、维修的时间和成本；造成机械装备的使用效率下降，使用费用增加。

所以一直以来，对机械传动环节的传动性能在进行不断的改进，并且获得了显著的效果，但并没有从根本上解决问题。未来的机电装备应朝着高效、节能、高可靠、高精度、高速、智能化方向发展。

在传统锻压装备中，从动力源到工作部件之间的动力传动，需要通过一整套复杂的运动转换和机械传动机构来实现，这些运动转换和机械传动机构在实现动力传动的同时会带来一系列的问题，如造成较大的转动惯量、弹性变形、反向间隙、运动滞后等，使得锻压装备的加工精度、运行可靠性降低；传动环节存在机械摩擦，产生机械振动、噪声及磨损等必定会增加维护、维修的时间和成本；复杂的传动环节会造成锻压装备的工作效率下降、工作成本升高。传统锻压设备多采用交流异步电动机驱动，其起动电流是额定电流的5~7倍，且不能频繁起动，不能满足每分钟需起停十几次或几十次的锻压工件的要求，必须带有离合器和制动器。长期以来，针对机械传动环节的传动性能开展了很多研究和改进，虽取得了一定的节能效果，传动性能得到了优化，但并未从根本上解决问题。工业3.0的锻压设备为第3代锻压设备，一般称为伺服压力机。其将传统压力机上的交流异步感应电动机、飞轮、离合器、制动器等通过伺服电动机的直接驱动代替。伺服压力机仍然保持了作为机械压力机的高刚性、高精度和高做功能力的特点，并在节能、柔性生产等方面的性能有较大提高。

目前锻压设备上可以采用的电动机有交流异步电动机、变频调速电动机、开关磁阻电动机和交流伺服电动机等。

1）交流异步电动机是目前工业设备上应用最广泛的电动机。交流异步电动机具有结构简单、价格便宜、牢固耐用和维护方便等优点，但也有电动机频繁起停时发热严重，起动电流过大等缺点。目前国内常见的传统热模锻压力机都是采用交流异步电动机作为驱动源的，这种热模锻压力机需要离合器和制动器等，能量利用率低。将交流异步电动机直接应用热模锻压力机会带来很多问题，由于不能实现频繁起动，严重影响了热模锻压力机的控制性能。

2）变频调速电动机是利用变频器驱动的电动机的总称。变频器主要通过控制半导体元件的通断把电压和频率不变的交流电变成电压和频率可变化的交流电。变频调速电动机具有调速效率高、噪声低、调速范围宽、适应不同工况下的频繁变速等优点，非常适合应用于需要频繁起停或变速的场合。但是，目前变频调速电动机技术也有很多的问题。我国发电厂的电动机供电电压高于功率开关器件的耐压水平，造成电压上的不匹配。变频调速系统由于大量使用了电子元器件，造价较高。由于目前变频调速电动机主要应用于小功率场合，因此变频调速电动机在热模锻压力机上的应用受到了限制，但随着变频调速电动机的发展及相关电子元器件价格的降低，变频调速系统在热模锻压力机伺服驱动上将会得到更多的应用。

3）开关磁阻电动机是一种新型的调速电动机。开关磁阻电动机具有结构简单、可靠性高、成本低、动态响应好等优点，但也具有转矩脉动大、振动和噪声大等缺点。西安交通大学的赵升吨教授等在将开关磁阻电动机应用于热模锻压力机方面做了很多研究工作。由开关磁阻电动机驱动的伺服式热模锻压力机与传统热模锻压力机最大的区别是没有离合器和飞轮等。开关磁阻电动机通过一级或多级齿轮减速驱动工作机构运动，由工作机构带动滑块做上下往复直线运动，从而完成工件的锻压工作。

4）交流伺服电动机的控制速度和位置精度非常准确，通过控制电压信号来控制电动机的转矩和转速。伺服电动机的抗过载能力强，非常适合应用于有转矩波动或快速起动的场合。伺服电动机的响应速度快、发热少、噪声低、工作稳定。但伺服电动机目前也存在价格高等缺点，尤其是大功率的伺服电动机，造价非常高。目前的伺服压力机多采用交流伺服电动机作为动力源，在伺服压力机领域，日本的小松、天田和会田，德国的舒勒等公司生产的伺服压力机处于世界领先水平。

7.1.3 伺服电直驱的三个层次

1. 全电驱动

驱动系统可简要分为 3 种类型：机械驱动、液压驱动和电力驱动。机械驱动多应用于传统驱动系统，电、液驱动是现阶段的主流驱动方案，全电驱动则是未来的发展方向。

（1）机械驱动 纯机械驱动系统的结构简单，技术门槛低，但操纵力矩有限，主要应用于早期的小型设备。图 7-1 所示为 ANDRE THAON 于 1936 年设计的飞机传动机构示意图。该结构与早期的四轮汽车转向系统基本相同，驾驶员通过操纵方向盘 60 控制前轮转向，依次相连的杆件 52、56、57、68 和 132 将方向盘 60 的转动传递给齿轮齿条机构 52、53，固定在齿条 53 上的连杆 54 带动连杆 55 和前轮 4 一同转向。

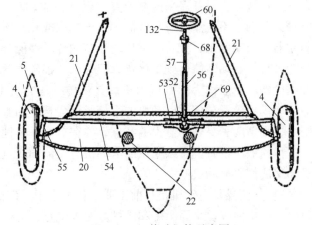

图 7-1　飞机传动机构示意图

（2）液压驱动 液压系统具有高功率密度的特点，可以大幅度提高操纵机构的输出力矩，故而被广泛应用于大型设备的驱动系统。

图 7-2 所示为美国波音公司（The Boeing Company）于 1976 年设计的双液压缸式前轮转向机构，采用液压驱动。目前最大起飞质量 77t 以上的空客飞机及除波音 787 以外的全部波音客机均采用双推拉作动筒式转弯操纵系统。

（3）电力驱动 随着电动机制造技术和电力电子技术的进步，用伺服电动机直驱取代旧有的驱动技术已经成为大趋势。电液作动器开始越来越多的取代旧有的液力作动器，完全抛弃液压系

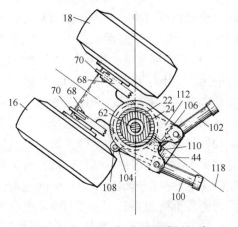

图 7-2　美国 Boeing 公司双液压缸式
前轮转向机构示意图

统的电力作动器的研究也成了现阶段的热点课题。

一体化电动静液作动系统（EHA）兼备传统液压作动系统和直接驱动的机电作动系统的优点，也就是同时具备高转矩和大功率密度，并且易于模块化。其技术难点在于如何实现精确、稳定的控制。将其应用于前轮转向系统已经成为当前研究的热点。

图 7-3 所示为美国派克公司（Parker Hannifin Corporation）于 2012 年设计的电液作动器。电动机 12 带动液压泵 50 工作，液压泵 50 排出高压油液推动液压缸 42 工作。通过对电动机的合理控制可以实现较为精确的位置和压力闭环控制。

电动缸式电力作动器完全舍弃了液压系统，用蜗轮蜗杆、滚珠丝杠或齿轮齿条等机构来转换电动机的运动输出形式或者提高转矩输出能力。这与近期兴起的全电驱动的理念相契合，系统整体效率也比较高。电动缸可以实现精确的位移、速度和转矩控制，这是液压系统难以实现的。但舍弃液压系统也会导致电动缸的功率密度

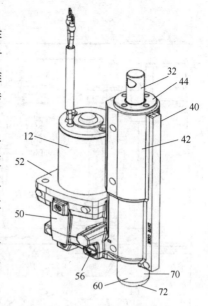

图 7-3　美国 Parker 公司
电液作动器结构示意图

大幅度降低，这一局限使得电动缸暂时未能在大型设备上得到广泛应用。

图 7-4 所示为美国古德里奇公司（Goodrich Actuation Systems Limited）于 2015 年设计的飞机前轮转向机构，电动机 18 带动轴 12 旋转，轴 12 经套筒 22 等一系列定位装置与蜗杆 26 固结，蜗杆 26 驱动蜗轮 28 转动从而实现前轮可控转向。由于该结构使用了蜗轮蜗杆机构，所以发热问题就成了该设计的一大局限。

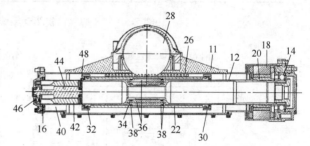

图 7-4　美国 Goodrich 公司转向机构示意图

2. 电动机直驱

直接驱动执行元件，精简传动部件。用伺服电动机直接驱动被控对象而不再使用各类作动器甚至省略传动机构，这就是电动机直驱的基本思路。得益于电动机制造技术和电力电子技术的长足发展，高性能、低成本的伺服电动机的普及使得电动机直驱不再是天方夜谭。

传统的驱动系统通常含有复杂的传动机构，如图 7-5 所示，缩短传动链的长度既能提升传动精度又能提升总体可靠性，图 7-6 所示为伺服压力机常见传动系统结构示意图，图 7-7 所示为日本小松公司（KOMATSU）设计制造的 H1C630 型锻造伺服压力机。伺服电动机提供的动力经减速机后直接传递给主齿轮，传动系统较传统压力机得到了大幅度的简化，控制精度与可靠性都得到了显著提升。

传动链缩短到极限便是无任何传动机构，亦可称"零传动"思想。图 7-8 所示为美国古德里奇公司（Goodrich Corporation）于 2016 年设计的电动机直驱转向结构。该设计利用斜齿

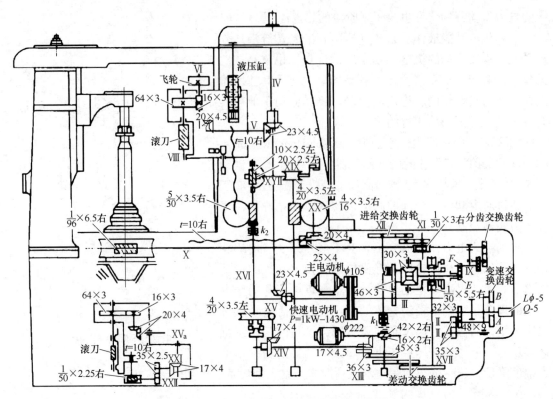

图 7-5　Y38 型滚齿机驱动系统结构示意图

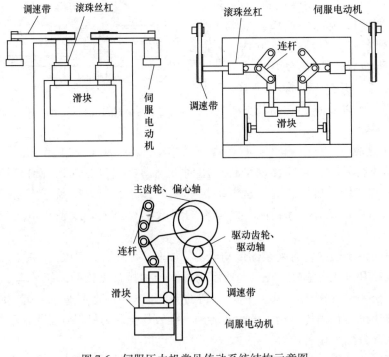

图 7-6　伺服压力机常见传动系统结构示意图

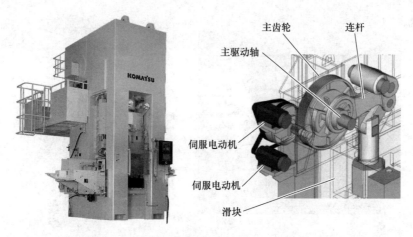

图 7-7　日本小松公司设计制造的 H1C630 型锻造伺服压力机

行星减速器，在保证高减速比和高载荷能力的同时降低了系统所占用的体积。进行转向操作时，一号电动机定子 26 与前起落架固定杆 6 相连，一号电动机转子 30 经一系列传动齿轮与行星减速器的行星架相连，外齿圈 38 与二号电动机 22 相连，前起落架转向筒 10 与行星减速器内齿圈相连，两个伺服电动机协同配合就可以实现前起落架的可控转向。传统的齿轮齿条机构会在齿轮啮合处有应力集中，作动器转弯机构虽然没有应力集中，但是铰接支座处所受的应力依然远超其他部位，采用电动机直驱后则可使应力均匀分布在圆周上，这可以有效提高输出转矩、减小零部件体积。

3. 一体化驱动

一体化驱动是指采用集成化的设计思路将伺服电动机与执行部件融合，省略冗杂零部件从而使结构紧凑，进而降低质量、缩减体积并提升整体效率。

图 7-9 所示为德国舒勒公司（SCHULER）设计制造的伺服直驱线性电磁锤，该设备将压力机锤头与直线电动机动子集成为一体，极大简化了驱动系统结构，有效降低了设备质量与体积。

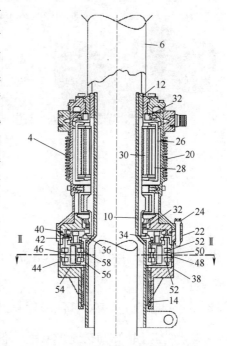

图 7-8　美国 Goodrich 公司电动机
直驱转向结构示意图

图 7-10 所示为一体化电动机泵的驱动方式发展示意图，传统的液压泵通常采取三段式布局，由联轴器连接电动机与液压泵，这种结构体积和质量大、能量转换率低、易出现噪声和振动且存在外泄露。为了改善这些性能，出现了串联直连式电动机泵，将电动机输出轴与泵的转子设计为一根通轴，省去了联轴器及冷却风扇，从而提升了电动机转子与泵转子的同轴度，使振动与噪声降低。并联直驱式一体化电动机泵将液压泵与电动机进行了深度融合，电动机转子与泵转子融为一体，电动机转子与泵定子融为一体，使其具有体积小、噪声低、冷却效果好等优点的同时也更容易通过电动机变频控制实现转速容积调速。

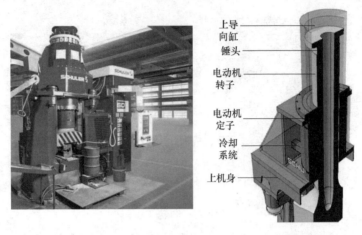

图 7-9　德国舒勒公司设计制造的伺服直驱线性电磁锤

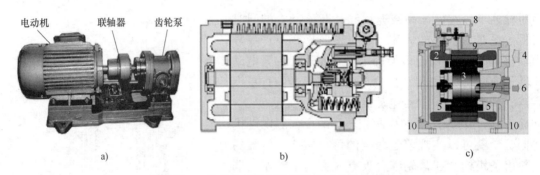

图 7-10　一体化电动机泵的驱动方式发展示意图
a）传统三段式　b）串联直连式　c）并联直驱式

7.2　伺服电直驱技术的应用

7.2.1　伺服电直驱技术在航空航天中的应用

现代飞机上的作动系统有4种，即液压、电力、气压和机械作动系统。机载液压作动系统应用最广，尤其在飞行控制领域，几乎完全采用液压作为动力，并由飞控系统计算机进行电传综合控制，以操纵飞机升降舵、方向舵、襟副翼和平尾等控制舵面，实现飞行姿态和轨迹的控制，机载作动系统的性能优劣直接影响到飞机的整体性能，如机动性、安全可靠性及战伤生存率等。

为了满足未来飞机向高机动性、超高速及大功率方向发展，飞机液压系统正朝着高压化、大功率、变压力、智能化、集成化、多余度方向发展。但是，由于飞机全身布满液压管路，采用液压作动系统，增加了飞控系统的总质量，使飞机的受攻击面积增大，导致飞机战伤存率不高；其次高压化和大功率会使传统飞机液压系统的效率问题日益突出，进而引发了诸如散热、燃油总效率降低等问题。

（1）直驱式电液伺服舵机　电液舵机是飞行器的姿态控制机构，它直接影响飞行器的

160

操纵性和安全性。电液舵机的核心就是一套电液相结合的舵机伺服控制系统，它能够根据系统反馈信号，以一定的角速度推动飞行器的舵面转动，使得飞行器按照预定轨迹运动，从而实现对飞行器的控制，它是飞行器姿态和轨迹控制的关键设备。

随着航空航天技术的发展，飞行器的性能需求也愈来愈高，其操纵性和气动特性也随之变得更为复杂，这就需要研制出性能更好的舵机，直驱式电液伺服舵机应运而生。国外在直驱式电液舵机技术方面比较成熟，已经广泛应用于航空、航海领域，而我国在这方面起步较晚，基础薄弱，直驱式电液伺服舵机的制造水平也远远落后于国外，且大部分用在民用领域的。因此我国迫切需要加强对直驱式电液伺服舵机相关技术的研究，设计生产出满足航空航天领域需求的高性能电液伺服舵机，这有利于推动我国航空航天事业的发展，提升空中武器装备精确打击性能，以及提高复杂气象空中作战能力。

根据控制元件的不同，电液舵机可以分为两大类：阀控舵机和泵控舵机。阀控舵机是通过伺服阀调节油液管路出口大小和油液的流动方向来改变舵机液压系统中的油液流量和方向，以调节舵机输出转速和方向。泵控舵机根据泵的不同又可分为变排量泵控舵机和直驱泵控舵机。变排量泵控舵机是利用改变斜盘角度（柱塞泵）或者出口压力环的偏心量（叶片泵）的方法来改变输出油液流量，以达到控制其输出转速的目的。直驱泵控舵机则是利用改变泵的转速的方式来对输出油液流量和方向进行控制，以达到舵机输出转速和方向的调整。

阀控电液舵机：用单向定量泵给系统提供动力，泵进出油方向不变，转舵液压缸的油液方向由换向阀控制。其优点是结构比较简单，成本比较低。缺点是在换向阀换向过程中，液压系统会产生较大冲击力，使可靠性较差；在功率范围方面，阀控型舵机要比泵控型舵机小；在工作过程中，液压阀阻力会造成液压能损耗；油液中的金属屑和杂质容易造成阀卡死不工作，因此控系统对油液的质量要求过高；安全阀泄压使舵机温度升高，需采取设备进行降温处理，因此结构复杂，且占用工作空间较大。

变排量泵控舵机：它用双向变量泵作压力源，通常为闭式液压系统，工作过程中油液直接接到变量泵的吸入端，而不用流回油箱。由于系统通常都存在一定的泄漏，需对其进行油液补偿。这种舵机的主液压泵通常为柱塞式变量泵，其系统采用电气遥控方式，追随机构采用浮动杆式，并且系统为闭式液压系统。

直驱泵控舵机：在变量泵控系统工作中，驱动电动机始终以额定的转速运动，这样既消耗能量且噪声比较大。由于这些缺点，阀控舵机和变排量泵控舵机在应用方面受到制约，为了解决这个问题，故提出了直驱式电液舵机控制系统，它用伺服电动机控制定量泵叶片的速度和方向，以此改变输出油液流量和方向，实现对转舵机构输出速度、方向的调整。该舵机不仅使伺服电动机特性充分发挥出来，而且避免了控制阀的使用，伺服电动机通过双向定量泵驱动液压缸工作，这种直驱传动方式比其他传动方式更加节能。由于直驱泵控液压舵机没有运用阀类控制元件，故油液质量要求有所降低，不再需要高精度过滤设备，这就大大减小了舵机的体积，降低了成本。因此直驱式电液伺服舵机系统受到了众多领域的高度重视。

（2）直驱式机电作动器　随着新材料、电动机技术、控制学和先进制造技术等的发展，未来飞机上将可能完全替代传统液压作动系统，而新型的功率电传作动器，如电动静液作动器（EHA，Electrical Hydrostatic Actuator）和机电作动器（EMA，Electrical Mechanical Actuator）等，如图 7-11 所示，将成为新型作动机构。

采用功率电传作动器的电力作动系统，飞机第二能源系统至作动系统各执行机构之间的功率传输，通过电导线以电能传输的方式完成，而现行机载液压作动系统则通过遍布机身的液压管路里的油液来传递功率。研究表明，当飞行控制航面均采用一体化电动作动器后，由于没有了遍布机身的液压管路，加上一体化作动器形成了一定的容错能力，使飞机具有一系列优点：①更好的可靠性；②更高的生存力；③维修性更好；④效率更高；⑤飞机性能提高，

图 7-11　一种 EHA 的三维造型图

同时由于燃油减少且飞机出勤率大为提高，可大量节省费用。正是这些众多的优点，使得发展功率电传作动器成了必然。

20 世纪 70 年代国外已研制出作为应急舵机用的功率电传舵机电液静压作动器。20 世纪 80 年代初英国卢卡斯（Lucas）公司又研发成功了一种集成驱动组件。1988 年 12 月 Bendix 公司展出了 F／A-18 灵巧式副舵机原型，并在 NASA 德莱顿基地进行了地面飞行模拟试验，这种舵机的电子装置会作为舵机的组成部分，与机械、液压部件组成一个装置，故又称机电液一体化舵机。20 世纪 90 年代，美国的功率电传舵机已接近实际应用水平。1991 年 12 月 Parker berta 公司研制的电动液压作动器在 C-130 飞机上完成了空中试飞。1994 年，FA-18 分别进行电动静液作动器和机电作动器的飞行试验。1996 年 Moog 公司开始为电力作动控制系统（EACS，Electric Actuation and Control System）研制电动静液作动器，其制造的电动静液压执行器（EHA）已经完成 FA18SRA 飞机上的飞行试验。1998 年，C-141 的电动静液作动器完成近 1000h 的飞行试验。到目前为止，已进行的飞行试验都取得了成果，已达到或者将达到如下目的：

1）已证实功率电传作动器可以作为操纵战斗机关键飞行舵面的主要作动手段，并为多电飞机规划一个根本的电力作动计划。

2）验证了功率电传作动器在高性能的多电飞机上操纵舵面的有效性，确保机电作动器和电动静液作动器不会成为限制多电飞机发展的因素。

3）通过 1000h 的飞行试验证实，功率电传作动器比目前装机使用的液压作动器可靠性高、维修性更好、更易于保障且寿命周期费用低。

随着"九五预研"及"十一号工程"的国产化，我国已在对包括机电作动器和电动静液作动器在内的功率电传作动器进行原理性研究及原理样机的研制，并取得了一定的成果，如北京航空航天大学自 20 世纪 90 年代初开始研究的复合机载功率电传作动系统原理样机已被证实是一种有效、可行的技术。1996 年，南京航空航天大学为某型驾驶直升机旋翼操纵系统研制出一种舵机系统，该系统采用滚珠螺旋副和基于智能功率电路的脉冲宽度调制（PWM）伺服放大器，具有较好的精度、频宽线性度、效率和线位移输出。西北工业大学也正在大力发展稀土永磁直流无刷电动机。中国航天科技有限公司第一研究院已经开发出用于火箭发动机喷管控制的一体化液压作动器，但由于其内部采用了伺服阀，其原理和结构并不能完全适合航空应用。此外，北京理工大学、中国航空工业集团公司金城南京机电液压工程研究中心、中航工业西安飞行自动控制研究所等也在开展这方面的研究工作，但基本都处于原理论证阶段。

总之，国外在机载作动器方面目前处于研制试飞阶段，国内的研究尚处于起步阶段，国

内急需跟踪国外该领域的发展并致力于其关键技术的研究和突破。有关我国机载电力作动系统现状及与国外的差距如下。

国内：①开始对机电作动器和电动静液作动器这两种功率电传作动器进行研究；②开始对高速电动机驱动的空气循环机进行研究。

国外：①组合舵机已装机使用；②包括机电作动器、电动静液作动器和新型组合舵机在内的功率电传作动器已处在飞行试验和飞行验证阶段；③电动蒸发循环控制系统开始装机使用；④用于飞机燃油、机轮刹车、发动机起动等系统的电力作动器系统都已得到验证；⑤用于发动机的电力作动器系统正在研究中。

目前大型飞机的舵面都是阀控的液压作动器控制的，参见图 7-2a、b、c。其原理是用普通交流电动机驱动定量或变量的液压泵产生液压动力去推动液压缸（或液压马达），电液伺服阀限定了系统的压力。这种作动器有很多自身的优点，如输出力大、定位精度高、动态响应好，刚度高等。但传统分布式的液压系统也有很多缺点，如泵和阀由于磨损和污染引起的故障、泄漏、寿命周期低、维修费用高、功率传输效率随着距离的增加而显著下降，管路很容易受到战斗损伤等。解决所有这些问题的一个有效的途径就是引入局部的功率电传作动系统的概念。

而电传作动器主要有两种，一种是机电作动器（EMA, Electrical Mechanical Actuator），参见图 7-12i、j，它完全采用机械结构，完全取消了液压源，直接由无刷直流电动机驱动机械结构。EMA 作动器本体由电动机、机械传动链、控制单元，以及位置、速度、电压和电流检测装置等组成。其中电动机采用 270V 直流电动机，除了用于飞行控制系统，还可用于电动环境控制系统、电刹车系统、电动燃油系统、发动机控制系统及飞机上需要进行作动的其他场合。另一种是电动静液作动系统（EHA, Electro-Hydrostatic Actuator），参见图 7-12d、e、f、g、h，这是仅为飞行控制系统发展的。

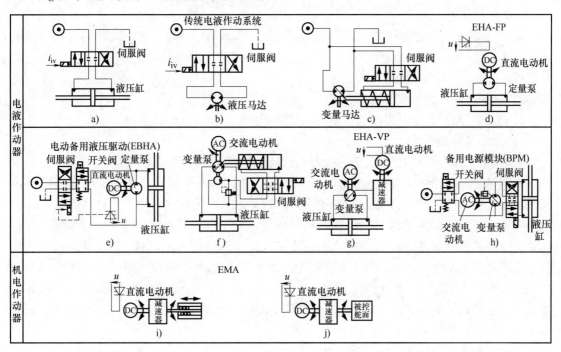

图 7-12　现有飞机作动系统和未来飞机的传动系统

机电作动器（EMA）并不是一个全新的概念，20 世纪 50 年代，红石导弹上就使用了机电作动器，其主要优点是维护方便、成本低、传输效率高（远距离），但是驱动功率有限、质量较重、响应特性较差。机电作动器一般由交流伺服电动机、齿轮减速器、电磁制动器和输出装置构成。机电作动器功率控制原理图如图 7-13 所示。

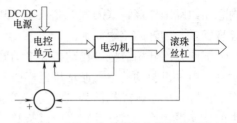

图 7-13　机电作动器功率控制原理图

机电作动系统的动态性能由电动机的动态性能决定。近年来，随着现代电力电子技术和微处理器技术的发展，大功率机载机电作动器的出现，电动机的性能不断提高，机电作动器也开始应用于舵面的控制，但目前电动静液作动系统与机电作动系统比较仍具有以下相对的优点：

1）电动静液作动系统的功率密度大，是机电作动器的 10~30 倍。

2）机电作动系统中的减速器一般采用滚珠丝杠或谐波齿轮，价格昂贵且定位精度较低，电动静液作动系统中的减速器通过液压的方式具有高定位精度和高刚度，且易于实现无级调速。

3）机电作动器的减速器容易发生故障，引发舵面故障。

4）电动静液作动系统与机电作动系统相比，能够更好地解决系统的发热问题。如电动机和泵做成的一体泵的泄漏流体可直接对电动机润滑、冷却。

5）电动静液作动系统可通过改变电动机、泵和液压缸之间的相对位置改变作动器的尺寸。机电作动器中电动机、减速器和滚珠丝杆的相对位置不能随意改变，所以对有限空间，电动静液作动系统可以随控布局，具有相对优势。

6）电动静液作动器多优点，具有和传统阀控作动系统一样的舵面接口，对现有系统的结构小，技术风险小。

EMA 主要有两种结构形式：带齿轮减速机构的滚珠丝杠 EMA 及直驱式 EMA。前者采用高速电动机通过减速齿轮带动滚珠丝杠；后者则去掉了齿轮减速机构，将滚珠丝杠副与电动机集成在一起，该结构具备如下优点：

1）减少了组件数量及卡死的可能性，进而提高了可靠性。

2）去掉了减速齿轮，提高了效率，并消除了齿轮间隙对精度的影响。

3）减小了转动惯量。

4）减小了体积集成度更高，但同时其对电动机的伺服性能要求也更高。

电动机的伺服控制性能直接决定了 EMA 的性能。EMA 及控制系统总体结构如图 7-14 所示，该 EMA 将螺母集成于电动机转子内部，转子内采用中空式，使得丝杠内置其中，大大节省了空间。位移传感器采用线性差动变压器（LVDT），传感器转子内嵌于丝杠内部。电动机采用双绕组六相永磁同步电动机，转子磁极采用钐钴永磁材料，3 对极，表面式结构，气隙磁场为正弦波；电动机定子绕组为两套电气隔离 Y 联结的三相集中绕组其三相集中绕组互差 30° 电角度，由两套独立的功率模块驱动，当一个通道出现故障时，可以被切断，另一通道仍可正常工作，从而构成电气双余度转子位置传感器，并采用高可靠性、高分辨率的无刷旋转变压器。

总之，机载一体化电动作动器近年来在国外获得了快速的发展，EHA、EMA、EACS 已经在多个飞行验证计划中得到成功试验。国内也正开始相关原理和技术的研究，但是要发展

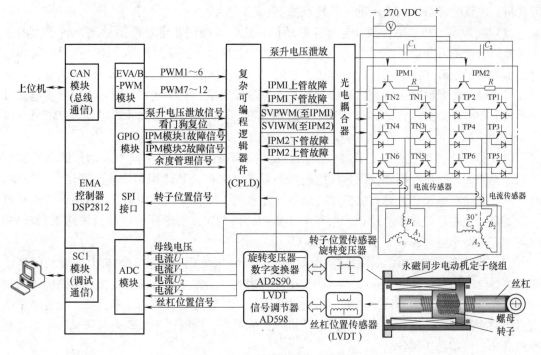

图 7-14　EMA 及控制系统总体结构

这项技术成果，必须尽快研制采用稀土永磁材料的高效无刷直流电动机、高效大功率器件，采用微处理器的电动机控制驱动技术，突破 EHA、EMA 系统的理论问题，设计制造高性能双向液压泵及液压缸、电动机集成产品，以尽早开发出我国的电力作动系统，为未来的多电飞机或全电飞机作准备。

可以预见，全电和多电飞机是未来飞机发展的方向，未来的飞机将完全淘汰飞行控制系统的液压作动系统，以 EMA 系统取而代之。

7.2.2　伺服电直驱技术在轨道交通中的应用

传统的车辆驱动系统是通过齿轮传动装置将动力传递给轮轴来驱动车辆的。车辆采用了减速齿轮装置后，不仅使驱动系统结构复杂、体积增大、质量增加，而且还带来系统运用成本、噪声及传动效率等方面的多种问题。随着节省维修、节约能源、降低噪声等需求在铁路机车车辆技术领域越来越高涨，传统的传动系统已很难得到更大的改善效果，因此，人们开始致力于无传动齿轮的直接驱动系统的研究。

直接驱动是将驱动电动机与其负载——车轴直接联结起来，电动机产生的转矩不经齿轮而直接传递到车辆轮对上。它具有可以省却齿轮传动装置，使得车辆驱动装置结构变得更紧凑，质量更轻，较轻的簧下质量可降低钢轨磨耗，更省维修及列车运行时铁路沿线噪声更小的特点。但去掉传动齿轮后，必须按传动比相应增大牵引电动机的转矩，而转矩大小对电动机体积、质量有决定性影响。所以，一般对直接驱动式牵引电动机有转矩大、质量轻、结实可靠等性能要求。

而永磁同步电动机（PMSM）可做成较多的极对数，因此转矩密度高，且可能取消传动齿轮箱，也就是可采用直接传动，其特点如下：

（1）高效率、高功率因数　与感应电动机相比，永磁同步电动机的励磁由转子上的永久磁铁产生，不需要定子绕组的无功励磁电流，所以可以得到更高的功率因数。进而得到相对较小的定子电流和定子铜耗；并且由于永磁同步电动机在稳态运行时没有转子铜耗，从而可以因总损耗降低而减小冷却风扇容量甚至去掉冷却风扇。它的效率比同规格的异步电动机可提高了 2%~7%，异步电动机（IM）一般约为 90%~92%，永磁同步电动机（PMSM）可达 96%~97%。

（2）体积小，质量轻　随着高性能永磁材料的不断应用，永磁同步电动机的功率密度得到很大的提高，比起同容量的直流电动机和异步电动机，其体积和质量都有较大的减少。而且由于电动机损耗小，可省去庞大的通风冷却系统，使其在相同功率下，永磁同步电动机一般要轻 1/3 左右。异步电动机一般约为 1.2~1.5kg/kW，永磁同步电动机可达 1.0kg/kW 以下，高速动车组（AGV）只有 0.96kg/kW。

（3）噪声低、维护少　永磁同步电动机的转子，因为没有感应电动机上能看到的转子端部的导体突出及短路环，所以不会产生由此带来的气动噪声，且能轻量化。永磁同步电动机可作为全封闭牵引电动机。永磁同步电动机因转子发热很小，能源效率良好，较容易采取全封闭自冷的方式，这样可大幅降低电动机附近的噪声；同时由于取消内部通风和不需要更换润滑油，可望减少维护。

机车牵引电动机通常采用通风冷却的方式。但冷却风中含有一定的灰尘，从而污染牵引电动机，因此牵引电动机需要定期进行解体清扫。目前使用的牵引电动机大部分是转子与风扇直接相连的自通风结构，高速运行时风扇的噪声很大。如果采用全封闭式结构，不仅灰尘不能进入牵引电动机内部，从而不需要对电动机进行定期解体清扫，而且电动机内部的噪声会被隔离，低噪声牵引电动机的实现便有了可能。但全封闭电动机比通风冷却电动机的冷却性能差。因此，全封闭电动机要做到尺寸和性能与以往的电动机相同，就必须采用发热较少的电动机，并研究新的冷却结构，以使各部分的温升控制在规定的范围值之内。因此效率高、发热相对较少的永磁同步电动机便成了理想的选择。

（4）空载感应电压　由于永磁体的存在，即使外部不供给电源，永磁同步电动机的永久磁铁也能使定子绕组产生交链磁通，惰行时牵引电动机端子上也能产生空载感应电压，并且随着转速的升高反电势亦升高。当永磁同步电动机作为铁道车辆牵引电动机时，由于铁道车辆特有的惰行工况，必须解决永磁同步电动机在铁道车辆惰行时的高反电势，以及由此带来的困难。永久磁体产生的交链磁通较大，在电动机高速惰行时，有可能发生感应电压的峰值高于逆变器的直流母线电压，又因与逆变器开关组件反并联的二极管起整流回路的作用，因此产生再生制动。电动机在高速惰行时，一方面产生较高的反电势有可能造成制动的情况；另一方面，空载感应电压的峰值若超过逆变器组件的耐压就会损坏组件。当发生匝间短路时，如果转动永磁同步电动机，则会导致故障进一步扩大，乃至烧毁整个电动机。因此有必要对空载感应电压进行控制。下面是控制空载感应电压的两个主要措施：从电动机控制策略出发，控制电动机与定子交联的磁通可以降低空载感应电势；从电动机本身出发，合理设计其空载反电动势，可以降低定子电流，提高电动机效率，降低电动机温升。

近年来，随着高性能永磁材料的使用，以及电力电子技术和电动机控制技术的发展，永磁同步电动机成了直接驱动式牵引电动机研究领域的热点。目前，以东日本铁路公司、东芝公司、西门子公司、阿尔斯通公司和庞巴迪公司为代表的轨道交通装备制造企业竞相开展伺服直驱系统的研究，都已完成样机的开发和试验考核，逐步进入工程化和商业化应用阶段；国内，中国南车集团旗下株洲南车时代电气股份有限公司积极开展轨道交通伺服直驱系统的研究。

1993 年，日本铁道综合技术研究所试制了第一台 RMT1 型直接驱动式永磁牵引电动机样机，它以窄轨高速列车 NEXT250 为基础设计，安装于独立车轮转向架。该牵引电动机直接装在车轮的外侧，车轮直径仅为 600mm。与具有同样性能的直接驱动式异步电动机相比，其质量减轻了 35%，而效率提高了 2.7%，功率因数增加了 20%。此后，铁道综合技术研究所又与 JR 东日本铁路公司共同试制了用于通勤电动车的 3 种直接驱动式牵引电动机，它们分别是：RMT8——外转子型结构、笼型异步电动机（水冷），RMT9——外转子型结构、永磁同步电动机（自冷），RMT11——内转子型结构、永磁同步电动机（自冷）。它们均在 103 系通勤电动车上进行了运行试验，运行试验表明其噪声水平均大幅降低。其后，日本铁道综合技术研究所主要致力于直接驱动式永磁同步牵引电动机的开发，以期实现低成本、高效率和轻量化。RMT17 型直接驱动式牵引电动机，是为高速运行试验电动车开发的高效率永磁同步牵引电动机。该电动机的转子采用碳素钢结构，在其圆筒状构架的内侧，装有 8 极永久磁铁，用不锈钢制的楔铁加以固定，其永久磁铁采用高性能的钕—铁—硼（Ns—Fe—B）系列的稀土类磁铁。为了起保护作用，在其表面安装有辅助磁极，辅助磁极不但能减小永久磁铁中的涡流损耗，同时还因制成凸极结构而获得了磁阻转矩。牵引电动机转子借助托架螺栓与车轮轮毂相连。RMT17 型牵引电动机如图 7-15 所示。

2000 年，东日本铁路公司（JR East）为电动车组开发了永磁同步直接传动系统，如图 7-16 所示，并在 103 系电动车组上完成了 20 万 km 的运行试验。采用永磁同步直接传动系统后，动车组噪声降低了 5dB。

图 7-15　RMT17 型牵引电动机

图 7-16　装有直驱永磁同步电动机的轮对

此后，东芝公司（Toshiba）交通事业部在永磁同步牵引系统方面也加大投入，其研发的永磁同步牵引系统已在东京市内的地铁投入商业应用，如图 7-17 所示。相比于异步牵引系统，采用该系统可节能 10%，噪声可降低 2~6dB。Toshiba 还以 360km/h 运营速度为目标，为新干线开发了采用永磁同步牵引系统的 E954/E955 系列机车，如图 7-18 所示。该系统具有小型化、低噪声化和系统寿命周期成本低等特点，所用的永磁同步牵引电动机额定容量为 355kW，采用自通风冷却方式，质量为 440kg，额定效率达 96.8%。同时，Toshiba 针对 JR East 混合动力机车（货车）研制的永磁同步牵引系统也完成了交货。

图 7-17　东京地铁 Ginza 线

图 7-18　E954 用永磁同步牵引电动机

日立公司和川崎重工公司为东京地铁提供的装有永磁同步牵引系统的 16000 系列车辆已于 2010 年投入运营。2012 年 3 月前后，共提供了 13 列该系列列车，采用 10 辆编组。1600 系列列车及其所用的永磁同步牵引电动机如图 7-19、图 7-20 所示。

图 7-19　永磁同步牵引电动机

图 7-20　东京地铁用 16000 系列列车

西门子公司（Siemens）开发了集合永磁同步牵引电动机的创新型直驱转向架，如图 7-21、图 7-22 所示。创新型直驱转向架的轴间距为 1.6m，而传统转向架的轴间距为 2.5m。

图 7-21　直接传动永磁同步电动机

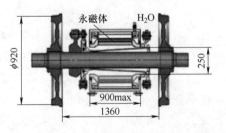

图 7-22　装载直接传动转向架的试验列车

Siemens 曾联合达姆斯达特大学以 ICE3 高速列车的要求和技术规格为基础，开发了抱轴式直接驱动永磁同步牵引电动机，并制造了 2 台 500kW 的试验样机，其安装结构如图 7-23 所示。线路运行试验表明：与同功率的异步牵引电动机相比，永磁同步牵引电动机的损坏率可以降低 50%，质量减轻 30%，噪声降低 15dB。

图 7-23　ICE3 的永磁同步牵引电动机安装图

法国阿尔斯通公司（Alston）分别为低地板轻轨车辆 Citadis 和改进型单层 AGV 高速动车组开发了 120kW 和 720kW 全封闭永磁同步电动机，如图 7-24、图 7-25 所示。采用永磁同步牵引系统的 Citadis 型低地板轻轨车辆已于 2004 年在荷兰 Rotterdam 得到了应用，同时装有永磁同步牵引系统的 20 列 AGV 高速列车也于 2011 年在意大利投入商业运营。Alston 在 2011 年针对法国国营铁路公司（SNCF）的需求研制了装有永磁同步牵引系统的区域列车。该车采用 25kV 交流和 1500V 直流双供电制，最高运营速度为 160km/h，装备永磁同步牵引系统可节能 15%，同时便于维护并降低系统寿命周期成本。

图 7-24　AGV 用永磁同步牵引电动机

图 7-25　装有永磁同步牵引电动机的 Citadis 型低地板车辆

庞巴迪公司（Bombardier）研发出 Mitrac 自通风永磁同步牵引电动机。2013 年，SNCF 已订购了装有 Mitrac 永磁同步牵引系统的 129 列双层区域列车，如图 7-26 所示。2010 年瑞士联邦铁路订购了 59 列安装有 Bombardier 研发的第二代水冷永磁同步牵引电动机的双层列车，如图 7-27 所示。

图 7-26　Mitrac 永磁同步牵引电动机

图 7-27　装有永磁同步牵引系统的工 NNVIA 300 单轨车

斯柯达公司（Skoda）针对低地板车开发了永磁同步直接传动系统，其电动机（见图 7-28）的额定功率为 46.6kW，装有永磁直驱电动机的低地板车，如图 7-29 所示。

图 7-28　斯柯达永磁直驱电动机

图 7-29　装有永磁直驱电动机的低地板车辆

　　株洲南车时代电气于 2003 年开始了永磁同步牵引系统设计方法、永磁同步牵引电动机控制策略、永磁同步牵引电动机设计方法及相关制造工艺的研究工作（见图 7-30）。2009 年，针对地铁车辆进行了永磁同步牵引系统的研究，完成了样机的试制和试验平台的搭建。2010 年开始进行地面试验研究，并通过多轮样机的试制，成功掌握了地铁车辆永磁同步牵引电动机的设计方法，验证了控制策略和故障保护策略。2011 年，在完成装车样机地面组合试验的基础上，在沈阳地铁二号线完成了 7000km 的 AW0 空载和 AW3 负载的现场装车试验，如图 7-31 所示。

图 7-30　永磁同步牵引电动机

图 7-31　沈阳地铁二号线系统装车车辆

7.2.3　伺服电直驱技术在汽车中的应用

　　传统内燃机汽车由内燃机通过离合器、变速箱、万向传动装置、主减速器、差速器与半轴等部件将动力传递给车轮，复杂的传动系统不但给设计加工与制造带来困难，其传动质量也会影响整车的效率与燃油经济性。目前轮毂电动机类型按照驱动方式主要可以分为两种：一种是减速驱动型轮毂电动机；另一种是直接驱动型轮毂电动机，此方式适用于平路或负载较轻的场合，如图 7-32 所示。

　　减速驱动型轮毂电动机一般在高速下运行，而且对电动机的其他性能没有特殊要求，因此可选用普通的内转子电动机。如图 7-33 所示，减速机构放置在电动机和车轮之间，起减速和增加转矩

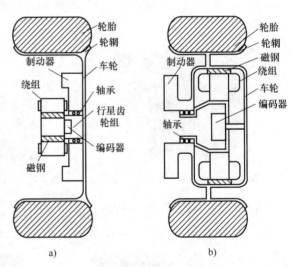

图 7-32　轮毂电动机分类
a) 减速驱动　b) 直接驱动

的作用。减速驱动的优点是：电动机运行在高转速下，具有较高的比功率和效率；体积小、质量轻，通过齿轮增力后，转矩大、爬坡性能好；能保证在汽车低速运行时获得较大的平稳转矩。不足之处是：难以实现液态润滑，齿轮磨损较快，使用寿命短，不易散热，噪声偏大。这样的结构，使得内转子型电动机不能在中小型车当中使用，其质量、体积都成为其发展的掣肘，不过，既然塞不进轮子里面倒不如放在车辆最稳固的车架上，通过车桥进行传

动，由于体积的原因，内转子型电动机可以用在体型更大的公交车、商用车及矿山自卸车上。减速驱动方式适用于丘陵或山区，以及要求过载能力较大的场合。

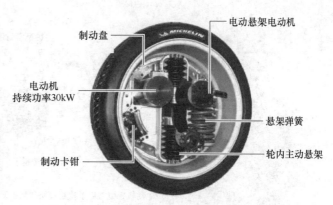

图 7-33　内转子轮毂电动机

直接驱动型轮毂电动机多采用外转子（即直接将转子安装在轮辋上）。如图 7-34 所示，为了使汽车能顺利起步，要求电动机在低速时能提供大的转矩。此外，为了使汽车能够有较好的动力性，电动机需具有较宽的调速范围。直接驱动的优点有：减少了电动车里的变速器、驱动轴、差速器和半轴的结构，使得整个驱动轮结构更加简单、紧凑，轴向尺寸减小，减小了动力在这些机构当中的损失，使得效率进一步提高，响应速度加快。同时若其中一个电动机发生故障，其他的电动机仍可以继续正常工作，而不会导致汽车直接抛锚，其缺点是：起步、顶风或爬坡等承载大转矩时需大电流，易损坏电池和永磁体；电动机效率峰值区域很小，负载电流超过一定值后效率急剧下降。另外由于轮毂电动机直接驱动的电动汽车取消了传统汽车的机械传动部分，所以无法采用机械差速器对轮毂电动机驱动的电动汽车进行差速控制，虽然现在出现了电子差速器，但是当车速超过一定值时，车辆就会出现明显的方向失稳现象，目前国内外已初步积累了这方面的专有技术。

图 7-34　外转子轮毂电动机

（1）发展现状　20 世纪 90 年代，日本的清水浩教授开发出 IZA、KAZ 等轮毂电动机驱动汽车，其中 KAZ 等使用减速驱动，而 IZA 采用 4 个 25kW 的轮毂电动机直接驱动，最高车速达 170km/h，续航里程达到 270km。2005 年三菱公司开发了 Lancer 四轮驱动纯电动轿车，50kW 的轮毂电动机可以提供 518N·m 的整车转矩，最高车速 150km/h 的同时续航里程为 250km。2013 年福特与舍弗勒共同开发了 40kW 的内转子轮毂电动机，整车最大转矩可达 700N·m。Protean 公司在外转子直接驱动技术上处于世界领先按水平，其 Protean Driver TM 能提供 81kW 的功率与 800N·m 的转矩，质量仅 31kg，汽车制动过程可回收 85% 的动能，从而提高了 30% 的续航里程，如图 7-35 所示。

国内的轮毂电动机技术虽然起步较晚，但近几年随着国家"863"计划电动汽车重大课

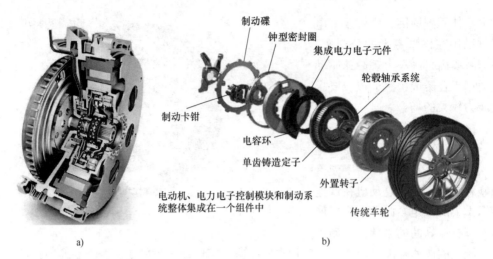

图 7-35　轮毂电动机代表

a）舍弗勒轮毂电动机　b）Protean 轮毂电动机

题研究的深入，各高校对该技术的研究也有所加强。同济大学汽车学院在 2002 年、2003 年独立研制的"春晖一号"和"春晖二号"就采用 4 个低速永磁直流无刷轮毂电动机直接驱动系统。中国科学院北京三环通用电气公司开发出了电动汽车专用的 7.5kW 轮毂电动机。哈尔滨工业大学-爱英斯电动汽车研究所开发的 EV96-I 型电动汽车采用了多态轮毂电动机的轮毂驱动系统（见图 7-36）。该轮毂电动机采用双边混合式磁路结构，兼有同步电动机和异步电动机的双重特性，驱动轮额定功率为 6.8kW，最大功率达 15kW，最大转矩达 25N·m。

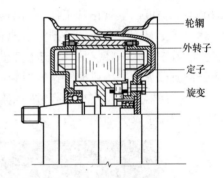

图 7-36　哈尔滨工业大学多态
轮毂电动机示意图

（2）电动汽车直驱轮毂驱动电动机比较　电动机与驱动系统是电力交通的关键部件。要使电动汽车有较好的使用性能，驱动电动机应具有较宽的调速范围及较高的转速，足够大的起动转矩，体积小、质量轻、效率高，且有强动态制动和能量回馈等特性。目前，电动汽车用电动机主要有异步电动机（IM）、永磁无刷电动机（PM-BLM）和开关磁阻电动机（SRM）及横向磁场电动机（TFPM）4 类。

异步电动机在 4 类电动机中发展历史最为长久。电动机的设计、制造及控制都相对成熟，具有结构简单、制造容易、成本低、可靠性高、控制技术成熟等优点，受到欧美国家的青睐。但是异步电动机缺点是效率不高，特别是在低速时，功率密度较小。异步电动机是一个强耦合、多变量、非线性的系统，需采用矢量控制和直接转矩等控制手段，控制成本较高。

永磁无刷电动机可以分为方波驱动和由正弦波驱动两种。与其他电动机相比，永磁无刷电动机具有功率密度高、效率高、体积小、结构简单、输出转矩大、可控性好、可靠性高、噪声低等一系列优点，在电动车领域颇受青睐。日本绝大多数电动汽车采用永磁无刷电动机驱动系统。当然，永磁无刷电动机也存在一些缺点。首先是受到永磁材料的限制，目前最大功率也只有几十千瓦。其次，永磁转子的励磁无法调节，导致电动机调速困难，调速范围不宽。

开关磁阻电动机（SRM）是近 20 年才发展起来的一种新型调速电动机，具有简单可靠、可在较宽转速和转矩范围内高效运行、四象限运行、响应速度快和成本较低等优点。但是其缺点也很多：转矩存在较大波动、振动大、噪声大；系统非线性，建模困难，控制成本高，功率密度低等。

横向磁场电动机（TFPMM）最早是由德国著名电动机专家 H. Weh 教授于 20 世纪 80 年代末提出，并将之使用到电力舰船和电动汽车上。与其他电动机相比，横向磁场电动机的优点十分突出：电路和磁路解耦，设计自由度大大提高；高转矩密度，大约是标准工业用异步电动机的 5～10 倍，且特别适合应用于要求低速、大转矩等场合；绕组简单，不位于传统电动机的端部，绕组利用率高、各相间相互独立、效率高；控制电路与永磁无刷电动机相同，可控性好。目前，国外已成功开发了很多电动汽车用横向磁场电动机，国内也正在积极开展相关研究。当然横向磁场电动机也存在不少缺点：永磁体数目多，用量大，结构复杂，工艺要求高，成本高，漏磁严重，功率因数低，自定位转矩较大等。

综合比较以上各类电动机的各项指标，永磁无刷电动机将是电动汽车的最佳选择，而横向磁场电动机则因其能量密度高、适合低速大转矩场合等特点，将成为直驱式电动汽车的首选部件。

（3）轮毂电动机发展方向　由于车轮内部空间有限，给驱动电动机、制动系统、减速机构、控制系统的合理布置增加了难度。采用轮毂电动机驱动的电动汽车对驱动电动机的功率密度性能要求高，设计难度大，同时，由于轮毂电动机工作环境恶劣，必然需要通过对轮毂电动机结构的优化和设计来保证轮毂电动机安全、高效运行。由于轮毂电动机驱动的电动汽车取消了传统汽车的机械传动部分，所以无法采用机械差速器对轮毂电动机驱动的电动汽车进行差速控制，虽然现在出现了电子差速器，但是当车速超过一定值时，车辆就会出现明显的方向失稳现象。对于传统的电动汽车，采用驱动电动机配备减速装置驱动车辆的方案可以使驱动电动机的布置更加灵活，并且可以沿用原来的液压制动系统作为行车制动系统，只需采用电动真空泵为真空助力器提供一定的真空度即可。但是对于轮毂电动机直接驱动的电动汽车，轮毂电动机占据了车轮内部的大部分空间，这就使得机械制动器的布置产生了困难，即使采用结构优化安装了机械制动系统，紧凑的布置形式也很可能产生影响制动器及轮毂电动机的散热、机械制动和再生制动的协调等方面的问题，同时影响车轮的定位参数，造成电动汽车操纵稳定性的下降。因此，轮毂电动机的驱动与制动控制也是今后需要研究的关键技术。

将电动机布置在轮毂内，在不平路面激励下的轮胎跳动、载荷不均、安装误差等都将引起电动机气隙不均匀，这将使得轮毂电动机引起的振动激励进一步恶化，同时引起定转子及相邻部件的振动，给车辆的平顺性和接地安全性带来不利的影响，通过研究轮毂电动机与整车性能的匹配来消除这种不利影响已成为轮毂电动机驱动电动汽车发展所要解决的关键问题之一。

7.3　伺服电直驱需要解决的关键科技问题及其实施途径

7.3.1　伺服电直驱需要解决的关键科技问题

伺服电动机直接驱动关键科技问题包括：

1）不同机器的直接驱动或近直驱的动力学理论的研究。

2）适合不同使用机器的高性能新原理的伺服电动机的研发。

3）典型机器的伺服电动机直驱或近直驱方案的研究。

4）不同行业的标准化、系列化的直驱与近直驱的功能部件的研发。

5）大功率伺服电动机用驱动器与控制器的研发。

6）大功率伺服电动机的储能方式与器件的研发。

7）伺服电动机与机械减速器合理匹配理论的研究。

8）伺服电动机与机械减速器、液压泵、气泵一体化产品的研发。

9）典型机器直驱与近直驱系统的能量与运动转换过程的计算机仿真软件的研制。

10）典型工业行业或领域的整体直驱与近直驱技术的规划。

7.3.2 伺服电直驱的实施途径

1）伺服电直驱第一步是将传统的液压驱动或者气压传动转换成伺服电动机驱动的装置，将所有的动力源都转换成伺服电动机，实现分散多动力。

例如，最早的飞机制动采用液压方式，主轮装有多个碳素制动片，可以由两个独立制动系统（正常的和紧急备用的，由液压驱动）的任一系统起动。每个主轮的制动系统分为正常和备用两组，由 14 个液压作动活塞的盘式制动构成，制动盘组件包括推力盘、四个动片、五个静片和压力盘（见图 7-37）。静片通过内部边缘上的槽被连接到内部扭力管上，动片通过外部边缘上的键槽被键接到机轮上，随机轮一起转动。制动时，来自制动系统的液压油进入液压缸座推动活塞，使交替配置的动片和静片压紧，产生摩擦力矩，制动飞机；取消制动时，利用被压缩的回力弹簧复位，动、静片分离，制动作用消失。

近些年来发展的全电制动作动结构由无刷直流电动机、滚珠丝杠、锥齿轮、压紧盘、制动盘等构成。全电制动作动结构如图 7-38 所示。

图 7-37 飞机液压制动器

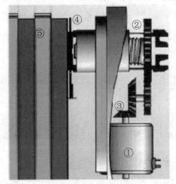

①无刷直流电动机

②滚珠丝杠

③锥齿轮

④压紧盘

⑤制动盘

图 7-38 全电制动作动结构

无刷直流电动机具有结构紧凑、调速性能好、功率密度高等优势，适应于作为作动器的驱动电动机。传动装置由锥齿轮和圆柱齿轮构成，齿轮系传动比由电动机功率、滚珠丝杠参数及制动性能要求决定。通过锥齿轮驱动滚珠丝杠，将丝杠旋转运动转变为轴向运动，驱动压紧盘对制动盘加压，产生制动力矩，电动机反转则丝杠回退，释放制动压力。

2）伺服电直驱与零传动是由电动机直接驱动执行机构，驱动工作部件（被控对象）完成相应的动作，取消了系统动力装置与被控对象或执行机构之间的所有机械传动环节，缩短了系统动力源与工作部件、执行机构之间的传动距离。直驱系统是真正意义上的"机电一体化"。结合交流伺服电气控制系统，进行机器实时运行状态数据的实时监测和识别，并对所采集的实时运行参数进行相应的分析和实时处理，从而可以使系统根据机器的实时运行状态自动做出判断与选择，系统更加简洁，机器工作效率可以得到大幅度提高。

20 世纪 70 年代以前的电动舵机通常为间接驱动式，在首级减速后采用磁粉离合器换向，经减速和运动转换后驱动负载运动，这类 EMA 适用于对伺服控制性能要求较低的场合，电动机通常为单向恒速旋转。在改进的间接驱动型电动舵机中，被控制对象为磁粉离合器的杯形转子，该系统具有控制功率小，响应速度快及定转矩的优点。然而，此类系统存在结构复杂、功重比低及可靠性差的缺点，已被直接驱动式电动舵机所取代。

直接驱动式电动舵机由伺服电动机和减速装置等部分组成，以伺服电动机作为功率元件，同时也是被控对象。采用电枢控制方法，通过改变伺服电动机电枢电压或励磁电压，控制电动机轴的转速与转向，经减速器减速后驱动舵面偏转，其优势在于结构简单、效率高、调速范围宽，已成为航空用电动舵机的主流结构。图 7-39 所示为 Safran 公司的全电制动系统。

随着技术水平的完善，全电制动系统已经开始被商用飞机所选用。2008 年，Bombardier 公司采用 Messier-Bugatti 公司的全电制动系统，在 Global 5000 客机上进行全电制动试验。结果表明，全电制动技术在 Bombardier C 系列和其他商用飞机上具有良好应用前景，消除了液压制动系统存在的安全隐患，可降低维护成本，提高飞机准点出勤率。同年，Airbus A340 采用 Messier-Bugatti 公司的全电制动系统，成功完成自动着陆制动和中止起飞测试。试验表明，全电制动技术不仅可应用于无人机或小型机，也可应用于大型商业飞机，标志着全电制动技术应用于现代航空的新阶段。此后，Safran 公司和 Goodrich 公司分别为 Boeing 787 设计全电制动装置，可认为是代表全电制动技术的最高水平，Goodrich 全电制动装置如图 7-40 所示。

图 7-39　Safran 公司的全电制动系统

图 7-40　Goodrich 全电制动装置

3）实现伺服电动机与执行部件的耦合，完成一体化的结构设计，集成度更高，省去了中间的动力源与执行结构的装配工艺，缩短了工艺流程，让整个设备的可靠度更高，使用更加便捷。

西北工业大学研制的飞机全电制动装置如图7-41所示，实现了作动器的一体化设计，现已经过惯性台试验，得到较理想的试验结果，但与国外相比仍存在较大的技术差距，需要进一步研究的关键技术和细节仍然很多。

图 7-41　飞机全电制动装置及作动器一体化结构

7.4　典型的伺服电直驱机器

7.4.1　交流伺服压力机

在锻压机械中，机械压力机所占的比例达到80%以上。机械压力机是利用曲柄滑块机构将电动机的旋转运动转变为滑块的直线往复运动，对坯料进行成形加工的锻压设备，广泛应用于机械制造、汽车、电子电器、仪器仪表、国防工业、日用品等生产行业。

目前，国内外广泛使用的机械压力机在驱动方式上仍沿用不可调速的普通交流异步电动机、离合器、制动器、飞轮组合。这种驱动方式简单，易生产。但由于飞轮转动惯量很大，加之交流异步电动机额定转差率很小，位于飞轮之后的旋转系统的转速在一个工作周期中近似不变。所以，这种传动系统实现变速难度很大，工艺适应性差，只适合于薄板冲裁和浅拉深，不能适应深拉深。如图7-42所示。

由于交流伺服电动机技术的发展及交流伺服电动机转速控制的优越性，加之其能在转速范围内输出恒定的转矩，自然就出现了由交流伺服电动机直接驱动的机械压力机。由于伺服电动机的转速具有良好的可控性，因而，可以使用伺服电动机驱动冲压机构，以便独立地控制滑块的位置和速度，并且可以很容易地将伺服电动机与CNC机械控制方法联系起来，将其扩展为机械驱动工具的一部分。这种驱动方式常常通过丝杠或曲柄将伺服电动机的输出转化为滑块的运动，由于伺服电动机的功率较小，一般还要通过多杆增力机构来实现力的增值，进而完成冲压加工。

现有的交流伺服电动机直接驱动的机械压力机的传动机构主要有两种：一种是由伺服电动机带动丝杠旋转，使多杆机构推动滑块完成冲压工作；另一种是由伺服电动机带动曲柄旋

图 7-42　采用交流异步电动机的机械压力机

转，使多杆机构推动滑块完成冲压工作。交流伺服电动机直接驱动具有良好的低速锻冲急回特性，调速幅度大且方便，响应迅速，可省掉离合器与制动器，但却存在所采用电动机功率太大，经济性差等缺陷。采用交流伺服电动机和飞轮联合驱动的方式，在实际应用中推广前景较好。

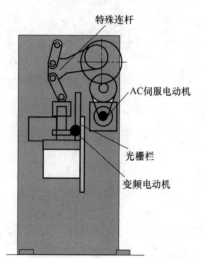

图 7-43　AC 伺服压力机驱动机构

AC 伺服驱动机构的伺服控制可实现自由运行模式；可通过光栅栏全程测定压力机行程；特殊的连杆机构通过动力转换机构，使小电动机发挥出大力量；下死点位置通过补正机构使得机构始终保持产品±10μm 以内的高精度加工，如图 7-43 所示。

现有的交流伺服电动机直接驱动的机械压力机的传动机构主要有 4 种：①由伺服电动机带动丝杠旋转，使多杆机构推动滑块完成冲压工作；②由伺服电动机带动曲柄旋转，使多杆机构推动滑块完成冲压工作；③由直线电动机直接驱动滑块完成冲压工作；④由直线电动机经一级增力肘杆机构驱动滑块完成冲压工作。

西安交通大学赵升吨教授团队针对 630kN 双肘杆交流伺服压力机做了研究，并研制出样机，其结构原理，如图 7-44 所示。它是由交流伺服电动机通过一级同步带将动力传递到同步带轮，同步带轮将动力传递到同步齿轮，同步齿轮通过对称的曲柄带动上下肘杆实现滑块的上下动作，从而实现锻压的目的。

这些压力机主要用于板材冲压，也可用于用于精密锻造，如镁合金板锻造。由于采用了交流伺服电动机、滚珠丝杠等新型部件，因此，可以自由控制滑块的运动模式，设备的主要特点如下：

1）高生产率：在不影响工艺要求和加工的前提下，行程可以设置得尽可能小，行程次数可以相应提高。同时，在保证行程次数不变的情况下，可以提高非工作阶段的行程速度，降低冲压阶段的锻冲速度，从而提高工件的加工质量。故可以使生产率和生产质量同时得到提高。

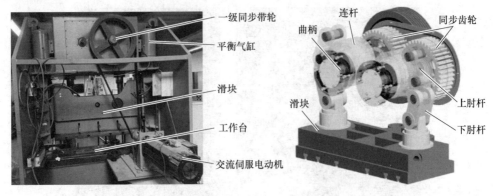

图 7-44　双肘杆交流伺服压力机

2）超柔性：由于具有自由运动功能，滑块运动速度和行程大小可以根据成形工艺要求而设定，因此对成形工艺要求具有较好的柔性，如图 7-45 所示。

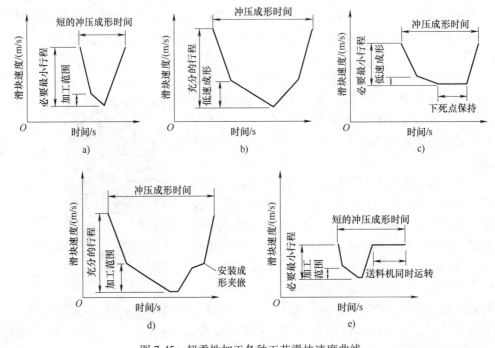

图 7-45　超柔性加工各种工艺滑块速度曲线

a）冲压成形加工　b）拉伸成形加工　c）板料锻造加工　d）自动化加工　e）顺送加工

3）高精度：通过线性光栅栏可实现无接点自由运行控制，可正确保持滑块下死点定位精度和下表面平行度，下死点的精度可达到微米级，可将机身的变形和其他影响加工精度的间隙进行补偿。可以提高产品的一致性，使次品量减到最小。

4）降噪节能：由于去除了传统压力机的离合器制动器，滑块的运行完全由伺服电动机控制，在起动和制动过程中不会有传统压力机的排气噪声和摩擦制动噪声，所以压力机的噪声得到很大的降低，同时由于可以实时控制滑块的运动速度，在接近工件时，降低滑块的冲压速度，可以使工作噪声得到很大的降低（见图 7-46），相当于普通机械压力机工作噪声的

1/100，使得压力机的噪声污染得到了很好的控制。同时，由于不依靠离合器制动器的摩擦片来起停滑块运动，减少了摩擦材料的使用，既节省了材料，又减少了摩擦片工作时损耗的能量。

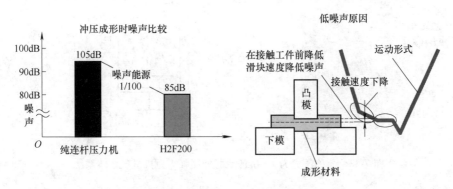

图 7-46　交流伺服压力机工作低噪声示意图

该压力机控制系统采用固高的控制器，其控制卡插入到工控机的 PCI 卡槽中，端子板接收来自安川 Servopack 的反馈并供控制卡读取形成闭环控制。固高控制卡可以通过 C 或者 C++语言方便编程，可以实现任意的运动轨迹规划，通过数据采集卡采集电压电流及其他的传感器信号实现压力机的完全伺服跟踪。630kN 交流伺服压力机控制系统如图 7-47所示。

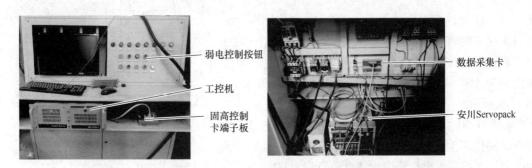

图 7-47　630kN 交流伺服压力机控制系统

最后提出了一种混合闭环伺服控制系统，对压力机驱动系统进行运行学和动力学分析，使滑块位置前馈控制器实现了滑块位移参数向电动机转角参数控制的转换，并对滑块位置进行了位置补偿。另外，为提高系统对参数摄动和工作阶段冲击载荷等干扰的鲁棒性，利用滑膜控制和模糊控制设计转角位置控制器。最后完成整个伺服系统的搭建和调试，实现该双肘杆压力机的柔性加工。采用开关切换滑膜控制对滑块位移误差进行实时补偿；采用积分滑膜控制设计转角位置控制器，并针对加工工艺存在的冲击载荷，设计模糊控制器对干扰进行补偿，从而实现滑块连续、精确复现参考轨迹曲线的变化规律。以拉伸工艺为例，对压力机伺服系统进行了试验，结果有效地证明了该伺服系统具有优良的伺服跟踪性能。

西安交通大学赵升吨教授团队针对 1600kN 交流伺服压力机也做了原理样机研制，如图 7-48 所示。机械压力机总体可分为机械本体结构与电气控制系统，而机械本体系统又分为电动机、传动系统与工作机构三大部分。

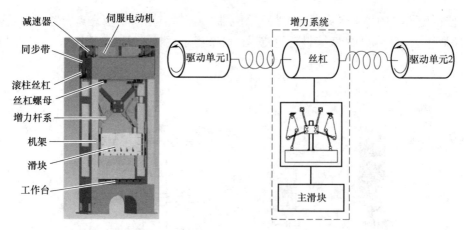

图 7-48　公称压力为 1600kN 双肘杆伺服压力机机械本体系统

该伺服压力机是通过对称布置的两台大功率交流伺服电动机驱动，通过行星减速器降低转速后再通过同步带将动力传递到丝杠使丝杠旋转，滚柱丝杠设计成两段式，两段水平对称且旋向相反，可以实现丝杠转动时两个丝杠螺母的对称运动。在这一结构中为了简化装配的难度，同时具有更好的增力效果，故将同时连接三个物体的单一铰链设计分开。此外在滑块 2 上会增加一个竖直方向的导杆，限制滑块 2 的转动自由度。只要选择合适的三角形边长和各摆杆长度，就可以进一步提高增力比。公称压力为 1600kN 双肘杆伺服压力机结构简图如图 7-49 所示。

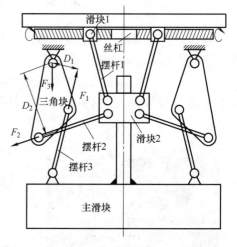

图 7-49　公称压力为 1600kN 双肘杆
伺服压力机结构简图

如图 7-50 所示，行星滚柱丝杠主要由丝杠 1、螺母 2 和位于两者之间的滚柱 3 及导向环 5 组成，主轴丝杠上的三角形状螺纹的啮合角通常为 90°，同时螺母具有一致的内螺纹，保证了螺母与主轴能够相互配合。滚柱两端加工成小齿轮及圆柱形状。

圆柱轴端安装弹簧挡圈 8 内，其作用是保持各个滚柱在运动过程中间距始终相等。滚柱 3 两端的轮齿 7 与螺母 2 内的固定齿圈啮合，确保运行中滚柱轴向平行，达到最佳的性能。从结构中不难发现，行星滚柱丝杠类似于行星齿轮减速器，主丝杠相当于太阳轮，滚柱相当于行星轮；在实际使用时通常使螺母轴向固定，通过动力源带动主丝杠转动，依靠丝杠槽面的滚动摩擦力使行星滚柱作反向自转的同时作同旋向的公转，从而可使螺母能够做直线运动。由于行星滚柱丝杠没有自锁性，所以可以通过驱动丝杠正反转转动，实现螺母往返移动。

在螺母轴向固定的情况下，行星滚柱丝杠副的运动状况可以进行简化，主要有：丝杠相对滚柱的运动可以看作丝杠的螺旋节线沿着滚柱节圆作外切滚动；滚柱相对螺母的运动近似平面行星运动，可以看作滚柱节圆沿着螺母节圆作内切滚动运动。

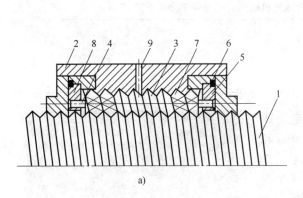
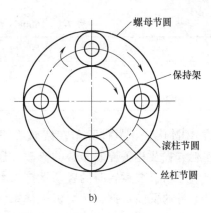

图 7-50　行星滚柱丝杠结构示意图

a）滚柱丝杠主视图　b）滚柱丝杠剖视图

1—丝杠　2—螺母　3—滚柱　4—圆柱轴端　5—导向环　6—密封圈　7—轮齿　8—弹簧挡圈　9—油孔

图 7-51 所示的伺服压力机采用如表 7-1 所示参数的驱动单元。每个驱动单元包括一台西门子伺服电动机和一个减速器。

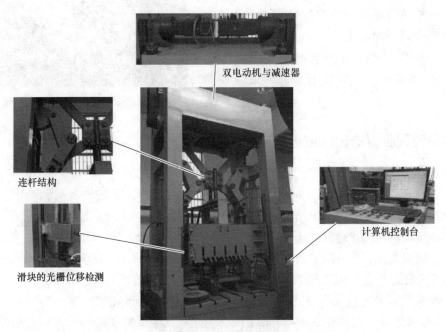

图 7-51　公称压力为 1600kN 伺服压力机系统实物

双肘杆压力机的驱动器，如图 7-52 所示，采用一个西门子 S120 伺服驱动器加两个 PM340 动力模块，三个部分通过西门子适配器采用 DRIVE-CLIQ 总线连接在一起，同时伺服电动机的编码器也通过该总线与各自的 PM340 驱动模块相连。S120 具备同时控制两个伺服轴的能力，S120 控制器上安装有 TB30 扩展模拟量模块，包含两路模拟量输出及两路模拟量输入，通过电压信号和上位机之间进行数据交流。伺服压力机两电动机的初始化使用西门子专用电动机调试软件 Starter 通过以太网进行配置并保存工程，然后烧写程序到 S120 控制器

表 7-1　1600kN 双肘杆伺服式机械压力机驱动单元参数

参　　数	值	参　　数	值
额定功率/kW	22	额定转速/(r/min)	3000
额定转矩/N·m	70	减速器减速比	4.12

的 ROM 中，该软件除了在线状态下配置电动机控制方式及相关控制参数的修改，还可以查看和记录电动机在运转时的各项性能参数。除了电动机本身的反馈数据，压力机机械系统反馈还包含滑块位置反馈，在主滑块的两个对角上安装有两个光栅尺。光栅尺的分辨率为 0.004mm。试验时采用的位置信号为两个光栅尺读数信号的平均值。伺服压力机上位机控制器采用安装有研华 PCI-1711 数据采集卡的工控机。数据采集卡中包含有电压信号的输入输出，通过端子板可将外部信号引入计算机内部进行数字信号处理。并且上位机软件平台采用 Matlab/Simulink 环境并结合实时工具箱（RTW）进行快速原型的开发和修改。实现算法的快速开发，满足压力机的最佳控制性能。

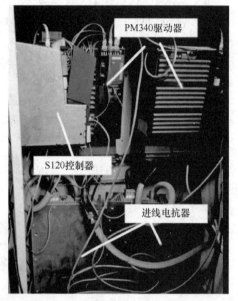

图 7-52　双肘杆压力机的驱动器

7.4.2　交流伺服驱动轴向推进滚轧成形设备

开展该轴向推进滚轧成形工艺的装置应具备以下功能：

（1）滚轧模具同步、同向、同速旋转　滚轧成形过程中，花键轴及后驱动顶尖的同时与滚轧模具通过齿形啮合传动带动旋转，三个滚轧模具必须满足同步、同向、同速旋转的要求，以保证滚轧模具与花键轴的正常啮合传动。鉴于目前交流伺服电动机在工业领域的广泛应用及其控制精度高、响应速度快、可靠性高等特点，装置将采用交流伺服电动机作为旋转运动的执行元件，符合机械工程学科驱动与传动科学的发展要求。

（2）滚轧模具径向位置可自动、同步精确调整　由于汽车花键轴零件种类多，直径规格在 25~80mm 之间，模数在 0.5~3mm 之间，为了提高装置对花键轴零件滚轧成形的通用性，滚轧模具可实现沿花键轴坯料径向位置的自动、同步精确调整，并且滚轧模具可快速更换。此外，在滚轧成形结束时，花键轴需由后驱动顶尖反向推出，为了避免滚轧模具与花键轴齿间因摩擦导致刮划齿面、摩擦力大等问题，滚轧模具需沿径向朝外有轻微的让刀运动。

（3）坯料的前后夹紧及轴向推进　花键轴坯料在滚轧成形过程中需由前回转顶尖和后驱动顶尖前后夹紧并且沿轴向推进，因此装置需具备产生轴向推进动作的执行元件。

（4）坯料的快速加热　为开展成形温度对花键轴轴向推进滚轧成形过程的影响，因而装置需具备在滚轧前对坯料变形区快速加热的功能。结合花键轴塑性变形特点及对加热效率的要求，装置初步确定采用感应加热工艺对坯料进行快速加热。初步确定了交流伺服驱动轴向推进滚轧成形装置的技术参数，见表 7-2。

表 7-2　交流伺服驱动轴向推进滚轧成形装置的技术参数

参　数	值
滚轧模具最大转矩/N·m	1400
滚轧模具最大转速/(r/min)	75
滚轧模具最大径向滚轧力/kN	120
花键轴坯料直径范围/mm	20~80
最大轴向推进力/kN	15
后驱动顶尖夹紧力/kN	3
推进速度/(mm/s)	0.5~2
坯料最大加热温度/℃	1000
坯料加热时间/s	≤75

装置总体框架可分为四个子系统：实现滚轧模具旋转功能和径向位置调整功能的滚轧系统、实现花键轴坯料前后夹紧及轴向推进的推进系统、实现对花键轴坯料快速加热的感应加热系统，以及实现对装置中动作执行元件进行精确控制的伺服控制系统。在对装置总体框架设计及技术参数分析的基础上，本课题组设计了如图 7-53 所示的交流伺服驱动轴向推进滚轧成形装置。

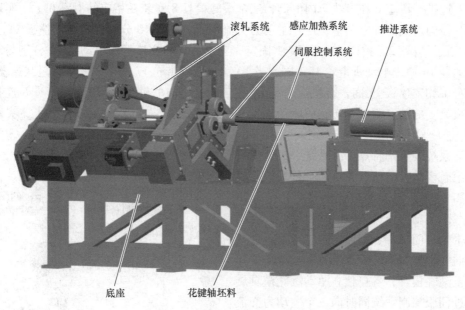

图 7-53　交流伺服驱动轴向推进滚轧成形装置三维模型

滚轧系统的整体前视图、后视图，如图 7-54a、b 所示，主要由床身 1、滚轧模具 8、主动力交流伺服电动机 10 等零部件组成。

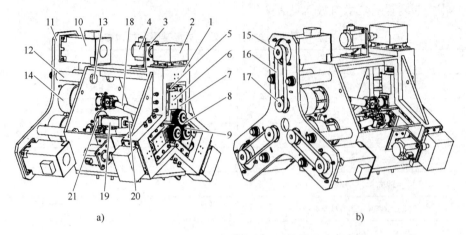

a)　　　　　　　　　　　　b)

图 7-54　滚轧系统组成及三维模型

a）前视图　b）后视图

1—床身　2—蜗轮减速机　3—支架　4—调整用交流伺服电动机　5—滚珠丝杠螺母副　6—滑座
7—导轨　8—滚轧模具　9—后驱动顶尖　10—主动力交流伺服电动机　11—支撑板　12—套筒
13—拉杆　14—行星减速器　15—电动机带轮　16—同步带　17—减速器带轮　18—万向联轴器
19—夹紧气缸　20—活塞杆　21—气缸座

　　滚轧系统中，三个滚轧模具 8 沿滚轧系统中心轴圆周方向 120°等间距排列，三个调整交流伺服电动机 4 分别通过支架 3 与床身 1 连接固定，调整交流伺服电动机 4 输出轴与蜗轮减速机 2 输入轴连接，蜗轮减速机 2 的输出轴与滚珠丝杠螺母副 5 连接，滚珠丝杠螺母副 5 与滑座 6 连接，滑座 6 在导轨 7 内滑动，三个滚轧模具 8 安装在相应的滑座 6 上，实现各滚轧模具 8 径向位置的独立调整；三个主动力交流伺服电动机 10 分别固定在支撑板 11 上，支撑板 11 通过套筒 12、拉杆 13 与床身 1 固定，三个主动力交流伺服电动机 10 分别与对应的行星减速器 14 通过电动机带轮 15、同步带 16 和减速器带轮 17 连接，三个行星减速器 14 固定于床身 1 和支撑板 11 间，行星减速器 14 各自通过万向联轴器 18 与滚轧模具 8 连接，实现滚轧模具 8 的独立驱动旋转，后驱动顶尖 9 安装在夹紧气缸 19 的活塞杆 20 上，夹紧气缸 19 通过气缸座 21 安装在床身 1 上。

　　滚轧系统的工作特点可由系统中滚轧模具旋转及滚轧模具径向位置调整两个传动机构反映，如图 7-55 所示。在滚轧模具旋转传动机构上，三个主动力交流伺服电动机动作，经由电动机带轮、同步带、减速器带轮、行星减速器，万向联轴器、滚轧模具轴等零部件将旋转运动传至滚轧模具，各自独立驱动滚轧模具旋转。通过伺服控制系统同时向三个主动力交流伺服电动机模块输出一致的驱动信号，即可实现三个滚轧模具同步、同向、同速旋转。

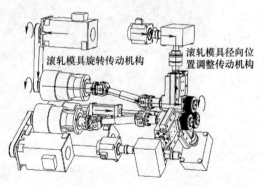

图 7-55　滚轧系统传动机构说明

　　在滚轧模具径向位置调整传动机构上，三个调整交流伺服电动机动作，经由蜗轮减速器、滚珠丝杠螺母副、滑座等零部件各自独立驱动滚轧模具及滑座在导轨内沿径向滑动。由伺服控制系统同时向三个调整伺服电动机输出相同的驱动信号，即可实现三个滚轧模具沿坯料径向位置的自动、同步精确调整。

　　此外，滚轧模具旋转传动机构中使用万向联轴器的目的在于保证滚轧模具在径向位置调整过程中的正常传动。滚轧成形过程中，向夹紧气缸通入压缩空气实现与其活塞杆连接的后驱动顶尖的推出动作，与推进系统共同完成对花键轴坯料的前后夹紧。

　　利用直接驱动技术，使磁通切换永磁（FSPM）电动机直接驱动主轴旋转。电动机转子直接与主轴相连，转子的输出转矩直接加载到主轴上，整个驱动装置没有中间传动机构，提高了主轴运行效率、精度和响应速度。选择 FSPM 电动机作为主轴直驱源的原因是其结合了永磁同步电动机和开关磁阻电动机的优点：FSPM 电动机的转子上只存在导磁的齿形环铁心，结构上具有与开关磁阻电动机一致的鲁棒性，有利于承受工件加工过程中的直接载荷，且转子惯量低，负载驱动灵活；永磁磁钢和电枢绕组均放置在电动机定子上，其磁场相互作用产生足够大的永磁转矩和磁阻转矩以直接驱动主轴旋转。

　　由于直驱装置不需要传动机构，在完成多齿磁通切换永磁（MTFSPM）结构尺寸和电磁性能优化后，使电动机与主轴安装连接且固定，即可完成主轴驱动装置旋转直驱部分的设计，如图 7-56、图 7-57 所示。MTFSPM 电动机的转子齿环套装在转子轴套上，并由转子轴套直接套装在工件主轴外周，在转子齿环两端均设置有圆锥滚子轴承。由于工件主轴需要实现轴向进给，因此主轴设置有两个对称的滑键，在工件主轴和转子轴套间设置有塑料滑动轴承。MTFSPM 定子放置在隔磁铝环内，由定子压环紧固，并放置在装置机座内固定。在装置机座外周通有冷却通道，配合端盖上的冷却槽形成电动机的水冷却循环系统。由于 MTFSPM 的磁钢和电枢绕组均设置在定子上，该水冷却循环系统能很好地完成电动机散热，提高电动机电流负荷能力且避免磁钢的不可逆退磁。

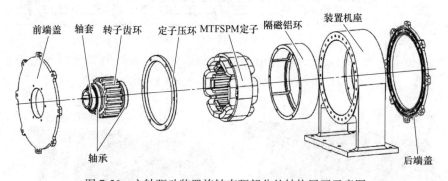

图 7-56　主轴驱动装置旋转直驱部分的结构展开示意图

　　滚轧塑性成形主轴装置能实现在成形过程中使主轴推动工件沿轴向进给到滚轧模具内进行加工，使永磁直线电动机实现工件主轴的直线进给。用于主轴轴向进给的直线电动机一般将电动机转子直接套装在主轴上，利用转子的输出推力驱动主轴轴向运动，因此电动机外形均设计为圆筒型。实际上所有拓扑结构的平板型直线电动机均能设计成圆筒型，与平板型相比，圆筒型直线电动机不存在横向边端效应，没有端部绕组，铜耗低，功率密度大。驱动工件进给到滚轧模具内需要大推力加载，相比感应式、磁阻式电动机来说，永磁直线电动机输出推力密度高，推力波动小。因此，选择圆筒永磁直线电动机（TPMLM）作为主轴进给的直驱电动机。

TPMLM 按永磁体所在位置分为初级永磁直线电动机和次级永磁直线电动机，如图 7-58 所示，初级永磁直线电动机的励磁磁钢和电枢绕组均放置在初级定子上，其结构鲁棒性较高，但相比次级永磁结构，其输出推力密度和功率密度较低。为满足主轴低速大推力的驱动要求，同时减小装置体积和材料用量，选择次级永磁直线电动机更为合适。次级永磁直线电动机的拓扑结构包括动圈式（长次级）和动磁式（长初级）两种结构，

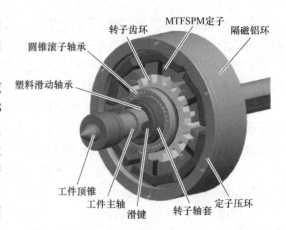

图 7-57　MTFSPM 直接驱动主轴结构示意图

如图 7-59 所示。动圈式 TPMLM 功率因数和效率较高，但存在绕组供电和散热困难的问题；动磁式 TPMLM 通电绕组较多，铜耗较高，但永磁磁钢用量少，同时结构鲁棒性较高。

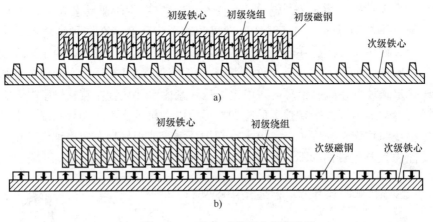

图 7-58　TPMLM 按永磁体所在位置分类
a）初级永磁直线电动机　b）次级永磁直线电动机

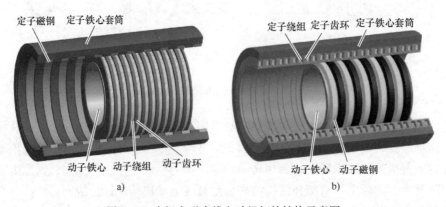

图 7-59　次级永磁直线电动机拓扑结构示意图
a）动圈式　b）动磁式

综合比较最终选择动磁式 TPMLM 作为主轴直线进给电动机，采用 20 极 24 槽（有效长度）的分数槽集中绕组结构和轴向磁钢聚磁结构以提高输出推力密度，其拓扑结构如图 7-60 所示。电动机定子由筒形轭部、环形定子铁心和饼状集中式绕组组成，集中绕组和定子铁心齿环在定子轭部套筒内沿轴向间隔排列，三相绕组依次放置。电动机定子由环形动子铁心齿环和磁钢组成，磁钢沿轴向充磁且相邻磁钢的充磁方向相反。每 24 个齿槽对应 20 对动子铁心和磁钢，实际上，长初级定子需要根据进给行程沿轴向延伸，可通过分段供电的方式以降低绕组铜耗。

7.4.3　交流伺服自进给螺纹滚压成形设备

螺纹滚压成形最早出现在 1831 年，但直到 20 世纪 40 年代以后随着滚压模具和设备的发展才得到广泛应用。20 世纪 90 年代，螺纹滚压成形逐渐向数控、精密成形的方向发展。

在国外，开展螺纹轴类零件塑性成形工艺、装备研究及应用主要集中在欧美等工业发达国家，如德国、瑞士、法国、美国等。典型的代表有德国的 FELSS 公司和 PROFIROLL 公司、瑞士的 GROB 公司、美国的 KINEFAC 公司。

近年来，国外的螺纹冷滚压设备有了很大的发展，随着现代电子技术的发展，螺纹冷滚压设备从喂料系统、质量控制及自动化程度各方面都有了很大的提高。现在已经将许多近来的先进技术应用到螺纹冷滚压设备中，如可编程序控制器（PLC）、计算机数字控制机床（CNC）技术和触摸屏等，大大提高了螺纹冷滚压的生产自动化、可控性、生产率和产品质量。Spain 生产的 GV-3-40#40 平模搓丝机，可以通过触摸屏控制进料的高度并且可读，而且能打开和关闭进料。在该设备上还装有批量进料器 Venus250，该进料器可以通过倾斜端和质量传感器给设备均匀供料，自动控制多余的料返回进料端，而且能自动挑选出不合格件。螺纹冷滚压正向着自动化、易于调整、高质量、多功能的方向发展。美国 KINEFAC 公司是一家致力于塑性成形设备研发的公司，具有丰富的加工及研发经验，其公司的螺纹滚压成形设备代表了国际最先进水平，该公司起草了相关冷成形专业的美国国家技术标准，并编著了美国机械加工工艺技术手册中的滚丝工艺手册，拥有众多冷成形技术专利，并奠定了该公司作为北美冷挤压滚轧成形加工设备制造行业的龙头企业地位。

20 世纪 80 年代，国内的一些科研单位，如燕山大学、太原科技大学、华南理工大学、河南科技大学等陆续开始对螺栓、螺母等螺纹轴类件的塑性成形工艺进行研究，包括挤压、滚挤、滚压和滚打等，但由于该技术对机床精度和刚度要求较高，技术难度大，未能较好的应用到实际生产。此外，我国也陆续从国外引进了不少先进冷滚轧、滚打设备，但由于国外对设备关键技术保密，国内复杂体塑性成形工艺研究一直落后于国外的先进工业国家，限制了我国复杂件塑性成形工艺的推广应用范围。

国内在数控滚压机的研制开发方面一直落后于国际水平，近年来青岛生建机械厂生产的数控滚压机，可用于加工较高精度的螺纹、花键等，大大提高生产率，降低能耗，实现无切削加工，达到国际先进水平，如图 7-60 所示。该公司的 ZD28-25 三模具滚丝机也是基于径向进给加工工艺的装置，最大径向力可达 250kN，最大加工直径可达 90mm，整机功率为 15kW，质量为 4060kg。

图 7-60　山东省青岛生建机械厂生产的数控滚压机

目前国内外的螺纹滚压设备大部分采用径向进给式螺纹滚压工艺，多模具依靠同一电动机和齿轮减速器分轴驱动，滚压模具依靠液压系统实现径向进给。传动系统复杂，并且会造成成形的精度相对难以控制及系统故障率较高等问题。

基于伺服直驱的思想，为简化机床的传动系统提高系统的可靠性，提出了轴向自进给外螺纹滚压成形工艺。轴向进给外螺纹滚压成形工艺系统（图 7-61），主要由三个带有锥角的滚压模具组成，三个结构参数完全相同的滚压模具平行于工件轴线安装，三滚轮均匀分布在平面内，各滚轮端面平齐，如图 7-61a 所示。模具结构沿轴向分为预滚压部分、校正部分和退出部分，预滚压部分与滚压模具的轴线倾角为 α_1，预滚压部分对螺纹轴牙型进行预滚压，相当于一段径向进给滚压过程是螺纹逐渐成形的过程。校正部分对螺纹牙型进行精整滚压，从而保证螺纹牙型的精密成形。退出部分与滚压模具轴线倾角为 α_b，退出部分可防止工件脱离滚压模具时成形的螺纹侧面被损坏、螺纹出现毛刺，同时可以防止螺纹在退回时模具后侧的齿形被破坏，模具的局部结构如图 7-61b 所示。

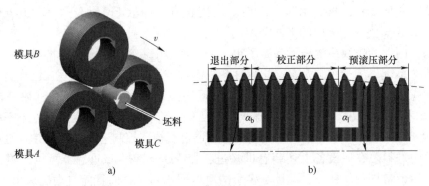

图 7-61　外螺纹轴向自进给滚压模具结构
a）滚压模具系统　b）模具的局部结构

轴向自进给外螺纹滚压成形过程主要包括：滚压前、滚压中及滚压后，如图 7-62 所示。滚压前，坯料以速度 n_b 转动，此时滚压模具保持静止，调整滚压模具使彼此之间具有一定的相位。滚压中，滚压模具与坯料接触，在啮合作用下滚压模具开始同速同向旋转，旋转速度 n_d 与坯料的旋转速度相反。在成形的过程中由于成形螺纹升角与模具成形的螺纹升角不同，因此在成形的过程中滚压模具轴向自进给。在滚压的过程中，材料变形发生在坯料的表面，塑性变形不断积累，螺纹牙高不断增加。经过模具的预滚压部分及校形部分的滚压形成标准的螺纹。滚压后，坯料反向旋转的同时模具也反向旋转并退回到原来的位置，滚压过程结束。

为满足轴向自进给滚压成形工艺的要求提出交流伺服驱动轴向进给螺纹滚压成形装置，轴向进给螺纹滚压成形装置（见图 7-63a），该装置主要包括伺服电动机、力矩传感器、减速器、卡盘、滚压装置及线性导轨等。图 7-63b 为滚压装置的结构，主要包括滚轮 A、滚轮 B 及滚轮 C，三个滚轮独立的安装在三个平行轴上。伺服电动机是轴向自进给滚压装置的动力结构，驱动坯料进行自转及公转。力矩传感器用于测量成形过程中伺服电动机的输出力矩。由于成形过程中所需的转矩较大，电动机的输出转速经减速器减速后，使减速器的输出转矩增加。卡盘用于成形过程中坯料的固定。滚压装置是坯料成形的主要装置，包括滚丝模具及部分附属结构。

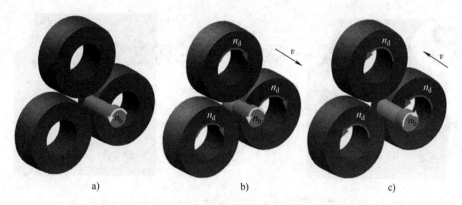

图 7-62　轴向自进给滚压过程

a）滚压前　b）滚压中　c）滚压后

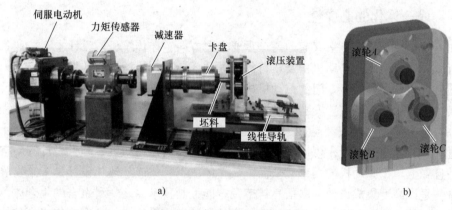

a)　　　　　　　　　　　　　　　　b)

图 7-63　直驱式螺纹滚压设备

在螺纹滚压前，旋转滚压模具到正确相位，使固定盖板上的弹簧定位销与滚压模具端面的圆孔配合，外螺纹轴坯料由自定心卡盘夹紧，推力夹钳推动滚压系统使滚压模具端面与坯料接触。滚压中，坯料主动旋转并通过螺纹啮合带动三个滚压模具同步、同向、同速旋转，同时滚压系统在滚压力的作用下沿轴向自进给，在滚压模具预滚压段、校正滚压段和退出段的滚压作用下，坯料逐渐发生塑性变形，成形螺纹牙结构，随着滚压系统的轴向进给，滚压的外螺纹长度不断增加。滚压后，伺服电动机控制坯料反向旋转，滚压系统沿轴向逐渐后退直至与坯料脱开。滚压成形过程平稳，成形效率高。

交流伺服驱动轴向进给螺纹滚压成形设备，采用伺服电动机驱动坯料旋转，模具自动进给的方式，能很好地完成螺纹的冷加工成形。相较现有的螺纹成形设备传动系统简单，可靠性高。在降低生产成本的同时也减少了能量的浪费。

第 8 章 集成一体化——高效集成一体化融合技术

8.1.1 集成一体化的必要性

集成一体化技术是近年来兴起的一个重要发展方向，在传统机械设计中，按照各个部件的用途可以分为原动机、传动机构及执行机构等几部分，在机械设备的设计中，动力从原动机传递到执行机构需要设计专门的传动机构，如液压传动或者机械传动装置，当执行机构较多的时候，需要在原动机位置安装分动箱，增加了整体设备的造价。在动力传动过程中，传动零部件需要占据较大的安装空间，尤其是机械传动方式，从而为整体的结构设计增加难度。通过集成一体化的设计，可以极大地改善整体机型的结构布置，降低设计安装空间布局难度，并且降低单个原动机的功率，从而降低整体成本。集成一体化设计是未来发展的现代新型机械，是以高度集成设计、多信息传感及智能控制技术的多学科融合的集合体，可以通过采用先进的技术将原动机、传动机构、特有的执行机构设计成一个高度集成的整体。当该高度集成的整体安装在整机上时，可以较大的提高整机的运行可靠性，降低整体的成本，并且能够节省更多的安装空间，从而令整机设计更加稳定可靠，布局合理。

从技术发展趋势来看，模块化设计是提高设计效率，降低生产成本，提高设备升级能力的有效手段。将一套大规模设备进行模块划分后，对各个模块进行合理的集成一体化设计，并且融合传感及检测技术，不仅能实现各个模块的各自功能需求，而且能够高效快速地完成大规模设备的整体设计及加工制作，还能够提高后期产品的易维护性，是规模化设计及生产的非常有效的途径。

8.1.2 集成一体化的内涵与外延

集成一体化是基于全生命周期理念，在机器功能及其关键零部件结构两个层面上，进行机械、电气与软件的全面与深度的融合，实现机器的智能、高效、精密、低能耗的可靠运行。机器可实现精准控制自执行，系统可具备高可靠性，也就是系统能够安全执行各项决策，实时对设备状态、车间和生产线的计划自行做出优化、调整。将机器的各部分功能与传动及控制等关键零部件紧密结合，通过高度融合各类传感器，对机器的工作状态实时监控并作出相应的控制策略，在机器的全生命周期内监控机器的各个方面的数据，为机器的整个工作期间提供相应的决策数据。

集成一体化是基于智能机器的三个基本特征，进行机械传动、液压传动、气压传动、电气传动及其各自内部零部件相互融合，研发出资源利用率高的环境友好的产品。从原动机经传动系统到执行部件，智能机器可以针对各部分各环节进行相应的技术融合。集成一体化设计的智能机器，至少要包含其中的两项或者全部涵盖。尤其在大型复杂多执行器的机器中，针对不同功能动作，可以规划多个集成设计的相应模块来实现不同的执行器动作。

集成一体化有六个层次：复杂与大型的高性能机械零部件的整体化，传动系统零部件的一体化，机器每个自由度的动力源与传动系统的一体化，机器每个自由度的动力源与传动、工作机构的一体化，智能作动器与全面传感器嵌入机械零部件的一体化，智能材料、工艺与设备的一体化。

8.1.3 集成一体化的六个层次

机械系统在集成设计的过程中，需要针对具体需求进行具体分析，集成一体化设计的难点也在于将主要执行零部件进行高集成度的融合，一体化并不仅仅是机械功能的一体化，更是与信息系统的一体化，在集成一体化设计的过程中，需要对集成一体化的零部件进行整体规划，规划中需要全局考虑，整体划分，可以按照基本组成角度来划分：

1. 复杂与大型的高性能机械零部件的整体化

在整体机械设备中，尤其是复杂的零部件，在与其他零部件的设计过程中，由于复杂高性能零部件结构复杂，精度较高，加工要求高，所以将复杂的高性能机械零部件进行集成一体化设计。例如机床的电主轴，与机床底座相比，机床电主轴整体都需要非常高的精度，才能保证加工出的零件具有较高的精度。在设计过程中，将伺服电动机，以及主轴进行集成一体化设计，整个主轴部分的加工精度都比较高，并且能够减少因为机械传动造成的精度误差。

2. 传动系统零部件的一体化

机械系统中，从原动机到执行元件，一般要经过较为复杂的传动系统，包括机械传动及液压或者气压传动，当传动的距离较远时，机械传动系统及传动系统的控制系统整体非常庞大，如汽车的变速箱，其主传动齿轮装置及其操控变挡装置异常复杂，在传动过程中，对其可靠性要求也非常高。现在的汽车变速箱，其变速控制系统与主变速齿轮副一般都设计在同一个变速箱内部，变速箱的控制系统与变速装置通过液压油路直接相连接并控制变速箱的换挡动作，集成一体化设计的变速箱，输入端与发动机直接相连接，输出端与汽车的驱动轴直接相连接，结构紧凑，易于维护。

3. 机器每个自由度的动力源与传动系统的一体化

集成一体化设计主要集中于动能的传递过程中，其中，机械系统的各自由度都需要有相应的动力来进行驱动，以保证机械系统能够输出相应的准确动作。以机床为例，传统的机床除了主轴旋转运动，还包括工件的进给运动，两部分运动都需要电动机与传动系统进行相应的驱动，如果将两部分运动分别设计与控制，就可以极大的简化机床的整体结构，主轴驱动设计成电主轴，进给系统设计成伺服电动机与减速器集成一体的驱动零部件，从而降低了动力源到传动系统的结构复杂性，提高了传动及控制的精度。

4. 机器每个自由度的动力源与传动、工作机构的一体化

机械传动系统的主要目的是将原动机的动能传递到执行机构，并且在传递过程中进行一定的控制，在产品设计过程中，如果将机械系统的各个自由度的原动机、传动系统及执行系

统集成设计，可以极大地简化机械系统的整体结构布局。在近年兴起的工业机器人中，机械臂的回转、伸缩及机械手的加紧动作，均需要相应的动能输入。在目前的机械臂设计中，机械臂的各个关节处，伺服电动机、减速器及运动关节集成设计，增加了原动机的数量，降低了传动系统及执行元件的复杂程度，并且扩大了机械臂的工作范围。整体机械臂更加美观、布局更加合理。

5. 智能作动器与全面传感器嵌入机械零部件的一体化

在机械设备的全生命周期中，设备的状态信息至关重要，尤其在今后的智能机器中，机器的工作状态既是智能控制的重要一环，又是检测机器寿命的重要环节。在机器设计过程中，加入必要的传感器并集成设计，传感器能够将实时的工作状态反馈给控制系统，又能够实时监控系统的性能。例如，在工业机器人的机械臂中，做旋转运动的"肘部"关节处不仅设计有伺服电动机与减速器，并且包含有转矩传感器的执行机构。该转矩传感器不仅仅使整个机械臂的控制更加柔和可控，也能够及时反馈机械臂的工作状态。

6. 智能材料、工艺与设备的一体化

智能材料是工程技术领域的一个重要的发展方向，各种新型智能材料的研发对未来的机械工程领域影响巨大，在智能材料中嵌入传感器及驱动装置，结合工艺与设备设计，能够解决诸多现阶段的难题。例如，在麻省理工学院开发的仿生机器人中，集合了诸多传感器及驱动元件，并在医疗器械及其他领域中有较大的应用前景。

8.2　集成一体化技术的应用

机械系统应用在航空航天、工业生产、交通车辆及日常生活的各个方面，集成一体化技术在相应的领域有一定的应用，并且应用范围越来越广。集成一体化设计的零部件能够较大限度降低整体设计难度，节省安装空间并且增强整体机械系统的易维护性。随着技术的进一步发展，采用集成一体化思路设计的产品会越来越多。

8.2.1　集成一体化技术在航空航天中的应用

航空航天工业是各国技术实力的集中体现，也是各种先进技术应用推广的发源处。飞机在飞行过程中，需要根据航线及飞行姿态对飞机进行控制，这就需要飞机的作动系统对飞机的舵面进行实时准确控制，飞机姿态的主要控制元件如图 8-1 所示。

在飞机的姿态控制中，尤其是襟翼及舵机的控制中，集成一体化设计的机电液执行

图 8-1　飞机姿态的主要控制元件

器是其主要的控制元件，飞机舵面控制要求响应速度要快，控制精度高并且控制性能稳定，一般都采用的是电动静液作动器（Electro-Hydraulic Actuator 简称 EHA），该作动器集成设计有伺服电动机或伺服阀、液压缸或者液压马达，图 8-2 所示为舵面控制器的典型实物图，在该实物图中，执行器为伺服液压缸，在设计过程中，集成了位移传感器等信息感知元件。可以实现对作动器位移或者作动器压力的直接检测并做出伺服化控制。此外，在飞机高升力系

统及一些其他功能需求中，为了显著增大功重比，都采用了集成一体化设计的执行元件。

图 8-2　舵面控制器（EHA）

8.2.2　集成一体化技术在轨道交通中的应用

轨道交通是国内发展最快的旅行方式之一，尤其是动车与高铁的快速发展。动车与高铁的高速特性得益于其高功率密度的驱动装置及高可靠性的控制系统。在整车的设计中，传统旅客列车采用了动力车头拖动旅客车厢的设计方式，整列列车的动力来源于前面或者后面的动力车头或者中间的动力车头，中间的旅客车厢不包含动力，完全由车头来进行拖动。动车组列车和高速铁路都采用了集成设计分散驱动的设计思路，动车组列车的每一节车厢底部，都带有动力输出的驱动轮组，每一节车厢均可以由此节车厢底部的驱动轮组进行直接驱动。这种设计的动车组列车，每节车厢都集成设计有原动机、传动系统等零部件。此外，在动车组的底部转向架中，也采用了集成设计方案。它是集驱动、传动、转向、悬架于一体的设计方案。动车组转向架模型图如图 8-3 所示。

图 8-3　动车组转向架模型图

8.2.3　集成一体化技术在汽车中的应用

汽车工业的迅速发展深深影响着人们的出行方式，近年崛起的电动汽车技术也是未来汽车重要的发展方向之一，在车辆工程的设计中，集成一体化设计已经广泛应用，如图 8-4 所示的汽车变速箱，在该变速箱中，集成了变速齿轮、换挡装置、换挡控制装置等。

汽车工业发展非常迅速，为了节省能量的消耗，降低二氧化碳的排放量，混合动力汽车相关产品应用越来越广泛，图 8-5 所示为电动机与减速器及车桥一体化的商用混动车桥，在该车桥中伺服电动机集成设计于车桥中，输出轴与差速差扭器及变速器统一设计在机壳之中。该整体车桥，结构非常紧凑。

图 8-4　汽车变速箱结构图

图 8-5　电动机与减速器及车桥一体化结构图

8.3　集成一体化需要解决的关键科技问题及其实施途径

集成一体化设计并不仅仅是将两个或者多个零部件进行集合设计，在设计过程中需要考虑很多技术问题及关键的科技问题，如多零部件集成设计的动力学理论、高性能的原动机设计与研发、新型的驱动及传动方案研究等一系列关键科技问题。

8.3.1　集成一体化需要解决的关键科技问题

集成一体化的重点不仅仅是设计及加工制作，更包含一系列的关键科技问题，如动力学、多场耦合、多驱动方式等问题均有相关涉及。主要的关键科技问题包括：

1）不同机器的集成一体化的动力学设计理论的研究。动力学是机械运动的基础学科，涉及机构的运动学及零部件的能量传递。多个不同功能的零部件集成设计带来了复杂机构的动力学设计及分析。不同零部件之间运动方式的不同带来了一体化设计机型及其相应的振动及噪声，合理的机构动力学设计会将振动和噪声的影响降到最低。

2）适用类型机器的高性能新原理的伺服电动机的研发。作为机器动作的动力来源，高性能及新型原动机的研发一直是行业的热点。伺服电动机的广泛应用是未来发展的大势所趋。高转速、高载荷、低质量的高性能伺服电动机研发是集成一体化设计的重要技术支撑。

3）典型机器的一体化驱动与传动方案的研究。新型的集成一体化设计集成了诸多传动及驱动元器件，其驱动、传动方案与传统方案有很大的不同，研究新型的一体化驱动与传动技术方案对该设计理论影响甚大。

4）不同行业的标准化、系列化、信息化与网络化的一体化功能部件的研发。机械工业的发展不仅是某一行业机器的进步与发展，更是整个工业体系的发展，不同行业中机械工业的标准化、系列化对整个机械工业发展体系影响巨大，信息化与网络化又是机械工业的发展方向。不同行业的标准化、系列化及信息与网络化是集成一体化设计的关键科技问题。

5）大功率伺服电动机用驱动器与智能控制器的研发。大功率及高功率密度的伺服电动机与传动系统及执行件的一体化设计应用越来越广泛，该系统的驱动器及智能控制器的研发是伺服电动机可靠工作的保障。高性能、高可靠性的驱动及控制单元是伺服控制技术的研发重点及难点。

6）大功率伺服电动机的储能方式与器件的研发。能量利用率是各个行业持续关注的热点话题。众多科研单位为提高能量利用率提供了各种优化方案。伺服电动机在传动过程中包含电能与机械能两种形式，两种能量同时存在且可以互相转化。在能量的利用与转化过程中，新型的储能方式与器件的研发是提高能量利用率的可靠途径，同时也是需要突破的关键科技问题。

7）伺服电动机与机械减速器合理匹配理论的研究。伺服电动机输出转速及转矩，输出过程中需要减速器进行减速并提高转矩，在伺服电动机与减速器的匹配过程中，匹配参数是否合理影响着能量利用率及整体的机械效率。如何确定伺服电动机与减速器的合理参数匹配是重要的技术问题。

8）伺服电动机与机械减速器、液压泵、气泵的一体化产品的研发。电液执行器已经广泛地应用在航空航天工业中，是集合了控制、原动机、传动系统与执行元件的一体化设计产品。在民用工业系统中，一体化的电液执行器也越来越多，如部分高端注塑机械已经在应用一体化的电液执行器。该集成一体化设计的产品包括伺服电动机、液压元件及控制系统等多个学科多个领域的专业技术。

9）典型机器的集成一体化的能量与运动转换过程的计算机仿真软件的研制。在典型机器一体化设计与仿真计算过程中，能量转化伴随着零部件的运动过程。计算机仿真软件的设计对于系统的动静态特性分析及系统的能量传递过程分析至关重要。主要的能量转换过程及运动过程是系统特性分析的理论依据。开发一体化的能量与运动转换过程的仿真软件有重要的价值。

10）典型工业、行业或领域智能机器的集成一体化的规划。

11）典型材料、工艺与设备一体化。

8.3.2 集成一体化的实施途径

在整个集成一体化的实施过程中，主要包含两种实施途径：结构一体化及功能一体化。在机器的设计过程中，从原动机到执行元件，中间的多个环节综合一体化设计的过程称为结构一体化；为实现机器的某个动作而采用一体化设计的零部件称为功能一体化。

（1）结构一体化 从原动机到执行机构，中间需要传动环节，为了实现整个环节的协调统一设计，将原动机、传动系统及执行元件进行一体化设计，设计过程中要综合考虑各个环节的参数匹配及结构特点，力求以较少的零部件实现稳定可靠的动力输出。

（2）功能一体化 在原动机、传动系统及执行元件中，每一部分都有其独有的作用和功能，当某一部分功能较为复杂且零部件较多时，将此部分进行一体化设计以降低整体机器的复杂程度。例如，汽车的变速箱，它承担了从发动机到输出轴的主要动力传输及换挡动作，零部件较多，结构相当复杂，为了简化汽车的整体设计复杂性，将其设计成一个整体的换挡单元，从而降低了汽车的整体布局难度，提高了车辆的整体设计效率。

8.4 典型的集成一体化机器

20 世纪 90 年代末，美国国家宇航局（NASA）已经将自行研制的飞轮储能系统应用于低地球轨道卫星，飞轮储能系统同时具备电源和调控功能。1998 年夏，美国进一步开展复合材料在飞轮储能系统的应用研究，并开始进入试制阶段。日本交通安全与公害研究所对一款混合动力汽车采用蓄电池和超级电容组合的储能方式，并对整车制动能量回收系统进行了仿真和台架试验研究。Hlaváč J 和 Čechura M 研讨了直驱式压力机的能量回收与储存方法。Gee A M，Robinson F V P 和 Dunn R W 分析了电池、超级电容、飞轮等几种能量储存方式。Ibrahim H，Belmokhtar K 和 Ghandour M 提出了一种利用压缩气体进行电能储存的技术。

如图 8-6 所示，舒勒 Servoline 伺服冲压生产线采用伺服直接驱动技术，冲压生产线配备装载机、横杆机械手和尾线系统，可用于大规模批量生产和小批量生产，很好地解决了多品种生产的问题。针对热冲压零部件的生产，舒勒提出并开发了一种高效热成形技术，该技术是实现汽车轻量化生产的关键技术之一。建立完善的售后服务 App 系统，也是舒勒智能冲压车间的理念之一。据报道，舒勒的 Servoline 生产线目前在中国有 10 条，欧洲有 16 条。图 8-7 所示的舒勒横杆机器人 4.0 具备超强的灵活性，弥补了原机器人无法定义速度和运动曲线的弊端，极大提高了生产速度和产出率，是装载、卸料及现有生产线改造的理想之选。

图 8-6　舒勒 SDT 伺服直驱冲压生产线

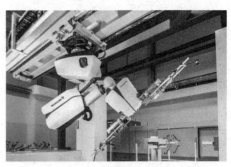

图 8-7　舒勒横杆机器人 4.0

德国舒乐公司研制的一种交流伺服直线电动机驱动的新型直线锻锤，如图 8-8 所示，将动力源、传动系统与工作机构三者集成复合在一起。利用交流伺服直线电动机取代传统的气缸或液压缸，将锤头直接与电动机动子相连，无中间传动机构。由于直线电动机取代了气缸或是液压缸，这也省去了较多的管路系统及各种密封零部件，大大地降低了结构的复杂性，增强了系统的集成化。在一定程度降低了系统的故障率。由于电动机的运动和所通电流的大小、方向和相位有着直接关系，而现阶段，对于电流的控制系统已十分发达，所以相对于控制气压或是液压，控制电动机就显得方便很多。

纪锋等设计了由异步电动机、飞轮和双向变流器三大模块组成的直流并联型飞轮储能装置，以空间矢量脉

图 8-8　德国舒乐公司研制的
新型直线电动机锻锤

宽调制技术为基础，提出了飞轮调节阶段和保持阶段的双模式双闭环控制策略，设计并研制了直流并联型飞轮电池用的控制器，通过负载试验验证了控制策略的可行性并进行了控制器参数优化等。余俊等为自主研发的 2000kN 曲柄连杆伺服压力机设计了一套电容储能系统。韦统振等提出制动能量综合回收利用方法及超级电容器储能单元储能量和充放电变流器功率优化设计方法。西安交通大学研究了压力机减速制动过程中能量储存的方式，并研制了外转子开关磁通永磁电动机和飞轮一体式的储能系统。电子飞轮集成结构如图 8-9 所示，将电动

机转子与飞轮集成在一体。

图 8-10 所示为扬力集团自主研发的 HFP 2500t 热模锻压力机全自动生产线，高度集成了主电动机变频驱动、现代化智能控制等先进技术，产品稳定性好，可靠性和生产率高。

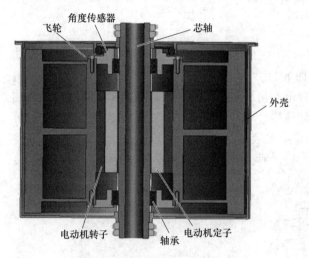

图 8-9　电子飞轮基本原理图　　　　　　图 8-10　热模锻压力机全自动生产线

8.4.1　柴油汽车高压共轨系统用球面摆动式径向柱塞电动机泵

1. 伺服电动机液压泵概述

电动机泵是将液压泵与驱动电动机相组合，构成各种不同类型的新型液压动力单元（Hydraulic power unit）——电动机液压泵。电动机液压泵是近年来发展起来的一种将液压泵和电动机集成直驱的新产品，为了克服传统的液压泵、联轴器和电动机串联的三段式液压动力单元的缺陷，国内外众多知名公司、高等院校和研究机构一直致力于新型电动机液压泵的设计、控制、试验与产品开发。

液压泵作为液压动力单元的核心部件，一直以来是流体力学领域中的一个重要的研究对象。液压泵的工作特性和机械结构直接影响其输出压力的高低，流量的大小和流量的品质（主要指流量的稳定性和波动大小）等，从而决定了整个液压系统的工作性能。因此，提高液压泵的输出压力和输出流量，减小输出流量波动是液压泵设计制造领域中重要的研究方向。

电动机以电作为能量来源，为工作机提供机械能，是目前机器动力源的主要提供者。自从 1821 年法拉第发现并研制出第一台电动机至今的近 200 年间，随着材料科学、电子技术和控制技术的进步，电动机技术得到了长足的发展，电动机的种类繁多、性能各异。而伺服直驱液压动力单元对电动机的要求是必须满足液压泵动力需求，具备调速范围宽、低速大转矩等特点。

伺服电动机液压泵是伺服电动机与液压泵集成产生的更高级的电动机液压泵，充分利用电子控制技术、伺服电动机技术和液压伺服控制技术等多重优势，具有系统集成度高、响应快、控制精度高和节能效果好等优点，开始在飞机的操纵系统、火炮操纵系统、坦克火炮稳定装置、导弹的自动控制系统和雷达跟踪系统等国防工业领域中使用，在材料试验机、飞机模拟试验器和疲劳试验机等民用工业领域中需要进一步推广。

2. 电动机液压泵国内外现状

在 20 世纪 90 年代初，与电动机液压泵研究相关的专利被相继推出。目前，美国的伊顿威格士（EATON VICKERS）公司、日本的大金（DAIKIN）公司、日本的油研（YUKEN）公司、德国的福伊特（VOITH）公司等都相继推出了不同的电动机与液压泵的集成化液压动力单元，并在生产实际中使用和推广。

美国伊顿威格士公司在 1997 年申请了一项关于液压电动机柱塞泵的发明专利，已成功研制出的电动机与液压泵的集成化产品如图 8-11 所示。该产品的突出特点是将感应电动机和柱塞泵封装在一个完整的壳体内部；感应电动机绕组直接浸在工作油液中，直接由工作油液进行冷却，电动机无须安装散热器和冷却风扇。将减震降噪材料安装在电动机液压泵的外壳内，使整机的振动和噪声大幅降低。研究结果表明，电动机液压泵的最大液压功率高达 92kW，整体式结构体积减小了将近 40%，系统的可靠性、抗震和噪声性能得到了大幅改善。

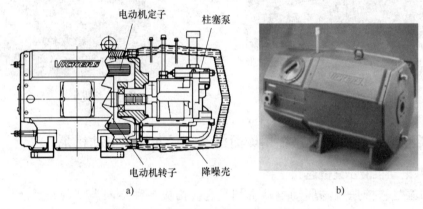

图 8-11　EATON VICKERS 集成化动力源
a）结构原理图　b）外形图

日本 DAIKIN 公司研发的电动机柱塞泵，是异步电动机和变量轴向柱塞泵的集成一体化产品，如图 8-12 所示。将变量轴向柱塞泵直接固定在三相异步电动机的转子内部，电动机转子通过轴承支承在壳体上。采用完整、厚重的壳体将轴向柱塞泵和三相异步电动机封闭在一起，整个电动机柱塞泵的轴向尺寸小、隔声效果较好。由于采用三相异步电动机驱动，只能通过轴向柱塞泵的变量机构对电动机液压泵的输出流量和压力进行调节。

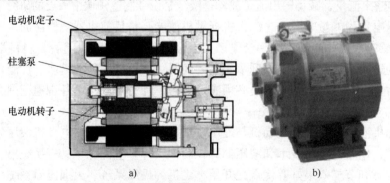

图 8-12　日本 DAIKIN 公司电动机柱塞泵
a）结构原理图　b）外形图

日本 YUKEN 公司在 2004 年开发出一种电动机轴向柱塞泵，随后生产的 PM 系列电动机液压泵如图 8-13 所示。

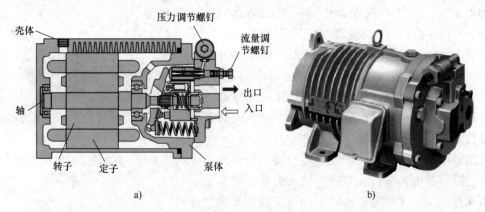

图 8-13　日本 YUKEN 公司的 PM 系列电动机液压泵
a）结构原理图　b）外形图

PM 系列电动机液压泵采用电动机内装变量柱塞泵的一体化设计，省去了联轴器，变量柱塞泵与电动机同轴串联布置，省去了电动机冷却风扇。将低噪声、高效率的变量柱塞泵内置在三螺杆泵中间，实现小型化和低噪声化。与常规的电动机+柱塞泵液压单元相比，体积减小了 30%，噪声降低了 10~15dB。PM 系列电动机液压泵可以选用立式和卧式两种安装方式，广泛应用于机床和一般机械中。

德国的 VOITH 公司于 2005 年研发了一种内啮合齿轮电动机液压泵 EPAI 系列产品如图 8-14 所示。EPAI 系列电动机液压泵是由三相异步电动机直接驱动内啮合齿轮泵工作，中间无须联轴器，整体没有外伸轴端，减少了轴类密封。公司生产的高压系列电动机液压泵 IPVS，同时将两台带分离压力出口的内啮合齿轮泵集成在三相异步电动机中，最高工作压力可达 42MPa。EPAI 系列与 IPVS 高压系列电动机液压泵都是将三相异步电动机直接浸在工作油液中进行冷却，无须散热风扇和散热器，资料显示这两个系列的电动机液压泵体积减小约 1/2，噪声降低了 12dB（A）以上，降噪效果良好。

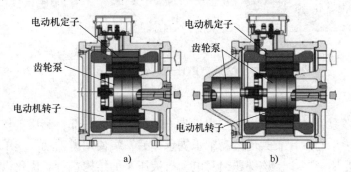

图 8-14　VOITH 公司的 EPAI 系列电动机液压泵
a）单泵 EPAI　b）双泵 EPAI

德国力士乐（Rexroth）公司研究的 SVP 系列电动机液压泵如图 8-15 所示。SVP 系列电动机液压泵将齿轮泵和电动机集成在钟形外壳中，采用伺服电动机+PGH 齿轮泵的结构形

式。通过伺服电动机的伺服控制，调节 PGH 齿轮泵
的转速和输出流量，形成一种伺服电动机驱动的液压
伺服动力单元。SVP 系列电动机液压泵的调速范围
广，能量利用率高，节能效果明显，噪声和振动低。

在 2013 年的汉诺威工业博览会上，德国 VOITH
公司展出的一套闭式控制回路的自治缸，如图 8-16 所
示。本自治缸将电动机、泵、油箱和液压缸集成在一
起，采用变频电动机驱动内啮合齿轮泵。通上电源就
可按照给定的位置和速度指令灵活动作。

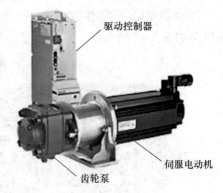

图 8-15　力士乐公司的 SVP 系列
伺服电动机液压泵

我国对电动机液压泵的研究起步较晚，与国外存
在较大差距。燕山大学、北京航空航天大学、西安交
通大学和兰州理工大学关于不同电动机与液压泵的组
合开展理论研究、流场仿真、样机制造和试验研究，均处于研究和试验阶段，虽然取得了一
定的成果，但市场上并无成熟产品应用。国内最早关于电液泵的研究是兰州理工大学冀宏等
人于 2007 年公布的异步电动机与叶片泵集成的研究成果，如图 8-17 所示。

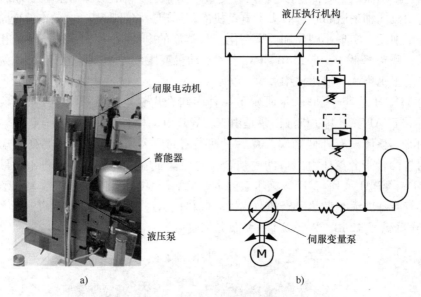

图 8-16　德国 VOITH 公司的闭式泵控系统
a）外形图　b）液压控制回路

该电动机液压泵将叶片泵内嵌在三相异步电动机转子的内部，利用工作介质对电动机冷
却，电动机转子一端与叶片泵共用滚动轴承支承，另一端使用滑动轴承支承在叶片泵的壳体
上，其体积和质量明显减少。该课题组对电动机液压泵的结构进行了优化设计，对振动、噪
声和效率等性能的测试结果显示：比传统的液压动力单元的振动、噪声明显降低。

北京航空航天大学将内啮合齿轮泵和轴向柱塞泵内嵌在直流无刷电动机内部，这种集成
电动机液压泵的突出优势是可以直接使用在直流电源供电的场合。台湾的中山科学研究所与高校
合作成功研制出三相异步电动机驱动的变量轴向柱塞泵的电动机液压泵产品，如图 8-18 所示。

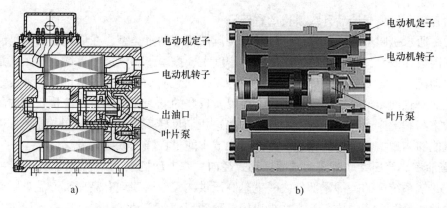

图 8-17　基于叶片泵的电液泵
a）结构原理图　b）剖视图

华中科技大学也开展了相似的研究工作，所研制的电动机液压泵驱动电动机转速不变，通过改变轴向柱塞泵的斜盘角度实现电动机液压泵的变流量输出。与传统的液压动力单元相比，该电动机液压泵的压力脉动降低了一半，而噪声降低了 10dB（A）。

综上所述，在国内外对电动机液压泵的研究和产品开发中，液压泵以柱塞泵和齿轮泵为主，而驱动电动机多采用三相异步电动机和直流电动机

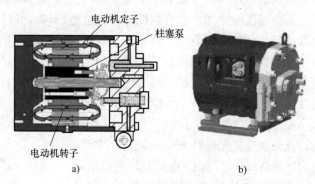

图 8-18　中山科学研究所电液泵
a）结构原理图　b）外形图

的形式。在电动机与泵的集成方面采用串联或并联的方式，电动机液压泵的对外流量压力输出调节通过变量泵的变量输出形式进行。

3. 电动机液压泵技术的发展趋势与应用前景

节能环保是世界各国均面临的经济发展难题，我国更是一个能源消耗大国。为了可持续发展，中国政府积极倡导推行绿色制造发展战略，以提高资源利用率和减轻对环境的副作用。节能、降耗和减少环境污染已经成为举国上下的共识。伺服电动机液压泵系统研究顺应了目前的经济和技术发展趋势，即实现伺服液压系统功能上的一体化、复合化，结构上的集成化、小型微型化，品种上的多样化、特色化，充分合理利用机械和电子方面的先进技术促进液压技术水平的提升，继续扩大应用服务领域。

伺服电液泵控系统是将现代液压技术、电子技术、计算机控制技术和传感器技术等紧密结合，形成一个完善高效的控制中枢，成为包括传动、控制、检测、校正和预报在内的综合自动化技术。它是大、中功率机械设备实现自动化不可缺少的基础支撑技术，应用前景极其广泛。

伺服电动机液压泵作为电液伺服系统中机电一体化的重要接口器件，受到飞速发展的电子技术的促进和影响，将为液压技术发展注入新的动力。与传统的液压动力单元相比，电动机液压泵具有结构紧凑、体积小、质量轻、噪声小、效率高、无外泄漏等突出的优点，特别适合在安静、清洁等场合应用。开发集成液压、电子和传感技术于一体的全新电动机液压泵

产品成为各液压件公司产品升级换代的首选。

开关磁通永磁同步电动机作为一种新型交流伺服电动机类型,在低速段运行仍能保持很高的功率因数和效率,具有结构紧凑、功率密度大、振动小和噪声小等优点,尤其是中、小功率的电动机不需要安装散热风扇,因此成为现代伺服电动机研究的热点。在液压系统中采用开关磁通永磁同步电动机驱动液压泵,可以实现泵的低速保压运行,使执行机构的调速范围宽、效率高和响应速度快;通过电动机的快速正、反转实现执行机构的换向;FSPM 电动机的待机能够实现执行机构的停止,由此可以节省能量,降低系统的发热。

4. 柴油汽车高压共轨系统用球面摆动式径向柱塞电动机泵

高压共轨系统中的关键零部件之一就是高压供油泵,由于现有高压泵产品难以满足人们对发动机性能日益严苛的要求,本文提出了一种新型球面摆动式径向柱塞电动机泵。与发动机驱动高压泵的传统传动方式不同,本设计基于"分散多动力"的思想,采用交流伺服永磁同步电动机作为高压泵的动力源,因此高压泵的驱动转矩波动将不再影响发动机的输出转矩。新型高压泵采用了具有内凹球面的柱塞结构,并使用具有外凸球面的偏心球体取代传统平面凸轮,使柱塞与驱动部件由线接触变为面接触,从而增大了接触面积并减轻了磨损。该新型球面摆动式径向柱塞泵的排量保持不变,为了满足车辆不同工况的燃油需求,泵的输出流量通过调节伺服电动机的转速来实现。本章将对此种新型球面摆动式径向柱塞电动机泵的总体结构和工作原理及动力学特性进行研究。

高压共轨供油系统用电动机泵,即所提到的球面摆动式径向柱塞电动机泵,主要由径向柱塞泵和交流伺服永磁同步电动机组成,电动机泵的总体结构三维模型如图 8-19 所示。本设计中的电动机泵将低压输油泵的驱动轴、高压供油泵的驱动轴和交流伺服永磁同步电动机的输出轴同轴集成在一起,高压泵的左侧泵体上安装着低压输油泵,高压泵的右侧泵体同时作为电动机的左侧端盖,右侧泵体通过凸台与驱动电动机的定子外壳进行配合,并通过均布在电动机定子外壳圆周上的多个双头拉紧螺栓,将驱动电动机与高压泵装配为一个紧凑的整体,大大减小了所占空间。

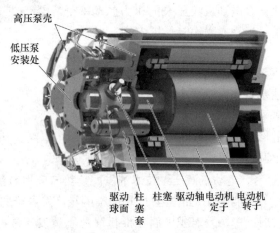

图 8-19 电动机泵的总体结构三维模型

与现有的高压共轨供油系统相比,电动机泵供油系统主要具有以下优点:

1)采用伺服电动机替代发动机作为高压供油泵的动力源,消除了高压泵所需驱动转矩的波动对发动机输出转矩的影响,减小了发动机输出转矩的波动率,提升了驾驶的舒适性。

2)电动机泵供油系统中燃油始终充满着柱塞的工作容积,高压泵供油量的改变是通过调节伺服电动机的转速实现的。控制单元根据车辆的不同行驶工况向伺服电动机传输不同的速度控制指令,伺服电动机进行快速响应即可实现高压泵供油量的实时调节。由于柱塞腔始终充满着燃油,因此防止了气蚀现象的发生,并且可以省掉燃油计量阀,降低系统成本。

泵主要分为叶片泵、齿轮泵、螺杆泵和柱塞泵等,其中叶片泵、齿轮泵和螺杆泵由于其工作原理和自身结构所限,无法工作在高压状态。柱塞泵具有在较高压力下高度可靠的运动能力，并且在压力冲击和温度变化较大的场合下寿命也不会明显下降，鉴于高压共轨系统中供油泵需要提供超高压力的燃油（一般大于100MPa）和承受较大的压力波动，因此只有柱塞泵能够满足此类工况，现有高压共轨系统的高压泵产品也均采用柱塞泵的结构形式。柱塞泵根据柱塞的布置形式可以细分为轴向柱塞泵和径向柱塞泵两种形式：

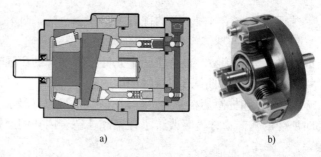

图 8-20 轴向柱塞泵和径向柱塞泵的结构示意图
a) 轴向柱塞泵 b) 径向柱塞泵

轴向柱塞泵的柱塞平行于缸体轴线布置；径向柱塞泵的柱塞和缸体（转子）轴线垂直，并沿径向成辐射状布置，图 8-20 所示为轴向柱塞泵和径向柱塞泵的结构示意图。

轴向柱塞泵由于结构原理所限，柱塞或者驱动盘在承受轴向力的同时也受到了径向力的作用，径向力只能靠深沟球轴承来平衡，因此在某种程度上讲，轴承的寿命限制决定了泵的使用寿命，当泵油压力增大时，轴承受到的径向力会随着轴向力的增大而增大，大大缩短了轴承和泵的使用寿命。由于使用寿命是共轨系统高压供油泵的主要指标之一，因此本设计中供油泵应选用径向柱塞泵。

本课题在进行新型供油泵的设计时，重点考虑了现有径向柱塞供油泵产品常见的失效模式，所设计新型高压供油泵（即球面摆动式径向柱塞泵）的机构简图和三维模型图如图 8-21 所示。球面摆动式径向柱塞泵由驱动轴、柱塞、摆动柱塞套、塑料支承轴承、左壳体和右壳体等零部件组成，驱动轴上安装有一个偏心球体，柱塞的底部为一内凹球面以便与偏心球体的球面配合，摆动柱塞套的内孔与柱塞配合而两端被支撑在塑料轴承中。泵在运行时，偏心球体的球面驱动柱塞在柱塞套中沿柱塞轴线往复移动的同时带动柱塞和柱塞套以塑料轴承的轴线为中心进行摆动，从而保证柱塞和柱塞套的轴线始终通过偏心球体的中心。由于柱塞和柱塞套在工作过程中可以摆动，因此柱塞在往复运动中不会对柱塞套产生侧向力。

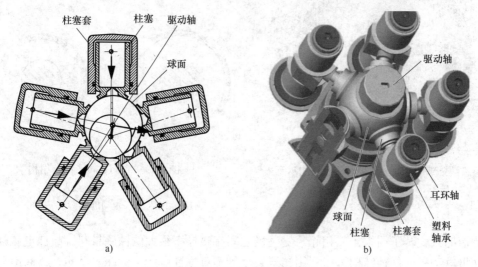

图 8-21 球面摆动式径向柱塞泵的机构简图和三维模型图
a) 机构简图 b) 三维模型图

球面摆动式径向柱塞泵的优点是：

1）采用偏心球体代替传统供油泵中的偏心凸轮，使得柱塞与驱动元件之间的接触形式由线接触变为面接触，减小了两个元件接触部分的压强也改善了两者之间的润滑性能，减轻了柱塞和驱动元件的变形和接触面的磨损。

2）柱塞和柱塞套在泵的工作过程中可以进行摆动，因此消除了柱塞在柱塞套中往复移动时所受的侧向力，显著改善了柱塞和柱塞套内孔的磨损状况，降低了柱塞和柱塞套的更换频率。

3）采用多个柱塞均匀布置在驱动球体的圆周，工作过程中同时有多个柱塞处于压油状态，作用在驱动轴上的径向力可以进行部分抵消，显著地改善了驱动轴的受力状况。而且，相比于只有单个柱塞压油的情况，多个柱塞同时工作可以降低高压泵输出流量的波动。

交流伺服永磁同步电动机的基本结构包括定子、转子、永磁体、绕组和中心轴等，图 8-22 所示为交流伺服永磁同步电动机的结构示意图。

交流伺服永磁同步电动机的定子与普通感应电动机基本相同，采用硅钢叠片以减少电动机的铁耗。与其他电动机不同的是，在交流伺服永磁同步电动机的转子磁路上，由永磁体产生励磁磁动势。交流伺服永磁同步电动机按照转子位置的不同分为内转子和外转子两种结构。外转子应用场合不多，常用于一些特殊结构设备上，通常情况下的交流伺服永磁同步电动机均为内转子结构。按照永磁体在转子上位置的不同，一般可分为表面式和内置式两种转子磁路结构。

表面式转子磁路结构又分为凸出式和插入式两种，图 8-23 所示为两者的转子磁路结构。对于表面凸出式转子来说，永磁体安装在转子的外表面，其交、直轴电感相等，在电磁性能上属于隐极电动机。表面凸出式转子结构具由结构简单、制造成本较低、转动惯量小等优点，易实现最优设计，使其气隙磁密接近正弦波，因此被广泛用于高性能伺服控制、响应速度要求高的场合。

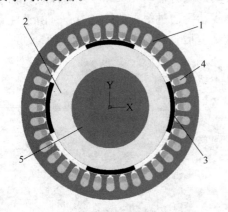

图 8-22 交流伺服永磁同步电动机结构示意图
1—定子 2—转子 3—永磁体 4—双层绕组 5—中心轴

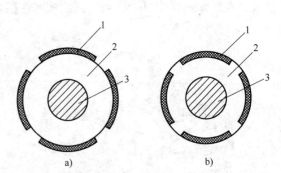

图 8-23 表面式转子磁路结构
a）凸出式 b）插入式
1—永磁体 2—电动机转子 3—中心轴

表面插入式转子结构，其相邻永磁磁极之间有磁导率很大的铁磁材料，故在电磁性能上属于凸极电动机，这种结构可以利用转子磁路的不对称性所产生的磁阻转矩，提高电动机的功率密度，动态性能较凸出式稍强，但漏磁系数和制造成本都较凸出式大。

内置式转子磁路结构的永磁体位于转子内部，转子铁心上可布置笼式绕组，具有异步起动的能力，其转子磁路的不对称性产生的磁阻转矩也有助于提高电动机的过载能力和功率密度，易于弱磁扩速。按照永磁体磁化方向与转子旋转方向的相互关系，又可以分为径向式、切向式和混合式三种，每种又有各自特性，这里不再一一赘述。

对高压供油泵的驱动电动机来说，在设计过程中更应该注重平滑的运行性能，尽量减少输出转矩波动。从常见的转子磁路结构分析，表面插入式和内置式转子磁路结构都属于凸极电动机，在相同技术水平下，凸极电动机相比于隐极电动机转矩波动大，因此会影响电动机输出转矩的平顺性。高压供油泵在工作过程中对输出压力的稳定性要求较高，因此，其驱动电动机的转矩波动率不能较大，故本设计中的交流伺服永磁同步电动机采用表面凸出式转子磁路结构。

根据高压泵的参数计算得到电动机的额定功率 5.5kW，额定转矩 35N·m。通过对比不同极槽配合下电动机的输出性能，可得采用分数槽以有效削弱谐波电势，改善反电动势波形从而降低纹波转矩，提高输出转矩的稳定性。最终确定本设计中电动机永磁体极对数为 2，定子槽数为 30，采用分数槽分布式双层短距绕组形式。通过对槽口宽度进行参数化仿真，可在只改变槽口宽度的情况下，随着定子槽口宽度的增大，输出转矩随之降低而齿槽转矩和转矩波动率随之增大，再考虑到线径的限制，最终取槽口宽度为 2.5mm。当永磁体的磁极宽度为定子齿距整数倍时，可以使齿槽转矩得到有效的抑制，在本设计中据此预取极弧系数，并进一步在预取极弧系数附近进行参数化分析。综合电动机的齿槽转矩、额定输出转矩平均值和转矩波动率情况，最终取电动机的极弧系数为 0.9。通过分析气隙长度对电动机输出性能的影响，可得定子磁密、转子磁密和气隙磁密均随气隙长度的增大而减小，随之引起电动机输出转矩明显降低，但转矩波动率随着气隙长度的增大先降低后趋于平稳，综合考虑电动机的输出性能和加工制造难度，最终取电动机的气隙长度为 2mm。

本书中所设计的球面摆动式径向柱塞泵是针对柴油机高压共轨供油系统的，车辆行驶在不同工况时，发动机的喷油量需要不断调节以适应车况变化。高压泵作为发动机所需燃油的供给单元，其输出流量要随着发动机喷油量的不同而变化，由于本设计中的球面摆动式径向柱塞泵为定排量泵，因此高压泵输出流量的改变需要通过调节电动机转速来实现。由此可见，电动机的控制系统在整个过程中起到了关键性的作用，直接决定了电动机泵在柴油机高压共轨系统中应用的可行性。

图 8-24 所示为电动机泵总体控制系统框图，整体采用全闭环控制方式，伺服驱动器与伺服电动机构成半闭环，流量传感器与主控模块构成全闭环。采用全闭环控制方式可以有效地消除电动机转速波动带来的误差影响，将高压泵的实际供油量和发动机的实际需油量进行对比，以合理的算法调整电动机转速以消除误差，最终实现高精度喷油控制。

在柴油机高压共轨系统中，高压泵的输出流量需与发动机的喷油量匹配，即高压泵在工作过程中其转速需要实时进行调节，因此驱动电动机的控制方式应采用转速控制。目前，可以实现永磁同步电动机转速控制的控制方法主要有矢量控制和直接转矩控制，两种技术分别建立在转子磁场和定子磁场的控制基础上对电动机转矩进行控制。

1）矢量控制。永磁同步电动机的矢量控制本质上是对定子电流矢量相位和幅值的控制，把电流分离为励磁电流分量和转矩电流分量，然后分别进行调节。矢量控制的关键就是通过坐标转换实现对电动机电枢电流的解耦控制，同时不影响旋转磁场的产生，因此矢量控

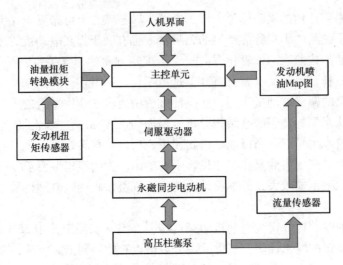

图 8-24　电动机泵总体控制系统框图

制的核心就是掌握对定子电流幅值大小和空间位置（频率与相位）的控制，矢量控制最终的目标是要通过对定子电流的控制来达到对转矩的精准控制。矢量控制示意图如图 8-25 所示。

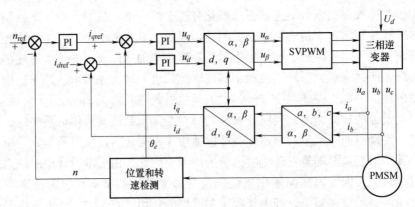

图 8-25　矢量控制示意图

图 8-25 中的控制系统根据调速的需要（结合给定转速与电动机的反馈转速），设定合理的电动机转矩与磁链目标值，结合永磁同步电动机转矩与电流的关系，给出合理的 i_{dref} 和 i_{qref} 指令值。两个电流指令值分别通过比例—积分（PI）调节器获得 dq 轴控制电压 u_d 和 u_q，将电压变换到 $\alpha\beta$ 静止坐标系后采用网络空间矢量脉宽调制（SVPWM）技术控制逆变器向永磁同步电动机供电。

2）直接转矩控制。直接转矩控制策略理论是：采用定子磁场定向和空间电压矢量，观测磁链和转矩的实际值与参考值的误差，通过滞环比较及定子磁链空间矢量的位置确定控制信号，从预制的电压矢量开关表中选择合适的定子空间电压矢量，进而控制逆变器的开关状态。直接转矩控制的目标是选择适当的定子电压矢量，通过电压矢量控制使定子磁链运动轨迹为圆形，与此同时不但实现了磁链模值，而且实现了电磁转矩的跟踪控制。直接转矩控制示意图如图 8-26 所示。

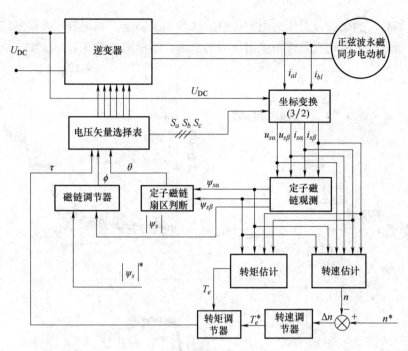

图 8-26　直接转矩控制示意图

矢量控制和直接转矩控制均为闭环控制，控制性能较高，都已获得广泛的实际应用，但因它们各自的特色，两者在应用领域除普遍适用的高性能调速系统外又各有侧重。矢量控制更适用于宽范围调速系统和伺服系统，而直接转矩控制则更适用于需要快速转矩响应的大惯量运动控制系统（如电气机车）。考虑到高压泵的工作转速范围较宽。因此本设计中电动机的控制方式选用矢量控制。

本书所述的球面摆动式径向柱塞电动机泵样机是用于柴油机高压共轨供油系统上的，因此需要测试出电动机泵的最大供油压力和输出流量变化规律。由于电动机泵样机额定转速下的输出流量较小，选用小量程流量传感器则成本较高，考虑到本文所研制的电动机泵样机是采用新型结构的第一台样机，可能存在许多未知因素且会引起输出流量不稳定，所以本试验过程中选用量筒和秒表对电动机泵样机的输出流量进行初步测试，待明确所有影响电动机泵输出流量的因素后，再对改进后的样机采用流量传感器进行测量。使用量筒和秒表对电动机泵输出流量进行测试时，待样机起动过程完成后使用量筒收集一段时间内的泵油量，利用流量公式计算出样机的平均输出流量，为了减小试验误差，每组试验测试三组最后取其平均值。

具体的试验内容为：调节驱动器使得电动机泵样机分别在 150r/min、300r/min 和 450r/min 下运转工作，手动旋转溢流阀的调压螺钉调节溢流阀进油口的压力，检测并采集试验过程中电动机泵样机的输出压力和输出流量的数据信息，进而获得电动机泵在不同转速下的瞬时压力波动曲线和流量曲线。

在进行电动机泵样机动态特性试验研究之前，先对低压泵的工作过程进行试验，以保证后续试验的顺利进行。接通控制电路使驱动电动机带动低压泵的驱动轴旋转，观察低压泵的输出管路是否正常出油。当验证低压泵可以正常工作后，接着进行了电动机泵样机的加压试验。具体实验方法为：在电动机转速分别为 150r/min、300r/min 和 450r/min 时，从空载压力开始逐渐加载，加载的最大压力根据样机的试验工况确定。利用数据采集系统记录不同转速下整个升压过程中电动机泵样机输出压力的数据，绘制出如图 8-27 所示的压力曲线。

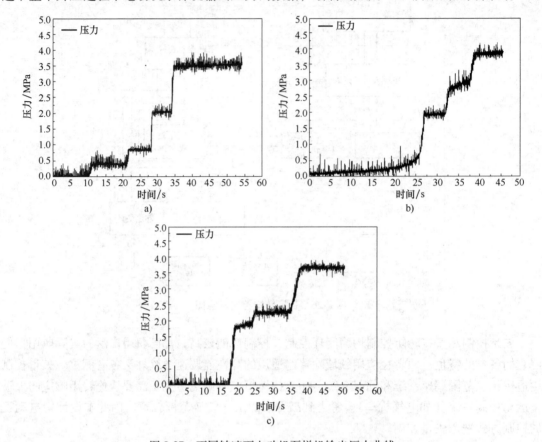

图 8-27　不同转速下电动机泵样机输出压力曲线

a）150r/min 转速下电动机泵样机输出压力曲线　b）300r/min 转速下电动机泵样机输出压力曲线

c）450r/min 转速下电动机泵样机输出压力曲线

　　分析图 8-27 中电动机泵样机在不同转速下所得的输出压力曲线可得，当利用溢流阀逐级进行加载时，不同转速下的样机均可以从低压状态快速响应至高压状态且输出压力可以稳定在目标压力附近。输出压力的波动主要是由泵的输出流量脉动和燃油泄漏引起的，燃油泄漏是由于样机在加工和装配过程中存在一些误差，导致柱塞与柱塞套、柱塞套和泵壳之间的密封条件不达标，决定对电动机样机进行改进设计后再进行更高压力的实验。

　　表 8-1 所示为试验过程中电动机泵样机的输出流量测试数据，输出流量数据的采集是在溢流阀压力调节至 3.7MPa 时进行的，待样机起动过程完毕输出流量稳定后利用秒表和量杯进行记录。由于量杯的精度相对较低，因此测试时间需要足够长以保证可以收集到足够量的燃油。为了进一步减小试验误差，每次试验均测试三次，最后取三次结果的平均值。

　　泵的平均输出流量计算公式（8-1）为：

$$Q_{av} = \frac{V}{t} \tag{8-1}$$

式中，Q_{av} 为平均输出流量（L/s）；V 为样机的排油量（L）；t 为秒表记录时间长度（s）。

表 8-1　电动机泵样机的输出流量测试

电动机转速/(r/min)	测试时间长度/min	排油量平均值/L	实测平均流量/(L/min)	理论平均流量/(L/min)
150	10	1.18	0.118	0.1485
300	10	2.49	0.249	0.297
450	10	3.92	0.392	0.4455

分析图 8-28 可得，理论平均流量随着转速的升高成比例增加，实测平均流量也近似呈线性增加的趋势。同时可以看出，当负载压力不变时，实测平均流量与理论平均流量的差值随着转速的升高而增大，也就是随着转速的升高，泄漏是不断增大的。在样机转速为 450r/min 时，泄漏量达到了 0.0535L/min，造成这种现象的原因是随着传动轴转速的升高，柱塞在柱塞腔内往复运动的速度增大，使得电动机泵样机的总泄漏量增大。由图中容积效率曲线可得，在相同负载压力下，电动机泵样机在高转速下的容积效率要高于低转速，这是由于随着转速的升高，造成泄漏增大的同时，而电动机泵样机的实际输出流量也得到了提高，并且输出流量的提高占主导作用，因此样机的容积效率也会随之增大。

电动机泵样机在不同转速下理论平均流量和实测平均流量的对比如图 8-28 所示。

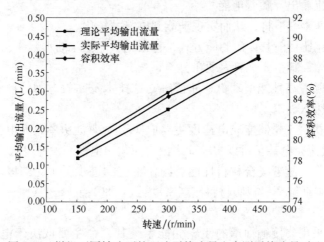

图 8-28　样机不同转速下的理论平均流量和实测平均流量对比

8.4.2　伺服电动机与飞轮储能装置

飞轮储能系统的基本原理是：充电时外界输入电能，飞轮转子在电动机驱动下将电能转化为高速转动的飞轮转子的动能储存起来；放电时高速旋转的飞轮转子带动发电机发电，电能经过电力电子系统变换后供给外部负载稳定电压。其基本结构包括飞轮转子、轴承系统、电动发电机、电力电子转换及控制装置及防护罩，飞轮储能系统示意图如图 8-29 所示。

飞轮储能系统能量的转化包括三个过程。

（1）电能转化为机械能　该过程为飞轮的充电过程。电力电子转换装置将电网中的交流电转换为特定频率和波形的交流电，驱动飞轮电动机并使飞轮升速。升速过程有两种方式，恒转矩过程和恒功率过程。

（2）动能形式储存电能　该过程为能量保持过程。飞轮维持充电结束时的转速高速旋转。如何能使飞轮旋转过程中能量损耗最少，是飞轮储能研究的一个重要方向。为了尽可能减少摩擦损耗，可以通过磁悬浮技术，实现飞轮转子的完全悬浮。当高速旋转时，转子的风损占据了很大部分，可以将整个系统放置在真空容器中。真空容器一方面提供了真空环境，另一方面具有安全罩的作用。

（3）动能转化成电能　因高速飞轮旋转过程中带动飞轮电动发电机旋转，由电磁感应原理在绕组端部产生电动势。当外界负荷需要电能时，电力电子转换装置通过整流、滤波稳压等一系列转换将飞轮储能系统的动能转化成合适的电流输出。随着电能

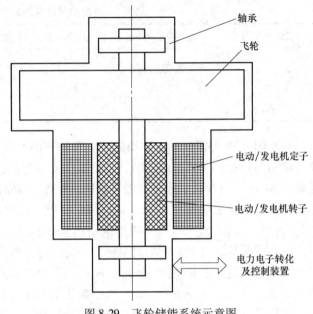

图 8-29　飞轮储能系统示意图

轴承

飞轮

电动/发电机定子

电动/发电机转子

电力电子转化及控制装置

的输出，飞轮的转速逐渐下将，从而实现动能到电能的转化。

飞轮储能技术相比目前其他的储能方式，包括化学电池、抽水蓄能、压缩气体蓄能、电容蓄能、超导蓄能等，其主要优势表现在：

（1）效率高　随着高性能电动机、非接触支撑技术及高效电力转换装置的发展，飞轮储能的效率可轻易达 90%以上。

（2）充电速度快　飞轮储能充电速度主要取决于电动机功率及充电器性能，一般充电时间在 1h 之内，快速充电甚至可以 10min 之内，而化学电池一次充电七八小时。

（3）储能密度大　随着复合材料性能及制作工艺的进步，飞轮的极限转速得到了大幅度提高，如 T1000 碳纤维环氧树脂材料储能密度可达 780Wh/kg，从而使飞轮储能系统非常紧凑，占用空间小。

（4）寿命长　采用非接触轴承的飞轮储能系统其寿命主要取决于电子元器件的寿命，充放电次数基本不受限制。而一般化学电池的充放电次数为几百次。

（5）易检测　飞轮储能系统的转速很容易测量，从而储能系统的状态可以随时检测，从而便于能量的管理。而化学电池及电容储能等很难精确检测电池的工作状态。

各种储能方式特点对比见表 8-2。

表 8-2　陕西汽车控股集团有限公司低速电动车电池组参数

项目名称	飞轮储能	化学电池	抽水蓄能	压缩气体	超导蓄能
效率（%）	~90	~70	~60	<50	~90
循环寿命	无限	几百	几千	几千	无限
充电时间	分	小时	小时	小时	分
检测性	极好	差	极好	极好	极好

随着电力电动机技术的发展，电力电子及控制技术在飞轮储能系统中已经成熟。制约飞轮储能发展的关键技术有三个：飞轮转子材料及工艺、低损耗高速轴承技术、高性能高速电动机技术。

（1）飞轮转子材料及工艺　飞轮转子是飞轮储能系统的储能元件。存储在飞轮里的能量 E 为

$$E = \frac{1}{2} J \omega^2 \tag{8-2}$$

式中，J 为飞轮的转动惯量；ω 为飞轮角速度。转子高速旋转受到很大的离心力。由于飞轮材料强度的限制，飞轮转子速度不能无限制提高。为尽可能提高飞轮的储能密度。需选用强度高、密度小的材料。为此近年来对复合材料飞轮的研究越来越多，如碳纤维飞轮、玻璃纤维飞轮等。复合材料在超高速飞轮储能中显现出了很大的优势，而复合材料的失效机理及制造工艺还不是十分成熟，故成为高性能飞轮研制的制约因素。

（2）轴承系统　高速旋转的飞轮对支撑系统有很高的要求。飞轮电池对轴承的要求是：高转速、无润滑、低摩擦。最理想的方式是采用无接触轴承，近年来磁悬浮技术的成熟给飞轮储能系统带来很大发展。而磁悬浮轴承需要消耗一定的能量且控制较为复杂，有些场合采用组合式支撑系统效果更佳显著。目前飞轮储能系统的轴承系统支撑方案有机械轴承、被动磁轴承、主动磁轴承和混合轴承。

（3）电动/发电机　电动/发电机是飞轮储能系统能量转换的核心，是一个集成部件。充电时在控制系统控制下，做电动机用，给飞轮加速到设计转速。放电时，做发电机用，将飞轮转子的动能转换为电能输出。一般情况下对电动机的选择要考虑几个方面的因素。第一，极限转速高，高转速是飞轮储能系统电动机的基本要求；第二，空载损耗低，飞轮储能系统长时间处于能量保持状态的特点决定了其电动机空载损耗必须很低；第三，能量转换效率高、调速范围宽；第四，为减少充电时间，在电动模式时要求具有较大的转矩。因此，高性能高速电动机是飞轮储能系统研究的热点问题之一。

目前飞轮储能系统主要是电动机和飞轮通过转轴串联的方式组合而成，如图 8-30 的结构形式便于电动机的安装调试，利于散热。主要缺点是轴向尺寸过大，结构不紧凑。本课题的飞轮储能系统以低速电动车为应用背景。串联方式会占用大量空间，不便于电池组的布局。因而本课题采用的电动机与飞轮集成的方式如图 8-31 所示，即采用外转子电动机，飞轮直接安装于电动机外转子上。轴为中孔的心轴，一方面便于电动机定子导线的引出，另一方面利于电动机定子散热。

由于飞轮储能系统的飞轮转速较高，这就对轴承系统提出了更高的要求。轴承系统的性能直接关系到飞轮储能系统的效率和使用寿命。目前用于飞轮储能系统的轴承有机械轴承、磁轴承和混合轴承。

机械轴承主要包括，滚动轴承、滑动轴承、陶瓷轴承、挤压油膜轴承等。

磁轴承分为被动磁轴承和主动磁轴承。被动磁轴承有永磁轴承和超导磁轴承。单靠永磁轴承无法实现稳定悬浮，而超导磁轴承可以实现转子稳定悬浮，但构造超导条件会使系统复杂，且能耗较多。主动磁轴承通过控制绕组电流控制电磁力从而实现稳定悬浮，控制系统复杂且能耗较多。

混合轴承是机械轴承与磁轴承的各种组合，以实现最佳的综合性能。

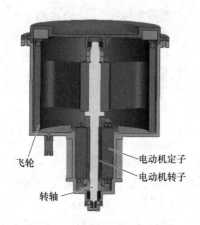

图 8-30　电动机与飞轮串联结构图

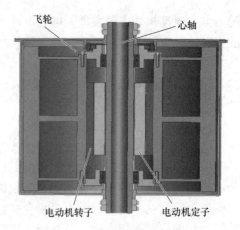

图 8-31　电动机与飞轮集成结构

磁悬浮轴承系统几乎无机械磨损，在高速状态下表现出非常优异的性能，是超高速飞轮储能系统的最佳选择。西安交通大学赵升吨教授团队考虑低速电动车的总体成本，包括飞轮材料成本、电动机成本等，不采用超高转速，因而选用陶瓷轴承作为飞轮储能系统的轴承。陶瓷轴承具有高转速，无油自润滑，耐高温等特性。

结合所确定的系统结构形式，西安交通大学赵升吨教授团队提出的低速电动车飞轮储能系统设计框图如下图 8-32 所示。整体系统分为三个子系统：机械系统、电力转换系统和控制系统，控制系统通过控制电力转换系统实现对机械系统充放电的控制。其中机械系统的设计主要包括电动机设计、飞轮设计、真空室等基础部件的设计。电力转换系统包括电动机驱动器的设计、放电系统设计两个部分；控制系统包括对充电（即电动机驱动）的控制及为实现系统稳压输出的放电控制。

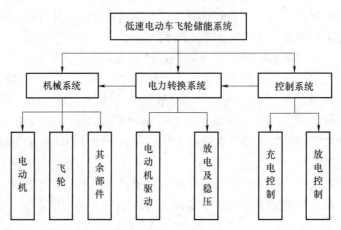

图 8-32　低速电动车飞轮储能系统设计框图

图 8-33 所示为一个 12/10 极内转子开关磁通电动机的截面图。该电动机定子由 12 个 U 形铁性组成，两个 U 形铁心之间夹着永磁体。永磁体切向充磁，并且相邻永磁体充磁方向相反。定子绕组为集中绕组，如图中所示。

取一个单元并展开进行分析。如图 8-34 所示，按照图中永磁体的磁场方向。当转子齿处于定子左边齿位置时，磁链由转子穿过气隙到左边定子齿，然后通过永磁体到右边定子齿,并随着转子转动;当转子齿转到右边定子齿位置时,磁链由左边定子齿通过永磁体到右边定子齿,然后穿过气隙到转子齿,链方向正好相反。因此,随着转子的转动,磁链方向不断发生切换,从而在绕组中产生反电动势。正因为该种电动机磁链不断变化,故被叫作开关磁链电动机或开关磁通电动机。由于电动机的具体结构,绕组中的反电动势接近正弦波,当绕组中通入与反电动势变化规律一致的交流电时,就产生电磁力矩。

为了整体结构的紧凑性,集成电动机做成外转子的结构。外转子开关磁通电动机与内转子运行原理一样。

飞轮是飞轮储能系统的储能元件,是飞轮储能系统设计的核心。高速飞轮运行过程中由于离心力的影响会受到径向和切向的应力,为了提高飞轮的储能密度,应尽可能提高飞轮转速,而转速越高飞轮所受应力越大,从而制约了储能密度进一步提高,因而飞轮材料的选择及合理的结构设计是保证飞轮正常运行的关键。

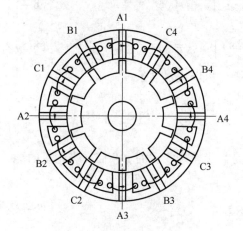

图 8-33　12/10 极内转子开关
磁通电动机截面

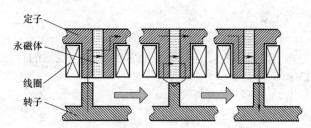

图 8-34　开关磁通电动机运行原理

1. 飞轮应力理论分析

高速运动飞轮的离心应力是飞轮失效的主要原因。不同材料,不同结构形状的飞轮,应力分布情况各异。特别是各向异性材料,应力分布更为复杂。对于内外径分别为 r_i、r_o 的等厚度各向同性的金属圆环结构的飞轮,如图 8-35 所示,圆环上 $\chi = r/r_o$ 某点处径向应力 σ_r 和切向应力 σ_θ 分布的表达式为

$$\begin{cases} \sigma_r = \rho\omega^2 r_o^2 \dfrac{3+\nu}{8}\left(1+\lambda^2-\dfrac{\lambda^2}{\chi^2}-\chi^2\right) \\ \sigma_\theta = \rho\omega^2 r_o^2 \dfrac{3+\nu}{8}\left(1+\lambda^2+\dfrac{\lambda^2}{\chi^2}-\dfrac{1+3\nu}{3+\nu}\chi^2\right) \end{cases} \quad (8\text{-}3)$$

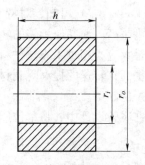

图 8-35　等厚度金属圆环飞轮

式中,ρ 为材料的密度;ω 为飞轮转速;ν 为材料泊松比;r_o 为飞轮外径;r_i 为飞轮内径;λ 为飞轮内外径之比 $\lambda = \dfrac{r_i}{r_o}$。

取泊松比 $\nu = 0.3$，以 χ 为横坐标，以 $\dfrac{\sigma}{\rho\omega^2 r_o^2}$ 为纵坐标，内外径之比 λ 分别取不同值时得到应力分布如图8-36所示。

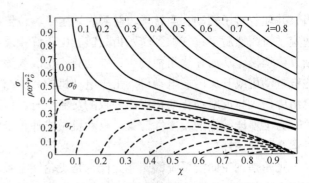

从应力分布图可以看出，对于各向同性材料的圆环状飞轮。其切向应力比径向应力大很多，且占主要部分，而切向应力随着半径的减小而增大，在内径处达到最大值，在外径处为最小值。由公式（8-3）可得：

图8-36　各向同性等厚度圆盘飞轮应力分布

$$(\sigma_\theta)_{max} = \frac{\rho\omega^2 r_o^2}{4}\left[\,(3+\nu)+\lambda^2(1-\nu)\,\right] \quad (r=r_i) \tag{8-4}$$

$$(\sigma_\theta)_{min} = \frac{\rho\omega^2 r_o^2}{4}\left[\,(1-\nu)+\lambda^2(3+\nu)\,\right] \quad (r=r_o) \tag{8-5}$$

因而对圆环状金属飞轮，若选择最大应力破坏准则，可以用强度条件

$$(\sigma_\theta)_{max} \leqslant [\sigma] \tag{8-6}$$

作为失效准则。

2. 飞轮材料及结构形式的确定

飞轮是飞轮储能系统核心零件之一，能量的存储是靠飞轮来实现的。存储在飞轮里的能量 E 为

$$E = \frac{1}{2}J\omega^2 \tag{8-7}$$

式中，J 为飞轮的转动惯量；ω 为飞轮角速度。

假设飞轮放电终了时的速度为 $\omega/2$，则飞轮释放的总能量为：

$$\Delta E = \frac{1}{2}J\omega^2 - \frac{1}{2}J\left(\frac{\omega}{2}\right)^2 = 0.75E \tag{8-8}$$

由式（8-7）可知，对特定飞轮来讲，工作转速越高，其所能够储存的能量就越多，储能密度越高。而高速旋转的转子会受到很大的离心力，包括切向应力和径向应力。当转速升高使最大应力超过了飞轮材料的强度极限，将会导致飞轮零件破坏，因而飞轮转速不可能无限制提高，转速的提高受到材料强度的限制。飞轮储能技术的发展很大限度上受到高强度材料发展的制约。

在飞轮设计中，将单位质量储存的能量大小成为储能密度 e，即

$$e = \frac{E}{m} \tag{8-9}$$

对于实心金属圆盘来讲，

$$J = \frac{1}{2}mr^2 \tag{8-10}$$

带入式（8-7）由（8-9）得储能密度为

$$e = \frac{1}{4}\omega^2 r^2 \tag{8-11}$$

根据式（8-3），当 $\lambda \to 0$ 时，可得实心圆盘最大切向应力为

$$(\sigma_\theta)_{\max} = \frac{(3+\nu)\rho\omega^2 r_o^2}{4} \tag{8-12}$$

采用最大应力准则 $(\sigma_\theta)_{\max} \leqslant [\sigma]$，则

$$e \leqslant \frac{1}{(3+\nu)}\frac{\sigma}{\rho} \tag{8-13}$$

由式（8-13）可知，飞轮的储能密度主要取决于飞轮材料的强度及密度。为尽可能提高飞轮的储能密度，要选择强度高密度小的材料。一些常用材料的极限储能密度见表 8-3。由表中数据可知，目前碳纤维符合材料是非常理想的飞轮制造材料，对于金属材料，高强度钢也具有比较高的储能密度。

表 8-3　常用材料的极限储能密度

材　　料	材料强度/GPa	密度/（kg/m³）	最大储能密度/（W·h/kg）
铝合金	0.6	2800	47.6
高强度钢	2.8	8000	77.8
玻璃纤维	1.8	2100	142.8
碳纤维	4.2	1600	437.5

碳纤维复合材料在高转速下才能发挥出自己的优势。针对低速电动车的应用场合，在 20 000r/min 的转速下，分析高强度钢和碳纤维两种材料。通过计算比较可知，采用高强度钢具有较好的综合性能。下面以 18Ni350 超高强度钢材料和碳纤维两种材料为例分析对比。

假设飞轮储能 1kW·h，设计转速为 20 000r/min。

采用 18Ni350 超高强度钢，其屈服强度为 2.4GPa，密度 $\rho = 7850\mathrm{kg/m^3}$，泊松比 $\nu = 0.3$。若取安全系数 1.5，则需用应力 $[\sigma] = 1.6\mathrm{Gpa}$。

考虑到电动车的安装空间，取飞轮转子外径 $r_o = 220\mathrm{mm}$。主要考虑切向应力由 $\sigma_\theta|_{r=r_i} < [\sigma]$，解得飞轮环内径 $r_i = 190\mathrm{mm}$。

由储能 1kW·h，解得飞轮转动惯量 $J = 2.2\mathrm{kg \cdot m^2}$。

从而转子的质量 m 及转动惯量 J 为：

$$m = \pi\rho h(r_o^2 - r_i^2) \tag{8-14}$$

$$J = \frac{1}{2}m(r_o^2 + r_i^2) \tag{8-15}$$

常见的飞轮结构形式一般有实心圆柱式（见图 8-37a）和空心轮辐式（见图 8-37b）两种结构。实心圆柱式结构制造工艺简单，但质量分布不合理，不利于飞轮整体质量的减轻。空心轮辐式结构质量分布集中在边缘，转动惯量大利于减重。但制造工艺较复杂，如果采用焊接形式，对焊缝质量要求很高。

此外，在飞轮高速运转过程中，空气阻力对能量的损耗，简称风损，是飞轮储能系统能量损耗的主要因素，对飞轮储能系统性能有很大影响。相比这两种结构，空心轮辐式结构与空气接触面积大，风损比实心圆柱式大。

综合考虑这两种结构的优势，西安交通大学赵升吨教授团队提出了如图 8-38 所示的飞

a)   b)

图 8-37　飞轮结构形式

a）实心圆柱式飞轮　b）空心轮辐式飞轮

轮结构。根据具体应力分布情况可以改变辐板厚度或者数量。

基于前述设计的电动机、飞轮等主体部件，进一步设计了电动机轴、轴承座、端盖、外筒身等结构，图 8-39 是设计的飞轮储能系统总体结构图。

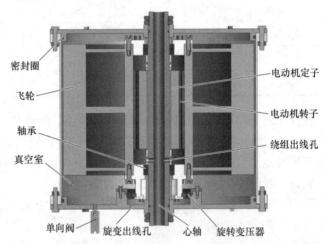

图 8-38　采用的飞轮结构形式　　　　图 8-39　飞轮储能系统总体结构图

电动机定子与电动机轴通过过盈配合连接。考虑到动平衡等问题，飞轮与电动机转子的连接也采用过盈配合。飞轮两端用法兰连接两个轴承座，轴承采用陶瓷轴承，外圈运动，内圈装配于心轴上。用于驱动电动机运转及检测飞轮运动参数的编码器采用磁阻式旋转编码器，结构紧凑，工作可靠。电动机绕组及旋转变压器引出线通过轴及端盖上的出线孔与外界相连，最终的出线孔通过密封胶实现气密性。整个转子系统装于由两个端盖和外筒组成的真空室中。真空室真空环境的产生是靠真空泵通过单向阀来实现的。

第 **9** 章 典型智能生产线及智能机器

9.1 汽车覆盖件智能冲压生产线

9.1.1 汽车覆盖件智能冲压生产线基本组成

汽车覆盖件智能冲压生产线（见图 9-1）一般包括压力机和冲压自动化系统，其中冲压自动化系统通常包含拆垛系统、自动传输系统及线尾出料系统三个部分。智能冲压生产线的实现，主要有机械手式和机器人式两种形式。该类生产线生产率高，冲程速度快，换模时间短，已成为当前主流。

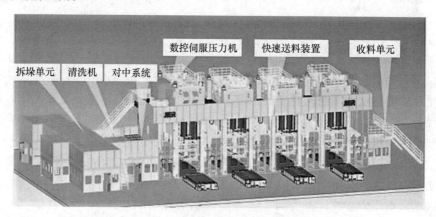

图 9-1 汽车覆盖件智能冲压生产线

1）拆垛：为智能冲压生产线的首道工序，由拆垛小车和拆垛机器人组成，采用起重机或叉车将需要生产的板料转运至拆垛小车上，进行定位，由拆垛小车上的磁力分张器将板料分开，然后再通过拆垛机器人将板料放到上料带式输送机上，实现板料拆垛工序。

2）清洗：输送设备带式输送机将拆垛机器人抓来的板料输送到清洗设备处，经过清洗机除去板料表面的灰尘油污，达到生产所需清洁度要求。清洗机具有自行走机构，在不需要清洗工序时，整机可沿地面轨道开出。

3）涂油：经过清洗后的板料由涂油设备喷涂一层薄的油膜，可选择单面、双面或不喷等方式，喷涂油膜面积可调，板料表面附着油膜有利于冲压件成形，从而防止拉裂，提高产品质量。

4）对中：对中系统一般分为机械对中和视觉对中两大类，目前大部分主机厂采用视觉对中，此处特指视觉对中系统。通过清洗涂油后的板料，被输送至对中系统正下方的过渡带式输送机上，通过拍照将板料的位置信息传输给上料机械手或上料机器人，它通过调整抓取位置，顺利抓取板料，从而实现板料对中。

5）成形：上料机械手或上料机器人抓取板料放置在首台伺服压力机上进行拉延，并通过调整伺服控制系统使伺服压力机在任意位置停止，增加保压时间，得到所需形状的首序成形件，然后通过传输机械手或传输机器人抓取板料进行压力机间的板料输送；经过后序伺服压力机完成拉延、切边、冲孔、翻边、整形等工序后得到所需要的冲压件。伺服压力机采用伺服电动机控制，直接驱动连杆机构，带动滑块上下往复做直线运动，由于伺服电动机的特点，滑块可以在任意位置停止，工件成形保压时间可控，同时匹配数控拉伸垫，压边力可调，能生产高品质冲压件。

在我国汽车工业快速发展的背景下，国内汽车企业面临的现状是：个性化需求，车型变化周期缩短，品牌竞争激烈，轻量化，节能环保，安全舒适。这就需要生产组织形式灵活多变，能适应市场需求多样化的要求，及时组织多品种生产以提高竞争能力。随着消费水平的日益提高，国民对汽车的需求量加大，质量要求也更高，这对汽车生产厂商提出了更高的要求。随着计算机技术、信息技术、测控技术和伺服冲压成形技术的发展及与互联网技术的深度融合，汽车企业数字化平台的应用为汽车覆盖件冲压生产数字化、智能化提供了技术基础。运用数字化平台，实现设计、工艺、生产管理等信息的无缝对接，从而实现全过程的效率提升。

9.1.2 汽车覆盖件智能冲压生产线的研究现状

目前，国内各汽车企业新建工厂都以数字车间，智能车间为新的工厂标杆，使冲压生产线的数字化、智能化水平不断提升。大型多工位冲压生产线是目前世界上最先进、最高效的板材冲压设备，它代表了目前汽车覆盖件冲压成形的最高水平和发展方向。大型多工位冲压生产线一般由拆垛机、大型压力机、自动送料系统和码垛系统等组成。其生产节拍可达 16~25 次/min，是手工送料流水线的 4~5 倍，是单机连线自动化生产线的 2~3 倍，具有生产率高、制件质量高的特点，特别适合汽车大批量冲压生产。

据美国精密锻压协会统计，美国三大汽车公司所应用的冲压生产线中有 70% 为多工位冲压生产线；日本的冲压生产线中，有 32% 是多工位冲压生产线。在我国，随着技术的引进和吸收，用于大型覆盖件冲压的多工位冲压生产线也得到了快速发展。

图 9-2 所示为济南二机床集团有限公司生产的双臂高速柔性冲压生产线是目前国产技术水平最高的柔性冲压生产线，由 1 台 21 000~24 000kN 和 3~4 台 10 000~12 000kN 多连杆伺服压力机（见表 9-1）及自动上料、双臂伺服送料装置、自动出料等部件组成，该生产线应用了伺服驱动、数控液压、同步控制等多项自主核心技术，与传统全自动冲压生产线相比，全伺服生产线生产节拍达到 15 次/min，效率提高 20%，压力机制造精度比现行国家标准提高了 20%；拆垛、送料、成形、码垛全部实现自动化，并能实现远程通信、故障诊断；集机、电、仪、计算机控制于一体，采用人机对话、自动调整、模具识别、网络过程监控等技术，通过编程将 50 多个动作和顺序或并行，或交叉自动进行，自动实现全线模具更换的全部过程。自动换模时间仅 3min，占时是普通自动化生产线的三分之一，生产柔性也更加优越，可实现"绿色、智能、融合"的全伺服高速冲压生产。该生产线是济南二机床集团有限公司为美国福特、上汽通用、一汽大众等汽车厂提供的汽车覆盖件冲压生产线，代表国内冲压生产线的最高水平。

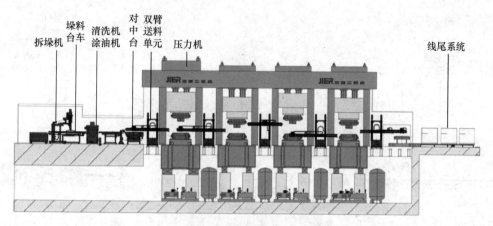

图 9-2　双臂高速柔性冲压生产线布置

表 9-1　设备主要技术参数

技术参数	24 000kN 冲压生产线型号		24 000kN 冲压生产线型号		22 500kN 冲压生产线型号		21 000kN 冲压生产线型号		18 000kN 冲压生产线型号	
	LS4-2400	J39-1000	LS4-2400	J39-1000	LS4-2250	J39-1000	LS4-2100	LS4-1200	LS4-1800	J39-800
数量/台	1	3	1	3	1	3	1	4	1	3
节拍/(次/min)	10~18		10~15		10~15		10~15		10~15	
行程/mm	1400	1250	1400	1250	1400	1250	1400	1350	1400	1250
台面尺寸/mm×mm	2400×4600	2400×4600	2500×4600	2500×4600	2400×4500	2400×4500	2400×4500	2200×4500	2400×3800	2400×3800
拉伸垫吨位/kN	4000	—	4500	—	4500	—	6000		4000	—
拉伸垫行程/mm	300	—	350	—	300	—	350		300	—

另外济南二机床集团有限公司还有单臂快速柔性冲压生产线（见图 9-3）及机器人冲压生产线（见图 9-4）。

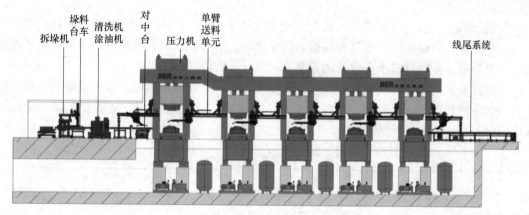

图 9-3　单臂快速柔性冲压生产线布置

主要用户有福特汽车、上汽通用、一汽大众、上汽大众、东风日产、长安铃木、广州本田等合资汽车品牌及奇瑞、比亚迪、长城、吉利、哈飞等自主品牌汽车企业，得到用户广泛好评。

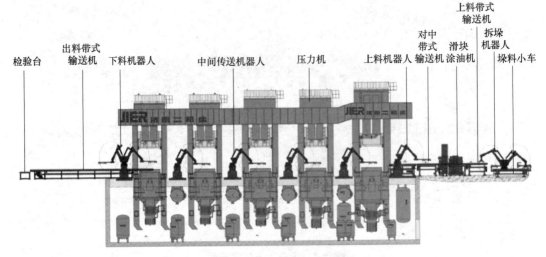

图 9-4　机器人冲压生产线布置

国外同类产品厂家：日本 KOMATSU、AIDA、AMINO、西班牙 FAGOR ARRASATE、德国舒勒等公司分别开发了各种不同形式的伺服曲柄压力机。其中德国舒勒公司的伺服冲压生产线水平技术领先，应用较广。可提供多种配置和速度选项。其整线节拍从 12 次/min 到 23 次/min，具有更高的自动化速度，能制造出冲压生产线所能生产的绝大多数大、中型零部件：车身件、发动机罩、底盘件、车门件及结构件。图 9-5 所示的舒勒公司的伺服冲压生产线采用伺服直驱技术，具有速度快、结构紧凑、生产灵活三大特点。

图 9-5　舒勒公司的伺服冲压生产线

凭借舒勒公司的料片装载机、横杆机械手及尾线系统，该冲压生产线能够实现较高的产能与产品质量，同时可缩短模具与端拾器的更换时间。这对于降低零部件的单件成本进而提高压力机的经济效益具有十分重要的意义。

为更好地满足零部件的尺寸及其他具体要求，舒勒公司现提供两种采用伺服直驱技术但配置不同的冲压生产线：伺服冲压生产线 ServoLine 23L（见图 9-6）与伺服冲压生产线 ServoLine 18XL，主要技术参数见表 9-2。

表 9-2　设备主要技术参数

技术参数	设　　　备	
	ServoLine 23L	ServoLine 18XL
最大行程速率产量/(件/min)	23	18
压力机最大行程速率/(次/min)	28	22
压力机最小行程速率/(次/min，使用最大冲压力)	3	3

（续）

技术参数	设　　备	
	ServoLine 23L	ServoLine 18XL
驱动方式	SDT	SDT
第一台拉延压力机中主电动机的数量及功率	3×390kW	4×390kW
第二台压力机中主电动机的数量及功率	2×390kW	2×390kW［3×］
电动机冷却系统	水冷	水冷
第一台拉延压力机的滑块行程/mm	1100	1300
第二台压力机的滑块行程/mm	1100	1300
第一台压力机的冲压力/kN	20 000	25 000［21 000］
第二台压力机的冲压力/kN	14 000	12 000［18 000］
最大夹持面/mm×mm	3600×2000	4600×2500
模具型面/mm×mm	4100×2100	5000×2600

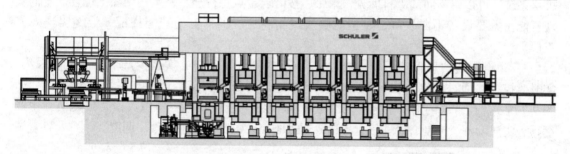

图 9-6　舒勒公司的伺服冲压生产线 ServoLine 23L 布置

在长春的一汽轿车股份有限公司（简称一汽轿车）中，舒勒公司的伺服冲压生产线整线节拍达到 17 次/min，且配备有横杆机械手自动化设备。同时一汽轿车在生产中引入科学化管理，通过数字仿真技术优化冲压生产线运行，从而充分发挥了伺服冲压生产线的性能优势。

2017 年年底宝沃汽车选择购买了舒勒公司的五序大型伺服冲压生产线。这条 6700t 的全新五序大型伺服冲压生产线，由五台压力机及配套的自动化系统组成。整线采用了伺服直驱技术和与之相匹配的最新高效节能技术。主驱动所使用的最新能源管理系统和第一台压力机采用的新一代液压拉伸垫是该冲压生产线高效率的保证。为满足宝沃大批量生产的需求，冲压生产线还可以采用一模双件和一模四件的形式生产。同时，宝沃还采用 3D 模拟仿真软件，方便设备操作人员为单台压力机、自动传输系统及拆垛和线尾系统的横杆式送料机械手等制定优化的运动曲线。快速全自动更换模具和端拾器，保证频繁更换产品所需的灵活性。

9.1.3　高效冲压生产线的技术特征

1. 绿色

基于伺服驱动技术，通过提高材料成形性能，减少冲压工序，提高效率，降低单位能耗，实现绿色制造。其中节能一般在 30%～50%，减少碳排放，节省材料，降低噪声等。

2. 智能

基于互联网、物联网技术和机器人及自动化集成技术，通过配置智能化集成控制系统，可实现与企业资源计划（ERP）通信及远程管理功能，来实现智能化+自动化。

3. 高效

意味着更高的生产率和产品精度、更稳定的重复精度、更加柔性化的生产方式、较低的劳动强度、更快的市场反应速度及更加全面的企业信息化系统。

高效冲压生产线集成零件智能检测系统、物流自动传输系统、生产制造信息管理系统于一体，可以实现数据管理、数据判断，为数字化、智能化提供设备基础。

1）智能检测系统：设备上的视觉传感扫描设备，使设备能够"看清"正在加工的零件，主动、自动调整零件位置。设备的智能检测功能贯穿于设备层面的方方面面，是设备智能化的基础。

2）物流自动传输系统：能将原料与设备连接起来、能将不同的工艺设备连接起来、能将产成品与库存连接起来。智能物流，是实现智能化工厂的必要条件。如设备上的高速自动拆垛系统，可以将不同的垛料拆分，单张、按时、定点将待加工件运送到加工位置。全面实现智能化需要设备不断发展，直至能够实现物料流、工具流的智能搭配，最终实现无人工厂。

3）生产制造信息管理系统：通过ANDON（安灯）系统，实现生产信息的自动采集，实时监控；并通过与制造执行系统（MES）连接集成，实现生产管理系统的智能化，如图9-7所示，生产线的信息系统与工厂ERP系统的无缝对接，将销售数据直接转换为生产纲领；实现设备、控制、管理信息传递；通过监控设备实现集中管理、调度。

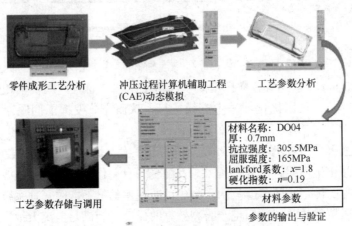

图9-7　生产制造信息管理系统

未来智能云平台技术，如图9-8所示，以云平台为依托，提供SaaS（软件即服务）云应用和大数据分析能力，实现机床+互联网的融合。汽车企业将生产线的数据实时采集到云平台上，云平台将数据分类汇总，直观地展现整条线的使用情况、产品的生产情况、每个设备的使用情况，使用户能够实时掌握生产状况、生产率、设备使用效率等。同时云平台支持其他设备的数据采集，包括机床数据、机械手数据、送料机的计数数据、异常报警数据，以实现对车间各种设备的数据采集、分析、监控等。

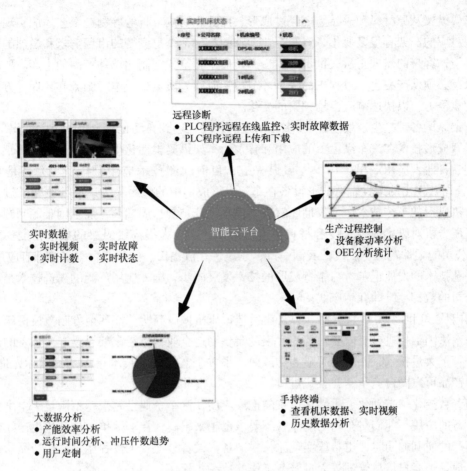

图 9-8　智能云平台

9.2　汽车纵梁智能冷弯生产线

承载式车架（见图 9-9）作为货车的基本部件，一般由若干纵梁和横梁组成，它将发动机和车身等总成连成一个有机的整体，经由悬架装置、前桥、后桥支承在车轮上。车架承受着货车各总成的质量和有效载荷，并承受货车行驶时所产生的各种力和力矩，因此车架应具有足够的强度、刚度以保证车辆的使用寿命和安全性。

图 9-9　承载式车架

纵梁作为车架的主要零件和关键零件，其本身的成形精度、孔位精度及刚性和强度对车架的质量和性能都会有很大影响。

车架纵梁从原材料到成品需要经过成形、冲孔、切割、折弯等制造工艺才能实现。而不同车型对应的车架有很多变化,汽车企业面临的是一个瞬息多变的市场需求和激烈的国际化竞争环境,客户的需求正从大批量产品生产转向小批量、定制化单件产品的生产。要满足这种需求,必须从产品生产过程中的各个环节包括时间、质量、成本、服务和环保等方面提高自身的竞争力,以快速响应市场频繁的变化。

车架纵梁各工艺生产线经过 20 多年的发展,均已达到自动化、数控化、柔性化。

辊弯成形技术在汽车纵梁上的应用和普及为车架纵梁柔性化生产提供了基础。辊弯成形欧、美、日研发应用最早,技术发展最先进,目前欧洲技术应用最广泛。尤其是意大利STAM 公司开发出的柔性辊弯成形设备在车架纵梁成形中的应用最为广泛,改变了过去以大型压力机成形的工艺技术,不仅彻底解决了模具设计、制造周期长,加工困难等问题,而且避免了压力机对纵梁成形长度和材料强度的限制,还大大提高了纵梁的成形精度。意大利STAM 公司的柔性辊弯生产线在我国一汽、东风、北汽福田、集瑞联合重工等都有应用。

冲孔技术的发展也基本与辊弯成形的技术发展同步,国外应用广泛的先进技术是比利时索能公司的数控三维冲孔生产线。

国内从 20 世纪 90 年代开始,以济南铸造锻压机械研究所、江苏金方圆数控机床有限公司、济南法因数控机械有限公司等为代表的装备制造企业,也在车架纵梁工艺装备的研发应用上进行了大量投入,并取得了显著的成效。很多工艺设备的技术指标达到国际先进水平,与进口产品可以同台竞争,并替代进口。

随着数控化、自动化、柔性化设备的推广应用,汽车企业已越来越不满足于单个自动化生产设备的应用,他们对车间的物流管理要求也越来越高,在享受单个自动化生产线带来的快捷生产的便利的同时,也希望实现原材料准备、设备分配、工件程序管理、产品质量检验和产品信息、客户信息管理等大量繁杂工作的数字化管理。

车架纵梁柔性制造数字化车间就是通过自动化传输设备,将生产线上各工序的主要生产设备连接成一条数字化的全自动生产线,在 MES 的控制调度下,自动实现各生产线生产计划的优化编制、计划下达、计划修改、零件工艺路线的设定、加工程序的选择等作业;生产线 MES 控制各物料输送执行机构,进行生产线物料的自动分配、跨线调运等,将物料自动输送到各生产设备;生产线 MES 通过网络通信系统,控制生产线各主加工设备,自动调用加工程序,对来料进行加工,实现生产线全自动连线生产,达到生产线无人或少人化作业的目的。

调查发现,通过实施数字化柔性制造能给企业带来的价值包括:

1)提高生产规划效率,降低工艺计划及一般性的产品开发成本。

2)通过缩短工艺规划时间和从试制到量产的时间,加快新产品投放市场的速度。

3)依靠智能控制、数字化生产、实时检测保证产品精度,提高产品质量。

济南铸造锻压机械研究所有限公司与一汽解放青岛汽车有限公司、西安交通大学联合开发的汽车纵梁柔性制造数字化车间项目,采用了数控化生产设备、物流设备和信息化管理系统,实现了生产线上各主要设备的全自动化连线生产和集中监控,达到汽车纵梁生产的智能化、绿色化。整个车间能够根据工艺要求不同,实现订单自动生产。汽车纵梁柔性制造数字化车间的生产线设备三维模型如图 9-10 所示。

图 9-10　汽车纵梁柔性制造数字化车间的生产线设备三维模型

9.2.1　主要技术参数

纵梁数字化车间生产线主要技术参数和各工序节拍见表 9-3 和表 9-4。

表 9-3　纵梁数字化车间生产线主要技术参数

辊压梁						传送形式	传送精度 （上料）	年纲领
宽度/mm	长度/mm	翼面 高度/mm	厚度/mm	重量/kg	折弯 高度差/mm			
220~360	4000~12000	60~108	5~12	430~600 根	30~100	开口向下	横向±1mm； 纵向≤100mm	27.6 万根

表 9-4　纵梁数字化车间生产线各工序节拍

工序名称	数控辊型 生产线	数控腹面 冲孔机	数控翼面 冲孔机	机器人等 离子切割机	校直机	纵梁腹面 折弯机
设备数量	1	6	2	4	2	4
单台设备节拍	0~24	4~7	2~3	1~9	1	4.3
单位	m/min	件/min	件/min	件/min	件/min	件/min

9.2.2　纵梁数字化车间布局

一汽解放青岛汽车有限公司的纵梁数字化车间布局主要包括车间总体布局设计、加工设备布局、自动化传输设备布局三个子模块。首先，根据纵梁制造车间总体地理信息模型、面积、工厂规划纲要等数据，结合纵梁加工工艺要求，采用按工艺布局的车间设施基本布局方法进行总体布局设计，这种布局方式适用于产品种类多、批量小并且具有类似生产工艺的情况，因此又称为机群布局或者功能布局，是将功能一样或者相似的设备集中在一起，这样可以提高设备的利用率，减少设备的数量，提高设备和工作人员的柔性程度。在设备布局模块中，主要实现生产线设备的建模和摆放。根据纵梁加工工艺，将设备分为辊压设备、腹面数控冲孔设备、翼面数控冲孔设备、激光切割设备、纵梁折弯设备、自动化传输设备等，以车间布局的结果作为参考，根据设备规划的要求，对加工设备的数字模型合理布局。

纵梁数字化车间如图 9-11 所示，包括 1 条数控辊型生产线、2 台打码机、6 台数控腹面冲孔机、2 台数控翼面冲孔机、4 台机器人等离子切割机、2 台校直机、4 台纵梁腹面折弯机等生产设备和自动输送系统、高速辊道系统、上下料系统、智能识别系统、在线检测装置等，其中主要的生产线单元如图 9-12 所示。车间 MES、网络通信系统、物料管理系统、物料输送执行机构、检测系统、信息显示与输出系统完成生产线计划管理、设备管理、品质管理，实现生产线生产计划

图 9-11　汽车纵梁数字化车间现场

的优化编制、计划下达、计划修改、零件工艺路线的设定、加工程序的选择等作业；生产线 MES 控制各物料输送执行机构，进行生产线物料的自动分配、跨线调运等，将物料自动输送到各生产设备，自动调用加工程序，对来料进行加工，实现生产线全自动连线生产，达到柔性化、智能化生产。

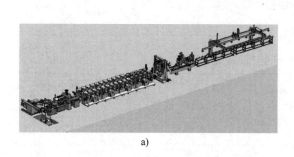

a)

b)

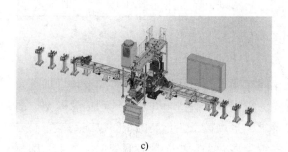

c)

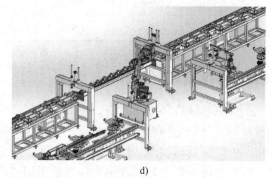

d)

图 9-12　纵梁数字化生产线的主要单元

a）数控辊型生产线　b）数控腹面冲孔生产线
c）数控翼面冲孔生产线　d）机器人切割生产单元

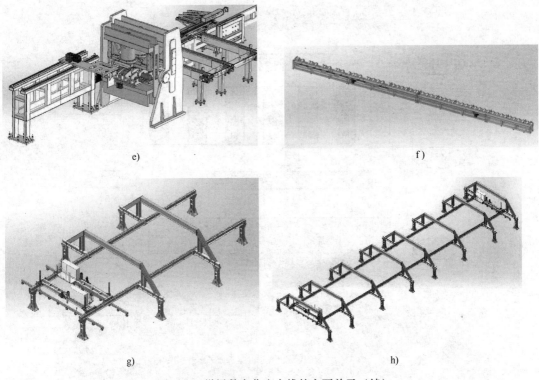

图 9-12 纵梁数字化生产线的主要单元（续）

e）冷弯成形生产单元 f）高速辊道单元

g）上料辊道单元 h）下料轨道单元

9.2.3 纵梁数字化车间特点

按照数字化车间的设计理念，采用先进的自动化、数字化、远程化和生产程序标准化技术，使用网络信息化平台，结合数据库、计算机网络、OLE 控制过程（OPC）技术、自动识别和专用组态等各种计算机软硬件技术手段，将上层的管理信息与底层的自动化设备进行有机的结合，对生产全过程实现信息化管理。

1. 与 ERP 及 FCS 高度集成

智能化设备管理和监控系统作为企业信息化建设的重要组成部分，起到承上启下、前后贯穿的作用，它通过收集生产过程中大量的实时数据，并对实时事件进行及时的反应和处理，来进行生产过程的优化管理，既接收生产实绩数据并反馈生产结果给上一层管理系统（ERP），又把上一层管理系统的生产指令下达到现场控制层（FCS）。上下连通现场控制设备与企业管理平台，实现数据的无缝连接与共享；前后贯通所有生产线，实现全过程的一体化产品质量跟踪、一体化计划与物流调度、一体化生产控制与管理，从而形成以 MES 为核心的企业信息系统，如图 9-13 所示。

车间智能化设备管理和监控系统的主要功能包括：进行生产线生产计划、工艺路线的编制、各在线生产设备加工程序的存储管理、选用、传输；对生产线生产状况、设备状况进行监控，并根据监控结果进行各支线生产力平衡计算，优化在线物料流转路线，控制程控行吊等执行机构进行物料调运，以最大化地发挥生产线上各设备的产能，并减少操作人员工作强

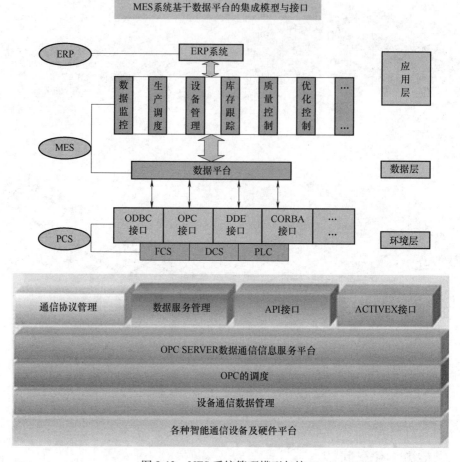

图 9-13　MES 系统管理模型与接口

度和人员数量。

2. 均衡化排产

生产均衡化是实现"适时、适量、适物"生产的前提条件。为了充分利用 6 台数控腹面冲孔机、2 台数控翼面冲孔机、4 台等离子切割机、2 台校直机、4 台纵梁腹面折弯机的生产率，提高车间总体加工速度，解决工位忙闲不均的矛盾，根据优先级、设备能力、均衡生产等方面对工序级、设备级的作业计划进行调度。

生产管理人员在 MES 上按工厂生产计划、工艺要求录入信息，MES 自动编制生成生产线的执行计划，并将数控辊型线生产出的产品（纵梁及加强梁），根据各生产线设备布局及分工，按工艺要求控制物料输送机构全自动分配给后续各生产设备进行加工生产，同时通过网络通信系统向各设备传输物料信息，供各生产设备自动调用加工程序完成加工；即建立一套柔性物流调度与管理系统，完成生产线生产计划及物料信息的录入、编辑、修改、删除作业，对在线生产设备状况进行监控，对在线物料根据生产线实时情况进行路线优化，进行随机跨线调度、吊运和存储作业，并对生产线上各设备控制系统通过网络输送加工物料的信息和加工指令，实现物料信息的实时传递、校验和柔性设备的程序自动调用，最大限度地利用各支线设备的生产能力，避免因某一工序生产时间过长或设备故障等原因，造成其他设备等待的现象，达到无人化或少人化生产的目的。同时可实时生成生产线及各设备的产量报表、设备状态报表等。

这种调度是基于有限能力的调度，并通过考虑生产中的交错、重叠和并行操作来准确地计算工序的开工时间、完工时间、准备时间、排队时间及移动时间，确保在恰当的时间将恰当的物料送到恰当的设备上。工件加工物流信息如图 9-14 所示。

计划编制 | 计划审核 | 计划下发 | 计划调整 | 工件加工信息 | 工件基础信息 | 卷料型号 | 辊压材料信息 | 查询卷料库存 | 辊压线生产明细 | 生产线产量报表

条件选择

选择日期: 2016/04/19 到 2016/04/19 查询

计划号	梁型号	计划数量	已生产数量	剩余数量	不合格数量	合格数量
201604190014	2801021DH400	1	1	0		
201604190020	2801032DY040	2	0	2		
201604190031	2801021DF301	1	0	1		
201604190037	2801021DF101	1	0	1		
201604190049	280122DV001S	6	0	6		
201604190007	2801021DY040	2	1	1		
201604190045	2801021DG014	2	0	2		
201604190011	2801021DL001	13	13	0		
201604190002	2801022DL035	4	4	0		
201604190005	280121DY030Q	5	3	2		
201604190009	280121DL001D	7	7	0		
201604190013	2801022DL001	20	20	0		
201604190015	2801022DH400	1	1	0		
201604190017	2801021DG071	11	11	0		
201604190021	280131DL001D	7	0	7		
201604190022	280132DL001D	7	0	7		
201604190026	2801032DG018	12	11	1		
201604190029	2801031DG071	13	13	0		
201604190032	2801022DF301	1	0	1		
201604190035	2801021DH102	15	0	15		

图 9-14　工件加工物流信息

3. 生产过程实时监控

对生产过程的实时监控是生产过程信息化的重要组成和体现，而车间生产所强调的过程分析、实时控制，又直接关系到制造过程的运行质量、产品的质量成本和所形成的最终产品的质量，因此对生产过程中所涉及的物料、设备、工具、作业等的实时监控是数字化生产车间必须具备的功能。具体包括：

1）设备作业计划监控。实时显示生产计划的完成情况，包括已完成计划、正在执行的计划、剩余生产计划、点检产品新加计划、报废产品抽离工序等信息。

2）物料分区库存监控。对于设备上料区、缓存区、点检区、报废产品在本区各位置的数量进行实时监控。

3）设备运行监控。实现对设备实际生产信息、设备状态记录、设备报警记录等信息进行监控。通过总控系统实时反馈设备的运转情况，以图形显示设备的运行情况，并在设备出现故障时进行报警，便于管理人员和维修人员及时对故障进行处理。

4）系统中的物料管理模块对于各分区的物料缓存区、点检区、下料区、报废产品在本区各位置的数量和型号等信息进行实时监控。

图 9-15 所示为纵梁生产线的生产实时监控系统界面。

4. 数字化物流跟踪和工件质量追溯

为跟踪物料在各个工序之间的流动情况，实现对物流信息的自动采集和标识，对物料的编码、标识、检测和控制是实现数字化车间的关键。本项目中物料的生产主要有辊压、腹面冲孔、翼面冲孔、切割、校直、折弯等工艺过程，利用金属二维条码技术，智能化设备管理和监控系统对每件物料从辊压开始，利用标识系统对每件物料挂上金属条码，如图 9-16 所示，经过腹面冲孔、翼面冲孔、切割、校直、折弯等工艺整个过程进行实时跟踪，通过采集点对金属条码的扫描，反映物料制造的动态情况并进行调度控制，实现对物流情况的实时监

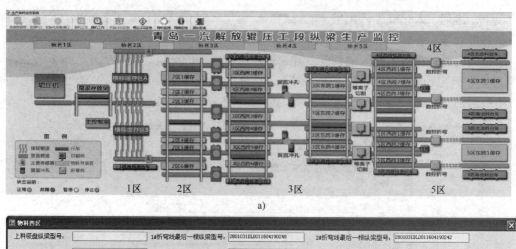

a)

b)

图 9-15　纵梁生产线的生产实时监控系统界面
a）车间总体监控界面　b）物料区生产订单监控界面

控和跟踪，再由底层可编程逻辑控制器（PLC）把物料的加工过程实时地反馈到 MES 系统中。在 MES 系统的工件追溯模块中存储着每个生产过程工件的加工记录，每一条加工记录都会保存在 MES 系统的数据库中，当产品出现质量问题后，可根据工件上的物流码，通过查询 MES 系统数据实现产品的质量追溯，其中每个产品的加工记录可永久保存和存储，直至到产品的整个生命周期。

图 9-16　物料上含有加工信息的二维码和明码

5. 设备全生命周期健康检测及在线故障诊断

全生命周期的健康检测技术主要包括基于物联网的装备和产品智能信号采集与管理系统、装备全生命周期整机性能监测和运行可靠性监测，以及远程健康状态预警、评估服务系统等。

构建了基于互联网的汽车纵梁智能制造车间全生命周期健康检测和故障诊断远程服务平台，如图 9-17 所示。在济南铸造锻压机械研究所有限公司和西安交通大学的服务平台上建立汽车纵梁智能制造车间的运行状态数据库，通过对车间装备和纵梁产品加工过程数据的远程网络传输，检测和分析设备整机及整个车间的数据信息，通过与历史数据比对分析、健康评估专家系统分析等，评测和预报车间设备的健康状况，向用户推送综合分析结果；根据产品加工过程参数和成品信息，综合分析设备运行状况，向用户提供工艺优化建议等。

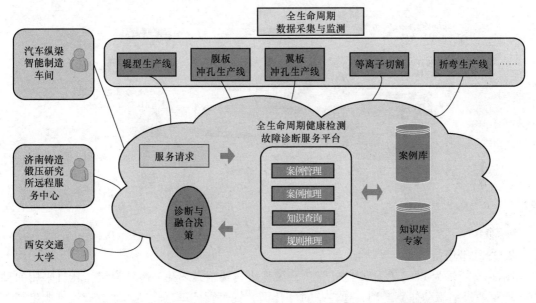

图 9-17　基于互联网的汽车纵梁智能制造车间全生命周期健康检测和故障诊断远程服务平台

汽车纵梁数字化车间通过用户的实际运行，已经显示出很好的应用效果，主要在人力资本、生产成本、生产率及产品质量上得到较充分的体现。目前国内一汽、东风等主要商用车车架厂已有应用，相关纵梁配套生产厂家也在积极布局。综合实际应用效果，生产率提升了121%，运营成本降低了 26.8%，产品研制周期缩短了 83%，产品不良品率降低了 50%，能源利用率提高了 39%。随着工艺技术的不断进步，相信数字化车间、智能化车间的应用会更加广泛。

9.3　伺服控制两辊式冷轧管机

9.3.1　两辊式冷轧管机原理及工艺

1. 冷轧管机工作原理

管坯冷轧工艺过程是管坯在由沿轧制方向固定不动的直线或曲线芯棒和一对环形变断面孔型（辊环）所构成的环形间隙中进行间歇的减径和减壁。环形辊环的圆周上开有截面不断变化的孔型，孔型入口处的尺寸相当于管坯外径，孔型出口处的尺寸相当于成品管的外径。装有一对轧辊总成的工作机架在连杆的带动下做水平方向的往复运动，当工作机架运行到后极限位置附近时，利用辊环孔型与管坯脱离的瞬间，送进装置带动床身上的丝杠，驱动送进小车把管坯沿轧制方向向前推进一段称作"送进量"的距离，同时利用回转装置驱动芯棒卡盘、出口和入口卡盘，使管坯和成品管转过一个称作"回转角"（约31°）的角度。当工作机架向前移动时，已送进的一段管坯，在由轧辊孔型和芯棒所构成的逐渐变小的环形间隙中进行减径和减壁压下变形。当工作机架运行到前极限位置附近时，利用轧辊孔型与管子脱离的一瞬间，使管子转过一个称作"回转角"（约26°）的角度（此时管坯只回转不送进），如此周期性的工作下去，图9-18中给出了冷轧工艺过程示意图。

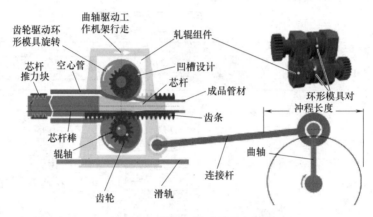

图 9-18　冷轧工艺过程示意图

2. 冷轧管设备组成

图 9-19 所示为 LG-730-HLS 冷轧管机，该轧机属两辊式环孔型冷轧管机，轧机采用曲轴与连杆驱动机架驱动往复运动，通过一对环孔型轧辊对管坯进行轧制，通过交流伺服电动机驱动实现回转送进，采用停机侧上料方式上料，是一种高精度大口径冷轧管机。

设备由机械系统、润滑系统、液压系统、电气控制系统四大部分组成。机械设备主要包括主机座、牌坊及轧辊总成、曲轴平衡轴传动系统、主传动系统、回转送进系统、送料床身、芯棒杆拉出装置等，其三维效果图如图9-20所示。

图 9-19　LG-730-HLS 冷轧管机

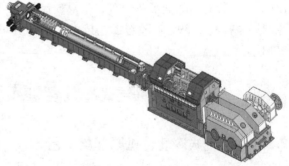

图 9-20　LG-730-HLS 冷轧管机三维效果图

3. 工艺流程

冷轧管轧制生产过程主要包含三个部分，即装料过程、轧制过程和成品下料过程。

（1）装料过程　皮尔格生产过程是周期的，当送料小车将前一根管坯步进推到前极限位置时，必须往中间床身装入下一根料，才能保证轧制的继续进行，这个工艺过程包含下面的操作步骤：首先将机架停止在变形段，送料小车回退到最后位置，起动前夹紧液压缸将设备中的管坯夹紧，芯棒杆限位液压缸抬起，起动链条驱动电动机将芯棒杆连同芯棒抽离变形区和中间床身，利用专用上料天车将一根待轧管坯放入中间床身托架上，再次起动链条驱动装置将芯棒杆连同芯棒沿轧制方向前进，使芯棒杆回复到原轧制位置，芯棒杆限位液压缸落下，整个装料过程完成。

（2）轧制过程　当装料过程完成后，将前夹紧液压缸打开，起动主机开始对装入的管材进行轧制。轧制过程中位于主机座入口和出口位置的环型布置的油嘴不断地将轧制油喷向辊环和处于变形区的管坯，一方面会带走管材冷变形过程中的变形热给辊环降温，另一方面还会起到润滑作用，改善辊环和变形金属的变形摩擦边界条件，减少工模具的磨损，提高模具寿命。轧制过程中出口和入口卡盘分别将管坯和成品管夹持，并在前后死点位置协同芯棒杆做回转动作，在两台伺服电动机的驱动下将管料同步旋转设定的角度，使管材周向得到均匀轧制，保证成品最终精度。

（3）下料过程　当前一根管轧制完成后，将出口卡盘打开，起动成品快速拉出装置，两对包覆着软材料的夹送辊在电动机的驱动下将成品管快速拉出至出料辊道，然后将成品管拨入成品料架。

4. 设备技术参数

LG-730-HLS 冷轧管机生产的冷轧管工艺参数见表 9-5，该设备的主要性能参数见表 9-6。

表 9-5　LG-730-HLS 冷轧管机生产的冷轧管工艺参数

原料管外径/mm	$\phi377 \sim \phi790$	成品外径公差/mm	$\phi325 \sim \phi406$（含 406）$\leqslant \pm 0.4$ $\phi406 \sim \phi730 \leqslant \pm 1$
管坯外径公差	$\leqslant \pm 2.0\%$	成品壁厚/mm	$6 \sim 50$
坯料壁厚/mm	$9 \sim 70$	成品壁厚公差/mm	$6 \sim 15 \leqslant \pm 10\%$ $16 \sim 50 \leqslant \pm 4\%$
管坯壁厚公差/mm	$9 \sim 70$	成品管表面粗糙度 $Ra/\mu m$	$\leqslant 1.6$
坯料长度/m	$\leqslant 8$	成品长度/m	$\leqslant 16$
管坯弯曲度/(mm/m)	$\leqslant 5$	延伸系数	$\leqslant 3.0$
全长弯曲度/mm	$\leqslant 40$	轧制材质	奥氏体不锈钢、双相钢和高温合金
成品管规格/mm	$\phi325$（$6 \sim 28$）$\sim$ $\phi730$（$9 \sim 50$）		

表 9-6　LG-730-HLS 冷轧管机设备的主要性能参数

曲柄半径/mm	700	额定电压/V	660
连杆长度/mm	5300	额定电流/A	2900
同步齿轮齿数	32、33、34、35	回转伺服电动机数/台	4
最大轧制力/kN	17000	芯棒回转电动机功率/kW	2×120
极限轧制力/kN	20000	出入口卡盘回转电动机功率/kW	2×55

（续）

轧机使用速度/（次/min）	5～30	送进伺服电动机功率/kW	2×120
设计最高速度/（次/min）	35	成品管快速拉出装置电动机功率/kW	2×15
机架行程长度/mm	1406.13	芯棒小车驱动电动机功率/kW	75
轧辊有效工作段长度/mm	1135	芯棒卡盘移动电动机/kW	2×5.5
主传动电动机额定功率/kW	1800	出料台架输出辊道电动机/kW	2×5.5

9.3.2 机械设备设计方案

1. 轧机机架牌坊设计方案

机架位于主机座内，通过销轴与连杆的一端相连，曲轴连续转动通过连杆的拉动机架实现往复运动。由于机架的上下轧辊轴上各装了一个齿轮，齿轮与主机座上的齿条相啮合，当机架移动时，上下必然存在一对轧辊产生同步相反方向的旋转运动，从而完成对管坯的轧制。轧辊轴承采用甘油润滑。

机架本体是由两片铸钢牌坊用四根预应力螺栓连接而成。牌坊顶部可以打开，上横梁为一凸字形块，用两根长螺栓在横梁上方沿长度方向通过液压螺母锁紧，以便增加机架的强度和刚度。这种机架便于制造，也便于换辊。机架牌坊采用整体铸钢的结构，选用材料ZG230-450，机架牌坊采用三维绘图，并进行有限元分析计算和优化设计，这样既有足够的刚度和强度，也不至于造成机架过重，影响轧机的轧制速度。

在轧辊和上横梁之间有斜楔结构，通过大速比的螺旋升降机与调整螺栓连接，转动螺杆可以轻松地左右调整轧辊的开口度来满足成品管的尺寸要求。机架底部（上下和侧面）采用整体滑板，滑板为耐磨材料。在滑板上开有润滑油沟，用冷轧工艺油冷却润滑。在两牌坊窗口之中装有轧辊装置，轧辊上装有辊环和同步齿轮，上轧辊可通过螺栓轴向调整，以保证上下轧辊孔型中心线与轧制中心线一致。

在下轧辊轴承座与牌坊之间有一组调整垫片，可调整下辊环的高度。在上下轧辊轴承座之间，有四组碟形弹簧以平衡上轧辊质量，消除轴承和压下机构的间隙。

四个轧辊轴承和两个连杆的四个轴承采用二次过滤后的工艺润滑油润滑。换辊时把机架凸字形上横梁上方的两根锁紧螺栓松开、取下后，用起重机将上横梁取出，再依次把上下轧辊从机架上方取出，然后把预先准备好的另一套轧辊依次装入机架内，最后装上上横梁，并用长螺栓和液压螺母锁紧。

2. 主机座

主机座为一箱形结构，其底座为整体铸钢件，它的功能是将轧机机架装在该机座内的平行导轨上，在主机座的前后侧板上各装有齿条，齿条与装在机架内的一对环孔型轧辊一端的同步齿轮相啮合，当机架由曲轴及连杆带动在机座内做往复运动时，机架的上下轧辊便以相反的方向同步转动，从而实现对管材的变形。在机座前后分别有环形喷油装置，在轧制时向轧辊表面和变形区喷射轧制油，冷却和润滑轧辊，机座滑道有专门的油管提供润滑油。前后侧板上的齿条可前后调整和上下调整。前后调整是通过齿条压紧斜锲上下移动完成，前后调整可使两个齿条的对应齿形在垂直于轧制中心线的同一平面内；上下调整使通过齿条下面的

（或下面）可以移动的斜楔完成，斜楔由螺母同固定在主机座机体上的螺杆配合，通过外接的电动机减速器转动螺杆，使斜楔前后移动，从而达到齿条上下调整的目的，以保证轧辊同步齿轮与齿条啮合齿隙。

主机座罩可以开合，关闭时要便于观察，打开时油不能外滴。开启罩体时，应便于更换和检修轧辊、调整辊缝、测量成品管尺寸。

3. 曲轴传动及平衡装置

由曲轴及其扇形块和一组连杆、平衡轴及扇形块和一对齿数相同的大齿轮组成。功率 1800kW 的直流电动机通过减速器带动曲轴，曲轴带动一组连杆拉动工作机架实现往复运动；同时曲轴上的大齿轮与平衡轴的大齿轮相啮合，从而带动平衡轴旋转。由于这对齿轮齿数相等，所以曲轴和平衡轴的转速相等。曲轴上的四个扇形块和平衡轴装有的四个扇形块相差 180° 相位，组成水平质量平衡系统，一起运动来平衡机架往复运动所产生的惯性力。连杆的一端通过轴瓦与曲轴连接，另一端通过双列圆柱滚子轴承和销轴与机架连接。图 9-21 给出了主机座，轧机主牌坊和轧辊总成、曲轴传动及平衡装置的三维设计图和工厂装配图。

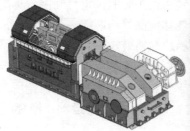

图 9-21　主机装配三维设计图和工厂装配图

齿轮和轴承通过稀油进行润滑。曲轴轴瓦采用单独液压泵供油，油液经过平床过滤机后，再经过两次过滤，打入轴瓦部位。轴瓦缺油时会报警提示主机停车。

该平衡方式属中国重型机械研究股份公司的发明专利，曲轴的巴士合金轴瓦由专业厂家制作，由专业技师刮研完成。连杆为整体锻件，45 钢。曲轴箱一对大齿轮齿圈为锻件，轮芯为整体铸钢件。

4. 主传动系统设计

主传动系统主要包括主电动机、电动机底座、盘式制动器和减速器。电动机通过联轴器、盘式制动器、减速器驱动曲轴带动机架运动。主电动机固定在电动机底座上。减速器为两级传动，低速轴的一端与曲轴连接，另一端连接伺服编码器，通过伺服编码器为冷轧管机的 6 台伺服电动机发送回转送进指令。

减速器的低速轴上的大齿轮按照飞轮的设计理念考虑，对轧机运动起到储能和均速的作用。减速器配有一台液压泵，为减速器的两对齿轮和轴承提供润滑油。

5. 回转送进机构

该机构由两台送进交流伺服电动机及其蜗轮蜗杆传动副、两台回转交流伺服电动机及其蜗轮蜗杆传动副，上、下箱体组成。两台送进交流伺服电动机通过各自的蜗轮蜗杆副带动双丝杠驱动送进小车，实现管坯送进和快速返回；另两台回转交流伺服电动机通过 1 副蜗轮蜗杆一起同步驱动蜗轮空心轴，轧制时蜗轮空心轴的内花键和芯棒杆上的外花键啮合，一起与芯棒杆回转。该伺服回转送进机构属中国重型机械研究院有限公司发明专利《一种两辊冷轧管机的回转送进机构的设计方法及装置》。

送进量和回转角位移可以通过操作台上的工控机设定。芯棒杆的拆卸是通过特殊机构使回转蜗轮空心轴与芯棒杆卡住后，点动回转伺服电动机正反转完成的。回转送进箱上有1套润滑系统专门为回转送进箱轴承、蜗轮蜗杆副提供油润滑。

6. 其他辅助设备

除了上述主机设备，还要有下列必需的辅助设备的协同工作才能使轧制工作顺利进行。这些辅助设备包含中间床身，出入口卡盘，芯棒卡紧装置和芯棒小车，上、下料装置和成品快速拉出装置等。

中间床身把回转送进机构所产生的间歇回转送进动作，直接可靠地传送到主机头轧制区，实现冷轧工艺规定的轧管要求。它是一个槽型焊接结构形成的箱形滑轨，传动丝杠、管坯卡盘、活动托架都在其内运动。它与回转送进装置组成统一体，一起实现管坯的定量送进和转动。其中，两根传动丝杠水平地放置在中间床身内，两端装有轴承支座，通过丝杠的传动，带动管坯卡盘和托架，使管坯间歇地送进到主机头轧制区进行轧制。

出入口卡盘的作用是保证在轧制过程中管坯和成品管与芯棒一起同步正常回转，它分别由1台交流伺服电动机通过蜗轮蜗杆副带动，一起与回转送进箱的两台芯棒回转交流伺服电动机同步动作，完成轧制时的管坯回转运动。入口卡盘帮助管坯回转，出口卡盘帮助成品管回转。出入口卡盘同时在轧制时投入使用，对于管坯和成品管有导向向作用，有利于管子稳定轧制。出入口卡盘上各装有液压缸，液压缸带动锥套做纵向运动，锥套使卡块做径向运动，从而实现对管子的夹紧和松开。

芯棒小车移动装置由芯杆定位机构、芯棒杆装置、芯杆小车、小车传动机构、床身等组成。芯杆被连接在芯杆小车上，芯杆小车由闸门定位，通过芯杆的另一端连接芯棒。可在小范围内调整，使芯棒在主轧制机构、变形区处于正确位置，当轧制不同规格管材时，芯棒及芯杆的规格须做相应调整。芯杆机构的主要功能是保证轧制过程中芯棒处于正确位置和帮助成品管做回转运动。在加料过程，芯杆机构能配合快速往返运动。

芯杆卡紧装置位于回转送进箱装置的后端，当芯杆小车开到机架前端时，芯杆小车定位装置中的闸门液压缸压下，将芯杆小车固定。当需要装料时，闸门液压缸提升，芯杆小车回退。闸门的上下极限位置装有接近开关。芯杆卡紧装置可以在轴向自动调整，调整是由两台调速电动机通过丝杠螺母实现的。芯杆卡紧装置龙门架应考虑足够的强度。

芯棒杆装置属轧制工具，由芯棒杆和芯棒（工厂习惯称顶头）组成。芯棒一端与芯棒小车连接，另一端与芯棒连接。在轧制过程中，通过芯棒夹紧机构卡紧，使其处于轧制变形区的正确位置。轧制不同的规格，芯棒杆和芯棒的尺寸也相应地变化。对于芯棒的拆卸要配备必要的装置，确保拆卸方便。

成品管拉出装置位于曲轴转动装置与出料台架之间。在管子头尾顶轧时，为防止接头叠轧而造成事故，设置了将尾部已进入精整区的前一根成品管快速拉出的装置。该装置上下辊各有一台小型电动机进行传动，当有需要拉管子时，液压缸开始工作，上下拉出辊相互靠近夹住成品管，电动机开始旋转，将成品管快速拉出。对于短管，当管子位于曲轴箱内位置时，应有能将其拉出的装置。

　　上料台架位于中间床身的传动侧，由一组料架和上料吊具组成。上料吊具有两个吊钩，吊钩沿着轧制方向（即料长度方向）移动，以便抓起不同长度的管坯，同时两个吊钩的横梁可沿着垂直于轧制线的方向横移，以便从轧机侧面的上料台架上把管坯放入中间床身。

　　成品台架由出料辊道、液压缸驱动的拨料机构和受料台架组成。出料辊道采用两组电动机通过链条驱动，将轧出的成品管输出。在出料架底部架倾斜式收集油槽，油液收集后与工艺润滑系统回油管道汇集，经过滤装置流回箱体。

9.3.3　电气控制系统

　　LG-570-HLS 冷轧管机电气控制系统满足冷轧管机轧制速度控制、位置控制、回转送进系统的交流伺服控制等。通过程序总线（PROFIBUS）网络将 PLC 主站和各分散站的控制系统有机地结合起来，实现了各分散站之间的数据和指令传递，大大提高了设备的灵活性和可靠性，在操作上力求简单、直观、安全，人机接口软件（HMI）界面采用工控机，完成主要参数的设定、设备运行参数的读取及显示、详细故障报警显示等功能。为了体现设备先进、适用、安全、可靠的总体要求，本设备系统配置水平如下：

　　1）冷轧管机主传动采用全数字分体式直流传动系统。

　　2）低压电气元件选用合资厂家产品或国内优质产品。

　　3）主要检测元件，如接近开关选用倍加福公司（P+F）产品。

　　4）采用交流伺服控制系统实现回转送进，选用西门子（Siemens）伺服电动机和博世力士乐（Rexroth Bosch）控制系统。

　　系统通信全部网络化，布线简单，便于维护。轧制速度给定、送进量给定、回转角给定、各工作点报警、各工作状态都通过工控机直接操作、显示。LG-730 冷轧管机电气控制如图 9-22 所示。

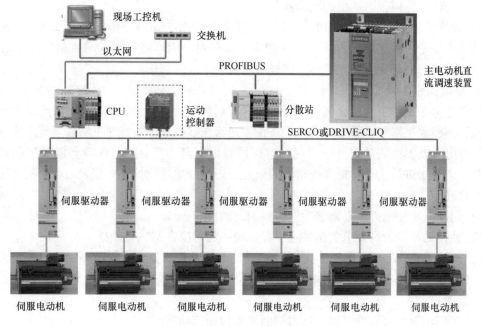

图 9-22　LG-730 冷轧管机电气控制

1. 传动控制系统

冷轧管机主传动由一台直流电动机传动，电动机的传动装置选用西门子拆板式全数字直流调速装置，性能可靠，运行平稳，即使在较低转速情况下，也能提供全部转矩，完全能满足冷轧管机的工艺要求。丰富的故障诊断功能，在系统中设置多达数十种的故障诊断与报警，任何常见故障都可被准确地判断出来，如：失速、过流、电源缺相等，使系统的维护工作量大大减少，具体功能如下：

1）能按要求生成相应的加减速曲线，避免机械冲击。

2）电流断续自适用。

3）主电动机堵转保护。

4）电流限幅自动控制。

5）完善的故障监视功能。

2. PLC 控制系统

冷轧管机的自动化系统使用力士乐多链路（MLC）控制器。模块化 PLC 的主要特点有：

1）传输速度、控制点数可满足中、大规模的控制要求。

2）简单实用的分布式结构和通用的网络能力，使应用十分灵活。

3）无风扇设计的结构，使用户的维护更加简便。

4）当控制任务增加时，可自由扩展。

5）大量的集成功能使其功能非常强劲。

PLC 在轧机机组中的主要功能。

1）机组顺序及工艺联锁控制：负责整个机组的工艺自动化操作，PLC 系统由一个主站和分散的远程 I/O 站组成，通过 I/O 模块实现过程自动控制，并且和主机直流传动装置通信，包括各系统的起、停控制，相互间的联锁，工作制的选择等，同时 PLC 把控制信号通过现场总线传给各伺服电动机的驱动器。

2）故障检测及分类报警：PLC 通过实时采集传动系统等的工作状态、数据，判断系统各部分是否处于正常工作状态。当检测到系统故障时，PLC 将根据检测到的故障及轧管机目前的工作状态进行相应的保护和报警提示。

3. 交流伺服控制系统

回转送进系统采用 6 台交流伺服电动机，实现管坯送进量无级调整和回转角的调整。伺服运动控制模块根据工艺要求在满足设备正常运行的前提下，通过对主轴编码器反馈信号的处理，及电子凸轮曲线的设计，对两台芯棒回转伺服电动机，出、入口卡盘回转伺服电动机，两台床身送进伺服电动机实现精确的位置、速度、加速度控制。伺服运动控制模块具有以下特点。

1）伺服运动控制模块是面向生产机械的运动控制平台。

2）独特的设计为高要求的机械工程提供统一的解决方案。

3）伺服运动控制模块是一个带有 PLC 功能的运动控制器。伺服运动控制模块包含以下功能：逻辑功能，完成 PLC 的功能；运动控制，完成速度轴、位置轴、同步轴、电子凸轮等各种运动要求。

4）工艺功能：可实现温度、压力控制等各种工艺功能。

5）伺服运动控制模块集成多种组件的功能，形成一个统一系统。

4. HMI 系统

HMI 系统采用台湾研华工控机系统，具有如下功能。

1）在主界面上有主机轧制次数的显示、主机实际电流的显示、送进量的显示、所有急停按钮状态的显示。

2）故障报警的显示：包括润滑站的温度、液位报警；液压站的温度、液位报警；伺服系统、主电动机的报警、主机电流、伺服电动机电流及转矩记录（扫描周期 100ms，保存时间为两个月）等。

3）检测信号显示：机组各个检测开关的状态显示。

4）参数设定：先要"登录"输入正确的"户名"和"密码"后，方可以更改数据。可更改参数主要有：回转角度，送进量，主机速度，主机减速度，毛坯管外径、壁厚，成品管外径、壁厚，芯棒润滑站运行时间等。更改后"退出登录"，返回即可。

9.4　智能成形机器

9.4.1　多电动机驱动智能径向锻机器

径向锻造技术是一种高端锻压精密制造技术，通过均布于工件周向的若干锤头对工件实施高频锻打，实现轴管类零件的制坯和成形，具有脉冲锻打和多向锻打的特点（工艺原理见图 9-23）。其高频次、高速、小变形量渐进成形的制造方式，在高强度难变形轻合金传动轴类件的制造中具有显著优势，可用于制造不同类型的实心轴和空心阶梯轴、锥度轴、厚壁管、炮管等零件，以及圆形、方形、矩形等不同截面轴管类件。

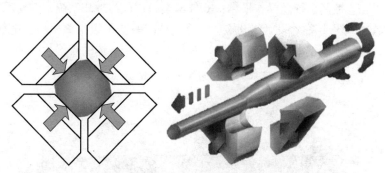

图 9-23　径向锻造技术的工艺原理

径向锻机器是实现径向锻造技术的专用设备，设备集机、电、液、软于一体，具有锻造速度快、控制精度高、节能、节材等特点，是衡量国家装备制造水平和能力的重要标志之一。根据径向锻机器设备结构的不同，可分为机械驱动式径向锻造机（原理图见图 9-24a）、液压驱动式径向锻造机（原理图见图 9-24b）和液力混合驱动式径向锻造机（原理图见图 9-24c）三大类。其中，机械驱动式径向锻造机由多电动机驱动，其主传动机构和锤头行程调节机构均由一组电动机来驱动工作，设备控制精度和成形精度更高。

径向锻机器是世界上最先进的锻造设备之一，设备的运行需要一套完整的径向锻造机组来配套实现。如图 9-25 所示，径向锻造机组主要由 6 大部分组成：①锻造箱，用于实现径向锻

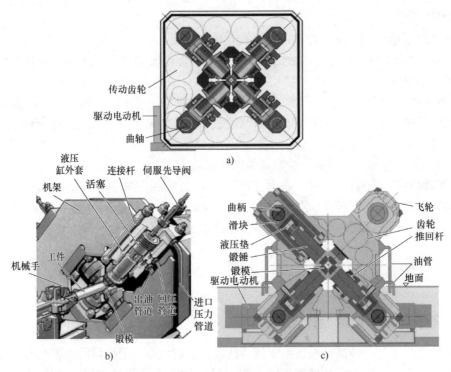

图 9-24 径向锻机器设备的三种结构形式

a) 机械驱动式 b) 液压驱动式 c) 液力混合驱动式

造动作的工作主机；②操作机，用于坯料的夹持，类似于机械手；③运料、装料和卸料装置；④模具更换装置；⑤控制系统及操作平台；⑥外辅设施，包括冷却系统、润滑系统、工作状态实时监测系统、通风照明系统等配套设施。因此，径向锻造机组是集机械、电气、液压技术，现代传感技术，自动控制技术，网络软件技术等相关技术于一体的现代化高端锻造装备。

图 9-25 径向锻造机组示意图

"分散多动力"的思想是发展智能机器的实施途径之一，狭义上的"分散多动力"是指机器采用单独的动力源来驱动每个自由度动作的方式，即每个自由度使用各自独立的动力源，每个自由度全面深度地传感机器内部信息，每个自由度均可柔性地实现控制；广义上来讲就是机器的每个自由度的运动零部件可采用一个或者多个独立的动力源来驱动。近年来，随着电动机调速和伺服控制技术的飞速发展，多电动机分散驱动在机床技术中得到了越来越广泛的应用，采用伺服电动机分散驱动各传动部件具有冲压速度高、节能、低噪声、无液压油、环保、控制精度高等优点，已成为径向锻造机智能化发展的技术重点。

目前，世界著名的径向锻造机生产商奥地利 GFM 公司生产的 SKK 系列径向锻造机采用多个电动机作为动力源，代表了径向锻造机在全球范围内的先进水平。该系列径向锻造机的主要参数见表 9-7，设备如图 9-26 所示。SKK 系列径向锻造机锻造箱的原理图，如图 9-24a 所示，主传动机构和锤头行程调节机构分别由一组伺服电动机驱动，采用四组典型曲柄滑块机构，曲轴转动时，其偏心部分带动滑块运动，滑块与装模高度调节机构中的螺母间设有耐摩擦材料，滑块可以在与螺母相对滑动过程中推动其运动实现锻打。行程调节机构的螺母与锻锤一端螺纹段配合，螺母外侧设有蜗轮蜗杆副，伺服电动机驱动蜗杆旋转即可带动螺母旋转，进而实现锻模高度的调节。为保证传动的有效性，锻锤上设有液压驱动的推回系统，使螺母与滑块始终保持接触。需注意的是推回液压缸的力值应适中，过小则无法克服锻锤自重，难以保证有效传动；过大时，曲轴须耗费较多转矩来克服液压缸阻力做功，造成过多的能量损耗，降低了系统效率。为实现四组锤头的同步锻打，径向锻造机上设有齿轮箱，主驱动电动机通过一系列传动齿轮，可控制锤头同步锻打。

表 9-7　GFM 公司 SKK 系列径向锻造机主要参数表

型　　号	SKK06	SKK10	SKK14	SKK17	SKK19	SKK21	SKK27
热锻毛坯最大尺寸/mm	60	100	140	170	190	210	270
冷锻毛坯最大尺寸/mm	35	55	70	80	95	110	120
热锻毛坯最小尺寸/mm	16	35	40	45	40	40	50
单个锤头最大打击力/kN	800	1250	2000	2800	4000	6000	4000
打击次数/(次/min)	1600	1200	800	600	500	400	400
直径调节范围/mm	60	60	100	120	150	175	190
输入功率/kW	75	132	200	350	315	500	600

图 9-26　GFM 公司生产的 SKK 系列径向锻造机

SKK 系列径向锻造机采用计算机数字控制（CNC）全自动生产，通过机器人装载和卸载，所有工艺参数存储在 CNC 中，可以实现几分钟内换刀。设备的传动机构简单，控制精确，冷锻、精锻精度可达到车床水平，在汽车、航天、船舶、高速列车等领域的动力轴、传动轴、高压管道制造中应用广泛。然而，SKK 型径向锻造机采用螺纹副进行行程调节，由于螺纹承载力有限、易磨损且加工成本高，该类型径向锻机目前仍无法制造大吨位机型。

我国在径向锻造机方面的研究起步较晚，目前从事径向锻造机研制工作的企业主要有：兰州兰石重工有限公司、青岛海德马克智能装备有限公司、西安宝信冶金技术有限公司、中国重型机械研究院股份公司、太原通泽重工有限公司等，有关径向锻造机的研制工作经历了从起初仿制国外设备到自主研制国产机型的发展阶段。

兰州兰石重工有限公司通过对国外径锻造机的调研，广泛消化吸收国外先进技术，并结合多年来设计大型液压快锻设备的实际经验和技术优势，独立开发研制出了具有自主知识产权的径向锻造机，打破了国外产品在该领域的垄断，代表国内径向锻造机制造的最高水平。该公司在 2009 年启动了 1.6MN 径向锻机的研制工作，2012 年完成了厂内热试车，2015 年设备进行了重新安装和调试，并于 2016 年 4 月正式交付生产，如图 9-27 所示。目前，兰州兰石重工有限公司已完成研

图 9-27　兰州兰石重工有限公司生产的径向锻造机

制的 LSJX 系列径向锻造机采用多电动机驱动的方式分别实现锤头高频锻打和锤头行程调节动作，控制精度和成形精度高。整套径向锻造机组采用闭环控制，自动化程度高，设备灵活稳定、操作简便、维修方便，该系列径向锻造机的主要参数见表 9-8。

表 9-8　兰州兰石重工有限公司 LSJX 系列径向锻造机主要参数表

型　号	LSJX-060	LSJX-100	LSJX-130	LSJX-160	LSJX-250	LSJX-320	LSJX-400	LSJX-550	LSJX-650
最大锻造尺寸/mm	60	100	130	160	250	320	400	550	650
最小锻造尺寸/mm	10	20	25	30	50	60	70	80	100
锻造力/kN	800	1 250	1 600	2 000	3 400	5 000	9 000	12 000	16 000
锻造次数/(次/min)	1200	900	620	580	390	310	270	200	175
锤头调节范围/mm	35	60	80	120	190	210	280	330	380
输入功率/kW	85	180	300	360	580	850	1600	2300	3000

青岛海德马克智能装备有限公司依靠多年来设计大型快锻设备的实际经验和技术优势，创新设计、优化工艺、高效生产，于 2012 年自主开发研制的径向锻造机 HDJX 系列，满足了客户需求。该公司为客户提供整套径向锻造智能生产线，构建了径向锻造工艺智能优化系统（见图 9-28）和智能锻造工艺系统（见图 9-29），为装备提供了良好的软件系统保障，以实现径向锻造机组高效率、高精度、全自动、智能化生产。

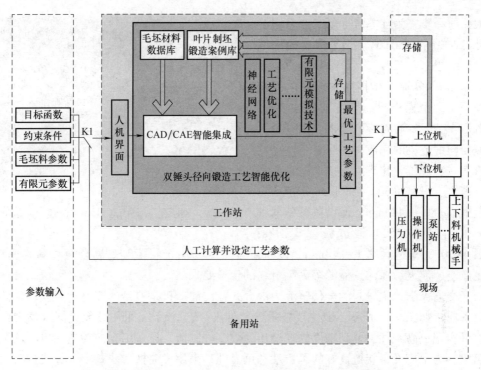

图 9-28　海德马克径向锻造工艺智能优化系统组成图

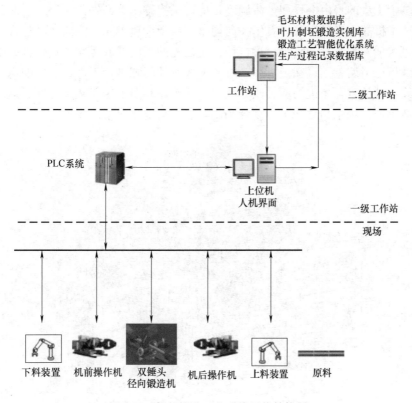

图 9-29　智能锻造工艺系统网络结构图

太原通泽重工为江苏省标新工业有限公司设计、制造的 TMH20/15MN 快速径向锻造机生产线已经于 2017 年底安装完成。该设备采用 CNC 多轴同步控制系统同时控制四根锤头、两个操作机的旋转轴及进给轴、芯棒轴等共 20 多轴同步,如图 9-30 所示。该快速径向锻造机的完成,标志着我国径向锻造机正式实现工业化应用。该设备自由锻的生产范围:开坯 $\phi600\sim\phi800\text{mm}$,径锻可生产范围:$\phi80\sim\phi480\text{mm}$。该设备具备两种功能:① 精锻 $4\times1500\text{t}$ 锻造频率 3 次/s;

图 9-30　通泽重工 TMH20/15MN 快速径向锻造机

② 快锻 $4\times2000\text{t}$ 锻造频率 15 次/min。该机组设备主要用于管棒等高温合金材料精密锻造,将满足航空、航天、海洋、能源等高端材料的生产要求。

西安交通大学自主研制的全伺服液力混合式径向锻造机是典型的多电动机驱动径向锻机器,设备样机如图 9-31 所示,其主要技术参数见表 9-9。该设备采用分散式伺服动力耦合的方法,可实现更高柔性、更高精度的复杂传动轴零件制造。设备由径向锻造主机和两组送料装置组成,为了使设备获得良好的可控性和可靠性,采用了曲柄滑块式主工作机构实现设备的径向锻造运动,曲柄滑块主工作机构的锻造动力由两个交流伺服电动机提供,伺服驱动电动机可实现多个工步的自由编程和灵活调整,传动机构省去了额外传动环节,使驱动更为高效。径向锻造主机的生产过程可以看作径向均布的四个锻造单元的协同运动过程,每个独立的锻造单元可实现两种运动的复合:短行程快速往复的径向锻造运动和长行程的中低速行程调节运动。两组送料装置则可在主机运动过程中或运动间隙进行工件、芯模的送进,具有旋转运动和直线运动的复合送进功能。四个独立锻造单元和两组送料装置的并联运动,可实现工件精密锻造生产过程中的复杂工步设计和高柔性、高定制化生产需求。

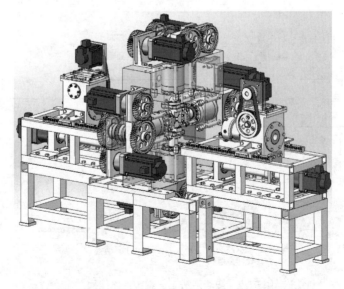

图 9-31　西安交通大学全伺服液力混合式径向锻造样机

表 9-9 西安交通大学全伺服液力混合式径向锻造机主要技术参数

技术指标	参 数
公称压力/kN	100
锻造频次/（次/min）	200
锻造行程/mm	10
最大可锻直径/mm	80
最小可锻直径/mm	10
单个锤头行程调节距离/mm	40
锻造精度/mm	±0.1

智能锻造技术是未来锻造技术的重要发展方向，也是我国制造强国战略的迫切需求。目前，无论是国外生产还是国内自主研制的径向锻造机，虽然其自动化水平已经很高，但装备的智能化水平仍在不断提高。径向锻造机的智能化发展需要综合利用现代传感技术、自动化技术、人工智能技术、网络技术、大数据分析等先进技术，结合锻件材料的宏微观特性数据库，智能设计出合理的径向锻造工艺，并实时监测锻造成形全过程和装备运行状态，闭环控制锻件质量，实现锻件高效精确成形，并实现装备的故障预测和健康管理。随着径向锻造机智能化水平的不断提高，将极大缩短产品研发周期、提高锻造效率和锻件质量、降低企业运营成本、减少资源能源消耗，并实现绿色生产，促进产业升级。

9.4.2 多电动机驱动搅拌摩擦铆焊机器

搅拌摩擦铆焊是通过高速旋转的铆钉旋入待连接板材中，依靠摩擦热和塑性变形实现金属板材固相焊接的技术。它兼顾了固相焊接和铆接技术的优势，可以获得依靠机械铆合增强的固相焊接接头。

搅拌摩擦铆焊工艺主要包括定位、铆焊、成形和工具头回撤四个步骤，通过工具头将放置在待连接点上的铆钉进行定位并施加一定的预紧力，高速旋转的工具头将铆钉扎入工件的待连接点中，在工具头轴肩和铆钉的搅拌摩擦挤压作用下，上下板材间的材料发生塑化并形成冶金结合，直到轴肩到达预设下压量，保持工具头下压力并继续旋转，对连接点持续摩擦加热一定时间（持续加热时间），塑化的金属材料将铆钉紧密包裹镶嵌，最后，工具头停止转动并退回坐标原点，连接点处塑化的材料与铆钉自然冷却后形成铆焊接头。工具头和铆钉之间依靠带有锥度的内外六方间隙配合，便于工具头回撤过程中与铆钉顺利分离。搅拌摩擦铆焊工艺原理如图 9-32 所示。

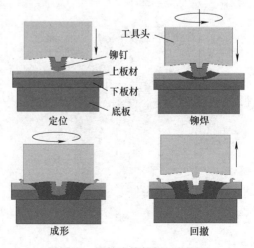

图 9-32 搅拌摩擦铆焊工艺原理

根据搅拌摩擦铆焊工艺需求，多电动机驱动交流伺服搅拌摩擦铆焊设备需要具备工具头旋转、压边圈旋转、工具头轴向进给和电主轴升降等功能，西安交通大学赵升吨教授团队按照智能锻压设备"分散多动力、伺服电直驱、集成一体化"的设计思想，研制了多电动机驱动交流伺服搅拌摩擦铆焊设备，其传动方案如图 9-33 所示，工具头旋转依靠交流伺服电动机经行星齿轮减速器直接驱动，压边圈依靠中空力矩电动机驱动花键轴外侧的中空主轴实现旋转，工具头进给则通过伺服电动机经蜗轮蜗杆减速器驱动花键轴外侧的中空滚珠丝杠实现，电主轴采用交流伺服电动机经行星齿轮减速器驱动滚珠丝杠完成升降。采用多电动机驱动可以精准控

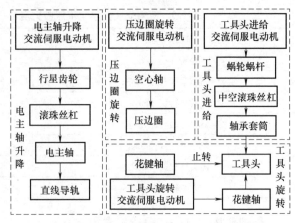

图 9-33　搅拌摩擦铆焊设备传动系统图

制并调整每一个自由度的运动，更好地平衡搅拌摩擦铆焊设备传动结构的受力，使设备整体运行高效、节能。采用滚珠丝杠直接传动有效提高了传动效率，更能满足搅拌摩擦铆焊设备频繁起停、高效加工的需求。

多电动机驱动交流伺服搅拌摩擦铆焊设备组成，如图 9-34a 所示，主要由机身、电主轴、工作台和传动系统等结构组成。其中机身模块包括机架与床身、传动系统两部分，用于固定夹具和电主轴传动系统，机架结构用于保证搅拌摩擦铆焊工艺的刚度需求，传动系统包括主轴升降系统、压边圈旋转系统、工具头旋转系统和工具头进给系统。电主轴包括工具头旋转机构、工具头进给机构、压边圈旋转机构和压边圈进给机构四个部分，如图 9-34b 所示，主要性能指标参见表 9-10。

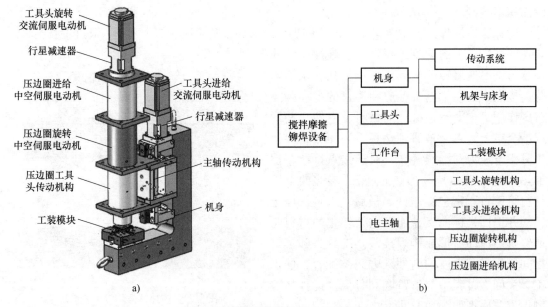

图 9-34　搅拌摩擦铆焊设备结构方案
a）搅拌摩擦铆焊设备结构组成　b）系统模块

表 9-10 搅拌摩擦铆焊试验台性能指标

项　　目	参　　数
主轴电动机力矩/N·m、转速/(r/min)	20，2000
Z 轴电动机力矩/N·m、转速/(r/min)	15，500
额定总功率/kW	20
Z 轴行程/mm	150
工作台尺寸/mm	400×600
Z 轴顶锻压力/kN	30

1. 机身传动系统

图 9-35 所示为机身传动系统结构简图。根据传动系统设计方案，电主轴的轴向升降运动是由交流伺服电动机通过行星齿轮减速器驱动滚珠丝杠副完成的，丝杠螺母与电主轴固定架通过安装在机身上的直线滚动导轨完成导向。

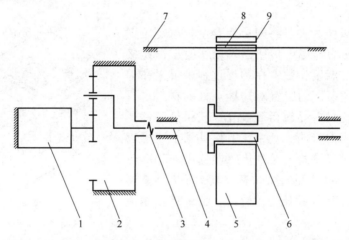

图 9-35 机身传动系统结构简图

1—交流伺服电动机　2—行星齿轮减速器　3—联轴器　4—丝杠
5—螺母座　6—螺母　7—直线导轨　8—直线导套　9—电主轴固定架

电主轴搅拌摩擦铆焊时产生竖直向上的挤压力传递到丝杠上轴承座，使机身变形较大，严重影响铆焊精度。丝杠的轴承安装方式决定了滚珠丝杠的刚性和临界转速，且对机身的刚性有较大影响，本文在设计时利用推力球轴承、深沟球轴承与锁紧螺母组合成丝杠下轴承座将丝杠拉紧锁定，可以承担铆焊时大部分竖直向上的挤压力，丝杠下轴承座安装方式如图 9-36 所示。

2. C 形机架

交流伺服冲铆设备要求机身系统构成完整封闭力系且可以实现工业化生产。C 形机架是传统自冲铆接设备的重要组成部分，不但自成封闭力系，而且可以集成到机械臂实现自冲铆接的自动化生产。如图 9-37 所示为 C 形机架与机身系统装配图。

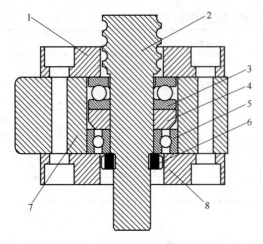

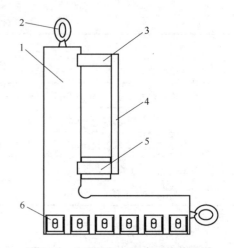

图 9-36　丝杠下轴承座安装方式

1—轴承上端盖　2—丝杠　3—推力球轴承　4—轴承挡圈
5—深沟球轴承　6—锁紧螺母　7—下轴承座　8—轴承下端盖

图 9-37　C 形机架与机身系统装配图

1—C 形机架　2—吊环　3—上轴承座
4—导轨固定板　5—下轴承座　6—8080 角码

3. 夹具底座

夹具底座可以作为夹具将双层铝合金板材定位夹紧，其底部设有压力与温度传感器可以实时反馈连接过程坯料的受力与温度参数，在铆焊过程中可以在多功能底座上添加超声振动装置对连接点处的材料进行振动微锻处理，使材料晶粒得到细化，获得气密性更好、连接强度更高的接头。其中，下模具开十字槽以完成不同点位的对接试验，温度传感器选用 PT100 热电偶，夹具选用 FH-101 垂直式快速夹具，压力传感器选用中皖金诺的 JLBU-1 拉压力传感器。图 9-38 所示为夹具底座装配图。

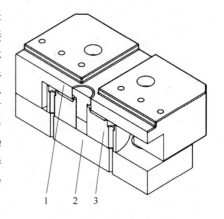

图 9-38　夹具底座装配图
1—十字槽夹具　2—夹具底座
3—压力传感器

4. 搅拌套旋转系统

对搅拌套旋转部件进行设计并利用 SolidWorks 软件进行三维建模，最终完成的旋转运动部件装配图如图 9-39 所示。搅拌套旋转用交流伺服永磁同步空心电动机定子的安装定位采用键槽与轴向夹紧配合的方法，电动机转子用键槽和弹性挡圈固定在中空主轴上，中空主轴两端分别用 6214 深沟球轴承与 5020 深沟球轴承旋转支撑于端盖上，编码器定子用键槽与螺钉安装固定在上法兰上，编码器转子用键槽与弹性挡圈固定在中空主轴上。

5. 搅拌针冲压系统

搅拌针冲压系统由交流伺服永磁同步空心电动机通过谐波减速器减速后，经柔轮螺旋传动驱动顶尖轴承套筒做轴向冲压运动。根据上文对搅拌针冲压用交流伺服永磁同步空心电动机的计算与设计，利用 SolidWorks 软件完成搅拌针冲压系统装配图如图 9-40 所示。

搅拌针冲压用交流伺服永磁同步空心电动机定子的安装定位采用键槽与轴向夹紧配合的方法，电动机转子用键槽和弹性挡圈固定在中空主轴上，中空主轴两端通过 6214 深沟球轴

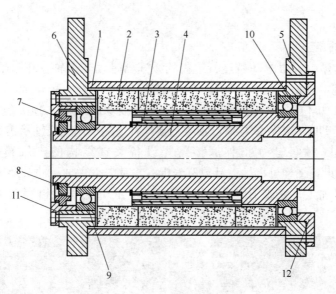

图 9-39　搅拌套旋转系统装配图

1—电动机壳　2—电动机定子　3—电动机转子　4—中空主轴　5—下端盖

6—上端盖　7—编码器定子　8—编码器转子　9—6214 深沟球轴承

10—5020 深沟球轴承　11—上法兰　12—下法兰

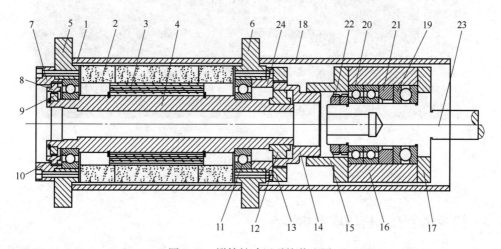

图 9-40　搅拌针冲压系统装配图

1—电动机壳　2—定子　3—转子　4—中空主轴　5—上端盖　6—下端盖

7—上法兰　8—编码器定子　9—编码器转子　10、11、20—深沟球轴承

12—波发生器　13—刚性轮　14—柔性轮　15—轴承上端盖　16—轴承套筒

17—轴承下端盖　18—机身筒　19—推力球轴承　21—轴承环

22—锁紧螺母　23—顶尖

承旋转支撑于法兰端盖上，中空主轴与电动机转子固连并经过波发生器、刚性轮、柔性轮的谐波减速后通过螺纹驱动轴承套筒上端盖进行轴向运动，编码器定子通过键槽与螺钉连接在上法兰上，编码器转子通过键槽与弹性挡圈固定在中空主轴上波发生器连接在中空主轴上，刚性轮连接在下法兰上，柔性轮通过螺纹与轴承上端盖连接，轴承套筒与机身连接筒通过键连接限制其旋转自由度，轴承套筒通过锁紧螺母、深沟球轴承、轴承挡圈与推力球轴承实现

对顶尖的轴向驱动。

6. 搅拌针旋转系统

搅拌针旋转运动由伺服电动机经行星齿轮减速器带动花键轴,花键轴与顶尖用花键连接,矩形花键副基本规格($N×d×D×B$,N 为键数;d 为小径,单位 mm;D 为大径,单位 mm;B 为键槽宽,单位 mm)为 8×32×36×6。为了保证花键轴、顶尖与搅拌针的同轴度,并且在顶尖轴向运动时有更好的导向,顶尖与搅拌针下端采用直线轴承作为支撑。

利用 SolidWorks 软件建立搅拌摩擦铆焊设备关键结构的三维模型,运用 ANSYS Workbench 软件对设备结构可靠性进行数值分析,并对中空主轴、冲头及机身等关键零部件进行了优化设计及加工,完成了多电动机驱动交流伺服搅拌摩擦铆焊设备装配与调试,如图 9-41 所示。

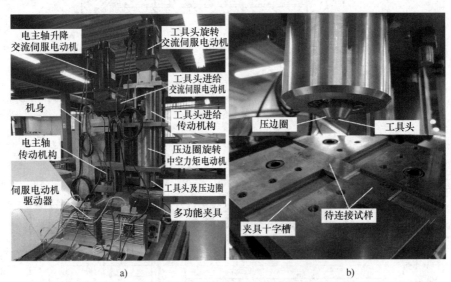

图 9-41　多电动机驱动交流伺服搅拌摩擦铆焊设备

a) 设备结构组成　b) 搅拌摩擦铆焊部件及夹具

9.4.3　智能化半固态挤压成形机器

金属半固态成形(Semi-Solid Metal Forming/Processing,简称 SSF 或 SSP)是指利用金属从固态向液态或者从液态向固态两相转变过程中的半固态区的,具有良好的流变特性的金属而进行的金属成形。

半固态挤压是半固态成形中的一种,是将加热到半固态温度的坯料放入挤压模腔,用凸模施加压力,通过凹模口挤出所需形状的制品。半固态的坯料在挤压模腔内处于密闭状态,流动变形的自由度低,内部的固相、液相不易单独流动,除挤压开始时若干液相有先行流出的倾向,在进入正常挤压状态后,两者一起从模口挤出,在长度方向上得到稳定均匀的制件。半固态挤压和其他半固态成形方法相比,研究得最多的是各种铝合金和铜合金的棒、线、管、型材等制品。制品的内部组织均匀,力学性能良好,也容易操作,今后的应用前景十分广阔。半固态挤压是难加工材料、颗粒增强金属基复合材料、纤维增强金属基复合材料成形加工不可缺少的技术。单一的半固态挤压往往不能满足高度复杂零件的成形,如轮毂等形状复杂的零件，于是半固态挤压铸造随着市场需求应运而生。半固态挤压铸造是将半固态成形技术与挤压铸造相结合，即令半固态浆料在一定压力作用下充满型腔，并保压一段时间，使金属结晶凝固。该工艺具有充型平稳，成形温度低，凝固收缩小，产品组织致密等优点。

西安交通大学机械学院赵升吨教授团队研制的小型半固态挤压成形设备，如图 9-42 所示，基本构成为伺服电动机、上下横梁、直线轴承、压板、导柱、光栅尺、滚珠丝杠、称重传感器、压力显示仪表等主要部件。该设备主要参数见表 9-11。挤压模具安装在下横梁上平面的孔内，可以通过更换不同模具实现多种零件的半固态成形，可用于微型机械零部件的半固态挤压成形，如应用在摄像机上的微型齿轮。该设备工作时的挤压力、温度等物理量能实时传送到电脑端，利用互联网上传到云端，从而建立了一个

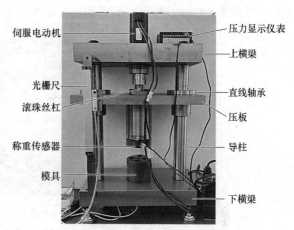

图 9-42　半固态挤压成形设备

庞大的数据库，后期工作将结合神经网络等算法实现半固态挤压产品优劣分拣、自动调节挤压参数、调节加热温度等目标，使该半固态挤压机器满足智能化需求。

表 9-11　西安交通大学研制的半固态挤压成形设备的主要技术参数

技术指标	参　数
公称压力/kN	10
公称压力行程/mm	5
总行程/mm	175
最大挤压速度/(mm/s)	5
下横梁模孔直径/mm	115

福建省将乐县的金瑞高科有限公司致力于半固态压铸成形技术，该公司有 13 条铝合金半固态压铸生产线，不仅将半固态制浆设备与压铸产线结合，而且配置了伊之密机器人自动化生产系统，囊括取出、机器人喷涂、制品光电检测、去渣包、风冷、伺服锯断、混合压送、制品输送、废品滑槽等自动化设备，实现了全自动生产，功能比以往的压铸生产线更全面、强大，进一步保证了产品精度和合格率。该公司所生产的代表性半固态压铸产品可用于 5G 通信领域的散热器壳体，壳体散热齿厚度基本能实现 1.2mm 以下，最薄的还可以达到 0.9mm，其微观组织更为均匀、呈球状，半固态产品的导热率比一般压铸件提高了 50%，更有利于散热壳体性能的提高。该公司着力于研究半固态压铸技术、半固态挤压铸造技术，使得在现有的压铸设备上进行半固态挤压铸造技术成为可能。

这些压铸产线能在实时控制的高速响应下自动修正参数，让可能不合格的产品转为合格

产品。该公司最大吨位的半固态挤压铸造生产线为3000t压铸生产线，如图9-43所示，该产线配置全自动半固态制浆机器，能够实时探测温度，保证半固态浆料的稳定性、一致性，该制浆机器采用以六轴工业机器人为载体的数字化控制系统，能实现运动轨迹、搅拌位置、搅拌时间、温度等全程数字化控制，并进行数据存储；控制柜中的主机可以联网，并能通过电脑、手机等设备实时监控制浆装置的运行情况。

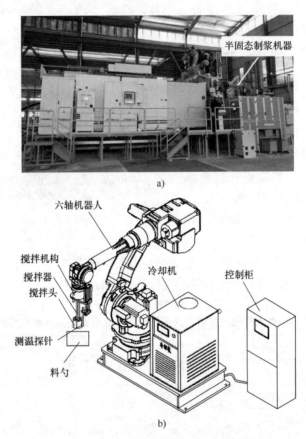

图9-43 金瑞高科有限公司的3000t压铸生产线

a) 3000t压铸生产线主要设备 b) 3000t压铸线配置的全自动半固态制浆装置

机械科学研究总院（将乐）半固态技术研究所有限公司成立了福建省半固态成形企业工程技术研究中心，该中心配备了大吨位的铸造/挤压设备并用于轻合金的半固态成形技术研究，包含有以260t压铸机为主的多功能半固态（液态）压铸/挤压工艺设备、以650t半固态卧式挤压机为核心设备组成的半固态挤压铸造中试生产线，图9-44所示为650t半固态卧式挤压机。

苏州三基铸造装备股份有限公司设计了一种立式半固态成形机，可以对半固态浆料进行立式合模、压射、立式挤压、保压凝固等工序，能够实现半固态浆料快速成形，其结构如图9-45所示。该公司研发的SCV立式挤压铸造设备，是一种立式合模、立式压射结构形式的挤压铸造机，压射系统采用倾斜浇注方式，该产品比较适合形状对称、中心进料的铸件高效成形生产，可配置如给汤机、喷涂机械手、喷涂机器人、取件机械手、取件机器人、输送带、切边机、脱模剂配比机、石墨配比机、冲头润滑装置、模温机、冷却水箱等自动化周边设备。该系列 SCV 立式挤压铸造设备能用于半固态挤压铸造成形，最高吨位能达 40000kN，图 9-46 所示为苏州三基的 SCV2500 立式挤压铸造设备，SCV 系列挤压铸造设备主要技术参数见表 9-12。

图 9-44　650t 半固态卧式挤压机

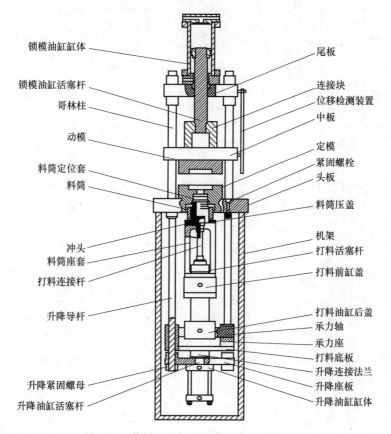

图 9-45　苏州三基提出的半固态立式挤压机

表 9-12　苏州三基的 SCV 系列立式挤压铸造设备技术参数

项目	单位	SCV-180	SCV-280	SCV-350	SCV-550	SCV-630	SCV-800	SCV-1250	SCV-1600	SCV-2000	SCV-2500	SCV-3500	SCV-4000
锁模部分													
锁模力	kN	1800	2800	3500	5500	6300	8000	12500	16000	20000	25000	35000	40000
锁模行程	mm	380	460	550	600	600	760	1000	1000	1400	1500	1700	1700
压模厚度	mm	200~600	250~650	300~700	350~900	350~900	400~950	450~1180	450~1180	700~1600	750~1650	900~1900	900~2000
大杠内间距	mm	480×480	560×560	620×620	760×760	750×750	910×910	1110×1110	1180×1180	1285×1285	1430×1430	1700×1700	1900×1900
大杠直径	mm	85	110	130	150	160	180	230	250	265	300	350	400
压射部分													
压射力	kN	220	400	520	800	800	1050	1130	1250	1400	1600	2300	3000
压射行程	mm	340	450	480	700	700	750	700	850	900	1000	1100	1300
压射室直径	mm	50~80	60~90	70~100	75~110	75~110	90~120	90~110	110~140	120~150	130~160	140~190	150~200
标准压射室直径	mm	60	70	80	95	95	100	110	130	140	150	160	180
最大金属浇注量	kg	2	3.4	4.8	8.5	8.5	10.5	14	18.7	22	35	47	70
压射位置	mm	0	0	63	80	90	100	120	0	0	0	0	0
空压射速度	m/s	0.04~0.5	0.04~0.5	0.04~0.5	0.04~0.5	0.04~0.5	0.04~0.5	0.04~0.5	0.04~0.5	0.04~0.5	0.04~0.5	0.04~0.5	0.04~0.5
空循环时间	s	15	16	20	24	24	28	35	36	37	45	52	55
顶出部分													
顶出力	kN	108	150	180	200	200	360	500	500	500	700	900	900
顶出行程	mm	85	105	120	120	120	180	200	200	200	300	350	350
液压泵与电动机													
系统工作压力	MPa	15	15	15	15	15	15	15	15	15	15	15	15
液压泵马达功率	kW	15	22	30	37	37	45	37+37	37+37	37+37	45+45	45+45	45+45
其他													
油箱容积	L	700	700	700	1400	1400	1500	2000	2000	3000	4000	6000	8000

图 9-46　苏州三基的 SCV2500 立式挤压铸造设备

9.5　智能家用电器

家用电器（Home Appliance）是一种传统的电气设备，包括洗衣机、电饭煲、卫浴、电冰箱、空调等一系列电器。"十三五"期间家电行业转型升级和结构调整取得了明显成效，规模稳定增长，在全球继续居首位，产量提升的同时行业技术水平也在逐步提高，在节能、智能、舒适等方面的技术创新已达到国际领先水平。在"十四五"期间，智慧城市、智慧家居将成为人们生活和城市发展的新风尚，将物联网、5G、大数据、云计算与人工智能等新一代信息技术与家电产业深度融合，紧密结合用户需求和应用场景，进而提高家电产品智能化水平是家电工业面对的机遇与挑战。

智能化技术是近年出现的一种新技术，自诞生以来就在各行各业得到了广泛的应用。将智能技术应用于家用电器中，可以更好地领会人的意图或更方便执行人的指令，从而提供更加便捷且优质的服务。智能家电将微处理器、传感技术、人工智能及网络通信等诸多技术引入家电设备，具有自动感知住宅空间状态、家电自身状态及服务状态，能够自动接收住宅用户在住宅内或远程的控制指令，并通过与住宅内其他智能家电互联组成系统，从而实现智能家电功能。以安全为基础，智能为手段，健康、绿色为目标是未来智能家电发展的主要方向，随着智能家电与市场需求连接更紧密，将衍生出更多有价值的细分发展方向，从而带动家电行业纵深发展。

9.5.1　智能洗衣机

随着我国高新科技的快速发展和人们物质生活的不断富足，智能化、自动化及机械化逐步成为我国家电产业发展的全新趋势，洗衣机作为家电行业的重要发展方向同样如此。近年来，随着越来越多家电制造企业对智能洗衣机（Smart Washing Machine）关注度与重视度的不断提高，智能洗衣机品牌战略布局进一步完善，我国智能洗衣机迎来了飞速发展阶段。目前为止，智能洗衣机的发展主要分为三个方向，基于模糊控制的智能控制，基于人工神经网络的智能识别和基于物联网的智能家电。

1. 智能控制技术在智能洗衣机中的应用

在智能洗衣机的模糊控制（Fuzzy Control）过程中，模糊控制原理主要是在控制洗衣机按照人类日常洗衣经验所总结出的模糊控制相关规则，在采用数量化模型模糊量的基础上，利用单片机设备将相关模糊控制规则及洗涤经验按照模糊规则赋值成为决策变量，自动反映在智能洗衣机模糊自动过程控制中。在智能洗衣机衣物洗涤过程中，衣物量的多少、面料种类等作为智能洗衣机模糊控制系统模糊量，必须采用大量试验验证，总结出人为洗涤方式的相关经验数据，并进一步转化为模糊控制规则，再借助智能洗衣机的传感器设备接收数据信息，使智能洗衣机快速判断洗涤衣物量的多少、脏污程度甚至面料类别等，以此推测出模糊决策，实现对整个智能洗衣机注水量、洗涤时间、水流强弱、洗涤方式选择甚至脱水时间、排水时间等相关参数的输入与输出，确保智能洗衣机能在适当的控制性能变化及简化程序上得到更高效的洗涤效果。同时，也使智能洗衣机输入与输出过程中的模糊特性词集以模糊集合方式表示，转化为求取模糊集合隶属度函数这一现实问题，实现智能洗衣机洗涤衣物控制过程科学化，其控制原理如图 9-47 所示。

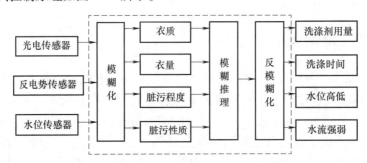

图 9-47　智能洗衣机模糊控制器原理框架图

2. 人工智能技术在智能洗衣机中的应用

人工智能（Artificial Intelligence，AI）是由人类发明具有判断逻辑行为和重组逻辑过程的智能物件，且人工智能为家电带来了全新的交互体验。洗衣机可以降低人们的洗衣负担。现在大部分洗衣机的人工智能化还处于理论设计阶段，而 AI 技术在洗衣机中的渗透展现出广阔的应用前景。因此人工智能技术在洗衣机中的应用受到了广泛的关注。

人工智能技术在智能洗衣机中的应用主要体现在图像处理技术与语音识别技术，其智能化途径如图 9-48 所示。智能洗衣机通过图像处理技术可以实现不同模式的目标与功能对象的识别，通过对不同衣物材质、尺寸等物理特性的智能识别，启用不同的洗涤模式，帮助使用者更精准、有效地选择适合的洗涤模式；智能语音识别技术可以使洗衣机与用户进行流畅自然的沟通，在洗衣机械领域智能语音识别技术主要是通过对不同关键字、误操作等特性的智能识别，会提示、启用不同的洗涤模式，从而帮助用户理解和使用洗衣机，从而直接控制洗衣机的工作状态。很多研究表明，智能语音识别技术在提升洗衣机的智能化水平方面有广阔的前景。

3. 物联网技术在智能洗衣机中的应用

物联网（Internet of Things，IoT）技术可以使洗衣机在任何时间、任何地点感知用户的指令，并且做出高效的执行。所谓的智能洗衣机，就是通过使用射频自动识别技术，使洗衣机能够识别洗衣机内的物件。从功能上看，物联网洗衣机能通过电脑或移动终端等设备，实

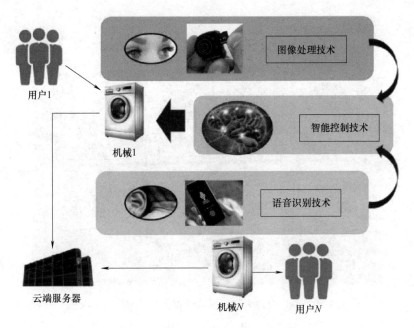

图 9-48 洗衣机实现智能化的途径

现洗衣机的远程控制，同时还能通过控制系统返回洗衣机的相关信息，进而实时查询洗衣机的工作状态。从技术上看，它是各类传感器和现有的"互联网"相互衔接的一种新技术，是对"互联网"技术的延伸。现在，物联网已开始不断地改变着我们的生活方式和消费习惯。很多研究表明，物联网技术在推动洗衣机智能化的道路上发挥着不可替代的作用。闵辉提出了一种采用 NB-IoT 技术实现大数量洗衣和自主烘干的一体化的方式，并且可以对大数量和大容量的洗衣机群进行稳定的控制。智能洗衣机通过"共享"技术可以实现对社会剩余资源利用的最大化，提高使用者对洗衣机的满意度。一些研究表明，"共享"技术对于提高洗衣机智能化发展有更加广阔的前景及发展趋势。邵伟等人提出了一种从单一独立走向网络一体化的高校后勤智能一体化服务系统，利用全面的一站式服务来改善高校学生的使用需求，从而对洗衣机的开关、预约等进行集中控制。基于以上信息，可以看出，目前物联网技术主要是针对洗衣机领域的远程控制、云端服务，并且通过对被洗涤衣物所需电量、洁净程度及加入洗涤剂种类等主要方面进行智能化控制，从而对被洗涤衣物启用最佳的洗涤方式。如图 9-49 所示的西安交通大学创新港洗衣房互联网共享洗衣机，可实现线上预约、洗衣状态查询与洗衣完成提醒等功能，具有桶自洁、标准、大物及烘干等十多种衣物清洗模式。

对于智能洗衣机，首先要实现"视觉"和"听觉"信息的采集，即完成图像处理技术和智能语音控制技术在洗衣机中的应用。洗衣机领域中的图像处理技术可以使用摄像机和图像捕捉装置，实现对不同模式的目标和对象的识别，而智能语音识别技术可以使用智能语音识别装置使洗衣机与用户进行流畅自然的沟通，通过这两种技术的引入，帮助使用者更精准地选择合适的洗涤模式。在实现洗衣机"看得见"和"听得懂"的基础上，需要统一的"智能大脑"对洗衣机进行统一调控，而这一关键部分是智能控制技术在洗衣机中的应用。各种型号的单片机为实现这一技术需要捕捉更多的信息和过程参数，对单片机硬件性能和相应的解析数学模型提出了要求和挑战。洗衣机与洗衣机、洗衣机和云端、洗衣机和用户之间

图 9-49　西安交通大学创新港洗衣房互联网共享洗衣机

的互联体验，也是洗衣机智能化水平提升的关键。将"共享"技术应用到洗衣机当中，可以有效实现洗衣机与洗衣机的联动，从而实现对社会剩余资源利用的最大化。另外，物联网技术应用到洗衣机当中，是实现当下"万物互联"的重要举措，通过手机、云端服务器、传感器等硬件设备的相互配合，可以实现洗衣机和云端、洗衣机和用户之间的互联。物联网技术可以使洗衣机在任何时间、任何地点感知用户的指令，并且做出高效的执行。在未来，人工智能的深度学习、一站式体系化的操作系统运用到洗衣机当中，可以使人有更多的时间从事其他的工作。

9.5.2　智能电饭煲

　　智能电饭煲（Smart Rice Cooker）是指区别于传统机械煲的新一代电饭煲，可通过电脑芯片程序控制，实时监测温度以灵活调节火力大小，自动完成煮食过程。当智能电饭煲开始工作时，微电脑检测主温控器的温度和上盖传感器温度，当相应温度符合工作温度范围，接通电热盘电源，电热盘上电发热。由于电热盘与内锅充分接触，热量很快传到内锅上，内锅把相应的热量传到米和水中，米水开始加热，随着米水加热升温，水分开始蒸发，上盖传感器温度升高，当微电脑检测到内锅米水沸腾时，调整电饭煲的加热功率（微电脑根据一段时间温度变化情况，判断加热的米水量情况），从而保证汤水不会溢出，当沸腾一段时间后，水分蒸发和内锅里的水被米基本吸干，而且内锅底部的米粒有可能连同糊精粘到锅底形成一个热隔离层；因此，锅底温度会以较快速度上升，相应主温控器的温度也会以较快温度上升，当微电脑检测主温控器温度达到限温温度，微电脑驱动继电器断开电热盘电源，电热盘断电不发热，进入焖饭状态，焖饭结束后转入保温状态。

　　关于智能电饭煲的研究也有诸多方面的发展。刘传玉等人设计了一种带语音识别功能的智能电饭煲控制系统，其系统结构如图 9-50 所示。利用语音识别技术，一方面可以避免功能复杂的按键，另一方面可以提升电饭煲的交互功能。该控制系统通过语音芯片识别用户发出的指令，在其内部对语音信号进行处理，然后将处理后的信号传输给单片机，单片机发出控制指令和文本信号传输给语音合成芯片，语音合成模块再把接收到的文本信号合成语音信号传输给功率放大器，经过放大后的语音信号再传输给喇叭播放，达到人机交互的效果，更加方便于一些特殊人群及场景中的应用。

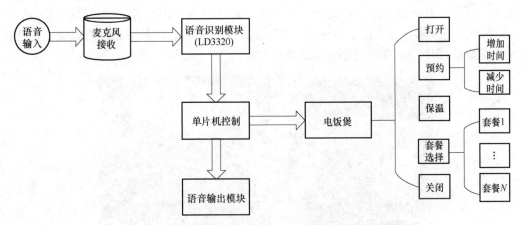

图 9-50　带语音识别功能的智能电饭煲控制系统结构框图

李楠鑫等人设计了一种基于机智云平台的智能电饭煲，其系统结构框图如图 9-51 所示。能够通过手机 App 远程控制电饭煲的工作，通过不同的指令使电饭煲工作于不同的模式之下。本次设计解决了电饭煲的远程控制问题，实现自动加食材、加水的功能，让人们能够在回家之前便能使电饭煲开始工作，节省了回家做饭的时间。目前市场的电饭煲大部分还无法远程进行操控，而少部分能够远程控制的也只能提前将食材与水放入锅中，很多时候会造成

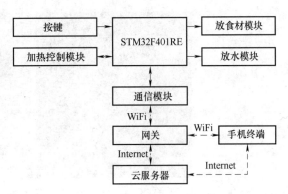

图 9-51　基于机智云平台的智能电饭煲设计结构框图

浪费。经过测试，设计能够完整地完成预计的所有工作，设计稳定可靠，相信在更好的工艺条件下能够得到更好的应用。设计中也存在着一些缺陷，如电饭煲需要处于 WiFi 环境下，如果 WiFi 没有连接网络那便无法进行远程控制。

严帅等人研究了基于互联网+的智能电饭煲控制器以树莓派作为开发平台，融入 Arduino 作为数模转化的模块，达到了将质量、温度、液位传感器共同使用的目的，使该电饭煲具有了精确的测量方式，并通过显示屏、外接的扬声器等输出设备，使提醒装置变得便利。针对现有电饭煲的功能进行改进，能够自动地计算米水比，采用与以前存储的值进行比较，实现了在煮饭前智能地判断米水比是否合适，通过人机接口提示人们是加水还是倒出部分水，在煮饭前能使所加米和水的比例控制在适当的范围，保证煮出可口的米饭。为了记载不同人对米水比的不同要求，本文采用了人为判断和机器记忆相结合的方式来达到这一目标，即当人们对所煮出的饭满意时按一下按钮，机器即自动记下本次的米水配比，从而在下一次煮饭时就采用记忆的米水配比来提示煮饭者加水还是倒水，直至满足要求。当有更好的煮饭效果时还可以按照上述方式继续更新米水配比，达到智能化的机器学习效果。采用人为判断和机器

记忆相结合的方式实现了能煮出满足不同口味人群要求的目标，利用网络交互功能，实现了对其进行远程控制，设定其开启的时间等功能的目的。

各大厂家开发了很多款智能电饭煲，以满足人民日益增长的对于智能家电产品的需求，如图9-52所示，其中苏泊尔电饭煲SF50HC750、东芝日本电饭煲RC-10HPC可以实现手机App的在线预约及操控，九阳电饭煲F-50T7可以通过一块全息交互屏实现智能一键唤醒，美的电饭煲MB-HS4066可以实现智能蒸煮等多模式。

a)　　　　　　　　　　　　b)

c)　　　　　　　　　　　　d)

图9-52　部分智能电饭煲产品实例

a）苏泊尔电饭煲SF50HC750　b）东芝日本电饭煲RC-10HPC

c）九阳电饭煲F-50T7　d）美的电饭煲MB-HS4066

9.5.3　智能卫浴

随着科技的迅猛发展，人们的生活变得越来越便利，家居的智能化水平也在不断提高。在一些国际卫浴品牌的引领下，我国卫浴行业也逐渐进入科技时代。"智能卫浴"是指区别于传统的五金陶瓷洁具，将电控、数码、自动化等现代科技运用到卫浴产品中，实现卫浴产品功能的更加强大高效，提升卫浴体验的健康舒适性、便利性。并有利于节能环保事业建设，是构建智能家电的重要组成部分，坐便器、淋浴房、浴缸、浴室柜、五金龙头都实现了不同程度的智能化，其中以智能坐便器为典型。

智能卫浴包含以下种类：

1. 智能坐便器

智能坐便器（Smart Toilet）起源于美国，用于医疗和老年保健，最初设置有温水洗净功能。后经韩国、日本的卫浴公司逐渐引进、制造，加入了坐便盖加热、温水洗净、暖风干燥、杀菌等多种功能。市场上的智能坐便器大体上分为三种，一种为带清洗、加热、杀菌等的智能坐便器，一种为可自动换套的智能坐便器，另外一种是自动换套加清洗功能智能坐便器。

区别于传统坐便器，智能坐便器突出了自动翻盖、自动加热、活水接入、即热式、自动冲洗等功能，设计上更为人性化。当人走近的时候，坐便器会自动翻盖，当人离开的时候，坐便器会自动进行冲洗并且合盖，当感受到压力的时候会自动加热，这样更加干净卫生。活水即热式接入是指新鲜活水经过水晶体加热器，再进行不同温度档次的瞬间加温，避免储水箱加热造成的温水状态下细菌滋生、水垢堆积、耗能过大等问题。

现在市面上主要的还是国产品牌与外国品牌的竞争，主要有 TOTO、科勒、海尔、松下、九牧、箭牌、恒洁、便洁宝、东芝、美标、智米、飞利浦、京东京造等一系列品牌。不管是国产还是外产都有着相应的优缺点，国产品牌性价比高，外国品牌技术含量稍高但价格昂贵，其中部分型号如图 9-53 所示。

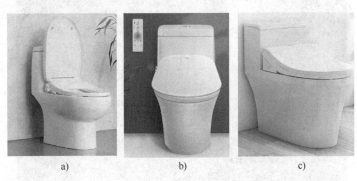

图 9-53　部分厂商智能坐便器示意图

a）京东京造　b）海尔　c）松下

2. 智能浴缸

市场上现有的智能浴缸（Smart Tub）设计上最大的特点是将人们的体验放在首位，将花洒、手轮、进水整合成一体，同时实现休闲、养生、理疗等多重功能。将电子数控、水压脉冲与人体工程学三项技术跨领域融合，通过数码控制实现水压脉冲，根据提供不同力度和方式选择按摩方式。其中自动进水功能在浴缸放满水后会实现自动停水。采用水压循环装置和水晶体瞬时加热技术，形成 CTCS 恒温循环，水在静音水泵的动力引导下，由瞬时加热装置进行不断加温，保证水温恒定，用户可放心长时间泡浴。图 9-54 为部分品牌智能浴缸产品图。

a）　　　　　　　　　　　　　b）

图 9-54　部分品牌智能浴缸产品图

a）TOTO 智能浴缸　b）科勒智能浴缸

3. 智能淋浴房

智能淋浴房（Smart Shower Room）不仅具备蒸汽房功能，还将沐浴、干蒸、湿蒸合为一体，最大的智能化特点是让用户实现一键式操作，简单又便捷，如图 9-55 所示。调节顶喷、手执花洒、背部冲浪、足底按摩等功能都是根据用户需求设计，更加舒适方便。智能淋浴房为一款智能产品，开门方式是平开门，独特的铰链、智能的拉手、拉杆都是智能淋浴房的卖点。电动开门，轻松又惬意触摸式电动开门，只需轻轻点击就会自动开启。高科技元素让淋浴更加惬意而富有乐趣：瀑布式顶喷水流自由自上而下的流水，源自山间瀑布的冲击，洗去繁华都市的一切浮华，回归真实纯洁的自己。智能淋浴房空间的玻璃门在家长为儿童洗澡时起到挡水作用，避免家长溅湿身体。花洒切换自由，母空间与子空间手持花洒相互间可以自由切换水流，使用灵活方便。

图 9-55　智能淋浴房概念图

我国的卫浴产品不断更新，自动化、智能化产品不断出现在消费者眼前，但是很多卫浴企业却忽略了人性化关注这个环节。其实不管是自动化还是智能化，都是以人的需求作为参考的，他们的基础也就是人性化。生活用水是水资源利用的主要渠道之一。在我国，很多家庭存在严重的用水浪费现象，如龙头滴水、马桶多次冲水等造成的水资源浪费，因此，选购一款智能化环保节水卫浴产品成为解决水资源浪费问题的关键。在节水卫浴、环保卫浴越来越受到重视的今天，发展节能环保卫浴产品不仅是满足消费者的需求，更是卫浴企业应当承担的社会责任。

据调查，我国智能卫浴的普及率还不到1%，智能卫浴市场尚待进一步发掘，不过我们都相信，智能化是未来家居生活的趋势。随着消费者年龄阶段的改变，新一代主流消费者将以追求时尚、简单生活的年轻人为主，智能卫浴也会更容易被他们接受。至于未来的路还有多远，则需要整个卫浴行业共同努力，以及对行业先机的把握。

9.5.4　智能冰箱

所谓智能冰箱（Smart Refrigerator），就是能对冰箱进行智能化控制、对食品进行智能化管理的冰箱类型。具体点说，就是能自动进行冰箱模式调换，始终让食物保持最佳存储状态，可让用户通过手机或电脑，随时随地了解冰箱里食物的数量、保鲜保质信息，可为用户提供健康食谱和营养禁忌，可提醒用户定时补充食品等。

在智能冰箱中最为重要的智能技术是自动识别技术。智能冰箱+智能模式早就屡见不鲜，家电市场中的智能冰箱已经有许多智能功能应用。自动识别技术在此领域大多数是依靠射频识别技术（Radio Frequency Identification）和图像识别技术，部分也有语音识别的应用。射频识别技术是通过无线电信号识别传递的，由特定的电子标签进行存储识别。整个系统由服务器、数据存储模块、智能识别模块、信息分析模块、知识库管理模块、交互模块和移动设备组成。这种技术在 2007 年三星的冰箱中广泛应用，优势十分明显且可以随时跟踪检测食物的位置、查看保存日期等有用信息。图像识别技术通过冰箱内置红外摄像头等监控设备对冰箱内的食物进行识别，通过影像的处理提取物品的特征，识别后建立起相关数据样本库进行样本比对，利用算法技术进行食物识别分类存储，再根据相应的食物存放函数曲线进行食物的规划处理。图 9-56 为基于 RFID 技术的食材管理电冰箱系统框架图。

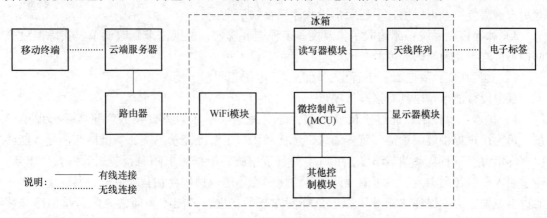

图 9-56　基于 RFID 技术的食材管理电冰箱系统框架图

经过调查了解，智能冰箱已经有了食材识别、营养保鲜规划、人脸识别营养分析、远程遥控等功能，这些功能都与自动识别技术息息相关：

（1）自动识别技术在食材识别中的应用　当把食材放入智能冰箱时，冰箱内的内置摄像头会依次进行扫描识别，并上传至云端计算器中，记录品种名称、数量及储藏时间等一系列相关信息。智能冰箱利用图像识别的方式，通过用拍摄的食材图像与网络上的相似图片作对比，以此确定目标食材的种类。

（2）自动识别技术在营养保鲜规划中的应用　当智能冰箱录入云端以后，云端大数据中记录了食材最佳使用时机和预测食材新鲜度，以及实时拍摄的食材图片相比较预测食材保鲜时间，根据放入食材时间等数据从而校正误差。自动识别技术使智能冰箱在食材营养保鲜规划领域中有了至关重要的进步。

（3）自动识别技术在人脸识别营养分析中的应用　若想获得专业营养分析，冰箱外置摄像头会完成人脸扫描采集，创建一份用户专属的资料档案，包括昵称、身高、体重等一系列身体健康数据。云端系统会综合各项信息判断用户的个人喜好与基本健康状况，随后通过网络大数据的营养方案分析用户的饮食动态，为用户提供更健康的饮食方案，也可以设定一个目标，让云端系统根据用户个人的身体情况分析安排饮食搭配推荐。例如，当用户设立目标减肥 5kg 时，智能冰箱会提供几份健康饮食搭配来帮助用户完成目标，通过膳食搭配的方式使用户完成减肥目标。

（4）自动识别技术在远程遥控中的应用　在目前市场上的智能冰箱中，远程控制功能是必不可少的。自动识别技术在远程遥感控制中发挥了重要作用，移动控制端直接和服务器上面的数据库进行通信，服务软件定时在数据库里面查询有无相应设备的数据，并发送给设备进行通信和控制。只要有网络，用户可以使用远程移动端随时随地控制冰箱，即可通过移动设备远程查看冰箱运行状态、食材状态等数据，并可根据需要进行远程控制，还支持可选模式、AI 聊天等功能。

在自动识别技术的基础上，智能冰箱还有许多方面的功能。

1）食品管理功能：了解冰箱内的食物数量、了解食物的保鲜周期、自动提醒食物保质期时间及提醒饮食合理搭配。

2）物联云服务功能：可以通过 Web 在线查询冰箱内食物信息、可以设置购物清单，提醒用户购买食物及可以通过手机短信接收冰箱食物信息。

3）冰箱控制系统：冰箱数字化温控、多种调节模式，根据需求随时调节、实际温度查询，可以查询当前箱内温度及分时记电，电费一目了然。

4）其他功能：看电影、听音乐、玩游戏、电子相册、上网冲浪等。

现阶段智能冰箱也具有诸多优缺点。

1）优点：可让用户通过手机或电脑，随时随地了解冰箱里食物的数量、保鲜保质信息，可为用户提供健康食谱和营养禁忌，可提醒用户定时补充食品等；降低冰箱能耗，能够根据环境温度进行自动调节温度，并有多种调节模式，根据需求随时调节；保鲜效果出众，通过引入电脑控制温度、多级温度调节和快速制冷等迅速锁住食物营养成分，避免食物水分的过度流失；为了保证冰箱环境卫生及抑制异味的产生，智能冰箱通常会配备抗菌净味装置，再也不用担心食材受细菌感染和串味情况发生。图 9-57 为智能电冰箱概念图。

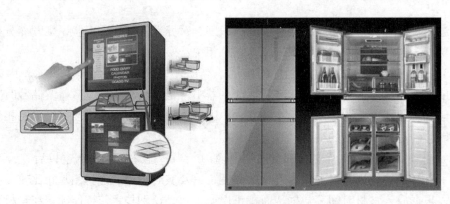

图 9-57　智能电冰箱概念图

2）缺点：智能冰箱市场占有率仅为 1%，产品质量不稳定，很多 APP 解决方案不够成熟，功能不够完善；一般智能冰箱多为多门或对开门的超大容量冰箱，价格较为昂贵，无论是购买成本还是占用空间对普通消费者来说仍难以承受。

当今，受经济格局的影响，智能冰箱的分布也追寻着从沿海到内陆的分布格局。其中以东部的长江三角洲及青岛地区最为密集，当前国内多数智能冰箱厂商也云集于此，形成了集群化的发展模式。按智能冰箱企业所在省份分布数量较多的有广东、安徽、山东、江苏、上海等地。中西部地区的智能冰箱企业依然相对落后，但发展迅速。我国智能冰箱销量主要与当地的消费水平、人口状况有关，产品主要销往东部沿海、长江中下游等经济发达、人口密集的省份，另外，三、四级市场对冰箱产品的接纳程度还有很大的潜力可以挖掘，在一定期间内，还有一定的市场培育空间。当前大部分智能冰箱定位中高端人群，北上广等特大城市这样的人群比重高，市场份额相对较高，相对来说东北、西南、西北三地智能冰箱的比重就低一些。英国科学家预测，智能化与个性化将成为未来冰箱的两大关键特征，它们不仅能实时监控库存，打电话给超市下订单，甚至还能告诉你晚餐该吃些什么。

9.5.5　智能空调

智能空调（Smart Air Conditioner）就是具有自动识别、自动调节和自动控制功能的空调。它能够根据外部气候条件和室内温湿度情况按照预设指标对温度、湿度进行分析判断、控制调节。还可以通过手机进行远程操控，可以在任何地方通过 APP 实现远程打开、关闭或调节温度等操作。市场上有很多所谓的"智能空调"仅仅停留在"智能操控"的层面，通过 WiFi 连接应用程序实现简单的联网控制，把"设备及硬件连接"作为技术重点，如可以让消费者在智能手机、平板电脑上安装一个 APP（应用程序）来控制空调，目前市场上大多数"智能空调"就是如此——简单的升温、降温、开机、关机，都需要用户拿出智能手机去选择、点击屏幕上的功能键。对消费者来说，这种比用空调遥控器更加烦琐的"智能空调"没有带来智能时代的舒适与便利，反而让用户觉得相当烦琐，如此产品，只能被称为"伪智能空调"。

真正的智能空调不仅仅是实现通信连接，更要在人与设备间的交互上不断进化，以交互为基础，最终实现设备对人的需求的自动响应和自动运行。2016 年 8 月，首个智能空调的评价标准《家用房间空气调节器智能指数测评规范》正式发布，提出智能空调应该具备智能功能、智能特性和智能效用的基本要求，并以 5A 指数规范作为评价空调智能化水平的依据。智能功能应具备"舒适、安全、可靠、节能、易用"五个方面对用户有价值的功能；智能特性是具备"自适应、自学习、自诊断、自协调、自组织、自推理、自校正"七个特性；智能效用只通过智能技术给用户带来附加值或增值。

国内的学者们也围绕智能空调开展了许多研究。王萌等人将健康学与其诸多分支健康领域学科引入设计学范畴内探讨，以新的视角重新探索健康理念在设计流程中的角色及对设计师和消费者等利益相关者的影响。微观来看，空调产品的健康使用为用户所广泛关注，探索以健康为导向的智能空调智能化进程有助于解决"空调病"等用户在使用空调过程中的不适症状与不悦体验。本文得出的以健康为导向的智能空调设计原则与策略对今后的空调智能化开发与设计流程具有参考意义，而对用户与空调产品交互过程中各个环节对健康的影响的研究则能够引起空调使用者对健康的关注，从而养成正确的使用习惯与健康的生活方式。进一步地，将目标产品类型进一步细化到家用中央空调，探索了在中国一、二、三线城市中，适合家庭住宅的中央空调产品的智能化设计。实践始于产品调研与创新开发，延续至产品的迭代与优化，基于以健康为导向的智能空调设计原则与策略进行设计，验证了健康设计原则的可用性，拓展了国内家用中央空调智能产品的市场。

王晓冰等人研发了基于人体舒适度自动调节运行参数的智能空调节能控制系统。该研究课题具有以下几大特色：一是实现了空调根据人体舒适度自动调节设置温度、风速的功能，提高了新一代空调的智能化程度；二是不对空调本体做改变，而是设计了一款智能空调控制终端，作为空调与电源之间的中间件连接，通过智能空调控制终端实现对空调的自动控制，而且智能空调控制终端采用无线方式上传数据，方便即插即用；三是采用概率神经网络（PNN）训练人体舒适度模型，相比于固定的公式推导，采用神经网络建立的模型适应性更强而且 PNN 模型的实时性高。完成了系统总体架构设计、智能空调控制终端软硬件设计、智能空调管理与控制平台设计、系统各部分之间通信方式和通信协议设计及系统测试等工作。经测试，该智能空调控制系统能够完成提出的功能需求，实现空调运行参数随人体舒适度自适应调节及运行节能的目标。

智能空调不只可以应用在保证人体健康与舒适度上，作为大功率电器实现智能化对于用户电价的节约与降低电网的巅峰负荷也有重大价值。姜爱华等人依托信息网络建立了一个电网运行信息、电网价格激励信息、用户室内温度喜好设置信息、外部气象信息融合的智能空调响应不确定性尖峰折扣电价的优化融合模型，采用动态优化区间的模型预测控制实现融合模型控制目标，削减其在电网尖峰期用电量，达到保证在用户定义的舒适性范围内，使用户电费支出最小，即在电网尖峰期用电量最小的目标。采用 6 层 120 区的公共楼宇，72h 432 时段，5 个随机尖峰激励信息的算例表明，该融合模型及控制策略实现了平价及分时电价机制下对随机尖峰折扣电价的完全响应，在保证舒适性条件下，平价机制下电力峰值最大降幅 32.7%，平均降幅 25.3%；分时电价下最大降幅 34.4%，平均降幅 26.6%；用户的电费支出在平价机制下可节约 19.9%，在分时电价机制下可节约 27.6%。验证了该融合模型及控制策略的强响应能力及灵活适应性。

现阶段企业所开发的产品，其智能程度还不及上述学术研究，主要功能还集中在人机语音交互、手机 APP 控制、吹风模式选择、智能调控温度湿度及智能避人等，如图 9-58 所示。

图 9-58　智能空调示意图

智能家电所包含的种类非常多，本节没有提到的还有扫地机器人、智能门锁、智能洗碗机、智能照明等，随着云、无线网络及各智能终端的出现与发展，萌生了"云+端"的智能家电模式，即采用一个位于互联网中的基于云计算技术的专用功能的服务平台，此服务平台提供了大众需要的各种生活服务功能，如天气参数，也可在此服务平台设置或开发个性化服务，智能终端通过注册的方式连接到此服务云上，进而实现智能家电管理的云端化。同时，智能手机的推出，可使此模式呈现出掌上化的特性。

　　智能家电是多种高新和新兴技术结合的产物，是一个方兴未艾的朝阳产业。它使居家变得"智慧"起来，具有广泛的应用需求。但智能家电市场还未成熟，只有解决好行业标准、成本控制、隐私安全等问题，市场才能真正地全面普及和发展壮大。希望在不远将来，购买智能家电产品就像购买计算机一样，用户可以随意组装和设计自己的智能家电产品。

9.6　动力装备智能化

9.6.1　智能涡旋式压缩机

　　空气压缩机在实际工业生产中被广泛使用。它的主要功能是将常温常压下的自然空气进行压缩处理，生成符合一定要求的高压气体，并以此作为推动其他设备运行的原动力。伴随着我国新能源、化工、石油、冶金等行业的快速发展，空气压缩机的市场需求量变得越来越庞大。

　　涡旋式压缩机具有压缩效率高、可靠性高、低能耗、低噪声、振动小等优点。随着加工水平的提高，近年来得到了迅速的发展，被称为"新一代压缩机"，如图 9-59 所示。

图 9-59　涡旋式压缩机

　　涡旋式压缩机是由一个固定的渐开线涡旋盘和一个呈偏心回旋平动的渐开线运动涡旋盘组成的可压缩容积压缩机。在吸气、压缩、排气的工作过程中，静盘固定在机架上，动盘由偏心轴驱动并由防自转机构制约，围绕静盘基圆中心，做很小半径的平面转动。气体通过空气滤芯吸入静盘的外围，随着偏心轴的旋转，气体在动静盘啮合所组成的若干个月牙形压缩腔内被逐步压缩，然后由静盘中心部件的轴向孔连续排出。

　　随着空气压缩机应用的越发广泛，用户对设备运行稳定性的要求变得越来越高。空气压缩机在运行过程中具有很高的危险性，传统人工操作设备的方式，经常由于机械设备的故障、高压管道的爆裂等原因造成现场技术人员伤亡；并且空气压缩机在工作运行时噪声非常大，技术管理人员难以长时间待在工业现场监控设备的运行状态，很难及时发现设备运行过程中出现的故障征兆，一旦设备出现故障或者损坏，在人身安全上和经济上都会造成严重的损失。因此，目前空气压缩机普遍存在以下问题：一是空压站数据缺乏监测和深入挖掘，故障问题无法预测；其二是起停靠人工控制，危险低效；其三是空压机系统使用过程中能耗浪费巨大。

　　随着人工智能和物联网技术在工业领域应用的不断发展，国家也制定了关于物联网远程监控的相关政策。物联网远程监控技术从本质上改变了传统的监控模式，能够实时对设备进行追踪和监控，对于空气压缩机整个控制系统的发展有着深远的意义，智能涡旋式压缩机应运而生。

所谓智能，首先就是压缩机拥有自主意识，这意味着设备能够知道自己每一时刻的状态和它的工作环境状态。以智能涡旋式压缩机为例，它能监测自身的关键运行数据至少有几十项（甚至上百项），包括入口压力、入口容积和排气压力，此外还有环境气体温度和湿度。拥有自主意识表明压缩机可以从与自身连接的传感器收集自身数据。数据的收集非常重要——如果没有数据的话，压缩机将无法知道自己是否在可承受的载荷下运行。

然而，数据收集只是第一步。更重要的是数据的分析和以数据分析为依据而采取的措施，它是重要的商业价值导向。智能压缩机就是通过这些措施实现对状态的改变。当然，有些措施比其他的措施更加容易制定。一些专家能制定设备工作条件的基本规则。有些规则甚至可能被用于压缩机本身，如果管道中的气压小于某设定值，设备便将压力值反馈给操作人员并发出警报。

尽管有些条件预设很容易建立，但是有些基于大量复杂条件的行为是人类无法识别的，这就是大数据和机器学习投入使用的原因。云计算技术可以分析海量数据并辨识出其中的复杂关系，这是人力所做不到的。比如说工厂推荐的润滑油更换时间对于同一类型的压缩机应该是一样的。然而，由于在某些特定的工作条件下，润滑油的消耗速度会大大加快，导致同类型的压缩机润滑油耗尽的时间也不尽相同。所以，那些消耗润滑油更快的压缩机应该更加频繁地更换润滑油，以使它们的使用寿命最大化。

但是，基于工作条件的维护是极为复杂的。对于工程师来说，润滑油更迅速分解的确切条件及集合这些条件持续的时间是不可能确定的。而另一方面，机器学习分析压缩机的大量工作数据以精准地确定压缩机在哪些工作模式下会出现过早损坏的情况。这些模式一经确定，就可以对压缩机反馈的实时数据进行持续分析。当分析结果为压缩机需要维护时，压缩机将会采取措施：通知操作人员某一台设备需要提前维护。

1. 智能涡旋压缩机工作原理

通过边缘数据采集器等设备，集中采集空气压缩设备的实时数据，专注于数据可视化呈现，对压缩机进行实时管控，精准分析产气、用气情况，快速查找存在浪费的原因。然后通过 AI 智能联控技术，做到产气压力恒定、用气适量供应、无人化管控等方式，大幅降低单位能耗、人工管理及设备保养成本。

2. 压缩机智能管理系统的基本架构

系统基本架构分为 4 个层次，分别是业务层、拓展层、设备层和终端层见表 9-13。

表 9-13　智能涡旋压缩机的基本架构

层　次	设　备	功　能
业务层	纺织、水泥、食品、汽车等	监控、诊断、预警、报警、分析、赋能
拓展层	压缩空气管理系统	计算、诊断、存储、备份、联控、起停
设备层	工业交换机	通信与传输
终端层	空压机及相关信号采集设备	采集与执行

3. 智能涡旋压缩机各项功能

1）实现全流程监测。加装传感设备，监测从产气到用气的全程数据，包含站房温湿度、官网压力、流量、末端用气压力、后处理设备压降、峰谷尖电、电气比等。

2）实现数据可视化。各类数据经过处理、汇总，形成看板、组态、报表等内容，供用户查看。

3）丰富的应用终端。支持台式电脑（Windows 系统、Linux 系统等）、平板电脑、手机（App 端，包括安卓 Android 和苹果 iOS 系统），可随时查看。

4）便捷的 Web 浏览操作。无须安装，只需使用浏览器即可联网查看。

5）软件、硬件联动。当发生预报警时，支持手机短信提醒、页面游字提醒，以及现场报警灯的提醒。

6）实现虚拟 2D 空压站展示。将现场设备及管道结构，模拟到组态图中，可以在办公室随时观测到站房实况。

7）支持查看历史数据，提供流量、压力、电量、电气比等多种数据报表。

8）支持联控分析、能耗分析等多种异常结果溯源分析，能从多个页面中将各种相关参数的曲线进行叠加，多纬度剖析异常的原因。

4. 智能涡旋压缩机可实现目标

1）减少用气浪费，精确采集终端实时用气量，用多少气就产多少气。

2）减少压损浪费，检查产气端输气到用气端，改造不合理的输气管路。

3）减少压力浪费，避免用气量的骤增、骤减，导致空压机频繁起停。

4）减少故障浪费，实现智能起停、智能轮休，避免设备超负荷、带病运行。

5）减少人工浪费，通过个人计算机端、手机 App，实时掌控空压站运行效率。

6）减少保养浪费，提前发布预警、报警，避免设备意外停机影响生产。

7）减少空载浪费，当用气量减少时，及时联控空压机进行停机。

8）减少后处理浪费，与空压机进行联动，跟随起停。

9）减少操作不当的浪费，用数据分析，对每个工人同时段用气量、产量进行比对，发现浪费源头。

5. 压缩机的智能控制方式

（1）全方位监控实时状态　所有与压缩机正常运行有关的参数，包括压缩机的振动、内压，空滤的负压，接触器的温度保护，电动机轴、冷却水的温度，冷却水的压力、流量、电动阀门等，均可以通过硬件、软件相结合的方式实现数据的采集、保存和处理，实时监控压缩机的运行状态。

（2）精准自动控制　通过安装边缘数据采集器，与压缩机的控制板相连，将压缩机的实时信息上传至管控系统。系统经过参数分析、工况分析、用气需求分析等多种工具，自动发送指令给压缩机，按要求实现远程起停、轮休、切换用气管路等精准控制功能。

（3）能耗自动分析　实时显示空压站总管路、分支管路的流量、压力、露点、电量等能耗情况，可以从多个统计时间维度，如 10min、1h、1 天、1 个月、1 年，分析对应的用电量、用气量等原始数据，并通过大数据算法，自动计算电气比，生成压力曲线。提供能耗对比，自主选择已经过去的 2 个时间段，系统可自动筛选出相应数据，进行并行比较，找出用电、用气异常点。

（4）主动报警信息　安装多种传感器，实现压缩机、空滤压差报警，电动机、主机震动报警，电动机、接触器温度报警等功能，及时诊断设备健康状况，确定是否需要检修，减少事故发生，保障设备安全。

（5）自动发送报警信息　通过手机 App、电子邮件、短信息等方式，通知到相应维修人员，具体方式可由客户自主确定。

（6）制定保养计划　提前制定并实施天、月、季度、年的保养计划，提醒负责人按时保养。

（7）生命周期监控　监控压缩机及各类配件的使用寿命，当寿命即将耗尽时发布预警，提示更换配件。同时，在配件的使用过程中，会生成配件使用报告，记录配件的使用情况。

（8）压力恒定　通过 AI 算法，设置上下限压力区间，使主管网压力波动≤0.015MPa，压降≤0.03MPa。

（9）报表管理　大部分的数据可以形成报表，供用户导出查看，如电气比、流量压力数据、故障报表、能耗报表等。

（10）故障管理　设备的预警、故障信息可以实时查看，并汇集成表。最新的预警或者故障信息会显示在首页滚动播出。

（11）设备组态图　根据项目的现状进行设计，自定义组合、摆放设备的位置，系统提供多样的模块供用户选择，如更改图标的类型、管道的颜色等。

9.6.2　智能鼓风机

在时代快速发展的背景下，我国的工业化水平不断提高。在工业化的进程中，鼓风机发展迅速，广泛应用在生活中的各个领域，又称工业通风换气机、锅炉引风机等，常见于工业领域，包括冶金工业需要高炉风机助燃和形成高温、曝气鼓风机用于污水的处理及能源产业中的离心风机作为主要动力机械设备。

近几十年来，我国鼓风机行业迅速发展，但就某些高端节能技术而言，还是与发达国家有一定的差距，存在鼓风机效率低、噪声大等问题，需要进行节能降耗和产业升级。结合信息化技术与智能化技术，研发智能鼓风机是鼓风机发展的重要方向，主要包括：鼓风机的控制系统的设计与研究，对鼓风机系统的智能化状态观测和故障诊断。

1. 鼓风机的控制系统的设计与研究

（1）曝气鼓风机控制系统　目前我国城市污水处理较多采用活性污泥生物处理工艺，即利用微生物的代谢作用，而生物处理过程是一个十分复杂的生化反应过程，它对曝气量的控制要求较高，其通过保持良好的、合适的曝气量，让好氧生物能够最大限度地对有机物进行生物降解，达到污水处理的目的。

曝气鼓风机控制系统的主要作用是给曝气池提供合适、精准的曝气，是污水处理生化反应最为核心的一个环节，其采用先进的变频控制技术，根据曝气池中风量的要求，实时调节电动机的转速，在既满足控制要求的同时又能达到节能减排的目的。系统同时采用先进的智能监控技术，可通过远程的中央控制室实时对离心式曝气鼓风机的控制系统进行监控，有利于控制系统的远程管理和远程故障诊断。

曝气鼓风机控制系统主要包括 4 台 LCP 控制系统、1 台 MCP 控制系统和中央监控室三个部分组成，其中 MPC 使用 300 系列的 PLC，4 个 LCP 使用 4 个 200 的 PLC 进行控制，其系统框架如图 9-60 所示。

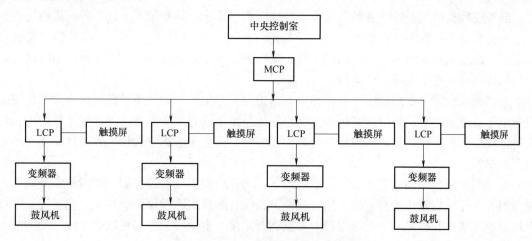

图 9-60　污水处理控制系统结构图

　　LCP（Local Control Panel）是就地控制盘，跟随鼓风机安装在污水处理现场，用于现场对曝气鼓风机的各种控制操作及现场数据采集和显示。其中每一台曝气鼓风机都单独由一个 LCP 控制柜单独进行控制。

　　MCP（Master Control Panel）是现场所有鼓风机的总控制系统，MCP 是根据污水处理控制系统采集的相应控制参数（其中包括总风量，出口压力或者溶解氧）的变化，并通过相应的计算来确定系统需要运行的鼓风机台数；根据事先鼓风机设定的程序来实现鼓风机的轮值切换及主机故障时备用鼓风机的自动投入。

　　MCP 通过 Profibus 通信协议与 LCP 进行数据通信，LCP 的各种状态参数通过通信协议上传到 MCP，在 MCP 上可监控各鼓风机的运行参数，同时，MCP 把控制指令通过 Profibus 通信协议传送到各 LCP，在 LCP 控制柜中可以控制鼓风机的起停、鼓风机的各项参数监测保护（其中包括：电动机三相温度、鼓风机轴温、电动机轴温、鼓风机轴承振动等）及控制电动机的转速。MCP 控制系统通过 Profibus 通信协议与中央控制室中的 WinCC 监控系统进行通信。

　　为每台 LCP 控制系统配备一个 PLC 控制柜，该控制柜由西门子 s7-200 系列的 PLC 和西门子 TP270 系列触摸屏组成。在触摸屏上可以显示单台鼓风机的工艺简图及相关参数（包括电动机电流、电动机转速、电动机运行及停止状态、变频器故障报警、鼓风机入口空气温度、鼓风机轴温、鼓风机轴承振动、电动机轴温及三相绕组温度、鼓风机流量、鼓风机单次运行停车时间等），并且在触摸屏上能进行相关参数的设置与修改及所有故障报警的查询功能，并且该控制系统还具有本地控制、远程控制和就地保护等功能。

　　（2）高炉鼓风机控制系统　根据国际冶金企业的生产经验，高炉炉顶压力每提高 10kPa，可以使：高炉产量提高约 1.2%、焦煤可以节省约 0.58%、高炉的烟尘放散可以降低 18%~47.85%、铁水的含硅量可以减少约 0.58%。因此，高炉在扩大炉体容积后逐步提高炉顶压力及利用系数，不仅可以获得产量和质量的提升，同时能够减少原料消耗及在环保方面减少烟尘的排放，符合国家发展绿色 GDP 的需求。鼓风机作为高炉的主要设备，其出口的风量、风压也随之提高，需改进控制模型以保证鼓风机在高位运行的安全问题，同时提高鼓风机利用率、降低能耗。

高炉鼓风机的主要性能参数有风量、排风压力、转速、静叶角度、效率等，描绘这些参数之间关系的曲线称为特性曲线。在一定转速（或静叶角度）下，最小的风量受喘振边界的限制，最大风量受鼓风机阻塞线的限制。从喘振边界到阻塞线的范围称为稳定工况区，高炉鼓风机必须在稳定工况区内运行。

高炉鼓风机能否稳定的工作直接影响着高炉的正常生产，如果高炉鼓风机在冶炼过程中突然由于故障而停车，将导致高炉中的铁水和矿料由于没有风压而下落进而凝结在炉内，这就是炼铁工艺中所说的高炉灌渣现象。高炉灌渣将会给企业造成巨大损失并对高炉本身产生很大的损伤。

整个鼓风机机组的控制系统，一般有以下几大部分组成：连续控制、逻辑控制及操作监视管理等。连续控制功能有定风压定风量调节系统、鼓风机防喘振调节系统。逻辑控制系统有机组起动条件联锁系统、逆流保护及安全运行系统、重故障紧急停机联锁系统、动力液压泵及润滑液压泵逻辑控制系统。

鼓风机机组的几个主要的控制功能包括：

1）定风量定风压调节系统。根据鼓风机的类型和驱动装置的不同，可以对不同的参数进行调节进而改变风量风压。例如对于静叶可调轴流风机，可以通过调节静叶角度来实现风量、风压的控制驱动装置为变转速汽轮机，也可通过调节转速来实现控制。把两者结合起来还可实现静叶角度、转速双参数寻优控制。

2）防喘振控制系统。轴流式压缩机运行在不同的风压时，都有严格的吸入风量限制范围，低于该限则发生喘振。喘振对轴流式压缩机所造成的危害很大，是鼓风机运行过程中一种非常危险的工况，严重时甚至可以将鼓风机的叶片全部烧毁。应该绝对避免鼓风机在喘振区工作，因此，高炉供风系统必须设置防喘振控制系统。

3）机组起动条件联锁系统。高炉鼓风机系统涉及的电气设备非常多，只有在各种外围设备起动、外部条件满足的条件下才允许起动驱动装置主电动机。这些不同电气信号的互锁就组成了起动条件联锁系统，为系统的安全运行提供了保障。

4）逆流保护及安全运行系统。喘振发生后，如果管网容量较大，则喘振可能发展为逆流，即气流发生倒流，流量由正到零、由零到负，最后形成一稳定的反向流动。逆流时，高温气体倒流回压缩机，这时压缩机仍维持原转向不变，会使压缩机转子产生强烈振动、烧坏轴瓦、折断叶片。应该避免鼓风机在工作中产生逆流现象，因此，高炉供风系统必须设置逆流保护系统。

5）重故障紧急停机联锁系统。在发生重大故障前，通过此联锁系统进行紧急停机，可将设备闭锁在安全位置，从而避免人员及财产设备损失的同时自动记录并保持造成停机的原因，以便事后查证。

6）辅助设备逻辑控制系统。辅助设备是指各种对压缩机运行必不可少的外围设备。一般说来，采用的工艺流程越先进，所需的外围设备也越多。从保证压缩机持续运行的角度来看，这些外围设备的重要程度不亚于机组本身。辅助设备控制主要包括润滑油辅助液压泵控制、动力液压泵控制、盘车机构控制等。

计算机控制系统有路模拟量输出控制信号，分别控制鼓风机静叶角度、防喘振阀开度和放空阀开度，具体控制过程如下：

　　1）鼓风机静叶角度控制。鼓风机静叶角度的调节回路由内环控制和外环控制组成的串级回路组成：外环部分为 PLC 内部的比例-积分-微分（PID）调节控制器，内环部分为静叶位置变送器、静叶伺服控制器和静叶伺服机构。在串级控制系统中，主、副控制器是串联工作的。主控制器的输出作为副控制器的给定值，系统通过副控制器的输出操纵执行器动作实现对主变量的定值控制，在串级控制系统中，主回路是定值控制系统，副回路是随动控制系统。当对象的滞后和时间常数很大时，干扰作用强而频繁，负荷变化大，采用串级控制系统能够更好地稳定主变量，即主要工艺变量。

　　2）防喘振阀、放空阀开度控制。防喘振功能块通过计算得到防喘振阀开度，直接驱动执行器动作。在控制系统人机界面可输入放空阀开度从而实现远程控制，亦可在现场手动控制电动放空阀。

2. 鼓风机系统的智能化状态观测和故障诊断

　　鼓风机在很多生产过程中都起着至关重要的地位。因此对鼓风机进行状态监测及故障诊断意义重大，不仅可以缩短维修时间、降低维修成本，还可提高诊断准确性和维修质量，创造可观的经济效益。

　　近年来，针对各类动力装备的诊断技术发展迅速，研究的手段和方法日新月异。从早期的相关技术专家依靠感官获取设备的状态信息，凭借经验做出判断，到通过故障动态演化机理研究、系统信号处理和智能故障诊断，无论在理论上还是实际应用上均得到了相当的发展。

　　故障诊断本质上是一个模式识别问题，从故障数据中学习并找到可以令人满意的区分故障类型的特征空间，从而根据特征空间识别故障类型。其中面临几个关键问题：

　　（1）数据集的获得和特征提取　由于现代传感器技术的进步及数据收集和存储功能的增强，通常在多个测点位置部署传感器，利用多个传感器同时对设备进行状态监测，获取更为全面的运行信息，如何综合利用多个传感器得到的信息，成了对鼓风机的智能化观测和诊断的一个关键问题；另一方面，特征提取决定了诊断结果的准确性和可靠性。由于多点监测且传感器采样频率高，设备服役时间长，获得的监测数据有数据量大、多源异构性、价值低密度性等特性。如果直接对这些数据进行分析，常常表现为工作量大、工作效率低。

　　（2）合理的数据处理方法　在工业制造智能化和大数据的背景下，针对分级的状态观测和故障诊断朝着智能化方向发展。智能故障诊断综合利用领域专家知识或人工智能技术从大量监测数据中提取表示系统变量依赖性的基础知识，然后检查操作系统行为和知识库之间的一致性，最后实现对鼓风机系统的实时状态观测，并利用分类器对故障做出诊断决策。与基于模型和信号处理的方法不同，智能故障诊断方法的最大优势在于不需要已知的先验模型或信号模式。近年来，深度学习引起了人们的广泛关注，一些研究者将其引入状态观测和故障诊断领域。而深度学习是机器学习的一种技术，拥有强大的表征能力和非线性建模能力，是当前机器学习和人工智能研究的热点，在大数据领域已经取得许多成果。因此，利用深度学习对机械设备进行智能故障诊断具有十分重要的理论意义和实用价值。

　　目前，基于机器学习的智能故障诊断方法分为基于浅层学习的智能故障诊断方法和深度学习的智能故障诊断方法等两类。

　　基于浅层学习的智能故障诊断方法常以信号处理技术和模式识别相结合的方式进行，主要目的是通过较少的数据处理得到对鼓风机系统的实时状态监测、判断和故障诊断、预警。

首先采用信号处理方法从振动信号中提取故障特征，如时域统计分析、短时傅里叶变换（Short Time Fourier Transform，STFT）、经验模式分解（Empirical Mode Decomposition，EMD）和小波变换等。提取的特征集通常具有较高的维度，可能包含无用或不敏感的信息，影响诊断结果及计算效率。通过主成分分析（Principal Component Analysis，PCA）、距离评估技术和特征判别分析等信号处理技术可进一步从提取的特征集中选择敏感和具有辨别故障的特征来提升分类器诊断结果及计算效率。将挑选的敏感特征作为浅层机器学习模型的输入进行训练，运用训练完成的机器学习模型，以进行设备状态模式识别。特征提取、特征选择和模型训练这三个关键步骤相互独立、互不干扰。

与浅层学习方法不同，深度学习对大量机械数据具有较强的处理能力，不需要通过复杂的信号处理技术提取特征，而是通过深层的网络结构和特殊的算法使模型自动从数据中学习特征并进行运行状态监测、判断，故障识别、预警，将相互独立的特征提取、特征选择和分类步骤集成在一个自适应学习框架中，实现从数据输入到故障识别的端到端故障诊断。

9.6.3　智能燃料电池用高压氢气压缩机

作为加氢站的核心装备，超高压氢气压缩机是制约氢能与燃料电池汽车发展的技术瓶颈之一。目前，常用的压缩机分为机械式压缩机和非机械式压缩机两种。机械式氢气压缩机包括往复式压缩机、隔膜压缩机、直线压缩机和液体活塞压缩机等。其中，因为液体可以大量吸热，使气体压缩过程可以更接近等温过程，同时，流体传动具有更好的可控性，液体活塞压缩机被普遍认为是最适合作为氢气超高压压缩机的方案。

目前国内加氢站正处于产业导入期，分布呈现明显的产业聚集效应，受政策影响，建设步伐明显加快。目前国际上技术比较成熟的是 35MPa 和 70MPa 加氢站，国内主要是 35MPa 加氢站，而 70MPa 加氢站已经研发出样站，高压和超高压加氢站是未来的发展趋势。氢气压缩机作为我国建设加氢站所需的三大核心关键单体设备之一。现阶段，还没有哪家国内生产厂的产品能够完全替代进口设备，目前国内大多数加氢站建设所需氢气压缩机依旧依靠进口，这就造成建设加氢站的成本较高，且进口氢气压缩机供货周期较长，维护成本较高。

液体活塞氢气压缩机包括液驱式压缩机和离子液体压缩机两类。目前国内加氢站较多采用的是液驱式压缩机、隔膜压缩机。离子液压缩机主要在国外应用得比较多，且一般用在具有较高储氢压力（一般为 90MPa 左右）的加氢站中。

目前国外主要的液驱式压缩机品牌有德国麦格思维特（MAXIMATOR）、霍弗（HOFER）、舍赛尔（SERAL），美国 HYDRO-PAC、HASKEL 等，其压缩机结构基本相同，具体结构如图 9-61 所示。

国内进行液驱式压缩机研制的企业主要包括深圳思特克（STK）和济南赛思特等。其结构上与国外相似。

目前的离子液压缩机仅有林德公司，国内尚无能制造离子液压缩机的企业，国内只有上海同济安亭和山东淄博能源加氢站有进口的林德公司的 IC90 离子液压缩机，进口价格约为 500 万元人民币/台。林德集团研制的该类压缩机，其基本构型如图 9-62 所示，应用到加氢站的离子液体压缩机排气压力为 45~90MPa、流量为 90~340Nm³/h，效率 65% 以上，最高的排气压力可达 100MPa，排量为 376~753Nm³/h。目前，奥地利 Wien Energie 公司和德国 BMW 公司已将林德公司的新技术分别用于天然气加气站和氢能供应站。

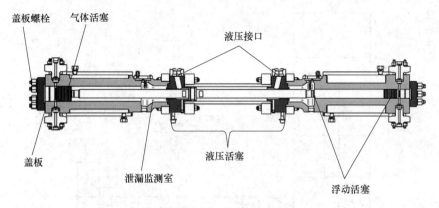

图 9-61　液驱式压缩机结构

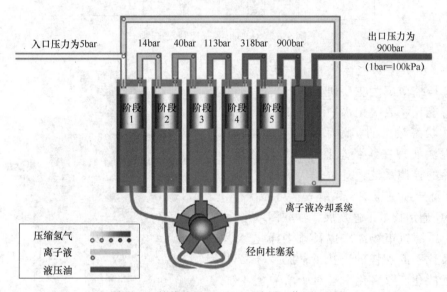

图 9-62　林德公司 IC90 型压缩机工作原理图

　　液体活塞压缩机被普遍认为是最适合作为氢气超高压压缩机的方案。然而，目前的液体活塞存在可控性差、多相耦合条件下系统建模精度较低及难以高效率地实现氢气压缩等缺点。基于这些问题，西安交通大学提出一种径向柱塞油压泵驱动超高压流体多级串联压缩新方式并据此提出了新的流体传动控制方法，其液压控制系统图如图 9-63 所示。

　　如图 9-64 所示为西安交通大学采用的压缩机结构，液压油从进出油口进入，经流道流通进入液体活塞中，驱动活塞向上运动完成压气过程。而在进气过程中，依靠进气压力推动活塞回程，实现压缩机的往复运动。

　　为确保压缩机每次都能移动到固定位置，氢气压缩端的液腔体积被设计成略小于径向活塞泵每个柱塞的单次排量。在压缩过程开始时，随着径向柱塞泵的旋转，如图 9-65a 所示，电磁阀被打开，向蓄能器补充少量的油，然后关闭。如图 9-65b 所示，高压油推动活塞向上，压缩氢气。如图 9-65c 所示，在进气过程中，液压油被压回柱塞腔内。如图 9-65d 所示，压缩机活塞进入缓冲阶段后，蓄能器向活塞腔供油，多余的油通过溢流阀溢出。在压缩机的进气过程中，进气压力每次都将活塞推到下限位置，油也由蓄能器通过单向阀供给。

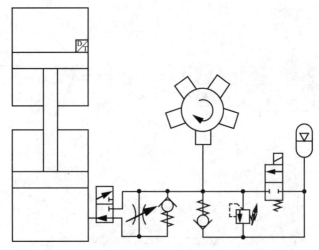

图 9-63 压缩机液压控制系统图

目前，世界上对液体活塞压缩机的研发仍以提高压缩效率为主要研发方向，压缩机系统的智能化、数字化水平相对较低。产品缺乏工作状态数据的实时采集与反馈功能，使产品无法实现在线状态监测及故障诊断。同时产品的控制系统设计也较为落后，不能很好地保证压缩机压缩子系统安全可靠执行。在当下 5G 通信技术迅速发展，物联网水平大大提高，压缩机市场需求也日益多样化，产品升级换代不断加快的现状下，提高压缩机系统的智能化、数字化水平对于增强企业对市场的适应能力具有重要意义。其未来发展趋势主要包括以下几个方面。

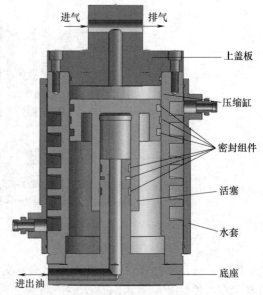

图 9-64 压缩机结构

1) 设计模块化：压缩机系统的模块化设计可以缩短设计周期，从而加快企业产品创新升级速度。同时也能够减小各个系列压缩机的零件总数，同时增加可组配压缩机的品种规格。

2) 控制智能化：随着现代控制技术及数字通信技术的发展，液体活塞压缩机必然会在智能控制方向有很大的潜力，液体活塞压缩机的智能化有助于提升产品的实时状态监测及自诊断能力，有助于提升液体活塞压缩机的工作稳定性和安全性，通过优化压缩机工作曲线，与散热能力相匹配，从一定效果上也能起到节能的作用。

3) 集成一体化：集成一体化式设计能够去掉大量冗余结构，液体活塞压缩机产品集成化将会使机器的结构更加紧凑，减小体积，减轻质量，并大大提升装配效率，同时也能大大拓展其应用场景。

4) 设备网络化：物联网的发展将会促进管网系统的升级，作为智慧氢能加氢站系统必不可少的加氢设备，压缩机的网络化对实现管网系统的故障诊断和远程监控具有重要意义。

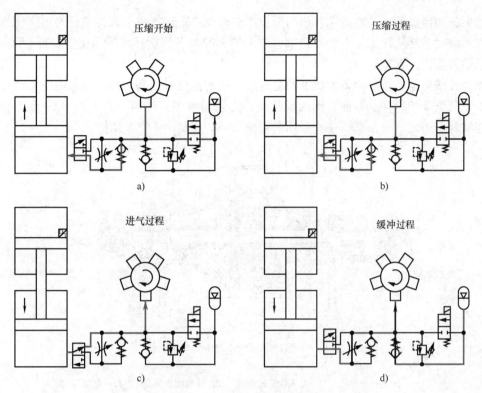

图 9-65   压缩机工作流程

a）压气阶段初始   b）压气阶段   c）进气阶段   d）缓冲阶段

9.7   石油化工装备智能化

9.7.1   成品油输送泵站的智能化

石油是当今世界上最为重要的战略资源，在促进国家经济和社会发展、保障国防安全领域具有十分重要的作用。石油资源地理分布与消费市场的不平衡，使其运输不可避免。现如今，管道运输是原油、天然气及各种流体化工产品的主要运输方式，肩负着输送石油的重任。相较于其他运输方式，管道运输具有密封性好、资源利用率高、对环境污染小、安全保障率较高等优点，同时由于输送管道深埋于地下，使管道运输方式土地占用率较低，且避免了交通情况和恶劣气候的影响，使石油能长期连续稳定运行，运输效率大大提高。因此，管道运输在世界石油运输中的作用和地位不可撼动。

我国国土面积巨大，水、石油、煤矿等自然资源存在较大的空间分布差异。自然资源丰富的区域多集中在我国中西部及北部地广人稀的地区，而人口与产业集中分布在中东部及南部地区。近年来，为了缓解能源压力、优化能源结构，确保经济社会快速稳步发展，超长距离的输油、输水的必要性就显得尤为重要且紧迫，"西气东输""南水北调"等大型国防、民生工程均离不开长距离管道运输技术。近年来，成品油运输管道建设加快，在役的管道也逐步增多，如何保证成品油运输管道的低成本、安全平稳运行成了该类项目的重要任务，尤其是在大众对于环境保护等方面的要求也越来越高的当下，从技术的角度上保证管线稳定，安全运输就显得非常重要。

作为管线运输的核心设备，成品油输送泵站的智能化对提高成品油运输的安全性和稳定性有着十分重要的影响。目前，国内成品油输送泵站常用开式离心泵，如图 9-66 所示为东北、华北和华东地区输油管道主要采用的输油泵 400KD250×2 型泵结构。

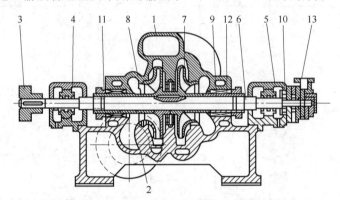

图 9-66　输油泵 400KD250×2 型泵结构
1—泵盖　2—泵体　3—联轴器　4—前轴承　5—后轴承　6—轴　7—叶轮　8—挡套
9—轴套　10—止推轴承　11—吸入端机械密封　12—吐出端机械密封　13—泵轴润滑油泵

除主泵，成品油输送泵站常还包括加热泵、换热器、辅助增压泵、驱动电动机和相关阀组等。一般来讲，按其所处的位置和作用，成品油管道输油站可以分为输油首站、中间站、终点站或分输站。输油首站将准备进行输送的成品油进行分类、计量、增压并向下一站输油；中间站接受前一站来油，增压后输往下一站；终点站或分输站，接受输油管的来油，分配给消费单位，或交由其他运输方式转运，两站之间常采用泵到泵输送。

作为智能管道系统的重要组成部分，成品油输送泵站的智能化有利于实现以物联网、云计算和大数据为代表的新一轮信息技术与传统技术的深入融合。将最大限度地将人从繁重的体力劳动中解放出来，具体来说，要综合利用各类传感器（压力、温度、位移等）、信息物理系统（CPS）、RFID 等技术对泵站工作状态进行实时监测及数据采集，实现泵站的信息深度自感知。并利用模糊控制等先进人工智能控制方案，实现泵站智慧优化自决策及精准控制自执行。同时，利用全生命周期智能监测及性能退化预测技术，实现对产品数据的分析、优化及诊断。

9.7.2　成品油输送阀的智能化

运输管路是一个密闭的、大型的完整水力系统。当管道中因为有计划地进行切换流程和调整输量时，或者是因为事故引起流量变换时，如大型阀门截断、因故障关闭、泵站突然停泵、调节阀门动作失灵引起误关闭等，均能造成较为明显的管道内压力波动。管道内流体产生瞬变流动，瞬时流量激增，且变化时间越短，产生的瞬时压力波动就愈剧烈。该现象最危险的极端情况就可以称为"水击"或"水锤"。水击现象严重时会使管道内超压，液柱分离，波及全线，向上游产生增压波，向下游产生减压波。极有可能造成关键阀门的破坏，接头破裂，管道破裂断开，甚至直接炸裂等重大事故。针对管路的水击问题，需要提出相应的水击保护方法。水击保护的目的是用预设的保护措施使水击压力尽量不超过管道的设计压力，避免管道内出现液体断流或负压的情况。通常有超前保护、增强保护和泄压保护三种。泄压保护则是使用较为广泛的一种，在管道进、出站端安装专门的泄压阀，当水击压力波产生时，通过该泄压向专门管道中中泄放出一定量的流体，从而减小管道内液体压力，在压力减小后能够复位再次堵住流路，防止水击造成的损失。

间接式的泄压阀包括先导式和电磁式两种。先导式的泄压阀就是拥有两个控制环节的泄压阀，而电磁式的泄压阀则需要配置一套传感检测装置，因此属于三个控制环节的泄压阀。不依靠外部辅助动力源的纯机械式的水击泄压阀，从结构上来看都是由主阀与先导阀结合的先导式水击泄压阀，结构示意图如图 9-67 所示。

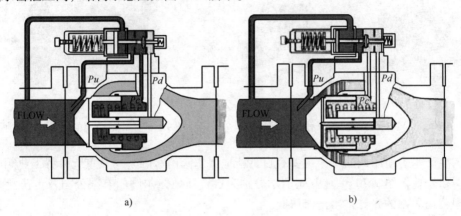

a)　　　　　　　　　　　　　b)

图 9-67　先导式水击泄压阀
a）压力小于设定值时　b）压力大于设定值时

纯机械式的先导泄压阀是目前大多数输油干线所采用的水击保护阀门，但是在大规模的使用情况中依旧存在如下的较多问题：①因阀芯无法回到密封座上或密封座上存在杂质、结冰等使先导阀密封不严，从而导致阀门不能持压或难以归位；②阀芯表面划伤导致的阀门运行不太稳定；③阀内液体腔中存在气体导致的阀门动作迟缓；④阀门压力设定不当或者先导阀问题导致的阀门误开。

而电磁式的泄压阀使用较少，因为该类泄压阀是使用电液作为动力的一种他力式泄压阀，控制性能更大程度上取决于监控仪表装置。由于目前的监控仪表装置和电子控制设备的发展愈加快速成熟，可靠性和准确度都得到了一定程度的提高，因此和自力式泄压阀相比在控制准确度、定值稳定性、调试和第二现场监控等方面具有更明显的优势。同时电磁式泄压属于多环节的控制系统，结构组成相对复杂，因此整体系统的稳定性与可靠性对使用环境也提出了较高要求，使用相对受限。

所以针对先导式泄压阀的研究，无论是纯机械式或者是电磁式的都存在着巨大的研究前景与市场需求。

对于纯机械式先导阀，当前国外生产水击泄压阀的厂家主要有丹尼尔（DANIEL）公司、M&J 公司及 Flexflow 公司等。其中，美国 DANIEL 公司的产品，其系列产品涵盖 NPS2～NPS16，压力等级从 150LB～900LB，规格十分齐全。图 9-68 所示为 DANIEL 公司制作的 45°

式的水击泄压阀，其主要特点包括：①采用平衡活塞，弹簧偏置设计，即使是肮脏或黏稠的产品也能实现精确的流量控制；②可调节的关闭速度控制，避免因冲击压力造成的损坏；③与具有高容量，45°活塞操作的轴流式阀门相比，可降低压降和维护费用；④具有正向关闭（ANSI Class VI）装置并在断电时进行故障安全关闭，能够保护设备和人员安全。

图9-69所示为M&J公司的先导式水击泄压阀，其主要特点包括：①具有轴向"直线"平滑流动模式；②应用压力范围广、压降低、流量系数高；③具有低噪声及汽蚀装置。

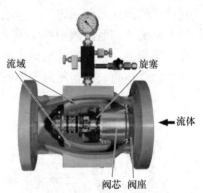

图9-68　DANIEL公司的45°式水击泄压阀　　　图9-69　M&J公司的先导式水击泄压阀

国内生产水击泄压阀的厂家主要有自贡新地佩尔阀门有限公司及重庆科特工业阀门有限公司这两家企业。图9-70及图9-71所示分别为自贡新地佩尔阀门有限公司及重庆科特工业阀门有限公司研制的先导式水击泄压阀。

图9-70　自贡新地佩尔先导式水击泄压阀　　　图9-71　重庆科特工业先导式水击泄压阀

针对电磁式的先导泄压阀研究较少，GREENWOOD公司的电磁换向式泄压阀由主阀、电磁换向阀、压力变送器和控制装置组成，如图9-72所示。

其中电磁换向阀是三位三通阀。"三位"指的是开阀状态位，失电锁定状态位和关阀状态位，双电磁铁组成的电磁换向阀，同时具备电动和手动两种操作方式。手动操作方式更多的是作为电动操作的后备，仪表监控装置通过仪表回路实现，也可通过软件编程实现，监控装置需要设定压力泄放值。

以西安航天动力研究所和西安交通大学联合开发的机电复合冗余控制系统的先导式水击泄压阀为例，其设计目的在于克服传统先导式泄压阀的两大缺点。其中第一点是传统先导式泄压阀使用的机械先导阀容易产生故障，弹簧磨损或杂质颗粒卡住等问题均会导致机械先导阀阀芯无法动作，进而影响主阀的动作。当水击现象来临时，若不能及时打开主阀泄压，极

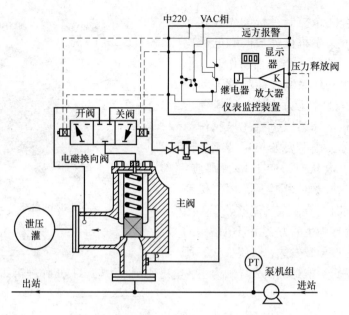

图 9-72　GREENWOOD 电磁换向式泄压阀

有可能产生危险事故。其二是当机械先导阀在管路超压时会顶动弹簧带动先导阀芯左移到最左位，主阀内腔可以通过机械先导阀向后排油，实现阀门打开，在压力减小后回右位，阀前压力油又可以从机械先导阀流入主阀内腔，使主阀关闭复位，在上述过程中机械先导阀始终只存在最左和最右两个位置，不存在中间状态，对主阀内腔流体的进出都只能被动地进行控制，若回座太快还容易引起二次水击现象。针对这两个缺点所提出的水击先导阀的机电复合冗余式先导控制系统，由基础的机械先导阀加上一路电磁比例阀组合而成，二者油路并联，提供了一套双保险结构，而且电磁比例阀的工作特性决定了其可以对流量进行连续控制，以追求更好的泄压回座性能。液压原理图如图 9-73 所示，装配模型图如图 9-74 所示。

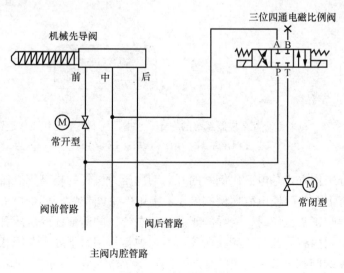

图 9-73　液压原理图

新型机电复合冗余控制系统的先导式水击泄压阀的最终方案是机械先导阀和电磁比例阀的流路互不干涉，一个为主动作，一个作为冗余部分在主动作系统发生故障不动作时及时动作，快速泄掉压力尖峰，是避免出现危险事故的保险。如果以电磁先导阀作为主动作的先导部分，则需要始终保持电磁比例阀的左位处于上电状态，使 P 口（阀前）与 A 口（主阀腔内）始终相连通，才能保证主阀腔内与阀前同时充液，主阀能够处于关闭状态，这种电磁先导为主的方案由于电磁阀的线圈长时间通电必然导致发热，最终失效，所

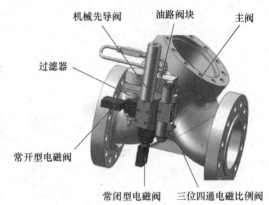

图 9-74　装配模型图

以，二者的工作逻辑只能是机械先导阀为主，电磁比例阀为辅。其工作逻辑如图 9-75 所示。

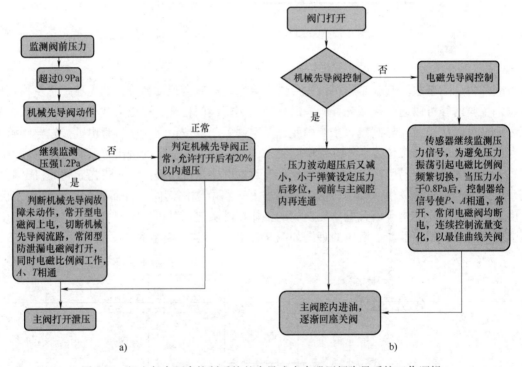

图 9-75　机电复合冗余控制系统的先导式水击泄压阀先导系统工作逻辑
a）主阀开启泄压　b）泄压结束主阀关闭

具体的各部分工作方式是电磁比例阀的开启动作压力设置的略高于机械先导阀的弹簧预设压力，平时状态下三位四通电磁比例阀处于不上电的中间位置，四个口 P、A、B、T 均不相同，当机械先导阀正常工作时，先导阀阀芯处于右位，阀前液体经引压管路流经机械先导阀前、中腔进入主阀内腔，此时主阀在内腔压力与弹簧作用力下处于关闭状态，常开型隔爆球阀和常闭型隔爆球阀都处于不上电的原始位置，如图 9-76a 所示。当阀前产生压力波动时，压力上升超过机械先导阀预设压力后，引压管压力推动机械先导阀阀芯左移，关断了

前、中腔通路，此时中、后腔连通，主阀腔内液体通过机械先导阀的中、后腔排出到阀后，主阀腔内压强减小，主阀被阀前流体推开，阀门打开，实现泄压动作，如图 9-76b 所示，当管道压力减小到设定值以下时，机械先导阀复位，当主阀腔内再次充满与阀前压强相等的液体后，主阀复位，再次关断流路，整个过程两个隔爆球阀均不上电。

当主动作的机械先导阀出现故障时，即无法完成左位到右位的切换时，主阀腔内的液体无法排出，阀前与主阀腔内压强一致，主阀无法打开，因此阀前压力持续上升，当设置在阀前的压力传感器检测到压力持续上升，达到电磁比例阀预设起动压力后，由控制器发出指令，电磁比例阀右位上电，阀芯右移，A 口（主阀腔内）和 T 口（阀后）相连，同时常开型隔爆球阀上电，关闭并联流向机械先导阀的流路，常闭型球阀也上电打开，此时主阀腔内的流体通过电磁比例阀快速向阀后排出，主阀腔内压强减小，主阀被打开，完成泄压动作，如图 9-76c 所示。当泄压完成，阀前压力传感器检测到管路压力小于电磁比例阀起跳压力后，两个隔爆球阀掉电，恢复原位，同时电磁比例阀左位上电，阀芯可按照程序设定的曲线左移，达到对节流口开度的连续控制，进而控制流量，因此能够控制主阀腔内的回油速度，改善主阀的关闭动态性能，避免二次水击的产生，此时 P 口（阀前）和 A 口（主阀腔内）相连，主阀腔内逐渐回液，主阀腔内压强逐渐增大，最终实现主阀的完全关闭，工作过程如图 9-76d 所示。

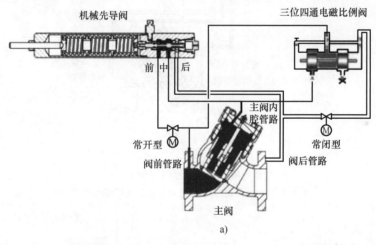

a)

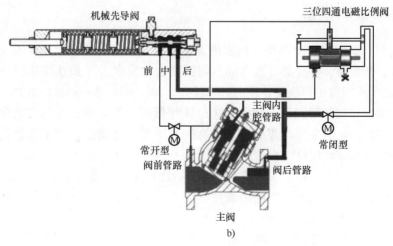

b)

图 9-76　工作过程图

a）机械先导阀控制闭阀　b）机械先导阀控制开阀

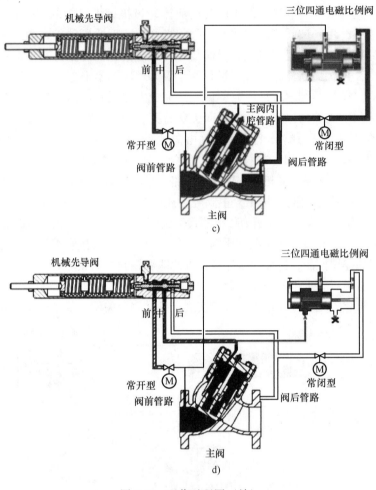

图 9-76　工作过程图（续）

c）电磁比例阀控制开阀　d）电磁比例阀控制闭阀

9.8 智能矿山设备

2020 年 2 月，国家发展改革委、国家能源局、应急管理部、国家煤矿安全监察局、工业和信息化部、财政部、科技部、教育部八部门联合印发《关于加快煤矿智能化发展的指导意见》，明确了我国煤矿智能化建设的目标任务。2021 年 6 月，国家能源局、国家矿山安全监察局联合印发《煤矿智能化建设指南（2021 年版）》，引导全行业科学有序地开展煤矿智能化建设。当前，全国主要产煤省区、大型煤炭生产企业均已启动了智能化示范煤矿建设，煤矿智能化已从被动建设转为主动建设。

在矿山智能化问题上，矿业发达国家侧重于智能矿山、自动化采矿技术的研究与应用，并已取得了丰硕成果，而国内矿山则多通过建设"数字矿山"来实现矿山的信息化、数字化，以此为基础推进智能化。

智能矿山建设水平主要取决于地质条件、开采工艺、装备水平、管理模式等因素。而其智能化环节也多集中于地质资源数字化，可视化开采设计，规划、计划最优化等矿山数字化技术，包括凿岩、装药、出矿、支护、运输（有轨、无轨）和提升内在的移动设备的自主运行；包括通风、排水、充填、供风、供电等环节的固定设备自动化；包括碎矿、磨矿、选别、压滤、排尾在内的智能选矿；包括监测监控、人员定位、通信联络、紧急救援、安全管理在内的安全生产保障；包括智能调度、质量管控、能源设备、材料供应在内的生产管理智能化等。

智能控制系统及装备标准主要包括综合机械化采煤工艺（简称"综采"）智能化系统及装备、综合机械化掘进（简称"综掘"）智能化系统及装备、运输智能化系统及装备、供电智能化系统及装备、分选智能化系统及装备、煤矿机器人及新型共性关键传感器等方面。

1）综采工作面智能化系统及装备技术标准针对综采工作面采煤机、液压支架、刮板输送机、泵站等设备的智能化系统及关键技术装备进行规范。

2）综掘智能化系统及装备技术标准针对掘进、锚固、运输等工作环节中所应用到的智能化系统和关键技术装备进行规范。

3）运输智能化系统及装备标准包括煤流运输智能化系统、辅助运输智能化系统及提升智能化系统等。煤流运输智能化系统及装备针对煤流运输过程中的关键监测系统及智能调速系统等进行规范；辅助运输智能化系统及设备技术标准主要针对辅助运输涉及的胶轮车、单轨吊车、齿轨机车等，实现智能化驾驶涉及的关键系统及装备进行技术规范；提升智能化装备对于矿井提升系统实现安全智能化运行涉及的关键系统及装备进行技术规范。

4）供电智能化系统及装备标准针对煤矿供电系统智能化所涉及的供电系统区域协同控制，供电防越级跳闸及其所用的移动变电站、开关、变频器等智能电气设备技术进行规范。

5）分选智能化系统及装备主要针对煤炭综合加工过程中涉及的相关智能化系统及装备进行规范。包括分选智能化系统、煤泥制样智能化系统、配煤装车智能化系统等。

6）煤矿机器人标准一方面对于煤矿机器人基础共性技术，包括煤矿机器人长时供电与馈电管理、同步定位与地图构建（SLAM）、机器人群协同控制等技术进行规范；另一方面对于煤矿各类机器人的性能指标、技术要求、检验规则等进行规范。

7）共性关键传感器标准主要针对煤矿新型关键传感技术及装备进行规范，包括煤矿机器视觉、激光点云扫描、光纤光栅等新型技术及系统等性能、检验规则等进行规范。

9.8.1 智能化综采系统

我国煤矿智能化综采在近十年取得了长足的发展，引领了煤炭工业智能化综采的方向。以采煤机记忆截割、液压支架自动跟机及可视化远程监控为基础，以生产系统智能化控制为核心，实现远程对综采设备的智能控制，确保工作面生产过程的智能化运行，达到综采工作面连续、安全、高效生产。

四川川煤华荣能源有限责任公司斌郎煤矿 N-1211 智能化综采工作面煤厚 1.3m，采高 2m，煤层最大倾角 71°，在这样大的煤层倾角上智能化综采在全国尚属首例。华荣能源有限责任公司和斌郎煤矿联合开展技术攻关，成立急倾斜智能化综采项目领导小组，制定智能化实施保障措施，将采用"大倾角液压支架防倒、防滑、防飞矸及自动跟机；记忆截割技术与人工干预有效结合；智能化系统元件保护"等关键技术，变传统手动操作为自动控制和可视化远程干预控制技术，做到大于45°单向割煤、45°以下双向割煤，实现现场集中控制和地面远程监控割煤、推溜、拉架等工艺智能化。其智能化综采控制系统框架如图 9-77 所示。

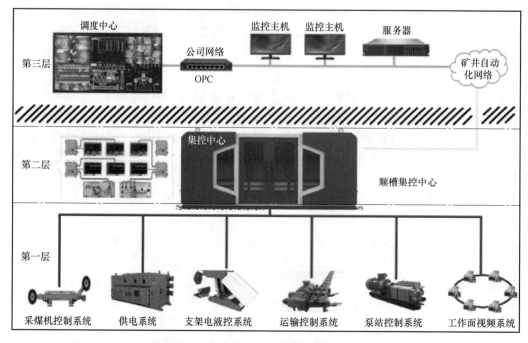

图 9-77　智能化综采控制系统框架

相比传统的普通综采工艺，在最大倾角达 71°的急倾斜工作面上推行智能化综采，将有助于企业节能降耗和提质增效。推行智能化综采后，预计所需综采人数从 95 人减至 24 人，单面单班作业人数从 20 人减至 11 人；日产量从 1040t 提升至 1560t；单面月产原煤 3.5 万 t，比传统综采单面月产量提高 28.6%。

山东能源集团有限公司智能化采煤流程如下：通过地面集控中心远程下达工作面设备运行指令；地面配液中心将乳化液输送至采区集中供液中心，为工作面设备提供液压动力；采煤机割落的煤炭通过刮板输送机、带式输送机运出，再经主井提升至地面，从而实现全流程智能化生产，智能开采工作面系统如图 9-78 所示。

兖煤澳大利亚公司矿井通过集控中心远程遥控生产系统，一般矿井定员在 180~280 人，综采工作面每班仅 6 人。兖煤澳大利亚莫拉本井工矿自动化采煤工作面和澳斯达煤矿长壁远程自动化控制工作面如图 9-79 所示。

9.8.2　煤矸石智能分选机器人系统

目前，根据我国多数煤矿的实际生产情况，开采后的原煤必须用带式输送机运到地面。但是，原煤中混有较多的矸石，并且矸石形状不一，有些还尺寸较大，大块的矸石也不能直接在井下填充处理。煤中的含矸率通常与煤矿的地势及煤层分布有关，含矸率较高的煤矿，若不及时进行排矸，会对精煤质量造成严重影响，带来经济损失。因此，这些矸石和煤的混合物需要经过洗煤厂的加工进行排除。传统的排矸方式主要有人工手选和机械洗选。人工手选方式存在诸多问题，有些洗煤厂含矸率较高，需要大量的拣矸工人进行持续拣矸工作，恶

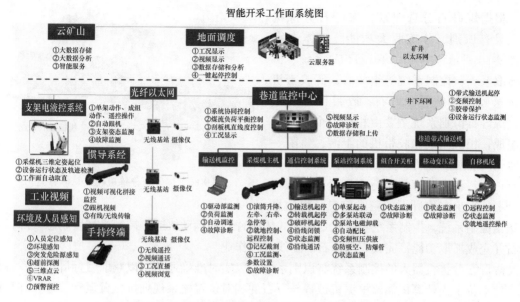

图 9-78 智能开采工作面系统

图 9-79 兖煤澳大利亚公司矿井工作面
a) 莫拉本井工矿自动化采煤工作面 b) 澳斯达煤矿长壁远程自动化控制工作面

劣的工作环境也会对工人的健康不利，工人手选的效率也较低。目前也只是存在于部分中小煤矿中。而对于机械洗选方式来说，目前中大型洗煤厂主要采用重介、跳汰、浮选与干法等方式，虽然不需要工人劳动，但是这些方式需要大型的机械设备、大量的水资源、大量的费用，在实际生产过程中，由于诸多问题的存在，不适合长期使用及推广，更不适合长期的发展理念。

煤矸石是煤炭开采和洗选加工过程中排出的固体废弃物，其产量占原煤产量的 15% 左右。加强对煤矸石综合治理、综合利用的研究及提高洁净煤技术，是当前燃煤大国的重要研究内容，也是环境保护与发展的需要。利用智能技术对煤矸石进行分选也是智能化矿山重要的研究课题。煤矸石智能分选机器人系统能够大幅提高生产率。如果一年生产按 300 天计算，每天工作时长为 20h，大小在 200～400mm 的不规则煤和矸石平均质量约 15kg，煤矸石智能分选机器人标准拨手每小时动作 3000 次，每小时拨离能力为 45t，每天拨离能力 900t，年拨离能力约 27 万吨；大小在 50～180mm 的不规则煤和矸石平均质量约 4kg，煤矸石智能分选机器人标准抓手每小时动作 2500 次，每小时最大拨离能力为 10t，每天拨离能力 200t，年拨离能力约 6 万吨。2 个拨手加 1 个抓手每年能完成 60 万吨分选量。

根据煤矸石分选要求，煤矸石分拣机器人具有识别、分拣两大功能。总体方案如图 9-80 所示，主要由煤矸石识别系统、机械抓取系统、控制系统等组成。选矸胶带机上运送破碎后的煤和矸石，胶带机速度恒定。煤矸石识别系统主要由相机、个人计算机组成，相机固定在胶带机的上游，每隔一定时间间隔对胶带机一定区域内的煤和矸石进行拍照，个人计算机进行识别处理，识别出矸石，得出多块矸石的三维信息，将信息

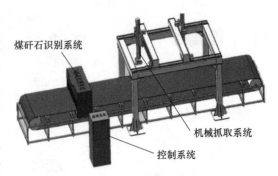

图 9-80　煤矸石分拣机器人总体方案

发送给控制系统，控制系统实时规划桁架式机械臂各轴运动轨迹，控制机械臂动态跟踪目标矸石并完成抓取功能，完成煤与矸石的在线分拣作业。

煤矸石分拣机器人的控制系统与识别系统可以实时准确通信，以获取目标矸石的三维信息，使上位个人计算机能够根据机械臂与矸石的相对位置关系规划机械臂运动轨迹，并且能够通过传感器反馈机械臂各轴的实际位置，实现自主控制机器人任务执行。煤矸分拣机器人控制系统可以分为检测部分、上下位机控制系统和硬件执行部分，如图 9-81 所示。

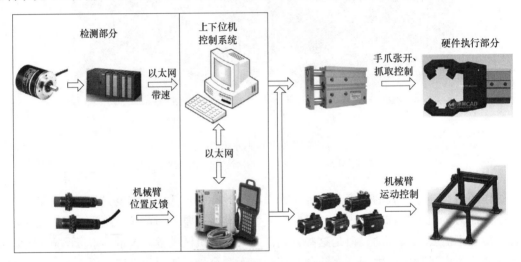

图 9-81　煤矸石分拣机器人控制系统组成

检测部分，主要是电动机检测编码器及胶带机速度检测编码器。电动机检测编码器安装在机器人各电动机输出轴上，用于测量电动机位置，从而反馈机械臂的实际位置。增量式旋转编码器用于测量胶带机速度。上下位机控制系统，下位机主要完成硬件执行机构的电气控制功能，上位机主要完成轨迹的规划、检测机械臂执行状态及控制指令的下发功能。硬件执行部分，机械臂的运动和手爪的张开、闭合依靠控制器下发指令工作，完成伺服电动机的转动、气缸的运动等。

煤矸石分拣机器人控制系统主要包括上位机界面程序、机械臂运动控制程序和通信程序三部分。上位机主要完成机械臂状态监测、拣矸胶带机速度测定、机器人控制指令的下发等功能。上下位机主要完成信息的交互，上位机与下位控制器通过以太网进行通信。上位机将

规划好的机械臂运动轨迹下发至控制器，控制机械臂按照期望轨迹运动，控制器的性能体现在轨迹跟踪控制的精确性。图 9-82 所示为西安科技大学曹现刚等人搭建的煤矸石分拣机器人实验平台。

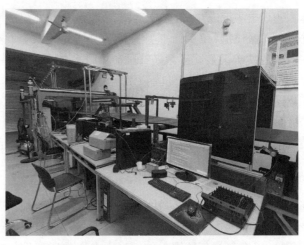

图 9-82　煤矸石分拣机器人实验平台

9.8.3　智能化运输系统

现阶段，我国煤矿运输智能化发展进程逐步加快，但与发达国家相比仍存在部分差距，需加大开发研究力度，逐步完善智能化运输关键技术，尽可能提高运输效益，促进采煤作业现代化发展。煤矿辅助运输系统智能化研究起始于 20 世纪中期，受社会条件及科技水平影响，2015 年之前煤矿运输仍以人力为主，无法匹配智能综采工作面的生产力需求。经过众多专家的努力，至今在轨道机车、钢丝绳牵引车、无轨胶轮车等方面取得了一定成果。目前，煤矿智能化运输技术实现了远程监控、远程操作，减少人力投入，生产安全与效率得到充分保障，但井下作业环境复杂恶劣，无法实现全自动智能辅助运输，后续还需根据生产实情开展优化。

煤矿智能化运输装备集成了信息技术、数据通信技术、电子控制技术、计算机技术等多项高新技术，在煤炭运输系统中有重要应用，目前国内常见的辅助运输装备主要包括四类。①机器人化矿井提升机。利用电气控制整个系统的运行，配有智能制动单元、防爆监控设备等先进设施，可实现无人驾驶，自动化、智能化程度较高；②机器人化带式传输机。具有起动、张紧、负载自适应及故障自诊断等功能，整个系统依据智能感知控制策略进行调控，实现长距离无人运输；③机器人化刮板输送机。刮板输送机在采煤生产中作用较多，既可运载煤炭，还具有采煤机行进导轨的作用，其智能化程度与采煤设备的智能控制息息相关；④无人驾驶矿用运输车。无人驾驶矿用车在露天煤矿中应用较多，利用计算机技术开发智能驾驶仪，具有精准定位、自主测速、智能识别控制信号、规避障碍物等功能，可在井下巷道内实现无人巡检。

2017 年河南跃薪智能机械有限公司联合洛阳栾川钼业集团股份有限公司建设了国内首个无人矿山，在三道庄矿区实现了 30 辆无人矿车编队的远程调度（遥控驾驶），2019 年 3 月与华为技术有限公司（华为）合作研发 5G 远程遥控技术。2018 年 8 月北京歌踏智行科技有限公司改装了内蒙古北方重型汽车股份有限公司（北方股份）的 MT3600 矿用自卸车使其实现自动驾驶，并在白云鄂博矿区试验；11 月又改装了 MT3600B、NTE150T 两台矿用货车和陕西同力重工股份有限公司（同力重工）的 90T 宽体车，试验不同厂商、不同吨位车型的混合编组控制；2019 年 5 月，联合中国移动通信集团有限公司、华为在白云鄂博矿区试验了全球首个基于 5G 技术的无人驾驶矿车。2018 年 10 月上海西井信息科技有限公司发布全球首款无人驾驶电动重型货车，并为西藏珠峰资源股份有限公司研制无人驾驶矿车；11 月徐州工程机械集团有限公司（徐工集团）基于百度 Apollo 平台推出了无人驾驶工程自卸车。2019 年初内蒙古北方重工集团北方股份公司成功下线国内首台无人驾驶电动轮矿车，并进入矿区试验；3 月，长沙智能驾驶研究院联合北奔重型汽车集团有限公司（北奔重汽）在内蒙古某矿区测试了无人驾驶矿用货车技术，并提供"自动驾驶+远程智能驾驶"矿用货车的组合方案解决自动驾驶技术实测中存在的问题；10 月青岛慧拓智能机器有限公司与徐工集团工程机械有限公司联合开发的 XDE120 无人驾驶矿用货车在乌山铜钼矿试运行。露天矿区是封闭环境，车辆自动驾驶技术中多种算法在自动驾驶矿用货车上得以落地，已经基本实现限定场景下的 L3 级别（有条件自动驾驶）、接近 L4 级别（高度自动驾驶）。

宝日希勒露天煤矿基于移动 5G SA 网络架构，采用宏基站组网方式，实现整个露天煤矿无人驾驶车辆的自主作业、视频回传、远程控制和应急接管等业务要求。建设的 6 处 5G 基站均采用移动基站车建站方式，实现了"业动网随"的灵活建设模式，将两套多接入边缘计算（MEC）下沉至矿区机房，满足数据安全和低时延条件。

1）极寒气候环境露天矿 5G+无人驾驶货车编组。基于 5G 网络对 5 台 220t 矿用货车升级改造与一台遥控推土机、一台电斗挖掘机及洒水车、平路机等辅助作业车辆形成一套完整的露天矿无人运输作业系统，如图 9-83 所示。先后完成矿用货车改造、5G 网络建设、封闭场地测试、作业现场试验、冬季极寒验证等，5 台无人矿用货车累计运行 5 万余公里、累计运输土方量 60 余万立方米。

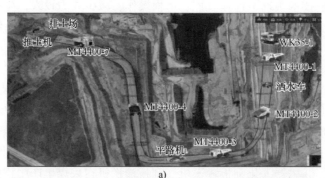

a)

b)

图 9-83　宝日希勒露天煤矿无人驾驶运输系统
a）无人驾驶矿用货车编组　　b）220t 无人矿用货车

2）极寒气候 5G 智能遥控推土机。通过 5G 网络将现场的工作状态、视频画面等实时回传至遥控驾驶舱，在国产大马力推土机 SD90-5E 的基础上，将各类传感器、视频采集及控制器等全部进行耐低温化改造，采用一人控三机技术，通过先进的力反馈仿真系统和全息裸眼 3D 技术呈现现场级效果，结合智能控制技术，让操作者远离施工现场，提升生产作业效率、减少人力成本，增强作业安全性和可持续性。

中国移动上海产业研究院协同中国移动通信集团内蒙古有限公司为窝兔沟煤矿提供 5G 专网覆盖，搭建了移动边缘云平台，建设了 OnePower 智慧矿山平台，通过平台实现矿山设备和业务系统的基础数据采集、融合互通；打造三维地理信息系统（GIS）地图，提供监管数据、资源、动静信息同屏联动展示；落地 5G 煤流集控、固定岗位无人盯防、5G AI 巡检等智能化应用。通过煤矿智能化建设，实现了综采工作面的少人化、运输系统和机电硐室等重点区域的无人值守，煤矿工人在井下通过智能定位通信矿灯就可以与地面的中控室进行视频通话。项目应用后，每年可帮助企业减少井下作业人员 30 余人，助力企业降低成本超 600 万元，单位能耗和用电量也下降了 20%。图 9-84 所示为 OnePower 智慧矿山子平台现场系统。

图 9-84　OnePower 智慧矿山子平台现场系统

《能源技术革命创新行动计划（2016—2030 年）》指出，2030 年要实现智能化开采，重点煤矿区基本实现工作面无人化，巷道集中控制，全国煤矿采煤机械化程度达到 95% 以上，掘进机械化程度达到 80% 以上。为确保规划目标的实现，有必要针对井工煤矿开采的重点领域和薄弱环节开展技术装备研发。当前急需突破的核心技术主要包括以下几个方面：

1）信息精准感知技术地质条件、开采条件、设备状态的精准感知是实现煤矿智能化开发的重要前提，重点攻克地质条件超前精细探测、开采条件实时预测与处置、设备位置及姿态精准感知等技术。

2）设备智能控制技术工作面设备智能控制是煤矿智能化开发的核心，重点攻克液压支架围岩耦合自适应控制、煤岩界面智能识别、煤岩高效自适应截割、多机协同控制、故障智能诊断处理等技术。

3）稳定性可靠性技术装备运行的稳定性和可靠性是煤矿智能化开发的关键，重点研究关键元部件失效模式与故障机理，构建关键部件及系统可靠性评价体系，攻克关键元部件材料和制造工艺，为工作面自动化、智能化和无人化提供可靠保障。

参 考 文 献

［1］ Aydin M, Huang S, Lipo TA. Axial flux permanent magnet disc machines: A review ［J］. Conf Record of Speedam, 2004.

［2］ Bai Y, Gao F, Guo W. Design of mechanical presses driven by multi-servomotor ［J］. Journal of Mechanical Science and Technology, 2011, 25 (9): 2323-2334.

［3］ 陈超, 范淑琴, 赵升吨, 等. 快锻液压机传动系统合理性的探讨 ［J］. 锻压技术, 2016, 41 (2): 6-11.

［4］ 陈超, 范淑琴, 赵升吨, 等. 160kN 伺服液压机机身结构分析与校核 ［J］. 锻压装备与制造技术, 2015, 50 (6): 41-44.

［5］ 陈超, 赵升吨, 崔敏超, 等. 交流伺服压力机的研究现状与发展趋势 ［J］. 锻压技术, 2015, 40 (2): 1-8.

［6］ 陈超, 赵升吨, 崔敏超, 等. 伺服式热模锻压力机驱动电机的研究 ［J］. 锻压装备与制造技术, 2016, 51 (1): 13-16.

［7］ Cheng M, Hua W, Zhang J, et al. Overview of Stator-Permanent Magnet Brushless Machines ［J］. IEEE Transactions on Industrial Electronics, 2011, 58 (11): 5087-5101.

［8］ Choi H J, Jang D H, Ko B D, et al. A study on the optimization of a mechanical press drive ［J］. Proceedings of the Institution of Mechanical Engineers Part B Journal of Engineering Manufacture, 2004, 218 (2): 189-196.

［9］ 崔敏超, 赵升吨, 陈超, 等. 伺服压力机新型减速机构发展趋势 ［J］. 锻压装备与制造技术, 2015, (1): 8-10.

［10］ Cui M C, Zhao S D, Zhang D W, et al. Finite element analysis on axial-pushed incremental warm rolling process of spline shaft with 42CrMo steel and relevant improvement ［J］. International Journal of Advanced Manufacturing Technology, 2017, 90: 2477-2490.

［11］ Cui M C, Zhao S D, Zhang D W, et al. Deformation mechanism and performance improvement of spline shaft with 42CrMo steel by axial-infeed incremental rolling process ［J］. International Journal of Advanced Manufacturing Technology, 2017, 88: 2621-2630.

［12］ Cui M C, Zhao S D, Chen C, et al. Study on warm forming effects of the axial-pushed incremental rolling process of spline shaft with 42CrMo steel ［J］. Proceedings of Institution of Mechanical Engineers Part E: Journal of Process Mechanical Engineering, 2018, 232 (5): 555-565.

［13］ Cui M C, Zhao S D, Chen C, et al. Process parameter determination of the axial-pushed incremental rolling process of spline shaft ［J］. Int. J. Adv. Manuf. Technol, 2017, 90 (9-12): 3001-3011.

［14］ Cui M C, Zhao S D, Chen C, et al. Finite element modeling and analysis for the integration-rolling-extrusion process of spline shaft ［J］. Advances in Mechanical Engineering, 2017, 9 (2).

［15］ 戴民强, 赵升吨, 王春辉. 采用蓄能器节能的 20MN 快锻压机液压系统设计计算 ［C］//全国塑性工程学术年会, 2009.

［16］ Dai M Q, Zhao S D, Cai W. Study on the relationship between clamping cylinder and gripping mechanism clamping force of forging manipulator ［J］. Applied Mechanics and Materials, 2013, 25: 147-151.

［17］ Dai M Q, Zhao S D, Yuan X M. The Application Study of Accumulator Used in Hydraulic System of 20MN Fast Forging Machine ［J］. Applied Mechanics and Materials, 2011, 80-81: 870-874.

［18］ 李钢, 金碚, 董敏杰. 中国制造业发展现状的基本判断 ［J］. 经济研究参考, 2009 (41): 46-49.

［19］ 刘军，程中华，李廉水. 中国制造业发展：现状、困境与趋势［J］. 阅江学刊，2015，7（04）：15-21.

［20］ 王媛媛，张华荣. 全球智能制造业发展现状及中国对策［J］. 东南学术，2016（06）：116-123.

［21］ 陆燕荪. 中国制造任重道远装备中国责无旁贷——中国装备制造业现状与发展战略［J］. 机械工程学报，2007（01）：2-6.

［22］ 赵增群. 区域制造业产业间关联关系与实证研究［D］. 天津：河北工业大学，2012.

［23］ 马士华，王一凡，林勇. 供应链管理对传统制造模式的挑战［J］. 华中理工大学学报（社会科学版），1998（02）：66-68+112.

［24］ 丁纯，李君扬. 德国"工业4.0"：内容、动因与前景及其启示［J］. 德国研究，2014（4）：49-66.

［25］ 丁雪生. 日本AIDA和山田DOBBY公司的直线电机压力机［J］. 世界制造技术与装备市场，1999（3）：64-65.

［26］ 董渊哲，赵升吨，张超，等. 汽车发动机用连杆裂解工艺及设备的合理性探讨［J］. 机床与液压，2016，44（5）：33-37.

［27］ 董渊哲，赵升吨，崔敏超，等. 40Cr圆棒低应力剪切的激光旋切环形槽理论与实验研究［J］. 西安交通大学学报，2016，50（11）：121-128.

［28］ 杜传忠，杨志坤. 德国工业4.0战略对中国制造业转型升级的借鉴［J］. 经济与管理研究，2015（7）：82-87.

［29］ 范淑琴，赵升吨，陈超，等. 交流伺服电机直驱液压机传动系统研究综述［J］. 精密成形工程，2015，7（2）：1-6.

［30］ 范淑琴，赵升吨，李旭，等. 新型无油泵交流伺服直驱液压机机身结构有限元分析优化［J］. 锻压装备与制造技术，2015，（2）：15-19.

［31］ 范淑琴，赵升吨，梁锦涛，等. 双辊夹持旋压成形数控实验装置的研制［J］. 锻造与冲压，2012，22：34-39.

［32］ 范淑琴，赵升吨，张琦，等. 风机机壳扩径旋压过程的数值模拟［J］. 锻压技术，2010，35（2）：86-88，93.

［33］ 范淑琴，赵升吨，张琦，等. 双辊夹持板料旋压成形过程塑性变形行为的研究［J］. 精密成形工程，2010，2（1）：1-4.

［34］ 范淑琴，赵升吨，张琦，等. 直角法兰双辊夹持扩旋成形有限元模型确定［J］. 西安交通大学学报，2010，44（5）：66-70.

［35］ 范淑琴，赵升吨，张琦. 旋辊参数对双辊夹持旋压成形的影响规律［J］. 机械工程学报，2012，48（18）：60-66.

［36］ Fan S Q, Zhao S D, Zhang Q, et al. Investigation in the Plastic Mechanism of Multi-pass Double-roller Clamping Spinning for Arc-shaped Surface Flange［J］. Chinese Journal of Mechanical Engineering, 2013, 26（6）：1127-1137.

［37］ Fan S Q, Zhao S D, Chen C. Plastic Deformation Mechanism in Double-roller Clamping Spinning of Flanged Thin-walled Cylinder［J］. Chinese Journal of Mechanical Engineering, 2018, 31（3）：56.

［38］ Fan S Q, Zhao S D, Zhang Q. Numerical simulation of influences of process parameters on the spinning moment and quality of double-roller clamping spinning［J］. Advanced Materials Research, 2012, 433：2219-2225.

［39］ 高广波，侯经川. 工业4.0视角下的中国制造业——困境、动力与导向［J］. 理论视野，2015（11）：46-48.

［40］ Gee A M, Robinson F V P, Dunn R W. Analysis of Battery Lifetime Extension in a Small-Scale Wind-Energy System Using Super Capacitors［J］. IEEE Transactions on Energy Conversion, 2013, 28（1）：24-33.

［41］ Gruber F E. Industry 4.0：A Best Practice Project of the Automotive Industry［J］. Digital Product and

Process Development Systems，2013（411）：36-40.

［42］国家自然科学基金委员会工程与材料科学部. 机械工程学科发展战略报告：2011—2020［M］. 北京：科学出版社，2010.

［43］郝永江，赵升吨，雷净. 交流变频电动机驱动的机械压力机飞轮转动惯量的合理计算［C］. 第二届锻压装备与技术交流会议论文集，2005.

［44］He J，Gao F，Zhang D. Design and performance analysis of a novel parallel servo press with redundant actuation［J］. International Journal of Mechanics and Materials in Design，2014，10（2）：145-163.

［45］何予鹏，赵升吨，杨辉，等. 机械压力机低速锻冲机构的遗传算法优化设计［J］. 西安交通大学学报，2005，39（5）：490-493.

［46］何予鹏，赵升吨，王军，等. 具有低速锻冲特性的机械压力机工作机理的研究［J］. 机械工程学报，2006，42（2）：145-149.

［47］何予鹏，赵升吨，权重民，等. 机械压力机工作状态在线监控的研究［J］. 仪器仪表学报，2004，25（4）：75-76.

［48］He Y P，Zhao S D，Zou J，et al. Study of utilizing differential gear train to achieve hybrid mechanism of mechanical press［J］. Science in China，Series E：Technological Sciences，2007，50（1）：69-80.

［49］Hlaváč J，Echura M. Direct Drive of 25 MN Mechanical Forging Press［J］. Procedia Engineering，2015，100：1608-1615.

［50］Hsieh M F，Tung C J，Yao W S，et al. Servo design of a vertical axis drive using dual linear motors for high speed electric discharge machining［J］. International Journal of Machine Tools & Manufacture，2007，47（3-4）：546-554.

［51］Hsieh W H，Tsai C H. On a novel press system with six links for precision deep drawing［J］. Mechanism & Machine Theory，2011，46（2）：239-252.

［52］化春键，赵升吨，宋涛，等. V 型槽几何参数对裂纹萌生的影响规律［J］. 西安交通大学学报，38（9），2004：947-950.

［53］化春键，赵升吨，张立军，等. 新型变频振动精密下料研究［J］. 塑性工程学报，2005（增刊，总第52期），12：109-112，134.

［54］Hua C J，Zhao S D，Song T，et al. Investigation in relationship between the geometric parameters of the "V" shape groove and the stress concentration at the bottom［C］. Xi'an：Proceedings of the 6th international conference on Frontiers of Design and Manufacturing（ICFDM），June 21-23，2004：646-648.

［55］Hua C J，Zhao S D，Zhang L J，et al. Investigation of a new-type precision cropping system with variable-frequency vibration［J］. International Journal of Mechanical Sciences，2006，48（12）：1333-1340.

［56］Ibrahim H，Belmokhtar K，Ghandour M. Investigation of Usage of Compressed Air Energy Storage for Power Generation System Improving-Application in a Microgrid Integrating Wind Energy［J］. Energy Procedia，2015，73：305-316.

［57］Itoh M. Vibration suppression control for a twin-drive geared win on study on effects of model-based system：simulation control integrated into the position control loop［C］. 2004：196-201.

［58］纪锋，付立军，王公宝，等. 舰船综合电力系统飞轮储能控制器设计［J］. 中国电机工程学报，2015，35（12）：2952-2959.

［59］贾先，赵升吨，范淑琴，等. 新型 200kN 双电机螺旋副直驱式回转头压力机运动学和动力学研究［J］. 机械科学与技术，2017，36（8）：1205-1211.

［60］贾先，谭栓斌，范淑琴. 基于 ADAMS 的三角连杆机构压力机仿真分析［J］. 机电工程，2016，33（9）：1080-1083.

［61］贾先，赵升吨，范淑琴，等. 双动压力机用压边滑块串联四连杆工作机构的优化［J］. 中国机械工

程，2016，27（9）：1223-1228.

[62] Toshiaki O，Noriaki F，Seiji N，et al. Development Of An Electrically Driven Intelligent Brake System［J］. SAE International Journal of Passenger Cars-Mechanical Systems，2011，65（1）：399-405.

[63] Kwon O S，Choe S H，Heo H. A study on the dual-servo system using improved cross-coupling control method ［C］. 2011：1-4.

[64] 李耿铁，王宇融. 数控机床多轴同步控制方法［J］. 制造技术与机床，2000，454（5）：23-25.

[65] 李广娟. 我国冲压设备的发展概况及发展趋势［J］. 青年时代，2017（36）.

[66] 李靖祥，赵升吨. 机械压力机合理隔振方式的探讨［C］. 全国塑性工程学会锻压设备委员会学术交流论文集，2009：94-97.

[67] 李泳峄，赵升吨，范淑琴，等. 花键轴动力增量式滚轧成形工艺数值分析［J］. 材料科学与工艺，2013，21（3）：26-32.

[68] 李泳峄，赵升吨，范淑琴，等. 花键轴增量式滚轧成形工艺的分流方式及温度效应研究［J］. 西安交通大学学报，2012，46（9）：60-65.

[69] 李泳峄，赵升吨，赵永强，等. 系统参数对花键轴轴向推进滚轧成形工艺过程的影响分析及试验［J］. 机械工程学报，2014，50（22）：50-56.

[70] 李泳峄，赵升吨. 花键轴增量式滚轧成形坯料直径计算及有限元分析［J］. 锻压技术，2013，38（1）：61-64.

[71] Li Y Y，Zhao S D. Study on the Improvements of Incremental Rolling Process for Spline Shaft with Round Tools based on Finite Element Method ［C］. The IEEE International Conference on Mechatronics and Automation，ICMA 2013，Takamatsu，Japan，Aug，2013：98-103.

[72] Li J X，Qiu H，Zhang D W，et al. Acoustic emission characteristics in eccentric rotary cropping process of stainless steel tube ［J］. International Journal of Advanced Manufacturing Technology，2017，90：2477-2490.

[73] 梁锦涛，赵升吨，谢嘉，等. 双肘杆机械压力机实现柔性加工的混合闭环伺服控制系统的研究［J］. 机械工程学报，2014，50（7）：120-127.

[74] 梁锦涛，赵升吨，谢嘉，等. 用于机械压力机伺服直驱的开关磁通永磁电机的设计与优化［J］，锻压装备与制造技术，2013，48（6）：23-26.

[75] 梁锦涛，赵升吨，谢嘉. 螺旋压力机实现伺服直驱的低速大力矩电动机综述［J］. 锻压装备与制造技术，2011，3：11-15.

[76] Liang J T，Zhao S D，Zhao Y Q，et al. Hybrid-loop servo control system of double toggle mechanical press for flexible process based on sliding mode control and neural network techniques ［J］. Proceedings of the Institution of Mechanical Engineers，Part I：Journal of Systems and Control Engineering，2016，230（1）：35-45.

[77] Liang J T，Zhao S D，Zhao Y L，et al. The Design of Power Transmission of Electric Screw Press Directly Driven by Permanent Magnet Disc Synchronous Motor ［J］. Applied Mechanics and Materials，2011，86：833-837.

[78] 刘辰，范淑琴，赵升吨. 汽车大型覆盖件冲压线上工件传送方式合理性探讨［J］. 锻压装备与制造技术. 2012，47（2）：21-24.

[79] Liu C，Zhao S D，Li J X. Design and analysis of a novel seven-bar mechanical servo press with dual motors inputs ［J］. Proceedings of the Institution of Mechanical Engineers，Part C：Journal of Mechanical Engineering Science，2017，231（20）：3855-3865.

[80] Liu C，Zhao S D，Han X L，et al. High-accuracy servo press system for the clinching joint process ［J］. Journal of Mechanical Science and Technology. 2017，31（2）：903-910.

[81] 刘丹，王迪，赵蕾，等. "制造强国" 评价指标体系构建及初步分析［J］. 中国工程科学，2015，17

(7)：96-107.

[82] 刘福才，张学莲，刘立伟. 多级电机传动系统同步控制理论与应用研究 [J]. 控制工程，2002，9 (4)：87-90.

[83] 刘辛军，谢福贵，汪劲松. 当前中国机构学面临的机遇 [J]. 机械工程学报，2015，51 (13)：2-12.

[84] 鲁文其，胡育文，黄文新. 基于交流电机重载驱动的复合型伺服压力机 [J]. 电机与控制应用，2008，35 (9)：11-14.

[85] 吕言，周建国，阮澍. 最新伺服压力机的开发以及今后的动向 [J]. 锻压装备与制造技术，2006，41 (1)：11-14.

[86] Ma H K, Zhao S D, Zhang Q, et al. The Analysis of Motion and Strength for the Clamping Mechanism of Die-casting Machine Weighing 4500 ton [J]. Advanced Materials Research, 2012, 462：135-140.

[87] Mclallin K, Fausz J. Advanced energy storage for NASA and US AF-missions [R]. AFRL/NASN Flywheel Program, 2000, 10：1-18.

[88] Meng D, Zhao S D, Li L, et al. A servo-motor driven active blank holder control system for deep drawing process [J]. The International Journal of Advanced Manufacturing Technology, 2016, 87 (9-12)：1-9.

[89] Mitsantisuk C, Katsura S, Ohishi K. Force Control of Human-Robot Interaction Using Twin Direct-Drive Motor System Based on Modal Space Design [J]. Industrial Electronics IEEE Transactions on, 2010, 57 (4)：1383-1392.

[90] Miyoshi K. Current Trends in Free Motion Presses [C]. Proceedings of 3rd International Conference on Precision Forging, 2004：69-74.

[91] Ohba Y, Ohishi K. A force-reflecting friction-free bilateral system based on a twin drive control system with torsional vibration suppression [J]. Electrical Engineering in Japan, 2007, 159 (1)：72-79.

[92] Osakada K, Mori K, Altan T, et al. Mechanical servo press technology for metal forming [J]. CIRP Annals-Manufacturing Technology, 2011, 60 (2)：651-672.

[93] 潘健生，王婧，顾剑锋. 我国高性能化智能制造发展战略研究 [J]. 金属热处理，2015，40 (1)：1-6.

[94] 尚万峰，赵升吨. 伺服压力机加工工艺的 Bezier 模型及其优化研究 [J]. 西安交通大学学报，2012，46 (3)：31-35.

[95] 邵中魁，赵升吨，刘辰，等. 机械压力机行程调节方式合理性探讨 [J]. 锻压装备与制造技术，2012，47 (4)：8-12.

[96] 孙友松，周先辉，黄开胜，等. 交流伺服电机驱动——成形装备发展的新方向 [J]. 锻压技术，2005，30 (z1)：1-6.

[97] 孙友松，周先辉，黎勉，等. 交流伺服压力机及其应用 [J]. 金属加工：热加工，2008 (z1)：93-98.

[98] 汤世松，仲太生，项余建，等. 热模锻压力机生产线控制系统的设计 [J]. 锻压装备与制造技术，2016，51 (2)：44-47.

[99] 唐勇，赵升吨，王振伟. 一种新型旋转锻打精密下料机的研制 [J]. 锻压装备与制造技术，2010，(6)：14-17.

[100] 唐勇，赵升吨，王振伟. 金属棒料精密下料新工艺及实验研究 [J]. 中国机械工程，2010，21 (3)：359-363.

[101] Tang Y, Zhao S D, Wang Z W. A novel type of precision cropping machinery using rotary striking action [J]. Proc. IMechE, Part C：Journal of Mechanical Engineering Science, 2009, 223 (9)：1965-1967.

[102] Tang Y, Zhao S D, Lin J. Experimental investigation on the effect of the circumferential loading of a rotary striking action cropping system [J]. Proc. IMechE, Part B：Journal of Engineering Manufacture, 2010, 224 (B7)：1095-1101.

［103］王金娥. 一种新型的直线电机驱动肘杆-杠杆二次增力数控压力机［J］. 机床与液压，2015，43（22）：12-13.

［104］Wang J，Zhao S D，Shi H S，et al. Method to calculate and counterbalance the inertia forces of slider-crank mechanisms in high-speed presses［J］. Academic Journal of Xi'an Jiaotong University，2009，21（3）：141-148.

［105］王敏. 材料成形设备及自动化［M］. 北京：高等教育出版社，2010.

［106］王守华. 蒸汽锤改造为电液锤的应用［J］. 热加工工艺，2011，40（19）：207-208.

［107］王玉山. 高端冲压设备——伺服压力机［J］. 金属加工：热加工，2013（7）.

［108］王振伟，赵升吨，化春键. 低应力变频振动精密下料的频率控制曲线的研究［J］. 机床与液压，2007，35（3）：1-3.

［109］王振伟，赵升吨，张永，等. 变频振动下料机构的模态分析及误差建模［J］. 中国机械工程，2007，18（9）：1009-1012.

［110］Wang Z W，Zhao S D，Yu Y T. Study on the dynamic characteristics of the low-stress vibration cropping machine［J］. Journal of Materials Processing Technology，2007，190（1-3）：89-95.

［111］韦统振，吴理心，韩立博，等. 基于超级电容器储能的交直交变频驱动系统制动能量综合回收利用方法研究［J］. 中国电机工程学报，2014，34（24）：4076-4083.

［112］魏树国，赵升吨，张立军，等. 直驱泵控式液压机液压系统的动态特性仿真及优化［J］. 西安交通大学学报，2009，43（7）：79-82.

［113］谢嘉，赵升吨. 机械装备的电磁直驱与近零传动［J］. 锻压装备与制造技术，2009（5）：16-20.

［114］谢嘉，赵升吨，梁锦涛，等. 压力机杆系优化求解的变量循序组合响应面法［J］. 西安交通大学学报，2012，46（5）：57-62.

［115］谢嘉，赵升吨，沙郑辉，用于机械压力机驱动的电动机发展趋势探讨［J］. 锻压装备与制造技术，2009（6）：13-17.

［116］Xie J，Zhao S D，Sha Z H，et al. Optimum Design of Toggle Transmission System in Double Toggle Mechanical Press Using Response Surface Methodology Combined with Experimental Design［J］. Applied Mechanics and Materials，2011，86：858-862.

［117］Xie J，Zhao S D，Li J. Research on key techniques of green mechanical press directly driven by transverse flux machine［C］. International Conference on Mechatronics & Automation. IEEE，2010.

［118］徐刚，崔瑞奇，王华. 我国金属成形（锻压）机床的现状与发展动向［J］. 锻压装备与制造技术，2017，52（3）：7-16.

［119］杨帅. 工业 4.0 与工业互联网：比较、启示与应对策略［J］. 当代财经，2015（8）：99-107.

［120］姚保森. 我国锻造液压机的现状及发展［J］. 锻压装备与制造技术，2005，40（3）：28-30.

［121］Yoneda T. Development of High Precision Digital Servo Press ZEN Former：Features of Direct Drive 4-Axis Parallel Control System［J］. Journal of the Japan Society of Electrical-machining Engineers，2007，41：28-31.

［122］余俊，张李超，史玉升，等. 伺服压力机电容储能系统设计与实验研究［J］. 锻压技术，2014，39（11）：47-52.

［123］俞新陆，俞新. 液压机［M］. 北京：机械工业出版社，1982.

［124］袁金刚. 伺服压力机整机有限元分析与机身的结构优化［D］. 武汉：华中科技大学，2009.

［125］Zhang C，Zhao S D，Zhang D W，et al. Research of radial forging technology for forming threads on planetary roller screw［C］. International Conference on Surface Modification Technologies（SMT30），28th June-3rd July，2016，Milan，Italy.

［126］张大伟，赵升吨，王利民. 复杂型面滚轧成形设备现状分析［J］. 精密成形工程，2019，11（1）：

1-10.

［127］张大伟，赵升吨. 行星滚柱丝杠副滚柱塑性成形的探讨［J］. 中国机械工程，2015，26（3）：385-389.

［128］张大伟，赵升吨. 螺纹花键同轴零件高效同步滚压成形研究动态［J］. 精密成形工程，2015，7（2）：24-29.

［129］张大伟，赵升吨. 外螺纹冷滚压精密成形工艺研究进展［J］. 锻压装备与制造技术，2015，50（2）：88-91.

［130］张大伟，朱成成，赵升吨. 大型筒形件对轮旋压设备及应用动态［J］. 中国机械工程，2020，31（09）：1049-1056.

［131］Zhang D W, Li F, Li S P, et al. Finite element modeling of counter-roller spinning for large-sized aluminum alloy cylindrical parts［J］. Frontiers of Mechanical Engineering, 2019, 14（3）：351-357.

［132］Zhang D W, Zhao S D, Bi Y D. Analysis of forming error during thread and spline synchronous rolling process based on motion characteristic［J］. International Journal of Advanced Manufacturing Technology, 2019, 102：915-928.

［133］Zhang D W, Zhao S D. Deformation characteristic of thread and spline synchronous rolling process［J］. International Journal of Advanced Manufacturing Technology, 2016, 87（1-4）：835-851.

［134］Zhang D W, Zhao S D. New method for forming shaft having thread and spline by rolling with round dies［J］. International Journal of Advanced Manufacturing Technology, 2014, 70（5-8）：1455-1462.

［135］张立军，赵升吨，雷净. 棒料几何参数对其预制表面 V 型槽槽底应力集中系数的影响规律［J］. 塑性工程学报，2007，14（1）：66-71.

［136］张立军，赵升吨，柳伟，等. 棒料热应力预制裂纹的数值模拟研究［J］. 中国机械工程，2006，17（23）：2512-2516.

［137］张立军，赵升吨，刘克铭. 中高压液压缸实验台液压系统仿真及优化［J］. 系统仿真学报，2007，19（3）：671-674.

［138］张立军，赵升吨. 恒幅载荷下棒料 V 型槽尖端裂纹起始寿命的估算［J］. 塑性工程学报，2008，15（5）：73-77.

［139］Zhang L J, Zhao S D. Estimation of initial life of V shaped notch tip crack under constant amplitude load［J］. Journal of Plasticity Engineering, 2008, 15（5）：73-77.

［140］Zhang L J, Zhao S D, Lei J, et al. Investigation on the bar clamping position of a new type of precision cropping system with variable frequency vibration［J］. International Journal of Machine Tools and Manufacture, 2007, 47（7-8）：1125-1131.

［141］Hua C J, Zhao S D, Zhang L J, et al. Investigation of a new-type precision cropping system with uariable-frequency uibration［J］. International journal of mechanical sciences, 2006, 48（12）：1333-1340.

［142］张瑞，赵婷婷，罗功波. 伺服直驱型电动螺旋压力机的综合刚度分析［J］. 现代制造工程，2017（2）：142-148.

［143］赵弘，林廷圻，赵升吨，等. 机械压力机节能新方法的研究［J］. 仪器仪表学报，2002，23（3）：773-774.

［144］赵弘，周明勇，骆传刚，等. 机械压力机滑块位置的神经网络控制［J］. 信息与控制. 2003，32（4）：363-366.

［145］赵弘，林廷圻，赵升吨. 机械压力机滑块位置的智能学习控制［J］. 农业工程学报，2003，19（4）：118-121.

［146］赵弘，林廷圻，赵升吨. 机械压力机气动系统模型的建立［J］. 系统仿真学报，2003，15（6）：788-790.

［147］赵弘，赵升吨，周明勇，等. 机械压力机滑块停止位置控制方法的研究［J］. 兵工学报，25（2），2004：204-208.

［148］赵国栋，王丽薇，刘振宇，等. 锻造液压机成套设备可视化集成平台开发［J］. 锻压技术，2015，40（6）：79-83.

［149］赵仁峰，赵升吨，景飞，等. 厚壁管精密下料新工艺的实验研究［J］. 锻压技术，2014，39（8）：105-108.

［150］赵仁峰，赵升吨，钟斌，等. 低周疲劳精密下料新工艺及试验研究［J］. 机械工程学报，2012，48（24）：38-43.

［151］Zhao R F, Zhao S D, Guo J H, et al. Experimental and numerical investigation on ductile fracture mechanism of aluminum alloy using a new modified model［J］. Materials Science and Technology, 2015, 31（3）：303-309.

［152］Zhao R F, Zhao S D, Zhong B, et al. Experimental investigation on new low cycle fatigue precision cropping process［J］. Proceedings of the Institution of Mechanical Engineers, Part C：Journal of Mechanical Engineering Science, 2015, 229（8）：1470-1476.

［153］Zhao R F, Zhao S D, Zhong B. Experiment Study on Novel Precision Cropping Machinery Using Rotary Striking Action［J］. Applied Mechanics and Materials, 2013, 281：287-292.

［154］赵升吨. 高端锻压制造装备及其智能化［M］. 北京：机械工业出版社，2019.

［155］赵升吨，张鹏，范淑琴，等. 智能锻压设备及其实施途径的探讨［J］. 锻压技术，2018，43（7）：32-48.

［156］赵升吨，贾先. 智能制造及其核心信息设备的研究进展及趋势［J］. 机械科学与技术，2017（1）：1-16.

［157］赵升吨，范淑琴，申亚京. 旋压机的数控伺服控制势在必行［J］. 伺服控制，2008，（4）：40-46.

［158］赵升吨，梁锦涛，赵永强，等. 机械压力机伺服直驱式新型永磁电动机的设计与应用研究［J］. 锻压技术，2014，39（4）：59-66.

［159］赵升吨，张立军，柳伟，等. 棒料热应力预制 V 型槽尖端理想裂纹的可行性研究［J］. 塑性工程学报，2006，13（5）：51-57.

［160］赵升吨，张志远，何予鹏，等. 机械压力机交流伺服电动机直接驱动方式合理性探讨［J］. 锻压装备与制造技术，2004，39（6）：19-23.

［161］赵升吨，崔晓永，张学来，等. 机械压力机气动摩擦离合器用旋转接头合理结构的探讨［J］. 锻压装备与制造技术，39（2），2004：39-42.

［162］赵升吨，何予鹏，郝永江，等. 机械压力机气压式节能降噪新型制动系统［J］. 液压与气动，2007，（1）：55-57.

［163］赵升吨，何予鹏，王军. 机械压力机低速锻冲急回机构运动特性的研究［J］. 锻压装备与制造技术，39（3），2004：24-32.

［164］赵升吨，化春键，宋涛，等. 新型下料机的振动测控［J］. 仪器仪表学报，2004，25（4）：451-452.

［165］赵升吨，景飞，赵仁峰，等. 金属管料下料技术概述［J］. 锻压装备与制造技术，2015，（2）：11-14.

［166］赵升吨，李泳峰，刘辰，等. 复杂型面轴类件高效高性能精密滚轧成形工艺及装备探讨［J］. 精密成形工程，2014，6（5）：1-8.

［167］赵升吨，王朝明. 新型低能耗中速棒料精密剪切机［J］. 机械科学与技术，1997，16（1）：144-147.

［168］赵升吨，王春辉，申亚京. 旋压机液压伺服系统的参数自整定模糊 PID 控制［J］. 伺服控制，2008，（12）：25-30.

［169］赵升吨，王军，何予鹏，等. 机械压力机节能型气压式制动方式设计理论［J］. 机械工程学报，2007，43（9）：16-20.

[170] 赵升吨，王军，何予鹏，等. 新型柔性可控传动机构的机械压力机研究 [J]. 锻压技术，2005（增刊），30：96-102.

[171] 赵升吨，尹妍萍. 机械压力机滑动轴承的可靠性设计 [J]. 机械科学与技术，1996，15（5）：725-728.

[172] 赵升吨，何养民. 机械压力机一个完整工作周期的动态特性研究 [J]. 锻压技术，1996，21（1）：31-36.

[173] 赵升吨，张立军，王振伟，等. 新型变频振动下料机液压系统特性及动态监控 [J]. 机床与液压，2007，35（4）：102-104.

[174] 赵升吨，张宗元，张超. 伺服压力机几种关键零部件设计理论的探讨 [C]. 第六届锻压装备与制造技术论坛论文汇编，2013，7.

[175] 赵升吨，赵承伟，王君峰，等. 现代旋压设备发展趋势的探讨 [J]. 中国机械工程，2012，23（10）：1251-1255.

[176] 赵升吨，赵弘，周明勇，等. 机械压力机操作规范的计算机控制 [J]. 仪器仪表学报，2002，23（3）：848-849.

[177] 赵升吨. 冲压工艺与设备的一体化、数字化成形技术 [J]. 机械工人：热加工，2006，(12)：18.

[178] Zhao S D, Liang J T, Zhao Y Q. Optimization Design and Direct Torque Control of a Flux Concentrating Axial Flux Permanent Magnet Motor for Direct Driving System [J]. Electric Machines & Power Systems, 2014, 42 (14): 13.

[179] Zhao S D, Wang J, Wang L H, et al. Iterative learning control of electro-hydraulic proportional feeding system in slotting machine for metal bar cropping [J]. International Journal of Machine Tools and Manufacture, 2005, 45 (7-8): 923-931.

[180] Zhao S D, Wang Z W, Tang Y. A New Approach to Damage Modelling and Fracture Analysis for Metal Bar with V-shaped Notch [J]. Proceedings of 2008 IEEE International Conference on Industrial Technology, vol 1-5, pp. 1885-1888.

[181] Shengdun Zhao, Bin Zhong, Yong Tang, et al. A New Approach to Precision Cropping with Radial Forging [J]. Advanced Materials Research. Trans Tech Publications Ltd, 2011, 291: 3064-3068.

[182] Zhao S D, Fan S Q, Zhang Q, et al. Numerical simulation of double rollers clamping spinning process for flanging [J]. Advanced Materials Research, 2010, 97-101: 2987-2990.

[183] Zhao S D, Zhang L J, Lei J, et al. Numerical study on heat stress prefabricating ideal crack at the bottom of V shaped notch in precision cropping [J]. Journal of Materials Processing Technology, 2007, 187: 363-367.

[184] Zhao S D, Yong Z, Zhang Z Y, et al. Optimization for the Process Parameters of Hydroforming Using Genetic Algorithm in Combination with FE Codes [C]. International Conference on Natural Computation, 2007.

[185] 赵婷婷，田江涛，杨思一，等. 大重型锻压设备技术发展新动向 [C]. 中国机械工程学会年会暨甘肃省学术年会，2008.

[186] 郑建明，赵升吨，尚万峰. 电机调速与伺服驱动技术在压力机行业中的应用 [J]. 锻压装备与制造技术，2007，(6)：10-14.

[187] 郑建明，赵升吨，魏树国. 开关磁阻电机直接驱动容积控制技术在液压机上的应用 [J]. 锻压装备与制造技术，2008，43（1）：9-12.

[188] Zheng J M, Zhao S D, Wei S G. Fuzzy iterative learning control of electro-hydraulic servo system for SRM direct-drive volume control hydraulic press [J]. Journal of Central South University, 2010, 17 (2): 316-322.

[189] Zheng J M, Zhao S D, Wei S G. Adaptively fuzzy iterative learning control for SRM direct-drive volume control servo hydraulic press [C]. Proceedings of 2009 International Conference on Sustainable Power

Generation and Supply, 2009, vols 1-4, pp. 2618-2623.

[190] Zheng J M, Zhao S D, Wei S G. Application of self-tuning fuzzy PID controller for a SRM direct drive volume control hydraulic press [J]. Control Engineering Practice, 2009, 17 (12): 1398-1404.

[191] 郑雄. 伺服压力机控制系统关键技术研究 [D]. 武汉: 华中科技大学, 2012.

[192] Zhong B, Zhao S D, Zhao R F, et al. Investigation on the influences of clearance and notch-sensitivity on a new type of metal-bar non-chip fine-cropping system [J]. International Journal of Mechanical Sciences, 2013, 76: 144-151.

[193] Zhong B, Zhao S D, Zhao R F, et al. Experimental investigation of the influence of the different loading conditions on the new type precision bar blanking system [C]. The IEEE International Conference on "industrial Engineering and Engineering Management", 2012.

[194] 钟玮, 赵升吨, 王泽阳, 等. 提高棒料下料断面质量的途径探讨编号 [J]. 锻压装备与制造技术, 2016, 51 (2): 77-83.

[195] 周济. 制造业数字化智能化 [J]. 中国机械工程, 2012, 23 (20): 11-15.

[196] 周延峰, 赵升吨, 王丽红, 等. 一种新型振动下料机的 PLC 控制 [J]. 机床与液压, 2002 (6): 59-61, 223.

[197] Zhu C C, Meng D, Zhao S D, et al. Investigation of groove shape variation during steel sheave spinning [J]. Materials, 2018: 11 (6): 960.

[198] Zhu C C, Zhao S D, Li S P. A study of small complicated axisymmetric parts manufacturing in industry 4.0 [C]. 2018 5th International Conference on Industrial Engineering and Applications (ICIEA). IEEE, 2018: 158-162.

[199] 邹军. 新型交流伺服直接驱动双点压力机设计理论及其关键技术的研究 [D]. 西安: 西安交通大学, 2007.

[200] 中国家用电器工业"十四五"发展指导意见(摘要) [J]. 电器, 2021 (06): 42-47.

[201] 张深律, 蔡回超, 何佳惠. 浅谈智能化家用电器设备的现状和发展前景 [J]. 科学咨询(科技·管理), 2019 (12): 51.

[202] 邓江山. 基于家用电器智能化发展现状的思考 [J]. 数码世界, 2018 (01): 240.

[203] 张佩玉, 曲宗峰. 标准推动绿色智能家电发展——访中国家用电器研究院副院长、中家院(北京)检测认证有限公司总经理曲宗峰 [J]. 中国标准化, 2021 (03): 31-34.

[204] 经顺林, 蓝雯静, 陈红. 智能洗衣机的模糊控制系统分析 [J]. 科学技术创新, 2020 (34): 179-180.

[205] 关晓雷. 人工智能技术(AI)在洗衣机械中的应用 [J]. 智能城市, 2020, 6 (09): 244-245.

[206] 闵辉. 一种基于 NB-IoT 的智能商用洗衣系统及其使用方法: CN109862104A [P]. 2019-06-07.

[207] 邵伟, 郑加全, 周祖云, 等. 高校后勤智能一体化服务系统: CN110533845A [P]. 2019-12-03.

[208] 刘传玉, 熊伟丽, 吕全彬, 等. 基于语音识别技术的智能电饭煲控制系统设计 [J]. 数字技术与应用, 2021, 39 (06): 121-123.

[209] 李楠鑫, 宁媛. 基于机智云平台的智能电饭煲设计 [J]. 智能计算机与应用, 2019, 9 (04): 159-162.

[210] 严帅. 基于互联网+的智能电饭煲控制器研发 [J]. 科学技术创新, 2019 (08): 70-72.

[211] 章咏. 自动识别技术在智能冰箱中的应用 [J]. 中小企业管理与科技(上旬刊), 2021 (06): 186-187.

[212] 陈红欣, 金轮, 鲍雨锋, 等. RFID 技术在智能电冰箱食材识别中的应用 [J]. 轻工标准与质量, 2021 (04): 102-106.

[213] 张引. 我国智能空调发展的优势与痛点分析 [J]. 日用电器, 2019 (04): 24-27.

[214] 王萌. 以健康为导向的智能空调设计研究 [D]. 无锡：江南大学，2016.

[215] 王晓冰. 基于人体舒适度的智能空调节能控制 [D]. 北京：北京工商大学，2018.

[216] 姜爱华，韦化. 信息物理融合的智能空调响应不确定性尖峰折扣电价的动态优化模型及在线控制 [J]. 中国电机工程学报，2016，36（06）：1536-1543.

[217] Flemings M C. Behavior of metal alloys in the semisolid state [J]. Metallurgical and Materials Transactions B，1991，22（5）：957-981.

[218] Fan Z. Semisolid metal processing [J]. Metallurgical Reviews，2002，47（2）：49-85.

[219] Chino Y, Kobata M, Iwasaki H, et al. An investigation of compressive deformation behaviour for AZ91 Mg alloy containing a small volume of liquid [J]. Acta Materialia，2003，51（11）：3309-3318.

[220] 康永林，毛卫民，胡壮麒. 金属材料半固态加工理论与技术 [M]. 北京：科学出版社，2004.

[221] 管仁国，马伟民. 金属半固态成形理论与技术 [M]. 北京：冶金工业出版社，2005.

[222] 罗守靖，田文彤，谢水生，等. 半固态加工技术及应用 [J]. 中国有色金属学报，2000，10（6）：765-773.

[223] 陈刚，郑顺奇，王岩，等. 镁合金半固态浆料制备与成形技术研究进展 [J]. 兵器材料科学与工程，2018，v.41；No.288（03）：122-126.

[224] Miwa K, Kawamura S. Semi-solid extrusion forming process of stainless steel [C]. Proc. 6th Int. Conf. on Semi-Solid Processing of Alloys and Composites，2000，279-281.

[225] Abdelfattah S, Robelet M, Rassili A, et al. Thixoforming of steels inductive reheating and basic investigations [C]. Proc. 6th Int. Conf. on Semi-Solid Processing of Alloys and Composites，2000，283-288.

[226] 王永飞，赵升吨，樊晓光，等. ZL104 铝合金连杆半固态挤压铸造工艺实验研究 [J]. 稀有金属材料与工程，2020，49（7）：7.

[227] 程会民，杨英歌，马尚龙，等. 变形铝合金半固态挤压铸造技术研究 [J]. 新技术新工艺，2020，000（002）：38-41.

[228] 李道忠，丁武学，孙宇，等. AlSi7Mg 轮毂半固态流变挤压铸造成形数值模拟 [J]. 铸造技术，2020，v.41；No.338（05）：74-79.

[229] 陈永木，郑江水，杨杰，等. 一种全自动制备半固态合金浆料的方法及装置：CN105817590B [P]. 2016-06-17.

[230] SCV 立式挤压铸造机 [EB/OL]. （2021-10-26）http：//www.shsanji.com/productParameter.aspx？id=18.

[231] 蔡自兴，徐光祐. 人工智能及其应用（第三版本科生用书）[M]. 北京：清华大学出版社，2004.

[232] 张容磊. 智能制造装备产业概述 [J]. 智能制造，2020（7）：15-17.

[233] 谢建新，刘静安. 金属挤压理论与技术. 第 2 版 [M]. 北京：冶金工业出版社，2012.

[234] 谢东钢，陈蕴博，郑文达，等. 现代挤压装备的发展 [J]. 中国材料进展，2013，32（005）：264-268.

[235] 黄勇，高强. 探究现代挤压铸造设备的智能制造内涵 [J]. 中国高新技术企业，2013（11）：15-16.

[236] 晏家勇. 小型复合轧环机液压伺服系统设计及性能研究 [D]. 武汉：武汉理工大学，2017.

[237] 宫晓峰. 塑料复合管材共挤机头计算机辅助设计系统研究 [D]. 济南：山东大学，2006.

[238] 刘国炎. 智能控制技术在挤出复合机上的应用 [J]. 机床与液压，2018，46（2）：4.

[239] 李新林，彭兆丰. 我国棒材和线材轧制技术 30 年——为《轧钢》杂志创刊 30 周年而作 [J]. 轧钢，2014，31（004）：33-40.

[240] 国外专题：智能轧机技术 [J]. 世界金属导报，2019-10-10（36）.

[241] 徐建军. 煤矿智能化综采技术现状及展望 [J]. 陕西煤炭，2017，036（003）：44-47，13.

[242] 王国法，杜毅博. 煤矿智能化标准体系框架与建设思路 [J]. 煤炭科学技术，2020，48（1）：9.

[243] 张津鹏，闫海峰，金磊. 无线智能系统在宝日希勒露天煤矿道路运输系统中的应用 [J]. 露天采矿

技术，2021，36（4）：4.

[244] 苏月军. 煤矿辅助运输机器人关键技术［J］. 西部探矿工程，2021，33（4）：2.

[245] 陈杨阳，霍振龙，刘智伟，等. 我国煤矿运输机器人发展趋势及关键技术［J］. 煤炭科学技术，2020，48（7）：10.

[246] 王鹏，曹现刚，夏晶，等. 基于机器视觉的多机械臂煤矸石分拣机器人系统研究［J］. 工矿自动化，2019，45（9）：7.

[247] 曹现刚，费佳浩，王鹏，等. 基于多机械臂协同的煤矸分拣方法研究［J］. 煤炭科学技术，2019，47（4）：6.

[248] 李曼，段雍，曹现刚，等. 煤矸分选机器人图像识别方法和系统［J］. 煤炭学报，2020，45（10）：9.

[249] 李希勇. 山东能源集团智能矿山建设实践［J］. 中国煤炭，2021，47（1）：6.

[250] 王国法，赵国瑞，胡亚辉. 5G 技术在煤矿智能化中的应用展望［J］. 煤炭学报，2020，45（1）：8.

[251] 雷毅. 我国井工煤矿智能化开发技术现状及发展［J］. 煤矿开采，2017，22（2）：4.

[252] 王国法，刘峰，庞义辉，等. 煤矿智能化——煤炭工业高质量发展的核心技术支撑［J］. 煤炭学报，2019（2）：9.

[253] 孙健东，张瑞新，贾宏军，等. 我国露天煤矿智能化发展现状及重点问题分析［J］. 煤炭工程，2020，52（11）：7.

[254] 中国电子信息产业发展研究院. 2020 年先进制造业集群白皮书［R］. 北京：中国电子信息产业发展研究院，2021.